职业院校教学用书(电子类专业)

家用电器技术基础与检修实例

(第2版)

辛长平　主编

電子工業出版社
Publishing House of Electronics Industry
北京·BEIJING

内容简介

本书共10章，介绍了从电器维修基本技能到厨房电器、洗衣机、电冰箱和空调器的原理及维修。并对照所介绍家用电器的类型、型号，基本原理、结构，列举出典型故障和排除此类故障的方法与手段。全书采用简练的语言叙述、直观易懂的插图、由浅入深的学习模式，将知识传授给广大读者。

本书可作为就业技术培训教材，也可作为专业技校和家电维修专业人员的参考用书。

图书在版编目(CIP)数据

家用电器技术基础与检修实例/辛长平主编.—2版.—北京:电子工业出版社,2011.4
职业院校教学用书·电子类专业
ISBN 978-7-121-13138-7

Ⅰ.①家… Ⅱ.①辛… Ⅲ.①日用电气器具-维修-中等专业学校-教材 Ⅳ.①TM925.07

中国版本图书馆CIP数据核字(2011)第046017号

策划编辑：杨宏利
责任编辑：陈 虹 特约编辑：孙雅琦 王 纲
印 刷：北京虎彩文化传播有限公司
装 订：北京虎彩文化传播有限公司
出版发行：电子工业出版社
北京市海淀区万寿路173信箱 邮编100036
开 本：787×1092 1/16 印张：17.75 字数：454.4千字
版 次：2005年4月第1版
2011年4月第2版
印 次：2023年10月第15次印刷
定 价：29.00元

凡所购买电子工业出版社图书有缺损问题,请向购买书店调换。若书店售缺,请与本社发行部联系,联系及邮购电话:(010)88254888,88258888。

质量投诉请发邮件至zlts@phei.com.cn,盗版侵权举报请发邮件至dbqq@phei.com.cn。

本书咨询联系方式:(010)88254592,bain@phei.com.cn。

改版说明

《家用电器技术基础与检修实例》一书，自 2005 年 4 月出版发行后，得到广大读者的大力支持和好评，并经多次印刷。为了适应家用电器产品日新月异的发展形势和广大读者的需求；在电子工业出版社的支持下，我们进行第 2 版的修订。

本书是以中职中教教材为主体结构编写，与第 1 版相比，主要有以下修改。

1. 删除原第 1 章“电器维修基础知识”，因为在专业技术学校，设置了《电工基础课程和实作》课程。将第 1 章修改为“电器维修基本技能”并增加了对电热元器件、小功率单相异步电动机的维修技能。
2. 在第 2 章增加“光波炉”；
3. 修改第 3 章电磁炉的故障维修部分内容；
4. 第 4 章增加电灶、电饼铛内容，第 5 章增加电蒸锅、阿迪锅、机器人炒菜机内容；
5. 增加 第 6 章洗碗机，第 7 章消毒柜；
6. 删除第 8 章、第 9 章、第 10 章多余的理论分析和有重复内容的故障维修实例。

本书由辛长平主编，杨亚洲、黄雷、周伟、郑红、葛小青参与编写。

编者

目 录

第1章 电器维修基本技能

1.1 维修工具与使用

1.1.1 通用工具

1. 低压验电器的使用

低压验电器又称试电笔、测电笔。按其结构形式分为钢笔式和螺钉旋具式两种，按其显示原件不同分为氖管发光指示式和数字显示式两种。

氖管发光指示式验电器由氖管、电阻、弹簧、笔身和笔尖等部分组成，如图1.1（a）、（b）、（c）所示。

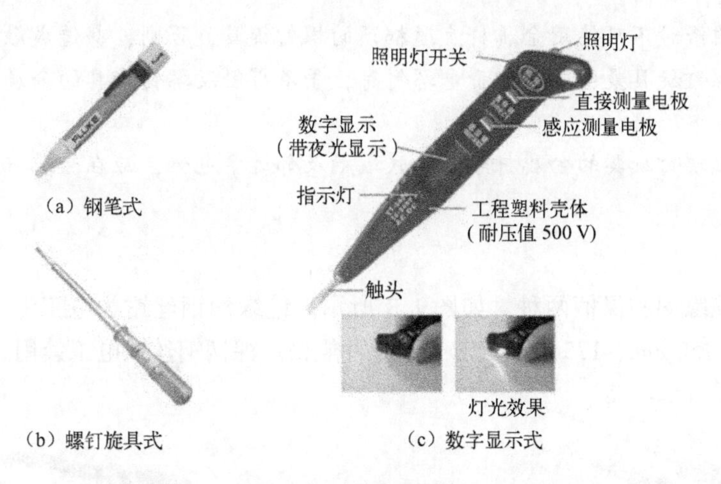

（a）钢笔式

（b）螺钉旋具式

（c）数字显示式

图1.1 低压验电器

使用低压验电器，握笔姿势必须正确，以食指触及笔尾的金属体，笔尖触及被测物体，使氖管小窗背光朝向测试者。当被测物体带电时，电流经带电体、电笔、人体到大地构成通电回路。只要带电体与大地之间的电位差超过60 V，电笔中的氖管就发光，电压高发强光，电压低发弱光。用数字显示式测电器验电，其握笔方法与氖管指示式相同，但带电体与大地间的电位差在2～500 V之间，电笔都能显示出来。由此可见，使用数字式测电笔，除了能知道线路或电气设备是否带电以外，还能够知道带电体电压的具体数值。

 **注意**

(1) 使用之前，先检查电笔内部有无柱形电阻（尤其是借来的、外借后归还的或长期未使用的）。若无电阻，则严禁使用；否则，将发生触电事故。

(2) 一般用右手握住电笔，左手放置在身后。

(3) 人体的任何部位切勿触及与笔尖相连的金属部分。

(4) 防止笔尖同时搭在两根电线上。

(5) 验电前，先将电笔在确实有电处试测，只有氖管发光，才可使用。

(6) 在明亮光线下不易看清氖管是否发光，应注意避光。

2. 螺钉旋具

螺钉旋具又称起子、改锥和螺丝刀，它是一种紧固和拆卸螺钉的工具。螺钉旋具的式样和规格很多，按头部形状可分为一字形和十字形两种，如图1.2所示。

一字形螺钉旋具常用的有50 mm、100 mm、150 mm、200 mm等规格，电工必备的是50 mm和150 mm两种。十字形螺钉旋具专供紧固或拆卸十字槽的螺钉使用，常用的有四种规格：Ⅰ号适用于直径为2.0～2.5 mm的螺钉，Ⅱ号适用于3～5 mm的螺钉，Ⅲ号适用于6～8 mm的螺钉，Ⅳ号适用于10～12 mm的螺钉。

 **注意**

(1) 电器维修时不可使用金属杆直通柄顶的螺钉旋具，否则，易造成触电事故。

(2) 使用螺钉旋具紧固或拆卸带电螺钉时，手不得触及螺钉旋具的金属杆，以免发生触电事故。

(3) 为防止螺钉旋具的金属杆触及皮肤或触及邻近带电体，应在金属杆上套上绝缘管。

3. 钢丝钳

钢丝钳有绝缘柄和裸柄两种，如图1.3所示。绝缘柄钢丝钳为电工专用钳（简称电工钳），常用的有150 mm、175 mm、200 mm三种规格。裸柄钢丝钳电工禁用。

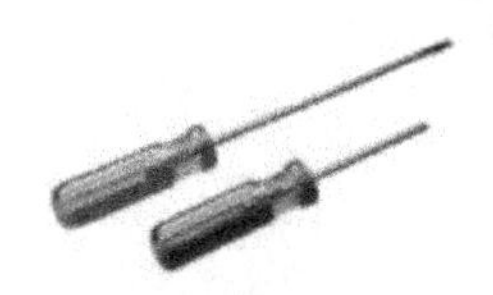

图1.2　螺钉旋具

图1.3　钢丝钳

电工钳的用法可以概括为四句话：剪切导线用刀口，剪切钢丝用侧口，扳旋螺母用齿口，弯绞导线用钳口。

 **注意**

(1) 使用前，应检查绝缘柄的绝缘是否良好。

（2）用电工钳剪切带电导线时，不得用钳口同时剪切相线和零线，或同时剪切两根相线。

（3）钳头不可代替手锤作为敲打工具使用。

4. 尖嘴钳

尖嘴钳的头部尖细，如图 1.4 所示，适于在狭小的工作空间作业。尖嘴钳也有裸柄和绝缘柄两种。裸柄尖嘴钳电工禁用，绝缘柄的耐压强度为 500 V，常用的有 130 mm、160 mm、180 mm和 200 mm 四种规格。握法与电工钳相同。

尖嘴钳的用途：

（1）带有刃口的尖嘴钳可剪断细小金属丝。

（2）尖嘴钳可夹持较小的螺钉、线圈和导线等元件。

（3）制作控制线路板时，可用尖嘴钳将单股导线弯成一定圆弧的接线鼻子（接线端环）。

5. 断线钳

断线钳又称斜口钳，如图 1.5 所示，有裸柄、管柄和绝缘柄三种，其中裸柄断线钳禁止电工使用。绝缘柄断线钳的耐压强度为 1000 V，其特点是剪切口与钳柄成一角度，适用于狭小的工作空间和剪切较粗的金属丝、线材和电线电缆。常用的有 130 mm、160 mm、180 mm 和 200 mm 四种规格。

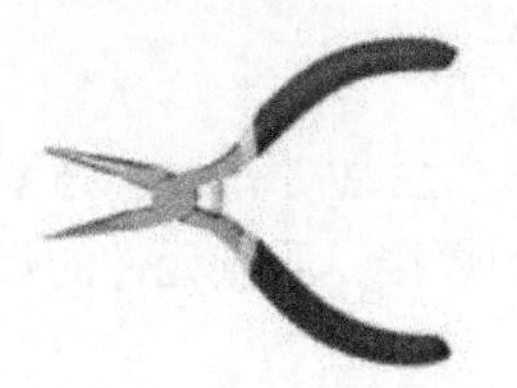

图 1.4　尖嘴钳

图 1.5　断线钳

6. 剥线钳

剥线钳是剥削小直径导线接头绝缘层的专用工具。使用时，将要剥削的导线绝缘层长度用标尺定好，右手握住钳柄，用左手将导线放入相应的刀口槽中（比导线直径稍大，以免损伤导线），用右手将钳柄向内一握，导线的绝缘层即被割破拉开自动弹出，如图 1.6 所示。

7. 电工刀

电工刀是用来剖削导线线头、切割木台缺口、削制木榫的专用工具，如图 1.7 所示。

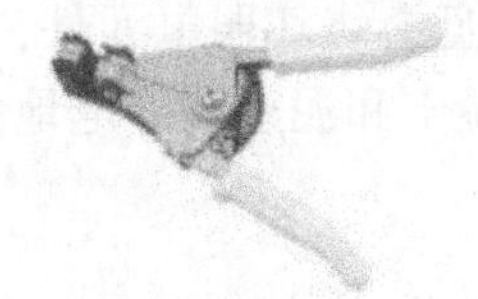

图 1.6　剥线钳

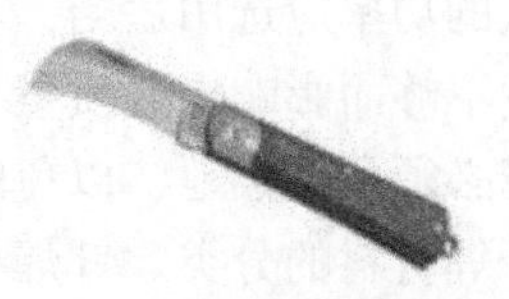

图 1.7　电工刀

(1) 剖削导线绝缘层时，刀口应朝外，刀面与导线应成较小的锐角。

(2) 电工刀刀柄无绝缘保护，不可在带电导线或带电器材上剖削，以免触电。

(3) 电工刀不可代替手锤敲击使用。

(4) 电工刀用毕，应随即将刀身折入刀柄。

8. 活络扳手

活络扳手是用来紧固和拧松螺母的一种专用工具。它由头部和柄部组成，而头部则由活络扳唇、呆扳唇、扳口、涡轮和轴销等构成。旋动涡轮就可调节扳口的大小。常用活络扳手有150 mm、200 mm、250 mm和300 mm四种规格，如图1.8所示。由于它的开口尺寸可以在规定范围内任意调节，所以特别适于在螺栓规格多的场合使用。

图1.8 活络扳手

使用时应握在接近头部的位置。施力时手指可随时旋调涡轮，收紧活络扳唇，以防打滑。

活络扳手使用注意事项：

(1) 活络扳手不可反用，以免损坏活络扳唇，也不可用钢管接长手柄来施加较大的力矩。

(2) 活络扳手不可当做撬棒或手锤使用。

9. 电烙铁

电烙铁是钎焊（也称锡焊）的热源，规格有15 W、25 W、45 W、75 W、100 W、300 W等。功率在45 W以上的电烙铁，通常用于强电元件的焊接，弱点元件的焊接一般使用功率在15 W、25 W等级的电烙铁。

(1) 电烙铁的分类。电烙铁由外热式和内热式两种，如图1.9（a）、（b）所示。内热式的发热元件在烙铁头的内部，其热效率较高；外热式电烙铁的发热元件在外层，烙铁头置于中央的孔中，其热效率较低。

（a）外热式

（b）内热式

图1.9 电烙铁

电烙铁的功率应选用适当，功率过大不但浪费电能，而且会烧坏弱电元件；功率过小，则会因热量不够而影响焊接质量（出现虚焊、假焊）。在混凝土和泥土等导电地面使用电烙铁，其外壳必须可靠接地，以免触电。

(2) 钎焊材料的分类。钎焊材料分为焊料和焊剂两种：

① 焊料是指焊锡或纯锡，常用的有锭状和丝状两种。丝状焊料称为焊锡条，通常在其中心包有松香，使用较方便。

② 焊剂有松香、松香酒精溶液（松香 40%、酒精 60%）、焊膏和盐酸（加入适量锌，经过化学反应才可使用）等几种。松香适用于所有电子器件和小线径线头的焊接；松香酒精溶液适用于小线径线头和强电电路中小容量元件的焊接；焊膏适用于大线径线头的焊接和大截面导体表面或连接处的加固搪锡；盐酸适用于钢制件连接处表面搪锡或钢之间的连接焊接。

(3) 电烙铁的使用。

① 焊接前用电工刀或砂布清除连接线断处的氧化层，然后在焊接处涂上适量的焊剂。

② 将含有焊锡的烙铁焊头先蘸一些焊剂，然后对准焊接点下焊，焊头停留时间随焊件大小而定。

③ 焊接点必须焊牢焊透，锡液必须充分渗透，焊接处表面应光滑并有光泽，不得有虚假焊点和夹生焊点。虚假焊是指焊件表面没有充分镀上锡，焊件之间没有被锡固定，其原因是焊件表面的氧化层未清除干净或焊剂用得过少；夹生焊是指锡未充分熔化，焊件表面的锡点粗糙，焊点强度低，其原因是烙铁温度不够和烙铁焊头在焊点停留时间太短。

④ 使用过程中应轻拿轻放，不得敲击电烙铁，以免损坏内部发热元件。

⑤ 烙铁头应经常保持清洁，使用时可常在石棉毡上擦几下以除去氧化层。使用一个时期后，烙铁头表面可能出现不能上锡(“烧死”）现象，此时可先用刮刀刮去焊锡，再用锉刀清除表面黑灰色的氧化层，重新浸锡。

⑥ 烙铁使用日久，烙铁头上可能出现凹坑，影响正常焊接。此时可用锉刀对其整形，加工到符合要求的形状再浸锡。

⑦ 使用中的电烙铁不可搁在木架上，而应放在特制的烙铁架上，以免烫坏导线或其他物件引起火灾。

⑧ 使用烙铁时不可随意甩动，以免焊锡溅出伤人。

10. 镊子

镊子主要用于电路维修中夹持小型元器件，要求尖端啮合好、弹性好，如图 1.10 所示。

11. 钢锯

钢剧用来切割各种金属板、敷铜板、绝缘板。安装锯条时，锯齿尖端要朝前方，松紧要适度，太紧太松都易使锯条折断，如图 1.11 所示。

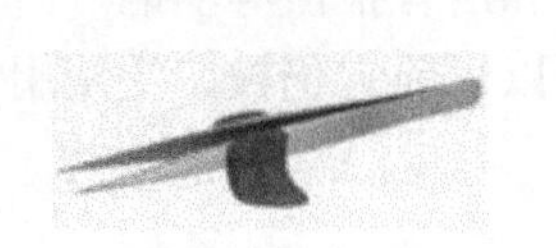

图 1.10　镊子

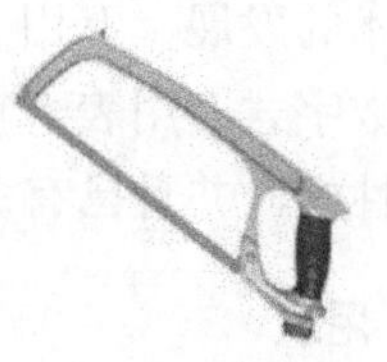

图 1.11　钢锯

12. 手电钻

手电钻用于印制电路板或绝缘板上钻孔，如图 1.12 所示。常用钻头各种规格的直径一般为 0.08 ~6.3 mm。

13. 钢锉

钢锉是用来锉平金属板或绝缘板上的毛刷，锉掉电烙铁头上的氧化物等，如图1.13所示。

图1.12　手电钻

图1.13　钢锉

14. 锤子

锤子用于铆钉的铆接等，如图1.14所示。

15. 剪刀

剪刀用于薄板材料的剪切加工，如图1.15所示。

图1.14　锤子

图1.15　剪刀

1.1.2　测量仪表

万用表是最常见的电器测量仪表，它即可测量交、直流电压和交、直流电流，又可测量电阻、电容和电感等，用途十分广泛。

万用表可用来测量直流电流、直流电压和交流电流、交流电压，电阻和电平等，有的万用表还可用来测量电容、电感及晶体二极管、三极管的某些参数。由于万用表具有功能多、量程宽、灵敏度高、价格低和使用方便等优点，所以它是电工必备的电工仪表之一。

随着电子技术的发展，万用表已从模拟（指针）式向数字式方向发展。目前已有带微处理器的智能化数字式万用表，它具有自动量程选择和语言报值等功能。由于指针式万用表的价格低，普及性好，并且已有多年使用的传统，所以目前它仍被广泛使用。

1. 指针式万用表

指针式万用表一般按以下步骤来测量参数。

(1) 熟悉所用万用表。万用表的结构形式很多，面板上旋钮、开关的布置也有差异。因此，使用万用表以前，应仔细了解和熟悉各操作旋钮、开关的作用，并分清表盘上各条标度尺所对应的被测量对象。

(2) 机械调零。万用表应水平放置，使用前检查指针是否指在零位上。若未指零，则应

调整机械零位调节旋钮，将指针调到零位上。

(3) 接好测试表笔。应将红色测试笔的插头接到红色接线柱上或标有“+”号的插孔内，黑色测试表笔的插头接到黑色接线柱上或标有“-”号的插孔内。

(4) 选择测量种类和量程。有些万用表的测量种类选择旋钮和量程变换旋钮是分开的，使用应先选择被测量种类，再选择适当量程。如果万用表被测量类型和量程的选择都由一个转换开关控制，则应根据测量对象将转换开关选到需要的位置上，再根据被测量的大小将开关置于适当的量程位置。如果事先无法估计被测量的数值范围，可先用该被测量的最大量程挡试测，然后逐渐调节，选定适当的量程。测量电压和电流时，万用表指针偏转最好在量程的 1/2 ~ 2/3 的范围内；测量电阻时，指针最好在标度尺的中间区域。

(5) 正确读数。MF64 型万用表标度盘如图 1. 16 所示。测量电阻时应读取标有“Ω”的最上方的第一根标度尺上的分度线数字。测量直流电压和直流电流时应读取标有“DC”的第二根和第三根标度尺上的分度线数字，满量程数字是 125、10 或 50。测量交流电压，应读取标有“AC”的第四根标度尺上的分度线数字，满量程数字为 250 或 200。标有“hfe”的两根短标度尺，是使用晶体管附件测量三极管共发射极电流放大系数 hfe 的，其中标有“Si”的一根为测量硅三极管的读数标度尺，标有“Ge”的一根为测量锗三极管的读数标度尺。标有“BATT. (RL = 12 Ω)”的短标度尺供检查 1. 5 V 干电池时使用，测量时指针若处在“GOOD”范围内为电力充足，处在“BAD”及以下范围则电池已不可使用。标有“dB”的标度尺只有在测量音频电平时才使用。电平测量使用交流电压挡进行，如果被测对象含有直流成分，则应串入一只 0. 1 μF/400 V 以上的电容器，以隔断直流电压，若使用较高量程，则应加上附加分贝值。

◉ 直流电流的测量

一般万用表只有直流电流挡而无交流电流挡。用万用表测量直流电流时，首先将转换开关旋到标有“mA”或“μA”符号的适当量程上。一般万用表的最大电流量程在 1 A 以内，用直接法只能测量小电流。如果要用万用表测量较大电流，则必须并接分流电阻。测量直流电流时，将黑色表笔（表的负端）接到电源的负极，红色表笔（表的正端）接到负载的一个端头上，负载的另一端接到电源的正极，也就是表头与负载串联。测量时要特别注意，由于万用表的内阻较小，且勿将两支表笔直接触及电源的两极，否则，表头将被烧坏。

图 1. 16　MF64 型万用表标度盘

◉ 交流电压的测量

测量前，先将转换开关旋到标有“V”符号处，并将开关置于适当量程挡，然后将红色表笔插入万用表上标有“+”号的插孔内，黑色表笔插入标有“-”号的插孔内。手握红色表笔和黑色表笔的绝缘部位，先用黑色表笔触及一相带电体，用红色表笔触及另一相带电体或中性线，读取电压读数后，使两支表笔脱离带电体。

◉ 直流电压的测量

与测量交流电压基本相同。区别是，直流电压有正负之分，测量时，黑色表笔应与电源的负极相触，红色表笔应与电源的正极相触，两者不可颠倒。如果分不清电源的正负极，则可选用较大的测量范围挡，将两支表笔快触一下测量点，观察表针的指向，找出被测电压的正、负极。

● 电阻的测量

测量前，将万用表的转换开关旋到标有“Ω”符号的适当倍率位置上，然后将表笔短接、调零，再将两表笔分别触及电阻的两端。将测得的读数乘以倍率数即为所测电阻值。

● 电路通断的判断

在电气器的检查和维修中，经常要使用万用表检查电路是否导通。此时可将倍率开关置于“Ω×1”挡。若读数为零或接近于零，则表明电路是通的；若读数为无穷大，则表明电路不通。

注意

（1）每次测量前对万用表都要做一次全面检查，以核实表头各部分的位置是否正确。

（2）测量时，应用右手握住两只表笔，手指不要触及表笔的金属部分和被测元器件。

（3）测量过程中不可转动转换开关，以免转换开关的触头产生电弧而损坏开关和表头。

（4）使用R×1挡时，调零的时间应尽量缩短，以延长电池使用寿命。

（5）万用表使用后，应将转换开关旋至空挡或交流电压最大量程挡。

（6）切勿带电测量，否则不仅测量结果不准确，而且还可能烧坏电表。若线路中有电容，则应先放电。

（7）使用间歇中，不可使两表笔短接，以免浪费电池的电能。

（8）不可用欧姆挡直接测量检流计、标准电池等的内阻。

（9）使用欧姆挡判别仪表的正、负端或半导体元件的正、反向电阻时，万用表的“+”端应与内附干电池的负极相连，而“-”端或“*”端则应与内附干电池的正极相连。也就是说，黑色表笔为正端，红色表笔为负端。

（10）测量时，要注意其两端有无并联电阻，若有，应先断开一端再进行测量。

图1.17 数字式万用表

2. 数字式万用表

使用数字式万用表时，将电源开关钮“ON—OFF”旋向“ON”一侧，接通电源。用“ZEROADJ”旋钮调零校准，使显示屏显示“000”。用功能转换开关选择被测量的类型和量程。功能开关周围字母和符号的含义分别为“DCV”表示直流电压，“ACV”表示交流电压，“DCA”表示直流电流，“ACA”表示交流电流，“Ω”表示电阻，“→|→”表示二极管测量、“C”表示电容，“JI”表示音响通断检查（与二极管测量同一位置）等，如图1.17所示。

注意

（1）不宜在有噪声干扰源的场所（如正在收听的收音机和收看的电视机附近）使用。噪声干扰会造成测量不准确和显示不稳定。

（2）不宜在阳光直射和有冲击的场所使用。

（3）不宜用来测量数值较大的强电参数。

（4）长时间不使用应将电池取出，再次使用前，应检查内部电池的情况。

（5）被测量元器件的引脚氧化或有锈迹，应先清除氧化层和锈迹再测量，否则无法读取正确的测量值。

（6）每次测量完毕，应将转换开关拨到空挡或交流电压最高挡。

● 直流电压的测量

测量时，将黑色表笔插入标有“COM”符号的插孔中，红色表笔插入标有“V/Ω”符号的插孔中，并将功能开关旋于“DCV”的适当位置，两表笔跨接在被测负载或电源的两端。在显示屏上显示电压读数的同时，还指示红色表笔的极性。

注意

（1）如果只在高位显示“1”，则表明测量已超过量程，应将量程调至高挡。

（2）测试高压时，严禁接触高压电路（如阴极射线管的电极等）。

● 交流电压的测量

测量时，将黑色表笔插入标有“COM”符号的插孔中，红色标笔插入标有“V/Ω”符号的插孔中，并将功能开关旋于“ACV”的适当位置，两表笔跨接在被测负载或电源的两端。

测量时的注意事项与直流电压的测量相同。

● 直流电流的测量

当被测最大电流为200 mA时，将黑色表笔插入标有“COM”符号的插孔中，红色表笔插入标有“A”符号的插孔中。如果被测最大电流为10 A，则红色表笔插入10 A孔中；功能开关置于DCA量程范围内，并且两表笔串入被测电路中。红色表笔的极性将在数字显示的同时指示出来。

标有警告符号的插孔，最大输入电流为200 mA或10 A（按插孔分），200 mA挡装有熔丝，但10 A挡不设熔丝。

● 交流电流的测量

两表笔插孔与直流电流的测量相同，功能开关置于ACA量程范围内，并将表笔串于被测电路中。其他注意事项同前。

● 电阻的测量

测量时，将黑色表笔插入标有“COM”符号的插孔中，红色表笔插入标有“V/Ω”符号的插孔中，但此时应注意，红色表笔的极性应为“+”。将功能开关置于Ω量程范围内，两表笔跨接在被测电阻两端。

注意

（1）两表笔开路时，表盘上显示超过量程状态的“1”是正常现象。

（2）测量1 MΩ以上高电阻时，需经数秒表盘上才显示出稳定读数。

（3）被测电阻不得带电。

● 音响通断的检查

这一功能是检查电路的通断状态。检查时，将黑色表笔插入“COM”插孔中，红色表笔插入“V/Ω”插孔中，功能开关置于音响通断检查量程，并将两表笔跨接再要检查的电路两端。如果电路两端的电阻值小于30 Ω，蜂鸣器就发出响声，发光二极管LED同时发亮。

图1.18 兆欧表

检查中，在表笔两端为接入时，显示屏显示“1”是正常现象。检查前应先切断线路电源。需要特别注意的是，任何负值信号都会使蜂鸣器发声，从而导致错误判断。

3. 兆欧表

兆欧表又称摇表，是专门用来测量电气线路和各种电气设备绝缘电阻的便携式仪表。它的计量单位是兆欧（MΩ），所以叫做兆欧表，如图1.18所示。

兆欧表的主要组成部分是一个磁电式流比计和一只手摇发电机。发电机是兆欧表的电源，可以采用直流发电机，也可以用交流发电机与整流装置配用。直流发电机的容量很小，但电压很高（100～500 V）。磁电式流比计是兆欧表的测量机构，由固定的永久磁铁和可在磁场中转动的两个线圈组成。

当用手摇动发电机时，两个线圈中同时有电流通过，在两个线圈上产生方向相反的转矩，表针就随这两个转矩的合成转矩的大小而偏转某一角度，这个偏转角度取决于上述两个线圈中电流的比值。由于附加电阻的阻值是不变的，所以电流值取决于待测电阻值的大小。

值得一提的是，兆欧表测得的是在额定电压作用下的绝缘电阻值。万用表虽然也能测得数千欧的绝缘电阻值，但它所测得的绝缘电阻，只能作为参考，因为万用表所使用的电池电压较低，绝缘材料在电压较低时不易击穿，而一般被测量的电气线路和电气设备均要在较高电压下运行，所以，绝缘电阻只能采用兆欧表来测量。

兆欧表的接线柱有三个，一个为“线路”（L），另一个为“接地”（E），还有一个为“屏蔽”（G）。测量电力线路或照明线路的绝缘电阻时，“L”接被测线路上，“E”接地线。测量电缆的绝缘电阻，为使测量结果准确，消除线芯绝缘层表面漏电所引起的测量误差，还应将“G”接线柱引线接到电缆的绝缘层上。

用兆欧表摇测电气设备对地绝缘电阻时，其正确接线应该是“L”端子接被测设备导体，“E”端子接地（即接地的设备外壳），否则将会产生测量误差。

由兆欧表的原理接线可知，兆欧表的“E”端子接发电机正极，“L”端子接至测量线圈，而屏蔽端子“G”则接至发电机的负极，如图1.19所示。当兆欧表按正确接线测量被测设备对地的绝缘电阻时，绝缘表面泄漏电流经“G”直接流回发电机负极，并不流过测量线圈，因而能起到屏蔽作用。但如果将“L”和“E”反接，流过被测设备绝缘电阻的泄漏电流和一部分表面泄漏电流仍然经外壳汇集至地，并由地经“L”端子流入测量线圈，根本起不到屏蔽作用。

另外，一般兆欧表的“E”端子及其内部引线对外壳的绝缘水平比“L”端子要低一些，通常兆欧表是放在地上使用的。因此，“E”对表壳及表壳对地有一个绝缘电阻 R_f，当采用正确接线时，R_f 是被短路的，不会带来测量误差。但如果将引线反接，即“L”接地，使“E”对地的绝缘电阻 R_f 与被测绝缘电阻 R_x 并联，造成测量结果变小，特别是当“E”端绝缘不好时将会引起较大误差。

由分析可见，使用兆欧表时必须采用“L”接被测物导体、“E”接地、“G”接屏蔽的正确接线。

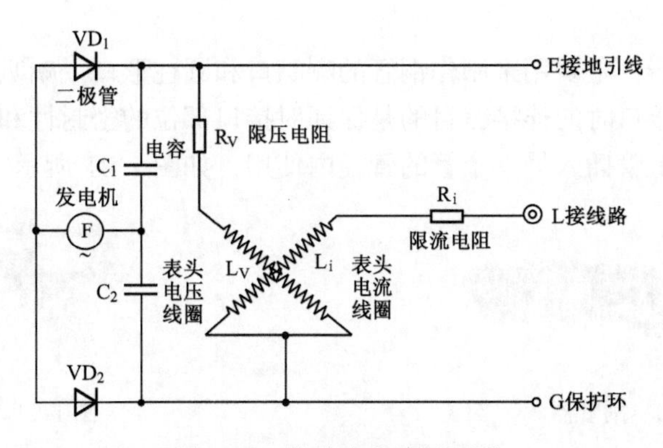

图 1.19　兆欧表电路原理图

注意

(1) 测量设备的绝缘电阻时，必须先切断设备电源。

(2) 兆欧表应放在水平位置，未接线之前，先摇动兆欧表确认指针是否在“∞”处，再将“L”和“E”两个接线柱短路，慢慢摇动兆欧表，看指针是否指在“零”处。(对于半导体型兆欧表不宜用短路校验)

(3) 兆欧表引线应用多股软线，而且应有良好的绝缘。

(4) 在摇测绝缘时，应使兆欧表保持额定转速，一般为 120 r/min。被测物电容量较大时，为避免指针摆动，可适当提高转速（如 130 r/min)。

(5) 被测物表面应擦拭洁净，不得有污物，以免漏电影响测量的准确度。

(6) 兆欧表的测量引线勿绞在一起。

(7) 测量绝缘电阻时，要遥测 1 min。

1.1.3　制冷维修专用工具

在修理制冷器具时，除了要配有一整套常用工具外，还需专用工具和材料。

修理制冷器具的专用工具有：气焊设备、电焊设备、真空泵、真空压力表、卤素检漏灯、电子检漏仪、制冷剂定量加液器、氟利昂钢瓶、氮气钢瓶、割管器、弯管器、棘轮扳手、修理阀、管路的接头和接头螺母、灌气工具（包括阀、真空压力表、带接扣的连接管等)。

1. 割管器

割管器又称为割刀，它是一种专门切断紫铜管、铝管等的工具。直径 4 ~ 12 mm 的紫铜管不允许用钢锯锯断，必须使用割管器切断，如图 1.20 所示。

割管器使用方法：将铜管放置在滚轮与割轮之间，铜管的侧壁贴紧两个滚轮的中间位置，割轮的切口与铜管垂直加紧。然后转动调整转柄，使割刀的刀刃切入铜管管壁，随即均匀地将割刀整体环绕铜管旋转。旋转一圈后再拧动调整转柄，使割刀进一步切入铜管，每次进刀量不宜过多，只需要拧进 1/4 圈即可，然后继续转动割刀。此后边拧边转，直至将铜管切断。切断后的铜管管口要整齐光滑，适宜胀扩管口。

2. 胀管器

胀管器又称扩管器，主要用来制作铜管的喇叭口和圆柱形口。喇叭口形状的管口用于螺纹接头或不适于对插接口时的连接，目的是保证对接口部位的密封性和强度。圆柱形口则在两个铜管连接时，一个管插入另一个管的管径内使用，如图1.21所示。

图1.20　割管器

图1.21　胀管器

胀管器的夹具分成对称的两半，夹具一端使用销子连接；另一端用紧固螺母和螺栓紧固。两半对合后形成的孔按不同的管径制成螺纹状，目的是便于更紧地夹住铜管。孔的上口制成60°的倒角，以利于扩出适宜的喇叭口。

胀管器使用方法：扩管时首先将铜管扩口退火并用锉刀锉修平整，然后把铜管放置于相应管径的夹具孔中，拧紧夹具上的紧固螺母，将铜管牢牢夹死。

扩喇叭形口时管口必须高于胀管器的表面，其高度大约与孔倒角的斜边相同，然后将胀管锥头旋固在螺杆上，连同弓形架一起固定在夹具的两侧。胀管锥头顶住管口后再均匀缓慢地旋紧螺杆，锥头也随之顶进管口内。此时应注意旋进螺杆时不要过分用力，以免顶裂铜管，一般每旋进3/4圈后再倒旋1/4圈，这样反复进行直至扩制成形。最后扩成的喇叭口要圆正、光滑、没有裂纹。

扩制圆柱形口时，夹具仍必须牢牢地夹紧铜管，否则扩口时铜管容易后移而变位，造成圆柱形口的深度不够。管口露出夹具表面的高度应略大于胀头的深度。胀管器配套的系列胀头对于不同管径的胀口深度及间隙都已制成形，一般小于10 mm管径的伸入长度为6～10 mm，间隙为0.06～0.1 mm。扩管时只需将与管径相应的胀头固定在螺杆上，然后固定好弓形架，缓慢地旋进螺杆。具体操作方法与喇叭口时相同。

3. 弯管器

弯管器是专门弯曲铜管的工具，如图1.22所示。在使用中，不同的管径要采用不同的弯管规格模子，而且管子上的弯曲半径应大于或等于管径5倍（$R \geqslant 5D$）。弯好的管子，在其弯曲部位的管壁上不应有凹瘪现象。

弯管时，应先把需要弯管的管子退火，再放入弯管器，然后将搭扣扣住管子，慢慢旋转杆柄使管子弯曲。当管子弯曲到所需角度后，再将弯曲管退出管模具。直径小于8 mm的铜管可用弹簧弯管器。弯管时，把铜管套入弹簧弯管器内，可把铜管弯曲成任意形状。

4. 封口钳

封口钳主要是在电冰箱、空调器等修理测试符合要求后封闭修理管口时使用，如图1.23所示。实际操作中首先要根据管壁的厚度调整钳柄尾部的螺钉，使钳口的间隙小于铜管壁厚的两倍，过大时封闭不严，过小时易将铜管夹断。调整适宜后将铜管夹于钳口的中间，合掌用力紧握封口钳的两个手柄，钳口便把铜管夹扁，而铜管的内孔也随即被侧壁挤死，起到封闭的作用。封口后拨动开启手柄，在开启弹簧的作用下，钳口自动打开。

图 1.22　弯管器

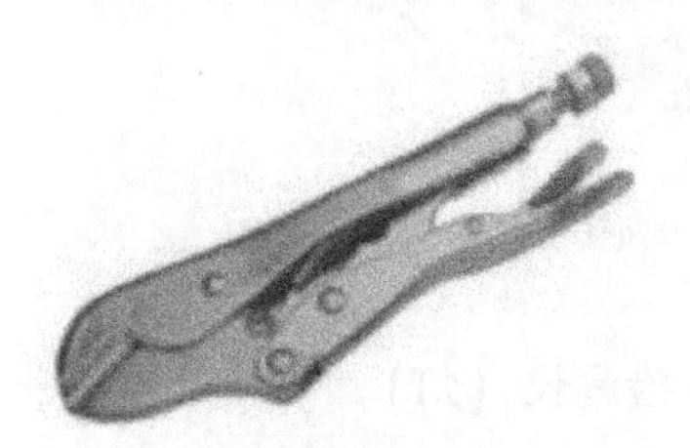

图 1.23　封口钳

5. 真空压力表

真空压力表是制冷设备维修工作中不可缺少的测量仪表。它既可测量制冷系统中 0.1 ~ 1.6 MPa 的压力，又可测量抽真空时真空度的大小。如图 1.24 所示，为真空压力表的一种类型。表盘上从里向外第一圈刻度是压力数，单位是 MPa（兆帕），是国际单位；第二圈刻度也是数值，0 以下单位为 inHg（英寸汞柱），0 以上单位为 lbf/in^2（磅力每平方英寸），是英制单位。

6. 修理阀（三通阀）

修理阀如图 1.25 所示，它由阀体、针阀、接头、锁紧螺母等组成。三个接头通过锁紧螺母可以把三根冲有喇叭口的铜管连接在阀体上，三个接头互相连通。针阀安装在阀体上，顺时针旋转阀杆，针阀前移，可以把接头 1 的通道封住；逆时针旋转阀杆，针阀后移，可使接头 1 的通道打开。为了使针阀杆与阀体之间不漏气，在针阀杆上套有密封圈，由密封螺母锁紧。

图 1.24　真空压力表

图 1.25　修理阀

7. 棘轮扳手（方榫扳手）

棘轮扳手是专门用于旋动各类制冷设备阀门杆的工具，如图 1.26 所示。扳手的一端是可调的方榫扳孔，其外圈为棘轮，旁边有一个撑牙由弹簧支撑，使扳孔只能单向旋动。扳手的另一端有一大一小的固定方榫孔，小方榫孔可以用来调节膨胀阀的阀杆。

8. 带接扣的连接管

带接扣的连接管（直径为 6 mm 的紫铜管），如图 1.27 所示。

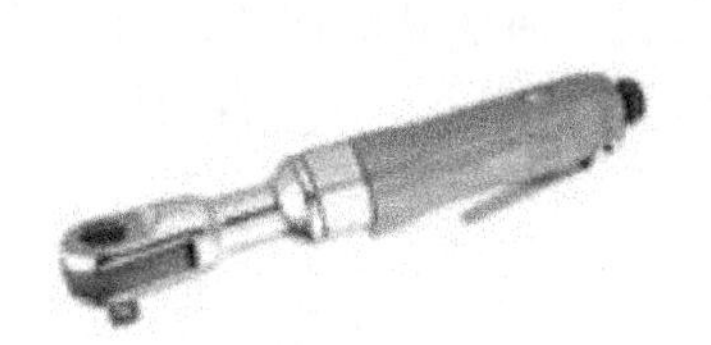

图1.26　棘轮扳手

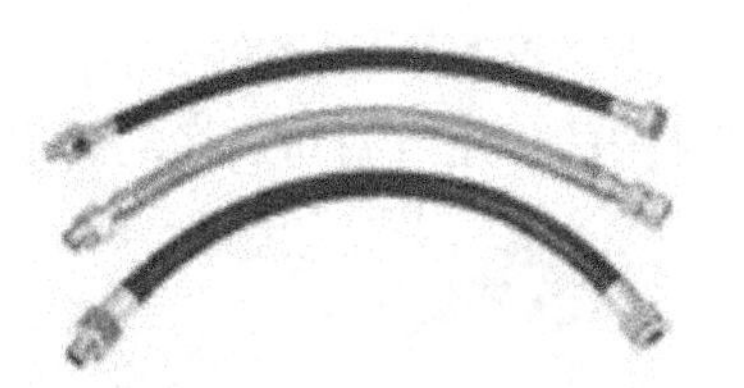

图1.27　连接管示意图

9. 卤素检漏仪（灯）

卤素检漏灯是电冰箱、空调器制冷系统传统的检漏工具，现在在维修时已经很少使用，以电子卤素检漏仪代替。使用卤素检漏灯时，点燃酒精（或甲烷气体）后，火焰呈蓝色，当氟利昂蒸气与火焰接触后即由蓝变绿。根据火焰的颜色变化即可判断有无泄漏及泄漏量的大小。

卤素灯的工作原理是氟利昂气体与卤素灯火焰接触后即分解为氯元素气体，氯气与灯内炽热的铜接触，便生成氯化铜，火焰颜色变绿或紫绿色。泄漏量由微漏至严重泄漏时，火焰颜色相应地由微绿变为浅绿、深绿直至紫绿色。

卤素检漏仪主要用于制冷系统充入制冷剂以后的精检。如图1.28所示，是一种常用的电子卤素检漏仪，其灵敏度可达5 g/a以下，它的工作原理是卤素原子（氟、氯等）在一定电位的电场中极易被电离而产生离子流。氟利昂气体由探头、塑料管被吸入白金筒内，通过加热的电极，瞬间发生电离而使阳极电流增加，在微电流极上发生变化，经放大器放大后，推动电流计指针指示或使蜂鸣器报警。

使用电子检漏仪检漏时，将其探口在被检处移动，若有氟利昂泄漏，即发出警报。探口移动的速度应不大于50 mm/s，被检部位与探头之间的距离为3～5 mm。由于电子检漏仪的灵敏度很高，所以不能在有卤素物质或其他烟雾污染的环境中使用。

10. 真空泵

真空泵是抽取制冷系统内的气体以获得真空的专用设备，如图1.29所示。检修制冷设备时常用的真空泵为旋片式结构，它的工作原理是利用镶有两块滑动旋片的转子，偏心地装在定子腔内，旋片分割了进、排气口。旋片在弹簧的作用下，时时与定子腔壁紧密接触，从而把定子腔分割成了两个室。偏心转子在电动机的带动下，带动旋片在定子腔内旋转，使进气口方面的腔室逐渐扩大容积，吸入气体；另外对已吸入的气体压缩，由排气口阀排出，从而达到抽除气体获得真空的目的。

图1.28　电子卤素检漏仪

图1.29　真空泵

注意

(1) 放置真空泵的场地周围要干燥、通风、清洁。

(2) 真空泵与制冷系统连接的耐压胶管要短，且避免弯折。

(3) 启动真空泵前需仔细检查各连接处及焊口处是否完好，泵的排气口胶塞是否打开。

(4) 瞬间启动真空泵，观察泵的电动机旋转方向是否与电动机上箭头方向一致。

(5) 停止抽真空时要首先关闭直通阀开关，使制冷系统与真空泵分离。不使用真空泵时需用胶塞封闭进、排气口，以免灰尘和污物进入泵内影响真空泵的内腔精度。

(6) 经常保持真空泵整洁，随时观察油窗上真空泵油标志，加强对真空泵的日常保养，提高设备完好率。

11. 制冷剂钢瓶

常用的制冷剂储存于专用钢瓶内，氟利昂瓶漆成浅绿色，在瓶上标出制冷剂名称。储存不同制冷剂的钢瓶不能互相调换使用，钢瓶不要在太阳下曝晒或靠近火焰及高温热源处放置，运输时要避免相互碰撞，以免引起爆炸。制冷剂钢瓶应经常检查有无泄漏，发现泄漏时，应及时修复，以免损失制冷剂。钢瓶内装有制冷剂的最大限度为其容积的85%，不能充满，以防制冷剂受热膨胀，使钢瓶破裂。

12. 管路的接头和接头螺母

中、小型氟利昂的连接管多使用紫铜管，常用的紫铜管的外径为：6 mm、8 mm、10 mm、12 mm、16 mm和25 mm等。连接管路的附件为各种接头和接管螺母，根据连接管径的不同，接头和接管螺母对应有一系列规格。通常接头和紫铜管焊接在一起，而接管螺母应先套在紫铜管上，然后将铜管扩成喇叭口，最后将螺母拧紧在接头上。

1.2　维修技能

1.2.1　常规维修

1. 直观检查法

(1) 眼看。

① 查看电器元件表面是否有烧焦、熔断、起泡、变形、变色、跳火、霉锈等痕迹，若有则为“故障元件”。

② 查看电器的内部连线，接插件有无松动、脱落或接触不良。

③ 查看印制电路板有无断裂、焊点有无虚焊、搭焊（短路），有时还需借助放大镜进行查找。

(2) 手摸。

① 将家用电器开机数分后，拔下电源插头，用手触摸被怀疑出故障的电器元件是否过热，从而确定故障部位。

② 用手轻摇各电器元的连线、接插件，观察故障现象。

(3) 耳听。

① 家用电器开机后仔细听有无“吆吆”的放电声、交流声，转动电位器有无接触不良的“喀啦”声。

② 对于有机械传动的设备，听有无异常的机械撞击声。

(4) 询问。对于出故障的电热电动器具，不要急于拆开检修，而是要首先询问用户，了解故障情况及其故障产生的原因。如故障现象是突然发生的，还是逐渐恶化形成的，是周期性的还是时有时无，有无冒烟和异常气味，故障发生时电源电压有无变化，是否修理、更换或调整过元件。依据这些情况就可以弄清楚故障原因，判明故障范围。

2. 电压测量法

电压测量法就是用万用表测量电路中某些关键工作点上的电压值，根据该点上电压值是否正常来判断或查找电路故障的方法，又称为电压判别法。电压测量法可以说是检修各种电器最常用、最简捷、最有效的方法之一。

3. 电流测量法

电流测量法就是利用万用表测量整机和各支路的电流，根据测量结果是否正常来判断故障所在部位的方法。通常，测量电流时可以直接把万用表串联在电气回路中进行测量，但是有时也可以通过测量电路两端电压再计算出电流值，判断电路是否工作正常。用电流测量法检修电热与电动器具，往往比其他检修方法更能定量反映出电路的工作状态是否在正常工作范围，尤其是电路中电器元件的数值发生变化时，这种方法特别奏效。

注意

(1) 测量前应考虑所用万用表电流挡内阻，一般应小于被测电路内阻的十分之一，以免因内阻过大而影响测量结果的准确性。

(2) 为防止被测电流过大而损坏仪器，应在测量回路中接入假负载。

4. 阻值测量法

用万用表测量电路中电器元件的电阻值，根据测得的阻值是否正确查找电路中发生故障的部位，称为阻值测量法，又称为阻值判别法。通常阻值测量法具体分为在线和不在线两种，前者是在电路板上直接测量元器件，后者是把元器件从电路板上拆下来进行测量。

阻值测量法作为电压、电流测量等诊断方法的补充，是检修各类电器故障的一种常用的、重要的方法。例如，在检修比较复杂的电路时，仅用电压测量法往往无法断定某一电器元件的好坏，这时就需要用阻值判别法同时检查才能奏效。特别是当把故障判断在一定的范围内时，需要最后验证电器元件好坏，主要依靠阻值测量法。

注意

（1）先断电再测量；测量电容前，要先放电再测量，以免损坏万用表。

（2）不同型号的万用表具有不同内阻并使用不同电池电压，因而会有不同的测量结果，要注意分析测量结果的准确性。

（3）因电路中各元器件常有并联因素存在，往往使实际测量值偏小，应焊开元器件的一端引线再测量，即所谓的不在线测量。

5. 短路判别法

这种用导线或其他元件人为地将电路中某一点与地短路，根据故障现象是否变化来查找故障所在部位的方法称为短路判别法，又称为短路试验法。在实际维修工作中，这种判别法有一定局限性，对大电流、高电压的电路故障不适用。

6. 对照比较法

所谓对照比较法，就是通过把故障电路与功能正常的电路进行比较来查找故障的方法。这种方法对初学者比较适用。

1.2.2 气焊基本操作

气焊是一项专门技术。在制冷设备维修中，铜管与铜管、铜管与钢管、钢管与钢管的焊接都使用气焊。

所谓“气焊”，是利用可以燃烧的气体和助燃气体混合点燃后产生的高温火焰，加热熔化两个被焊接的连接处，并用填充材料，将两个分离的焊件连接起来，使它们达到原子间的结合，冷凝后形成一个整体的过程。在气焊中，一般用乙炔或液化石油气作为可燃气体，用氧气作为助燃气体，并使两种气体在焊枪中按一定的比例混合燃烧，形成高温火焰。焊接时，如果改变混合气体中氧气和可燃气体的比例，则火焰的形状、性质和温度也随之改变。焊接火焰使用及调整得正确与否，直接影响焊接质量。在气焊中，应根据所需温度的不同，选择不同的火焰，下面介绍焊接火焰方面的一些基本知识。

1. 对焊接火焰的要求

（1）火焰要有足够高的温度。

（2）火焰体积要小，焰心要直，热量要集中。

（3）火焰应具有还原性质，不仅不使液体金属氧化，而对熔化中的某些金属氧化物及熔渣起还原作用。

（4）火焰应不使焊缝金属增碳和吸氧。

2. 火焰的种类、特点及应用

气焊火焰的种类有中性焰、碳化焰和氧化焰三种，如图 1.30 所示。

（1）碳化焰。当乙炔的含量超过氧气的含量时，火焰燃烧后的气体中尚有部分乙炔未曾燃烧，喷出的火焰为碳化焰，如图 1.30（a）所示。碳化焰的火焰明显分三层，焰心呈白色，外围略带蓝色，温度一般为1000℃左右；内焰为淡白色，温度为2100～2700℃；外焰呈橙黄色，温度低于2000℃。碳化焰可用来焊接钢管等。

（2）中性焰。中性焰是三种火焰中最适用于铜管焊接的火焰。点燃焊枪后，逐渐增加氧气流量，火焰由长变短，颜色由淡红变为蓝白色。当氧气与乙炔比例接近1∶1混合燃烧时，就得到图1.30（b)所示的中性焰。中性焰由焰心、内焰和外焰三部分组成。焰心是火焰在最里层部分，呈尖锥形，色白而明亮；内焰为蓝白色，呈杏核形，是整个火焰温度最高部分；外焰是火焰的最外层，由里向外逐渐由淡紫色变为橙黄色。中性焰的温度在3100℃左右，适宜焊接铜管与铜管、钢管与钢管。

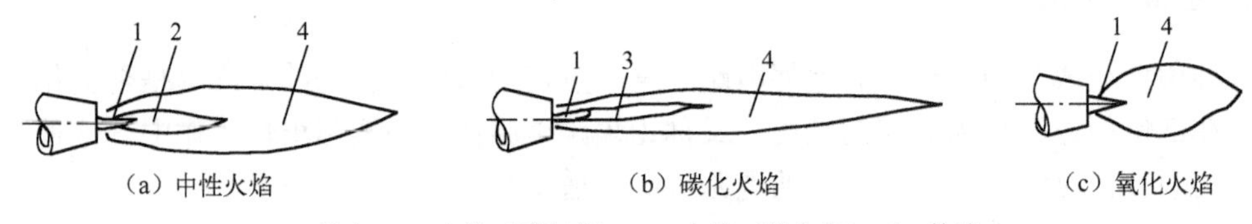

（a）中性火焰　（b）碳化火焰　（c）氧化火焰

1—焰心；2—内焰（暗红色）；3—内焰（淡白色）；4—外焰

图1.30　气焊火焰的种类

（3）氧化焰。当氧气超过乙炔的含量时，喷出的火焰为氧化焰，如图1.30（c）所示。氧化焰的火焰只有两层，焰心短而尖，呈青白色；外焰也较短，略带紫色，火焰挺直。氧化焰的温度在3500℃左右，氧化焰由于氧气的供应量较多，氧化性很强，会造成焊件的烧损，致使焊缝产生气孔、加渣，不适于制冷管道的焊接。

3. 焊接操作

（1）焊接前的准备工作。

① 检查高压气体钢瓶。气瓶的出口不得朝向人的身体，连接胶管不得有损伤，减压器周围不能有污渍、油渍。

② 检查焊炬火嘴前部是否有弯曲和堵塞，气管口是否被堵住，有无油污。

③ 调节氧气减压器，控制低压出口压力为0.15～1.20 MPa。

④ 调节乙炔气钢瓶出口为0.01～0.02 MPa。如使用液化石油气气体则无须调节减压器，只需稍稍拧开瓶阀即可。

⑤ 检查被焊工件是否修整完好，摆放位置是否正确。焊接管路一般采用平放并稍有倾斜的位置，并将扩管的管口稍向下倾，以免焊接时熔化的焊料进入管道造成堵塞。

⑥ 准备好所有使用的焊料、焊剂。

（2）调整焊炬的火焰。通过控制焊炬的两个针阀来调整焊炬的火焰。首先打开乙炔阀，点火后调整阀门使火焰长度适中，然后打开氧气阀，调整火焰，改变气体混合比例，使火焰成为所需要的火焰。一般认为中性焰是气焊的最佳火焰，几乎所有的焊接都可使用中性焰。调节的过程如下：由大至小，中性焰（大）→减少氧气→出现羽状焰→减少乙炔→调为中性焰（小）；由小至大，中性焰（小）→加乙炔→羽状焰变大→加氧气→调为中性焰（大）。调节的具体方法应在焊接时灵活掌握，逐渐摸索。

4. 焊接

首先要对被焊接管道进行预热，预热时焊炬火焰焰心的尖端离工件2～3 mm，并垂直于管道，这时的温度最高。加热时要对准管道焊接的结合部位全长均匀加热。加热时间不宜太长，以免结合部位氧化。加热的同时在焊接处涂上焊剂，当管道（铜管）的颜色呈暗红色时，焊剂被熔化成透明液体，均匀地润湿在焊接处，立即将涂上焊剂的焊料放在焊接处继续加热，直至焊料充分熔化，流向两管间隙处，并牢固地附着在管道上时，移去火焰，焊接完毕。然后先关闭焊枪的氧气调节阀，再关闭乙炔气调节阀。要特别注意，在焊接毛细管与干燥过滤器的接口时，预热时间不能过长，焊接时间越短越好，以防止毛细管加热过度而熔化。

5. 焊接后的清洁与检查

焊接时，焊料没有完全凝固时，绝对不可使焊接件动摇或震动，否则焊接部位会产生裂缝，使管路泄漏。焊接后必须将焊口残留的焊剂、熔渣清除干净。焊口表面应整齐、美观、圆滑，无凸凹不平，并无气泡和加渣现象。最关键的是不能有任何泄漏，这需要通过试压检漏去判别。

不正确的焊接会造成以下不良后果：

(1) 焊接点保持不到一周。由于接头部分有油污或温度不够、加热不均匀、焊料或焊剂选择不当、不足等原因造成。

(2) 结合部开裂。由于未焊牢时，铜管被碰撞、振动所致。

(3) 焊接时被焊铜管开裂。由于温度过高所致。

(4) 焊接处外表粗糙。由于焊料过热或焊接时间过长、焊剂不足等引起。

(5) 焊接处有气泡、气孔。因接头处不清洁造成。

注意

(1) 安全使用高压气体，开启瓶阀时应平稳缓慢，避免高压气体冲坏减压阀。调整焊接用低压气体时，要先调松减压器手柄再开瓶阀，然后调压。工作结束后，先调松减压器再关闭瓶阀。

(2) 氧气瓶严禁靠近易燃品和油脂。搬运时要拧紧瓶阀，避免磕碰和剧烈震动。接减压器之前，要清除瓶上的污物，要使用符合要求的减压器。

(3) 氧气瓶内的气体不允许全部用完，至少要留0.2～0.5 MPa的剩余气量。

(4) 乙炔气钢瓶的放置和使用与氧气瓶的方法相同，但要特别注意高温、高压对乙炔气钢瓶的影响，一定要放置在远离热源、通风干燥的地方，并要求直立放置。

(5) 焊接操作前要仔细检查钢瓶阀、连接胶管及各接头部分，不得漏气。焊接完及时关闭钢瓶上的阀门。

(6) 焊接工件时，火焰方向应避开设备中的易燃、易损部位，应远离配电装置。

(7) 焊炬应存放在安全地点。不要将焊炬放在易燃、腐蚀性气体及潮湿的环境中。

(8) 切勿随意挥动点燃的焊炬，以避免伤人或引燃其他物品。

1.3 制冷系统维修操作技能

制冷系统的检修是项细致的工作。如果在清洗、吹污、检漏、抽真空、充氟等工作中粗心大意，会使整个修理工作以失败而告终。

1. 制冷系统的清洗

电冰箱制冷系统的污染主要是压缩机的电动机绝缘被击穿、匝间短路或绕组被烧损，产生大量的酸性氧化物，使制冷剂受到污染。因此，除了要更换压缩机、干燥过滤器外，还要对整个制冷系统进行彻底的清洗。对于较轻度的污染，可用制冷剂氟利昂12压力气体吹洗蒸发器和冷凝器，吹洗时间在30 s以上。制冷剂钢瓶放于40℃的温水桶中是为了增加压力。清洗后应及时更换压缩机和干燥过滤器，并立即组装封好。对于较严重的污染，采用气液交替清洗的方法，即先用专用清洗剂R113，对蒸发器、冷凝器、毛细管进行清洗，然后再用氮气或氟利昂气体吹洗。有时需要反复多次。

小型空调器的全封闭制冷系统的清洗方法与电冰箱的大同小异，空调器的制冷剂为氟利昂22，清洁剂用R113。

另外，应定期对冷凝器、蒸发器表面进行清洗，即用毛刷蘸温水清洗。

2. 制冷系统的吹污

制冷装置安装后，其制冷系统内可能会残存焊渣、铁锈及氧化皮等物，这些杂质污物残存在制冷系统内，与运转部件相接触会造成部件的磨损，有时会在膨胀阀、毛细管或过滤器等处发生堵塞（脏堵）。污物与制冷剂、冷冻油发生化学反应，还会导致腐蚀。因此，制冷系统必须进行吹污处理。

吹污即是用压缩空气或氮气（也可用制冷剂）对制冷系统的内部进行吹除，以使之清洁畅通。

制冷装置的外部吹污用压缩空气进行吹除，但是翅片和盘管上的油污则必须用中性洗涤液方可洗去。

内部管网部件的吹污，最好分段进行，先吹高压系统，再吹低压系统。排污口应选择在各段的最低位置。

为保证制冷系统吹污后的清洁与干燥，必须安装新的干燥过滤器，以便滤污和吸潮。

3. 制冷系统的检漏

制冷系统容易发生泄漏的部位有蒸发器的各焊接部位、各管路和部件连接处、压缩机壳的焊缝等。常见的检漏方法有：

（1）目测检漏。例如，一台使用了一段时间后的电冰箱，开始时蒸发器结霜情况正常，后来就只半边结霜。用目测检漏法检查时发现压缩机底座及个别管道有油污，即可判断制冷系统有泄漏。在查找是否有油污时，重点检查各管路的焊口、焊缝及压缩机壳的焊缝。

（2）肥皂水检漏。用肥皂水检漏是目前制冷装置维修时常用的比较简便的方法。具体的操作如下：先将肥皂切成薄片，浸泡在温水中，使其溶成稠状肥皂液后再使用。检漏时，在制冷系统中充入784～980 kPa的氮气或干燥空气，用砂布擦去各被检部位的污渍，然后用干净的毛刷蘸上肥皂液，均匀地涂抹在被检部位四周，仔细观察有无气泡。如有肥皂泡出现，说明该处有泄漏。

（3）卤素灯和电子卤素检漏仪检漏。卤素灯检漏是利用卤素灯喷射的火焰与氟利昂气体接触，使氟利昂分解成氟、氯元素气体，当氯气与灯内炽热的铜接触，便生成了氯化铜，火焰的颜色的变化是浅绿→深绿→紫色，这样便可知渗漏量相应地从微漏→严重渗漏。因此，可通过火焰的颜色变化来判别漏泄量的大小。其操作方法如下：先向制冷系统充入表压为 50 kPa 左右的 F-12 制冷剂蒸气，再充入氮气或压缩空气、升压到表压为 1000 kPa，然后用卤素灯检漏。

电子卤素检漏仪是利用气体的电离现象，经电子放大器放大后来检查管路泄漏情况的一种较为先进的仪器。检漏时，先向制冷系统内充入含 1% 氟利昂制冷剂的干燥氮气混合气体，压力保持在 784 ~ 980 kPa，然后再把探头放在距被检部位约 5 mm 处，并以不大于 5 mm/s的速度通过，检漏度不大于 0. 5 g/a。从被测部位吸取的空气通过辉光铂丝，辉光铂丝表面发出电子和少数正离子，在卤化气体存在的情况下，离子发射大大增加，被放大的电流显示在测量仪器上，并发出报警声。

电子卤素检漏仪的精度很高，使用时要求检测区空气保持洁净、流动，不然会产生误差并损坏仪器。

(4) 浸水检漏。浸水检漏是一种最简单而且应用最广泛的方法，常用于压缩机、蒸发器、冷凝器等零部件的检漏。其操作方法是：检漏时，先将被检部件内充入一定压力的干燥空气或氮气，压力适中，然后将部件浸入水中观察 1 min 以上，当目视无任何气泡出现，即为合格。注意操作时应保持水的洁净。

4. 制冷系统抽真空

制冷系统经过压力检漏合格后，放出试压气体，立即进行抽真空处理。抽真空的目的有三个：一是排除制冷系统中残留的试压气体氮气；二是排除制冷系统中的水分，从而有效地避免冰堵的发生；三是进一步检查制冷系统有无泄漏，即制冷系统在真空条件下的密封性能，外界气体是否会进入制冷系统中。一般抽真空的方法有三种：

(1) 低压单侧抽真空。低压单侧抽真空是利用压缩机壳上的加液工艺管进行的。其操作比较简单，且焊接口少，泄漏机会也相应少，低压单侧抽真空的方法，如图 1. 31 所示。按图示连接好系统后，启动真空泵，把转芯三通阀逆时针方向全部旋开，抽真空 2 ~ 3 h（具体看真空泵抽真空的能力）。当真空压力表的指示在 133 Pa 以下，油杯瓶内的润滑油 5 min 以上不翻泡，说明真空度已达到，可关闭转芯三通阀，停止抽真空。

(2) 高、低压双侧抽真空。高低压双侧抽真空是指在干燥过滤器的进口处另设一根工艺管，与压缩机壳上的工艺管并联在一台真空泵上，同时进行抽真空。这种抽真空方法，克服了低压单侧抽真空方法中毛细管流动阻力对高压侧真空度的不利影响，但是要增加两个焊口，工艺上就稍有些复杂。高低压双侧抽真空对制冷系统性能有利，且可适当缩短抽真空时间，在实际的维修工作中已被广泛使用。

(3) 二次抽真空。二次抽真空是指将制冷系统抽真空达到一定真空度后，充入少量的制冷剂，使制冷系统的压力恢复到大气压力。这时，制冷系统内已含有制冷剂与空气的混合气体，第二次抽真空后，便达到了减少制冷系统内残留空气的目的。二次抽真空与一次抽真空的区别是：一次抽真空时，制冷剂高压部分的残余气体必须通过毛细管后才能达到工艺管被抽除，由于受毛细管阻力的影响，抽真空时间加长，而且效果不理想。二次抽真空是在一次抽真空后向制冷系统充入制冷剂气体，使高压部分空气被冲淡，剩余气体中的空气比例减少，从而达到较为理想的真空度。

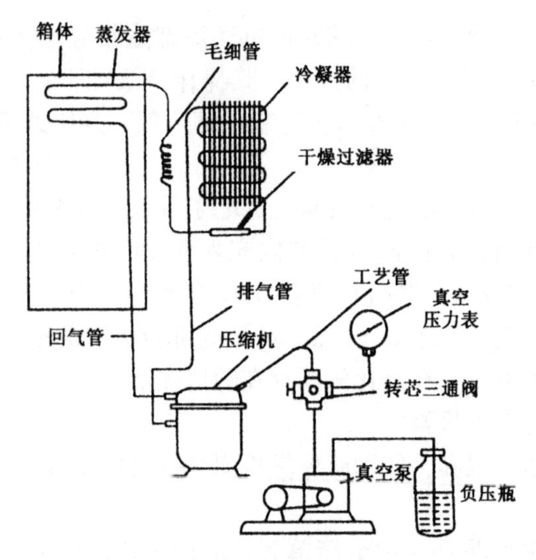

图1.31 低压单侧抽真空示意图

在上门修理电冰箱时，如果没有携带真空泵，可利用多次充放制冷剂的方法来驱除制冷系统中的残留空气，以达到抽真空的目的。具体操作如下：每次充制冷剂的压力为50 kPa，静止5 min后将制冷剂放出，压力回到0 kPa，再充制冷剂，重复四次后便可达到抽真空的目的。充、放四次，制冷剂的消耗量共约100 g左右。

5. 制冷系统的制冷剂充注及封口

制冷系统经过检漏、抽真空后，就可以进行充注制冷剂的工作了。

在制冷器具的铭牌上或说明书上，一般都标有加注量。在充注时，要按原标定值进行充注，不可随便改变充加量（在充注量标定值±5%范围）。

步骤如下：

（1）抽真空充注制冷剂的操作，如图1.32所示，将转芯三通阀的对应接口分别与压缩机充注制冷剂的工艺管、充注器和真空泵的管路接上。在拧紧管路的接头前，从充注器放出微量制冷剂，将连接管路中的空气驱逐出后再拧紧。

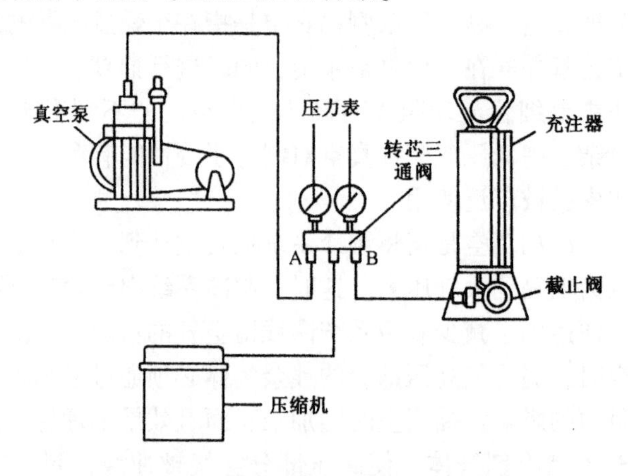

图1.32 抽真空充注制冷剂的操作图

（2）打开真空泵的转芯三通阀 A，关闭通往充注器的转芯三通阀 B，启动真空泵，抽真空 2 ~ 3 h，当真空泵压力表指示在 133 Pa 以后，停止真空泵工作。

（3）关闭通往真空泵的转芯三通阀 A，开启通往充注器的转芯三通阀 B 和截止阀，然后启动压缩机，将制冷剂充入制冷系统。充注过程中，注意仔细观察充注器的液位变化。当达到规定的充注量时，迅速关闭截止阀。

（4）让制冷系统运行 30 min 后，倾听制冷系统有无流水声，查看蒸发器结霜情况。确认性能合格，即可进行封口焊接。制冷系统的封口应在压缩机运转时进行，因为这时压力低，容易封口。在距离压缩机工艺管口 20 cm 处，用封口钳夹扁工艺管。为保险起见，可以同时夹扁两处，然后在外端切断工艺管，切断处用砂布打磨干净，用铜焊银焊或锡焊封口，然后把封口浸在水中，无气泡即可。

6. 制冷系统管路连接

电冰箱、空调器的全封闭系统，是由压缩机、冷凝器、干燥过滤器、毛细管、蒸发器和吸气管、排气管及连接管连接而成。管路连接有气焊焊接、螺纹连接、快速接头连接三种形式。

（1）气焊焊接。气焊焊接，在前面已经详细介绍过，这里不再重复。

（2）螺纹连接。在可拆装的制冷系统中，接头部位或与阀件的连接中，常采用螺纹连接，螺纹连接有两种形式，即全接头连接和半接头连接，多采用半接头连接，即铜管一端用螺纹连接，铜管另一端与接头焊接。螺纹连接一端用的紫铜管上制作喇叭口——扩口，以便与另一端密贴紧固。

（3）快速接头连接。在分体式空调器的室内、外机组制冷管道连接中常采用快速接头连接，常用的快速接头有一次性刃具接头、多次密封弹簧接头和喇叭口接头。

无论采用哪种快速接头，连接前都必须保持清洁干燥，不可有油污和水分。连接时要将两个接头同心对准，不可偏斜，并采用扳手紧固（最好用扭力扳手）。操作要精心快速，时间一般不超过 5 min。

1.4 电热元件与控制元件

1.4.1 电与热能量的转换原理

在物理学中，热现象是物质中大量分子的无规则运动的具体表现，热是能量的一种表现形式。电能和热能可以互相转换，如电热器具是将电能转换为热能。电能与热能的转换关系可以用焦耳—楞次定律来表述。电流通过导体时产生的热量（Q）跟电流强度的平方（I^2）、导体的电阻（R）及通电的时间（t）成正比。

用公式表示就是：

$$Q = KI^2Rt$$

式中 K——比例恒量，又叫做电热当量，它的数值由实验中得到的数值算出。当热量用卡、电流强度用安培、电阻用欧姆、时间用秒做单位时，$K = 0.24$ 卡/焦耳。

于是上式可以写做：

$$Q = 0.24I^2Rt$$

上述公式表达了电能与热量之间的数量变换关系，它是电热器具工作原理的基本理论。

法定计量单位制中，热量的单位为焦耳（J）：

$$1\ J=1\ N\cdot m=1\ W\cdot s=1\ V\cdot A\cdot s$$

非法定计量单位制中，热量单位也有用卡（cal），它是指1 g水的温度升高1℃所需要的热量。另外，还有千卡（kcal），俗称大卡。

它们之间的关系是：

$$1\ kcal=1000\ cal$$

焦耳换算成卡时，需要以常数0.24，即1 J≈0.24 cal。

1.4.2 电热器具类型与基本组成

1. 类型

（1）电阻式电热器具。用电阻发热原理制成的电热器具就称为电阻式电热器具，如电炉、电熨斗、电吹风、电热毯、电热杯、电烤箱、电饭锅、电咖啡壶、电炒锅、电暖器等，均是利用这一原理。这是目前电热器具中使用最为广泛的一种形式。

（2）远红外线辐射式电热器具。在电热元件（金属管、石英管、电热板）的表面上直接涂上远红外线辐射涂料，当给电热元件通电后，产生的热量加热了远红外线辐射物质，使其发射远红外线对物体进行加热。它具有热效率高、省时、节约能源、卫生等优点，但由于高温易使远红外线涂料脱落，而导致远红外线辐射能力减弱，影响加热的效果。使用远红外线辐射的电热器具有远红外线电烤炉、远红外线电暖器、远红外线医用理疗器等。

（3）感应式电热器具。闭合导体在交变磁场中会产生感应电流（即涡流），由此而产生热，利用电磁感应原理制成的电热器具就称为感应式电热器具。应用这种原理的有电磁炉等。

（4）微波式电热器具。当微波照射物体时，使物体内部的分子加速运动而产生热，利用微波加热的原理制成的电热器具称为微波式电热器具。微波炉就是其中一种，它具有加热速度快、加热均匀、节能、清洁卫生等优点。

2. 电热器具的基本组成部件

（1）发热部件。发热部件的主要功能是将电能转换成热能，它由各类电热元件构成。常见的有电阻加热电热元件电热丝、电热合金发热盘、电阻发热体、管状电热元件、PVC电热元件、远红外线辐射器等。此外，还有高频加热线圈和微波介质加热。

（2）温控部件。温控部件的主要功能是对发热部件的温度、发热功率、通电时间进行控制，满足使用的需要。常用的温控部件有双金属片、磁性、PVC、热敏电阻、热电偶、电子、计算机温控部件等。

（3）保护部件。保护部件的主要功能是当电热器具发热温度超过正常范围时，自动切断电源，防止器具过热损坏，起到保护作用。常用的器件有温度保险丝、热熔断体、热继电器等。

1.4.3 电阻式电热元件

1. 电阻式电热元件的材料及性能

合金电热材料除了具备一般力学、物理学性能外，还具有电和热等方面的特殊性能。电

阻式电热元件使用的材料是合金材料。

(1) 合金材料的分类。合金电热材料的种类较多，按材料的性质分贵金属及其合金、重金属及其合金、镍基合金、铁基合金、铜基合金等几种，其中镍基合金及铁基合金在电热元件中应用最为广泛。

(2) 合金材料的特性。

① 物理和机械性能，主要包括电热材料的导热系数、电阻率、密度、熔点、膨胀系数、伸长率等。

② 使用温度，是指电热元件在工作时，本身所允许达到的最高温度。电热器具的最高温度，至少应低于元件最高使用温度100℃左右。

③ 电阻温度系数，合金材料的电阻值随着温度变化，电阻率也随着温度的变化而变化，这个变化的数值称为电阻温度系数。电阻温度系数有正负之分，正值（PTC）表示电阻随着温度的升高而增大，负值（NTC）表示电阻随着温度的升高而减小。在电热器具中，大部分是应用有正温度系数（PTC）的电热材料。

④ 表面负荷，是指电热合金元件表面上单位面积所散发的功率（W/cm^2），它是关系到电热元件使用寿命的一个重要参数。在相同的条件下，如果选用的元件表面负荷值越小，则其功率越小，电热元件的温度越低；如果选择的电热元件的表面负荷值越大，则功率越大，电热元件的温度越高。但如果表面负荷值取的过大，会使元件的使用寿命降低，严重时会导致电热材料熔化。因此，在维修电热器具时，应正确合理地选取。

电热器具中合金电热材料的表面负荷的经验数据，见表 1.1。

表 1.1　电热器具中合金元件的表面负荷数据

<table>
<tr><th>名　称</th><th colspan="2">结构形式</th><th>表面负荷（W/cm²）</th></tr>
<tr><td>电炉</td><td colspan="2">开启式</td><td>4～7</td></tr>
<tr><td rowspan="4">电熨斗</td><td rowspan="2">封闭式</td><td>不带温控</td><td>8～15</td></tr>
<tr><td>带温控</td><td>15～25</td></tr>
<tr><td colspan="2">云母骨架</td><td>5～8</td></tr>
<tr><td colspan="2">管状元件带温控</td><td>6～8</td></tr>
<tr><td rowspan="2">电热水器</td><td colspan="2">电热丝直接浸入水中</td><td>30～40</td></tr>
<tr><td colspan="2">管状元件</td><td>10～20</td></tr>
<tr><td>电饭锅</td><td colspan="2">铸铝管状元件</td><td>10～20</td></tr>
</table>

2. 电阻式电热元件的类型

电热器具中，除微波炉和电磁炉外，都是以电阻式元件作为主要的发热元件。按装配结构分开启式电热元件、半封闭式电热元件和封闭式电热元件。

(1) 开启式电热元件。裸露的电阻丝就是其中之一，如图 1.33 所示。电炉的电阻丝放置在有绝缘材料制成的盘状凹槽里；电吹风的电阻丝安装在绝缘架上形成螺旋状。它们发出的热能由辐射和对流两种方式传递给加热物体。这种电热元件的优点是结构简单、成本低、加热速度快，易于安装和维修；其缺点是由于电阻丝裸露和带电，易于氧化，使用寿命短，易引起局部短路，工作不安全。

（2）半封闭式电热元件。半封闭式电热元件是将电热丝绕在绝缘骨架上制成，使用时将它安装在特殊的保护罩内。如电熨斗就是使用这种半封闭式电热元件制成的，电热元件发出的热量经过云母传给底板，达到熨烫衣物的目的，如图1.34所示，电炉的发热体也采用这种元件，它是先加热灶盖再传给被加热物。半封闭式电热元件的安全性好，但热效率低。

（3）封闭式电热元件。管状电热元件可以弯曲成U形、单管形、W形等多种形式，以适应不同的需要，如图1.35所示，它是一种技术上比较成熟、使用安全可靠的电热元件。这种电热元件是在钢管或磁管内放入螺旋状的电阻丝，并用氧化镁等耐热的绝缘粉末灌满其间隙，再经端头封堵和表面处理等工艺制成，在管口端引出接线端子，以供接电源用。

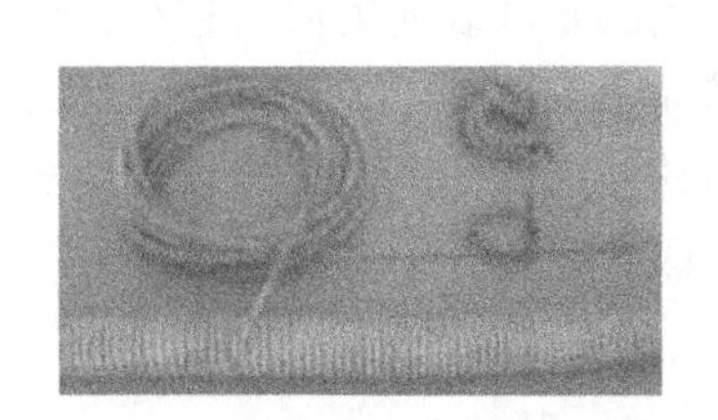

图1.33 电阻丝

图1.34 云母导热

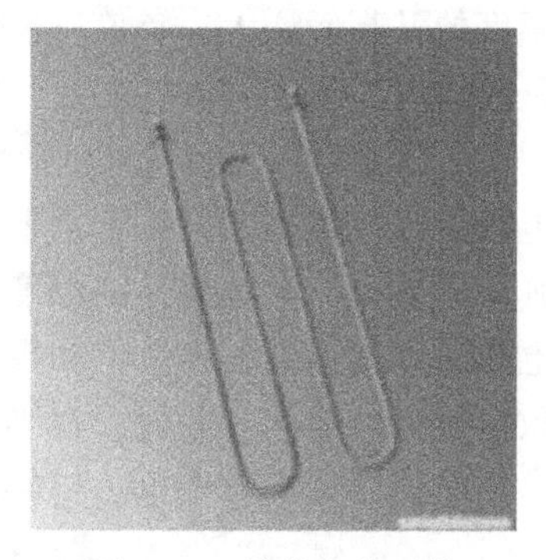

图1.35 管状电热元件

电热板也属于封闭式电热元件的一种，电热元件铸在合金铝制成的凸面圆形板内。与其他电热元件相比，封闭式电热元件具有结构简单、成本低、使用寿命长、机械强度高、使用安全等优点。因此，被广泛应用在电灶、电烤箱、电炒锅、电热水器、电熨斗等家用器具中。

1.4.4 PTC电热元件

PTC元件的主体材料是钛酸钡（$BaTiO_3$）中掺入微量的稀土元素，经研磨、压形、高温烧结成的陶瓷半导体发热材料。它是具有正温度系数的热敏电阻，如图1.36所示。PTC电热元件具有独特的电阻温度特性，从图中可以看出，在特定的温度内，PTC电热元件的电阻值随着温度的升高变化非常缓慢，当超过这个温度时，电阻值急剧增大，发生温度变化的温度点叫居里点，一般此点的温度为220℃。利用PTC做电热元件时，它的温度可以自动调节。同时在超出温度范围时可以限制电流，使温度恒定在一定的范围。它具有加热与自身温控的双重功能，PTC电热元件特性曲线的斜率、居里点的位置及本身的电阻

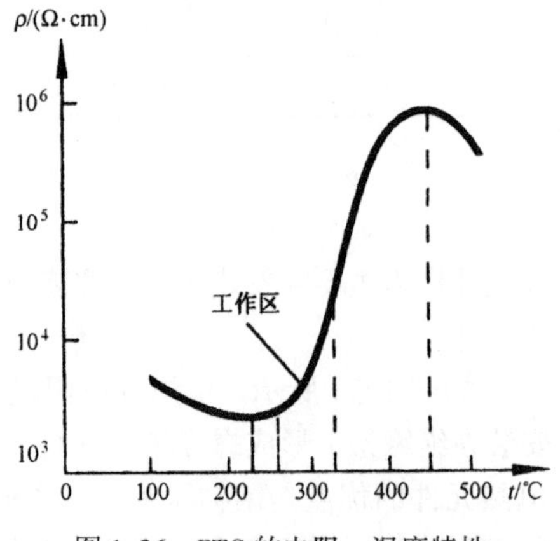

图1.36 PTC的电阻—温度特性

值，取决于掺入钛酸钡中微量元素的品种多少和结构等。如在钛酸钡中加入锡（Sn）、锶（Sr）等可使居里点向低温侧移动；而加入铅（Pb）则可以使居里点向高温侧移动。利用这种温度点的可变性，可以将居里点控制在20～300℃的范围内。

1.4.5　红外线电热元件

红外线是一种电磁波，是人眼睛看不见的光线。当辐射光谱与被加热物体的振动光谱波长一致时，辐射才能被吸收，被加热物体吸收后转变为热能。因此，利用红外线加热或干燥物品，被广泛的应用在日常生活中。常用的红外线电热元件有以下几种。

1. 管状红外线辐射元件

有金属管、石英管、陶瓷管等。金属管与石英管是表面上涂敷红外线涂料，陶瓷管是将红外线辐射物质直接掺入泥料中烧制或涂敷在陶瓷的表面上，如图1.37所示。

2. 板状远红外线辐射元件

板状远红外线辐射元件是由在碳化硅或耐热金属板的表面涂敷一层远红外线涂料，中间装上合金电热元件制成的。这种电热元件有单面辐射和双面辐射两种形式，如图1.38所示。

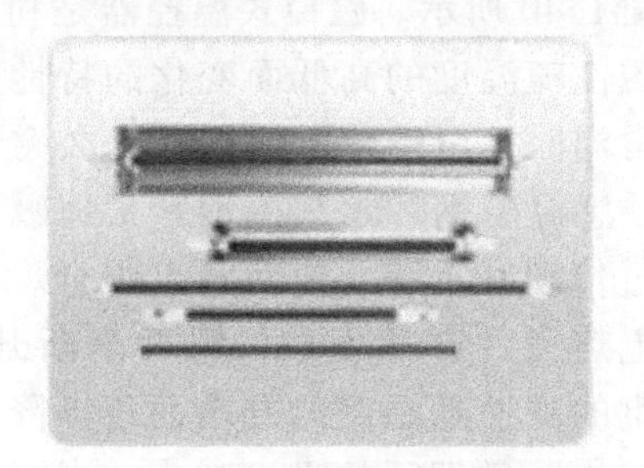

图1.37　管状远红外线辐射元件

图1.38　板状远红外线辐射元件

3. 电热合金型远红外线辐射元件

电热合金型远红外线辐射元件是在电热合金元件的表面上直接涂敷远红外线涂料制成。这种元件结构简单，易于加工。缺点是由于电热合金通电后机械强度降低及由热胀冷缩引起的变形，易产生涂料脱落，导致红外线的辐射强度减弱。

1.4.6　电热控制元件

电热器具在加热过程中，需要对温度、时间和功率进行控制。这就需要在电热器具中设置温度、时间和功率控制装置，由此要采用控制元件。

1. 金属片温度控制器

如图1.39（a）所示为金属片温度控制器外形；如图1.39（b）所示为双金属片结构。将两种膨胀系数不同的金属片锻压或轧制在一起，其中膨胀系数大的金属片为主动层，膨胀系数小的为被动层。在常温下，双金属片的长度相同并保持平直，内部没有内应力。当温度升高时，主动层的金属片伸长较多，使双金属片向膨胀被动层的那一面弯曲，温度越升高，弯曲越大，所以在电热器具中常用做温控元件。

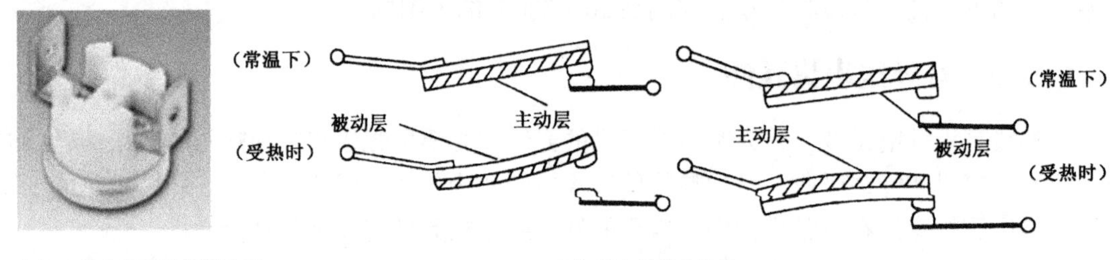

（a）金属片温度控制器外形　　（b）双金属片的结构

图1.39　金属片温度控制器

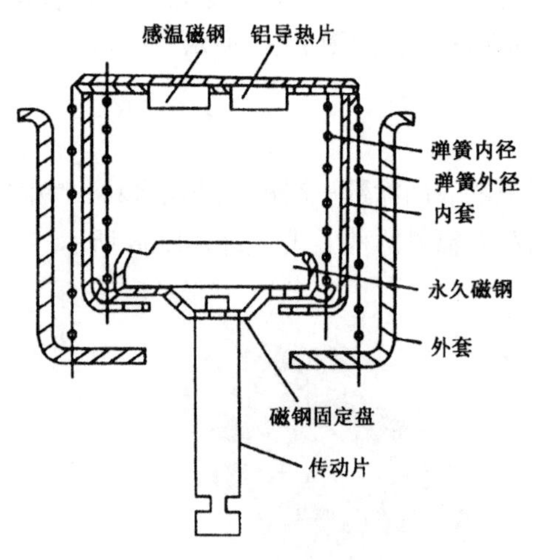

图1.40　磁控式温控器

双金属片有常开触点型和常闭触点型两种形式。在常温下两触点是闭合的触点称为常闭触点，是断开的触点称为常开触点。

2. 磁控式温控器

如图1.40所示。磁控式温控器是利用感温磁钢的磁性随温度的高低而变化的特性来设计的。在常温时，由于感温磁钢和永久磁钢之间的吸力，感温磁钢和永久磁钢紧紧地吸合在一起，通过传动片上移，使两触点闭合。当电路接通，电热元件开始发热，温度渐渐升高时，感温磁钢的磁性随温度的升高而逐渐降低，感温磁钢与永久磁钢间的吸力减小，当温度超过预定值时，感温磁钢失去磁性，此时永久磁钢在重力和弹簧力的作用下跌落，通过传动片下移，使两触点断开，电路切断，停止加热。这种温度控制器的动作敏捷、可靠，控温准确，但结构较双金属片温控器复杂，且温度降低后不能自动再供电，普遍地应用于自动电饭锅中。

1.4.7　时间控制元件

电热器具工作时间由定时器控制，定时器可分为机械（发条）式、电动式和电子式三种。

1. 机械式定时器

机械式定时器是利用钟表机构的原理制成的，它由发条、齿轮传动机构和时间控制组件三部分构成。如图1.41所示为机械式定时器外形。

（1）发条。由弹性的钢带卷制而成。使用时靠人力通过旋钮卷紧钢带，储存能量，向齿轮传动机构和时间控制组件传送动力。

（2）齿轮传动机构。如图1.42所示，齿轮传动机构由头轮、主轴、开关凸轮、摩擦片、盖碗、棘爪、棘爪轮、棘轮和振子等组成。

图 1.41　机械式定时器外形

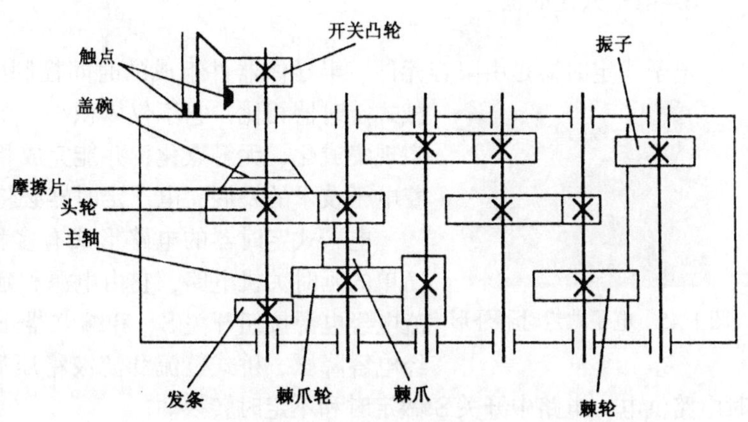

图 1.42　机械式定时器结构

(3) 时间控制组件。各种机械定时器的时间控制组件结构基本相同，都是采用一组或两组凸轮来分配时间，当控制凸轮转动时，不断改变其凸凹位置，使相关接触簧片的触点按设计要求接通或断开，以控制电动机（或其他电器）的启动和停止。

(4) 机械式定时器工作原理。从图 1.42 中可以看出，开关凸轮和主轴铆接一起，当主轴反转时，靠盖碗与头轮之间的摩擦片一起滑动将发条松开，并不影响齿轮系的转动。当主轴正转上发条时，靠棘爪轮的第二轮上的棘爪轮滑脱而与其后齿轮系离开，当自然放开发条时，整个轮系转动，靠振子调速。这种定时器的结构特点是摩擦力矩大，动作可靠。

2. 电动式定时器

电动式定时器的轮系结构及时间控制组件与机械式定时器基本相同。所不同的是由微电动机代替发条做动力源，如图 1.43 和图 1.44 所示。电动式定时器的凸轮一般控制着两组簧片的触点，做定时控制时，凸轮控制点同时接通被控负载电源和定时器本身的微型电动机电源；不做定时控制时，只接通被控负载的电源。定时时间长短，则由控制凸轮的转动角速度而决定。微电动机的转速和传动轮系的速比是经过推算的。

图 1.43　电动式定时器外形

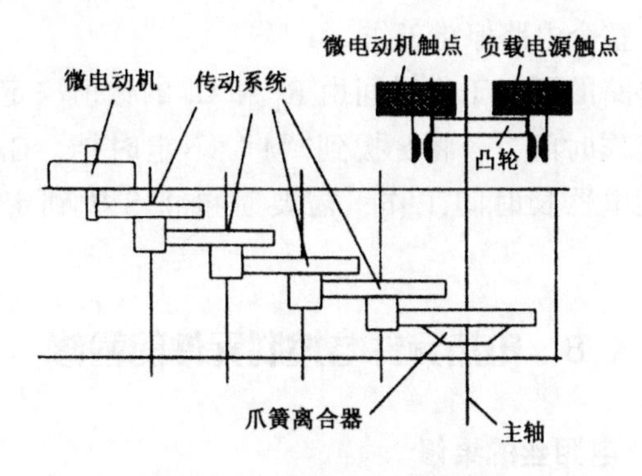

图 1.44　电动式定时器结构

3. 电子式定时器

电子式定时器是由阻容元件、半导体器件组成的时间控制电路，如图1.45所示。与机械式定时器相比，它不仅体积小、质量小、使用可靠，而且易于实现集成化、无触点化，并能完成相当复杂的时间程序控制。随着电子技术的发展，电子定时器必将逐步取代机械式定时器。

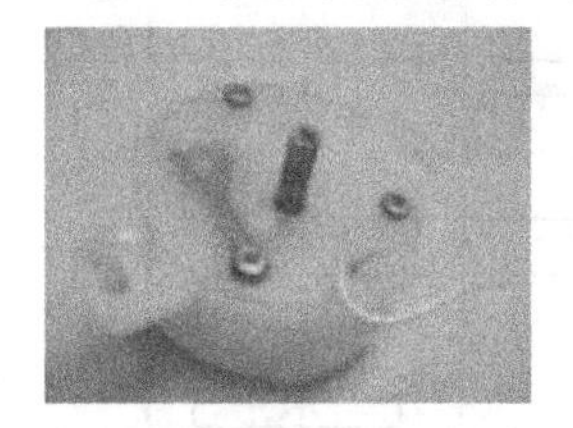

图1.45 电子式定时器外形

电子式定时器的电路形式有多种，如图1.46所示，是一种简单的延时关机电路，它由电源和延时开关电路两部分组成。交流电经电源按钮开关 S_{1-1} 和继电器开关K对用电器供电；另一路经电容降压、桥式整流和滤波稳压后，输出直流电压15 V给定时电路供电，电路中开关S做定时和不定时转换。

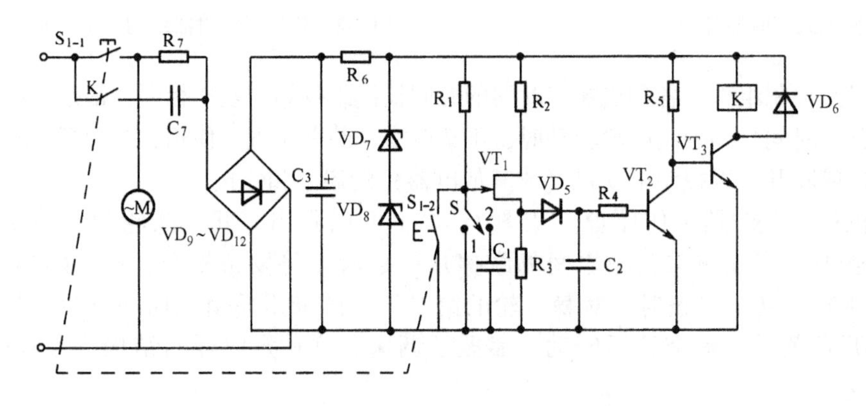

图1.46 电子式定时器延时关机电路

工作时，将开关S拨到“2”定时挡，按下联动开关即 S_{1-1}、S_{1-2} 同时闭合，电容 C_1 对地短路，单结三极管 VT_1 无脉冲输出，VT_2 截止，VT_3 饱和导通，继电器常开触点K闭合，用电器通电工作。当按钮开关 S_{1-1} 断开后，由于继电器常开触点K已闭合，所以用电器仍能正常工作，S_{1-2} 断开后，电源通过 R_1 向 C_1 充电，当电压上升到 VT_1 管的峰值电压后，VT_1、VT_2 由截止转入导通，VT_3 由饱和导通转为截止，继电器K断电释放，用电器和定时电路均断开，整个电路停止工作。

电路的延时工作时间由 R_1 和 C_1 的数值决定，一般将 C_1 固定，用电位器 R_1 来调节用电器工作时间，若将S拨到“1”不定时挡，C_1 对地短路，VT_1、VT_2 截止，VT_3 饱和导通，用电器长时间工作，需要时再将S拨到定时挡，用电器延时工作一段时间后自行停止。

1.4.8 电热元件与控制元件的检修

1. 电阻丝的维修

电阻丝在长时间使用后，常发生电阻丝烧断现象，可采取下列方法修复：

缠绕连接：当电阻丝直径小于 0.5 mm 时，可采取在断头处互相缠绕连接的方法，如图 1.47所示。但这种缠绕法一般适用于镍基合金丝，对铁基合金丝不太适合。

对焊连接：当电阻丝直径大于 1.6 mm 时，则可采用对焊连接，如图 1.48 所示。上述各种维修方法均需注意要使连接处接触良好，并不能减少电阻丝交接处的有效截面积。如果不能进行维修，则需要换相同规格的电阻丝。

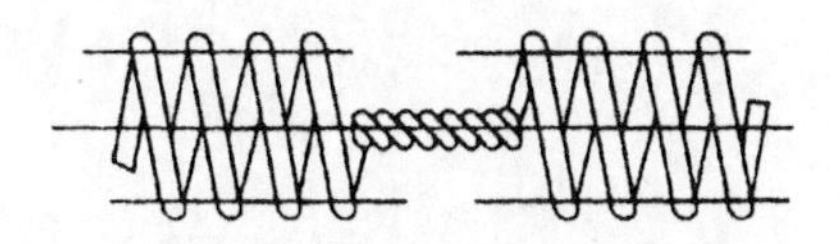

图 1.47　缠绕连接

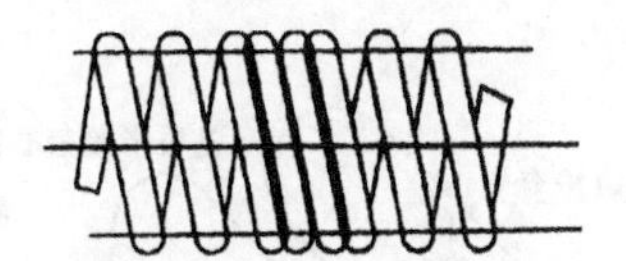

图 1.48　对焊连接

铣槽冷压连接和包不锈钢皮冲压连接：当电阻丝直径为 0.5 ~ 1 mm 时，可在一根金属导电杆上铣槽后将断丝端头置入槽中冷压连接，如图 1.49 所示；也可采用包不锈钢皮充压连接的方法，如图 1.50 所示。

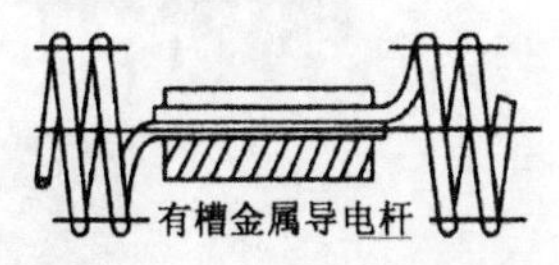

图 1.49　铣槽冷压连接

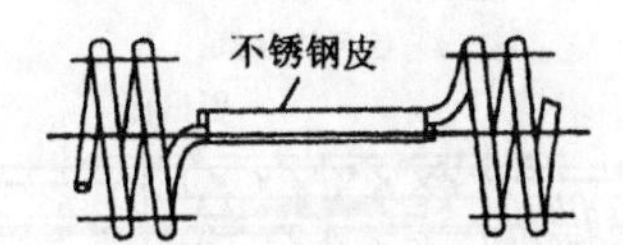

图 1.50　包不锈钢皮充压连接

铣槽焊接和钻孔焊接：当电阻丝直径在 1 ~ 1.5 mm 时，可采用在导电杆上铣槽或钻孔进行焊接的方法，如图 1.51 和图 1.52 所示。

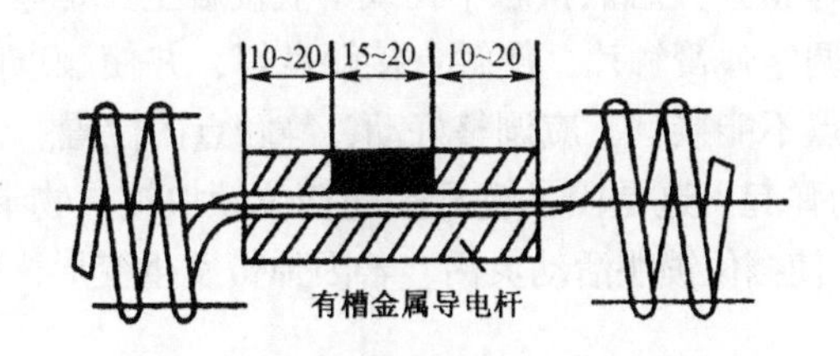

图 1.51　铣槽焊接（单位：mm）

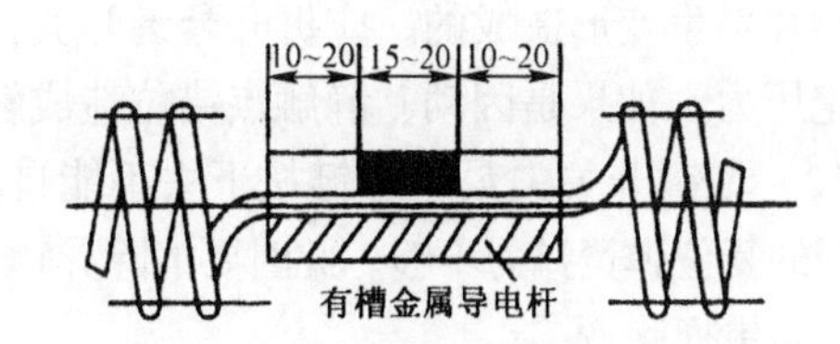

图 1.52　钻孔焊接（单位：mm）

2. 管状加热器的维修

管状加热器的常见故障是断路和短路。短路发生的位置一般在引出端与螺旋电热丝的交接处，而断路一般出现在发热温度较高的部位。维修方法如图 1.53 所示。对于丝与丝的连接如图 1.53（a）所示，应首先切断断路处或短路击穿部分，从填料中拉出 20 mm 长电热丝加以对折，套上金属导电空心棒，并与电热丝焊接在一起。然后装上一对瓷质半瓣空心圆柱体，作为绝缘。最后套上一段与元件管子相同材料的金属护套管，并在其两端处加焊即可。在上述处理中，由于电热丝对折减少了 20 mm，而且对折部分阻值也减少了，所以维修后的管状加热器电阻值也比原来略有减少，功率也将稍有增加。

3. 琴键开关的维修

电热器具、洗衣机、电风扇等电气控制系统中都有琴键开关。洗衣机工作时，根据洗涤物的种类不同，可将琴键开关分别置于强、中、弱洗三种位置。电风扇工作时，要通过琴键开关来实现调速的功能，如图1.54所示，为常见琴键开关的结构，其常见故障及其维修方法如下：

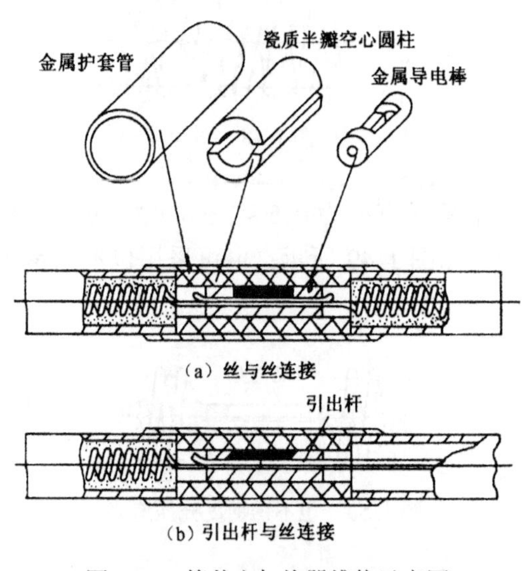

（a）丝与丝连接

（b）引出杆与丝连接

图1.53 管状电加热器维修示意图

图1.54 琴键开关的结构

（1）琴键开关触点接触不良或不能接触。琴键开关触点接触不良或不能接触主要是琴键开关的触片发生变形造成的。应拆开琴键开关，调整弹簧触片，使触点接触良好，并使触点间保持一定压力。如果是因动、静触点错位造成触点不能接触，应调整好动、静触点的位置。

（2）琴键开关失灵。琴键按下去不能自动弹起，这是因琴键开关的挡位锁块被异物卡住，或扣板的复位弹簧弹力不够。此时要清除异物，使挡位锁块活动灵活。若因弹簧发生变形，弹力过小，要更换弹簧。

（3）琴键开关操作不灵活。当按下总复位键时，被按下的挡位键不能自动弹起。这是因为复位弹簧失灵造成的，要修理或更换弹簧。

4. 温控器的维修

在电热器具中，温控器的最常见形式为双金属片，其次是磁钢、热敏电阻、热电偶等类型。双金属片温控器的常见故障及维修方法，见表1.2。

表1.2 双金属片温控器的常见故障及维修方法

故障现象	维修方法
开关接点接触不良	用砂纸将接点打磨光滑或更换
自动开关动作点过低	可适当放松调节螺钉，使弯曲距离加大

续表

故障现象	维修方法
自动开关动作点过高	可适当放松调节螺钉，使弯曲距离减小
触片失去弹性，触点烧蚀、黏结损坏	打磨触点至光滑或更换触片

5. 定时器的维修

（1）定时器停摆。新定时器发生这种故障时，其机件一般不会有严重损坏。停摆的可能原因是定时器内部有了赃物，将转动轮卡住。检修方法是拆开定时器外壳，将赃物清除掉，并把各个传动轮清理干净。

（2）走时变慢。出现这种故障时，应检查定时器的旋钮是否有剐蹭现象，定时器内部是否清洁，润滑是否良好，找出故障原因及部位，加以排除。

（3）定时器漏电。定时器漏电是很危险的隐患。造成这种故障的原因是定时器的绝缘件遭到破坏或脱落。若是绝缘件破坏，一定要更换新定时器；如果是绝缘件脱落，则要安装上可靠的绝缘件。

（4）触点不能接通。产生这种故障的原因，可能是触点有磨损或积炭过厚。只要定时器触点无严重损坏，则可拆开定时器，用镊子调整触点弹簧片的弯度，清除积碳，擦拭触点使触点闭合后保持一定的压力即可。要注意触点断开间隙应为 1 ~ 3 mm。

（5）定时器引线折断或焊接点脱落。定时器引线折断，应重新接好或更换新引线。若是引线焊接点脱落要重新焊牢。

（6）定时器主轴定位销脱落或旋钮损坏及旋钮销脱落。定位销脱落或旋钮损坏，都不能上紧发条。检查时发现，若是主轴定位销脱落，应由有维修经验的人员修理。由于关系到发条预置上紧圈数问题，定位销不能随意安装，否则可能引起定时器工作不正常。若旋钮损坏，要更换同型号的旋钮。若旋钮销脱落，安上一个新销即可。

（7）电动式定时器定时失灵。电动式定时器定时失灵主要是电动机或定时器机件损坏而造成的，应更换新定时器。

1.5　小功率单相异步电动机维修技能

1.5.1　小功率电动机的分类

1. 定义

（1）小功率电动机，折算至 1500 r/min 时，最大连续定额功率不超过 1. 1 kW 的电动机。

（2）马力电动机，折算至 1000 r/min 时，最大连续额定功率不超过 736 W（1 马力）的电动机。

（3）小功率直流电动机，具有与换向器相连接的电枢绕组，和以直流电源或永久磁铁励磁的磁极，依靠直流电源运行的小功率电动机。

（4）小功率交流电动机，依靠交流电源运行的小功率电动机。

（5）小功率同步电动机，转子转速与供电电源频率之比为恒定值的小功率交流电动机。

（6）小功率异步电动机，有负荷时的转子转速与供电电源频率之比不是恒定值的小功率交流电动机。

（7）小功率单相异步电动机，依靠单相电源运行的小功率异步电动机。

（8）分相电动机，分相电动机是一种单相异步电动机，有辅助绕组线路与主绕组线路并联，辅助绕组在磁场位置上相对于主绕组是偏移的，采取措施使两绕组的电流有相位差。

2. 分类

按规定用途的小功率电动机有：离合式电动机、制动电动机、密封制冷压缩机用电动机。专门用途的有空调的冷凝器和蒸发器风扇用电动机、家用洗衣机电动机、台扇电动机、吊扇用电动机、家用换气扇用电动机、家用缝纫机用电动冷却泵电动机、深井泵电动机、交流定时器电动机、抽油烟机电动机。

按结构特点分的小功率电动机有：电磁式、永磁式、圆柱式、外转子式、盘式、单向式、可逆式、爪极式、开启式、防滴式、防溅式、全封闭式、风气式、水气式、防水式、防爆式等。如图1.55所示为单相异步电动机的基本结构。

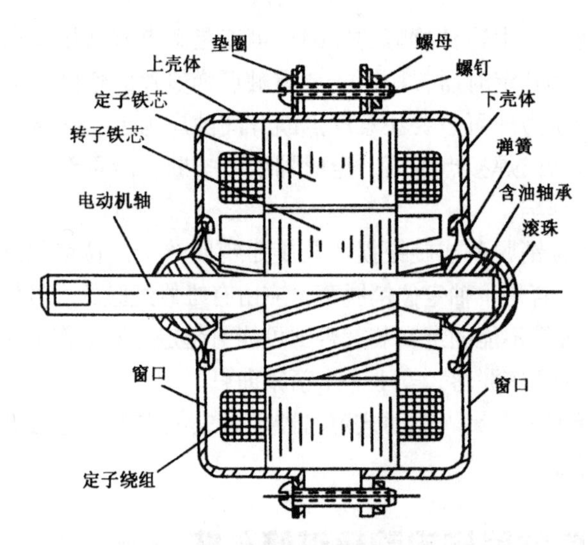

图1.55 单相异步电动机的基本结构

1.5.2 单相异步电动机的技术特征与主要数据

1. 单相异步电动机的技术特征

单相异步电动机的转子不能自行启动，所以在定子铁芯上装置了两套绕组：主绕组和副绕组。主绕组又称主相绕组、工作绕组，用以产生主磁场；副绕组又称副相绕组、启动绕组、辅助绕组或罩极线圈，用以产生辅助磁场（副磁场）。主副磁场合成旋转磁场，切割静止的转子导体，可产生一定的电磁转矩，使转子旋转。当转子转速达到75%～85%的同步转速时，可切断副绕组（电容运转和罩极式电动机除外）电动机仍继续旋转升速，直到与外阻抗转矩平衡而稳定运转。

单相异步电动机的接线原理、机械特性及主要技术数据，见表 1.3。

表 1.3　单相异步电动机的接线原理、机械特性及主要技术数据

<table>
<tr><th rowspan="2">表序</th><th rowspan="2">类别系列代号</th><th rowspan="2">接线原理图</th><th rowspan="2">机械特性曲线 $T/T_N=f(n)$ 曲线</th><th colspan="7">主要技术数据</th></tr>
<tr><th>额定电压 U_N（V）</th><th>最初启动电流 I_{sto}（A）</th><th>功率（W）</th><th>同步转速（r/min）</th><th>最大转矩倍数 T_{max}</th><th>最初启动转矩倍数 T_{sto}</th><th>启动中最小转矩 T_{min}</th></tr>
<tr><td rowspan="2">1</td><td rowspan="2">单相电阻启动 BO_2</td><td rowspan="2"> 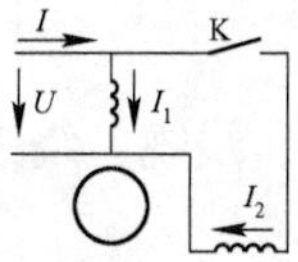</td><td rowspan="2"> 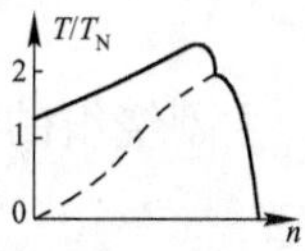</td><td>220</td><td>9~30</td><td>60~370</td><td>1500~3000</td><td>>1.8</td><td>1.1~1.7</td><td>≥0.8T_N</td></tr>
<tr><td>结构特点及适用范围</td><td colspan="6">定子有两个空间位置互差90°电角度的绕组：工作绕组和启动绕组。电阻值较大的启动绕组经启动开关与工作绕组并接于电源上。转子为鼠笼式。当转速达到额定值的80%左右时，离心开关使启动绕组电源切断
具有中等启动转矩和过载能力，适用于小型车床、鼓风机、医疗机械等</td></tr>
<tr><td rowspan="2">2</td><td rowspan="2">单相电容启动 CO_2</td><td rowspan="2"> 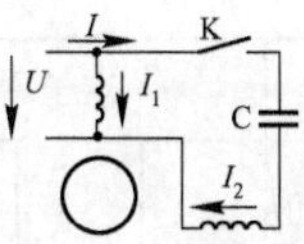</td><td rowspan="2"> 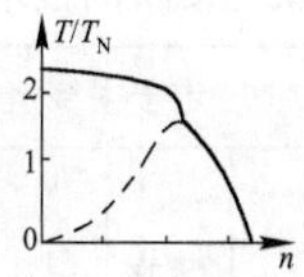</td><td>220</td><td>9~37</td><td>120~370</td><td>1500~3000</td><td>>1.8</td><td>2.5~3.0</td><td>≥1.0T_N</td></tr>
<tr><td>结构特点及适用范围</td><td colspan="6">定子的结构同单相分相启动式，但启动绕组与一个容量较大的电容器串联后经离心开关与工作绕组并联于电源，产生较大的启动转矩，当启动达到一定转速后，离心开关使启动绕组与电源切断；正常运转时只有工作绕组工作。改变启动绕组与工作绕组并接的两端，可使转向改变
启动转矩高，适用于小型空气压缩机、电冰箱、磨粉机、医疗机械、水泵及满载启动的机械</td></tr>
<tr><td rowspan="2">3</td><td rowspan="2">单相电容运转 DO_2</td><td rowspan="2"> 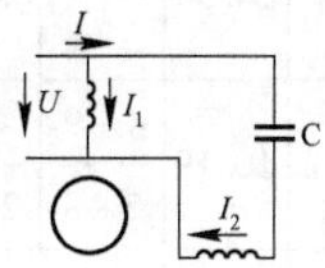</td><td rowspan="2"> 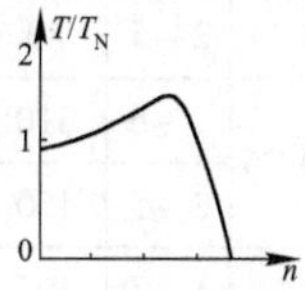</td><td>220</td><td>0.5~20</td><td>6~250</td><td>1500~3000</td><td>>1.8</td><td>0.35~1.0</td><td>$T_{min}\nless T_{sto}$（包括容差）</td></tr>
<tr><td>结构特点及适用范围</td><td colspan="6">定子有两个绕组（主绕组和副绕组），它们的空间位置互差90°电角度。副绕组串联一电容器后与主绕组并联于电源。电容量将副绕组电流移相，并使电动机近似为两相电动机状态工作。换接任一相绕组在电源上的接线，可使转向改变
启动转矩略低于同等级的单相电容启动电动机，但功率因数较高，电动机效率高、体积小、重量轻。它适用于电风扇、通风机、录音机、电子仪表、仪器、医疗器械及各种空载或轻载启动的机械</td></tr>
<tr><td rowspan="2">4</td><td rowspan="2">单相双值电容启动 E</td><td rowspan="2"> 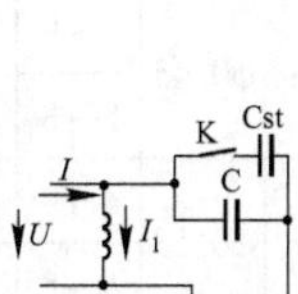</td><td rowspan="2"> 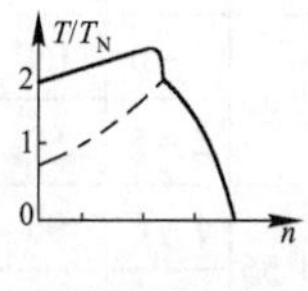</td><td>220</td><td></td><td>8~750</td><td>1500~3000</td><td>>2</td><td>1.8</td><td></td></tr>
<tr><td>结构特点及适用范围</td><td colspan="6">启动和运转时分别使用数值不同的电容器（C_1 启动，C_2 运转）。其副相回路是由两条分支回路并联后，再与副绕组串联。它具有较高的启动性能、过载能力、功率因数和效率，但结构复杂、适用于要求启动转矩大、力能指标高的家用电器，如泵、低噪声洗衣机等</td></tr>
<tr><td rowspan="2">5</td><td rowspan="2">单相罩极式</td><td rowspan="2"> 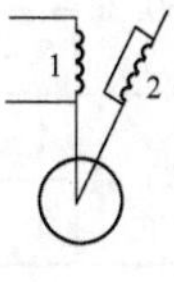</td><td rowspan="2"> 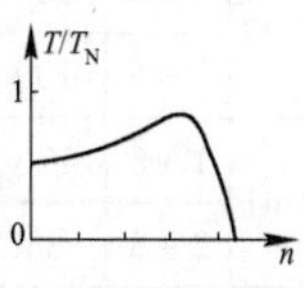</td><td>220</td><td></td><td>15~90</td><td>1500~3000</td><td></td><td><0.5</td><td></td></tr>
<tr><td>结构特点及适应范围</td><td colspan="6">有凸极定子和集中形式的主绕组。此外在定子极靴表面的一角套上有所谓罩极绕组的短路铜环。当主绕组通电后，罩极绕组感应出一个滞后主绕组的电流，该电流起到了移相作用，并形成旋转磁场使电动机运转
其启动转矩、功率因数和效率均较低，且不能反转。但其结构简单、成本低，适用于小型风扇、电动模型及各种轻载启动的小功率电动设备</td></tr>
</table>

小功率单相异步电动机的定子转子铁芯是用铁耗小、导磁好、厚度0.5 mm或0.35 mm的硅钢片冲压而成。定子铁芯槽安放主绕组副绕组。转子铁芯槽内一般是铸铝，形式鼠笼式。定子铁芯压装在机座内，机壳可用铸铁、铝合金或钢板制成。机座号按小功率电动机标准规定，有两种表示方法：一种是以电动机轴中心高度，用底脚安装在家电产品整机上。另一种是以电动机的机壳外径表示，是用机壳上靠近输出的轴端的凸像或凹槽安装固定的。

2. 单相异步电动机的技术数据

单相异步电动机定子绕组一般用漆包铜线绕制。主副绕组的匝数、线规、绕组节距、分布形式，可以相同也可以不相同。

（1）部分洗衣机电动机的技术数据。XDC、JXX、XD型洗衣机电动机的技术数据，见表1.4；XDL、XDS型洗衣机电动机的技术数据，见表1.5。

表1.4 XDC、JXX、XD型洗衣机电动机的技术数据

电动机型号	额定输出功率 P(W)	定子铁芯			定子/转子槽数 (Z_1/Z_2)	气隙 δ (mm)	定子主绕组				定子副绕组			
		外径 d (mm)	内径 D (mm)	长度 L (mm)			线径 d_c (mm)	槽节距	匝数	电阻值 R (20℃, Ω)	线径 d_c (mm)	槽节距	匝数	电阻值 R (20℃, Ω)
XDC-X-2	85	方形101×101	88	39	24/34	0.88	φ0.38	1～6	170	33.7	φ0.35	4～9	170	38.8
								2～5	80			5～8	80	
XDC-T-2	20			19			φ0.25	1～6	310	109.2	φ0.19	4～9	455	276
								2～5	150			5～8	2225	
JXX-90B	90	方形124×124	80	25	24/34	0.20	φ0.41	1～7	107	37	φ0.41	4～10	107	37
								2～6	214			5～9	214	
XD-90	90	方形120×120	70	30	24/22	0.30	φ0.42	1～6	220	32	φ0.42	4～9	220	32
								2～5	110			5～8	110	
XD-120	120			35			φ0.45	1～6	161	24.8	φ0.45	4～9	161	24.8
								2～5	118			5～8	118	
XD-180	180			45			φ0.53	1～6	160	18.5	φ0.53	4～9	160	18.5
								2～5	80			5～8	80	
XD-250	250			60			φ0.56	1～6	96	12.5	φ0.56	4～9	96	12.5
								2～5	69			5～8	69	
XD-90	90	方形107×107	65	35	24/30	0.30	φ0.38	1～6	200	38.4	φ0.38	4～9	176	38.4
								2～5	100			5～8	100	
XD-120	120			40			φ0.41	1～6	176	27	φ0.41	4～9	176	27
								2～5	88			5～8	88	

注：相同型号的电动机的铁芯及绕组数据，因制造单位不同或同一单位但制造时间不同而会有差异。

表 1.5　XDL、XDS 型洗衣机电动机的技术数据

型号	额定功率 P（W）	额定电压 U（V）	额定频率 f（Hz）	满载时				定子铁芯			气隙长度 δ（mm）	定子/转子槽数（Z_1/Z_2）	每套定子绕组				堵转电流 I（A）	堵转转矩/额定转矩	最大转矩/额定转矩	电容器容量 C（μF）
				电流 I（A）	转速 n（r/min）	效率（%）	功率因数	外径 d（mm）	内径 D（mm）	长度 L（mm）			线径 d_c（mm）	每极匝数	半匝平均长（mm）	绕组节距				
XDL-90	90	220	50	0.88	1370	49	0.95	107	68	34	0.35	24/34	ϕ0.35	296	108.5	1~7	2.0	0.95	1.7	8
XDS-90																2~6				
XDL-120	120			1.1		52				40			ϕ0.38	253	114.5	1~7	2.5	0.9		9
XDS-120																2~6				
XDL-180	180	220	50	1.54	1370	56	0.95	107	68	50	0.35	24/34	ϕ0.45	195	124.5	1~7	4.0	0.8	1.7	12
XDS-180																2~6				
XDL-250	250			2.0		59				62			ϕ0.5	156	136.5	1~7	5.5	0.7		16
XDS-250																2~6				

注：定子有两套绕组，其线径、匝数、节距完全相同。电动机采用 E 级绝缘。

（2）部分电冰箱压缩机电动机的技术数据。部分国产电冰箱压缩机电动机的技术数据，见表 1.6；部分进口电冰箱压缩机电动机的技术数据，见表 1.7。

表 1.6　部分国产电冰箱压缩机电动机的技术数据

压缩机组（冰箱）型号		LD-5801		QF-21-75		QF-21-93		QF-21-65		QF21-100		QZD-3.4	
额定电压 U（V）		220		220		220		220		220		220	
额定电流 I（A）		1.4		0.9		1.2		0.7		0.8		0.6	
输出功率 P（W）		93		75		93		65		100		75（输入）	
额定转速 n（r/min）		1450		2850		2850		2850		2850		2850	
定子绕组（采用 QF 漆包线）		运行	启动	运行	启动	运行	启动	运行	启动	运行	启动	运行	启动
匝数	最小圈	71		45		43		59（64）		53			
	小圈	96	30	87	40	62	33	79（84）	72（39）	72	45	83	36
	中圈	125	40	101	60	80	41	95（101）	64（45）	88	55	112	48
	大圈	65	50	117	70	93	45	105（113）	74（50）	114	59	137	188^{+124}_{-64}
	最大圈			120	200^{+140}_{-60}	101	101^{+76}_{-25}	105（113）	87（152^{+107}_{-54}）	114	195^{+127}_{-68}	137	141^{+100}_{-41}
绕组总匝数		4×375	4×123	2×470	2×370	2×379	2×220	2×443（445）	2×242（286）	2×441	2×354	2×474	2×413
绕组电阻值 R（Ω）		17.32	20.8	16.3	45.36							30.13	53.9
绕组槽节距：最小圈		3		3		3		3		3			

续表

压缩机组（冰箱）型号		LD-5801		QF-21-75		QF-21-93		QF-21-65		QF21-100		QZD-3.4	
匝数	小圈	5	5	5	5	5	5	5	5	5	5	5	5
	中圈	7	7	7	7	7	7	7	7	7	7	7	7
	大圈	9	9	9	9	9	9	9	9	9	9	9	9
	最大圈			11	11	11	11	11	11	11	11	11	11
定子铁芯槽数		32		24		24		24		24		24	
定子铁芯叠厚 t（mm）		28		25		36		30±0.5		30±0.5		35	

压缩机组（冰箱）型号		LD-1-6		5608-Ⅰ		5608-Ⅱ		FB-515		FB-516 517（Ⅰ）		FB-505		FB-517（Ⅱ）	
额定电压 U（V）		220		220		220		220		220		220		220	
额定电流 I（A）		1.1		1.6		1.6		1.2～1.5		1.3～1.7		0.7		1.1	
输出功率 P（W）		93		125		125		93		94		65		93	
额定转速 n（r/min）		2850		1450		1450		1450		1450		2860		2860	
定子绕组（采用QF漆包线）		运行	启动	运行	启动	运行	启动	运行	启动	运行	启动	运行	启动	运行	启动
导线直径 d（mm）		0.64	0.35	0.7	0.37	0.72	0.35	0.60	0.38	0.64	0.38	0.51	0.31	0.64	0.38
匝数	最小圈			62	33	59						88	53	41	
	小圈	65	41	91	54	61	34	90		90	18	88	53	78	46
	中圈	85	50	101	65	81	46	118	41	110	35	131	79	88	64
	大圈	113	120^{+95}_{-25}			46	50	122	102	137	95	131	79	103	68
	最大圈	113	117^{-29}_{+97}									175	104	105	78
绕组总匝数		2×376	2×323	4×363	4×157	4×247	1×130	4×330	4×143	4×337	4×148	2×618	2×368	2×415	2×248
绕组电阻值 R（Ω）		12	33	14	27.2	10.44	23.25	19～20	24～25	14～16	21				
绕组槽节距	最小圈			3	3	3		3		3	3	3	3	3	
	小圈	5	5	5	5	5	5	5	5	5	5	5	5	5	5
	中圈	7	7	7	7	7	7	7	7	7	7	7	7	7	7
	大圈	9	9			9	9					9	9	9	9
	最大圈	11	11									11	11	11	11
定子铁芯槽数		24		32		32		32		32		24		24	
定子铁芯叠厚 t（mm）		35						28		28		30		40	

注：1. 电动机均为电阻（分箱）启动型。
2.（　　）中数据为改进后的数据。表中数据仅供维修时参考。

表 1.7　部分进口电冰箱压缩机电动机的技术数据

生产厂家		日本日立公司				日本东芝公司	
压缩机组（冰箱）型号		HQ-651-BR		V1001R		KL-12M	
额定电压 U（V）		220~240		220		220	
额定电流 I（A）		1.0		0.91		0.95	
输出功率 P（W）		62		93		80	
额定转速 n（r/min）		2850		2850		2850	
定子绕组（采用耐氟漆包线 QF）		运行	启动	运行	启动	运行	启动
导线直径 d（mm）		0.62	0.31	0.62	0.38	0.57	0.41
匝数	最小圈			71			
	小　圈	58		81	43	80	
	中　圈	76	64	99	52	106	
	大　圈	102	72	116	60	110	128
	最大圈	108	82	104	66	118	130
绕组总匝数		2×344	2×218	2×471	2×221	2×414	2×258
绕组电阻值 R（Ω）		15	37	19.15	23	8.5+8.5	20.5

（3）部分顶扇、吊扇、排气扇、台扇电动机的技术数据。部分顶扇、吊扇、排气扇电动机的技术数据，见表 1.8；部分台扇电动机的技术数据，见表 1.9。

表 1.8　部分顶扇、吊扇、排气扇电动机的技术数据

风扇类型	规格（mm）	额定输入功率 P（W）	额定频率 f（Hz）	额定电压 U（V）	极数	定子铁心			气隙长度 δ（mm）	定子/转子槽数（Z_1/Z_2）	初级绕组			次级绕组			节距	绕组形式	电容器容量 C（μF）	调速方法
						外径 d（mm）	内径 D（mm）	长度 L（mm）			线规 d_c（mm）	每槽匝数	线圈数	线规 d_c（mm）	每槽匝数	线圈数				
顶扇	350		50	220	4	88	49	25	0.35	16/22	φ0.21	720	4	φ0.17	930	4	1~4	单层链式	1.2	电抗器
	400							35			φ0.23	570		φ0.19	720					
吊扇	900	47	50	220	14	118	20	23	0.25	28/45	φ0.23	382	14	φ0.19	506	14	1~3	双层链式	1	无
	1200	63			18	134.75	70.5	25		36/48	φ0.27	280	18	φ0.25	328	18	1~3 2~4		2	电抗器
	1400	77				138.8	60	28			φ0.29	236			323				4	
						136.6	63.5	32	0.5		φ0.31	440			620		1~3		2	
排气扇	400	150	50	220	4	102	60	36	0.35	24/18	φ0.31	260	6	φ0.31	260	6	1~3 1~5/4	单层交叉式	4	无
	500	350				120	72	40	0.3	24/20	φ0.29	295		φ0.23	150		1~4 2~5	单层链式	2	
								56	0.25	24/18	φ0.47	105		φ0.35	170		1~6		6	

表1.9 部分台扇电动机的技术数据

牌号 / 规格（mm）/ 数据名称	五羊			钻石				华生			宝石花
	400	350	300	400	350	300	200	400	350	300	300
各挡转速功率 P（W）				60、50、40、35	50、40、30、26	45、35、32	28、18				42、34、30
气隙 δ（mm）	0.35			0.35	0.35	0.35	0.35	0.35	0.35		0.35
定子槽数	16			16	16	16	2	8	8		16
转子槽数	22			22	22	22	15	17	17		22
初级绕组线径 d_c（mm）	0.21	0.19	0.17	0.23	0.21	0.17	0.17	0.23	0.23	0.17	0.17
初级绕组匝数	540	750	800	570	720	800	1270	530	560	634	800
初级绕组线圈数	4	4	4	4	4	4	4	4	4	4	4
次级绕组线径 d（mm）	0.19	0.17	0.15	0.19	0.17	0.15	短路铜环1×5	0.17	0.17	0.19	0.15
次级绕组匝数	350+350	480+480	600+400	720	930	1000	2	890	790	620	1000
次级绕组线圈数	4	4	4	4	4	4	2	4	4	4	4
槽绝缘等级	E	E	E	A	A	A	A	A	A	A	A
轴承直径 d（mm）	8	8	8	8	8	8	6	7.8	7.8	8	9.5
调速方法	抽头	抽头	抽头	电抗器	电抗器	抽头	电抗器	电抗器	电抗器		抽头
电容器容量 C（μF）	1.2	1.2	1.0	1.2	1.0	1.0		1.2	1.2	1.5	1.0

牌号 / 规格（mm）/ 数据名称	友谊	航海	金蝶	飞鹿	金鹿	春蕾	海鸥	天鹅
	350	300	300	400	400	350	300	300
各挡转速功率 P（W）		40、20			55、50、45、40	50、42、36	46、35、30	
气隙 δ（mm）	0.35	0.35	0.36	0.35	0.35	0.35	0.38	0.3
定子槽数	16	16	16	16	16	16	16	16
转子槽数	22	22	22	22	22	22	22	22
初级绕组线径 d_c（mm）	0.21	0.15	0.17	0.23	0.23	0.17	0.17	0.19
初级绕组匝数	720	840	800	570	570	750	800×4	800
初级绕组线圈数	4	4	4	4	4	4	4	4
次级绕组线径 d_c（mm）	0.17	0.15	0.19	0.19	0.15	0.15	0.15	0.15
次级绕组匝数	930	900	1000	720	720	600+500	1000	960
次级绕组线圈数	4	4	4	4	4	4	4	4
槽绝缘等级	E	E	A	E	A	A	A	A
轴承直径 d（mm）	8	滚珠18# 8×22×7	8	8	8	9.5	7.8	8
调速方法	电抗器	抽头	抽头	电抗器	电抗器	抽头	抽头	抽头
电容器容量 C（μF）							1.2	

1.5.3　单相异步电动机的启动元件与选择

小功率单相电阻启动异步电动机、单相电容启动异步电动机、单相双值电容异步电动机，在启动后，需要启动开关将副绕组切离电源，或将副绕组和启动电容器一起切离电源。此时启动开关和启动电容器就是单相异步电动机的启动元件。

1. 启动开关

小功率单相异步电动机的启动开关，主要有机械式和电气式两大类，如离心开关、差动式启动继电器、电流式启动断电器、电压式启动继电器，还有新发展的半导体无触点 PTC 正温度系数热敏电阻元件等。

(1) 离心开关是机械式启动开关。如图 1.56 所示是单相电动机工作绕组与启动绕组的分布。

离心开关的静触头部分是两个互相绝缘的半铜环，副绕组的一端和电源的一端分别焊接在两个半铜环上。静触头部分安装在电动机端盖内部，动触头部分则装在转轴上与静触头部分相对应的一端。动触头部分的铜条借弹簧力压紧在半铜环上，无论静触头部分转至任何位置，总有一根铜条使两个半铜环接通，即副绕组回路接通电源。启动后，当电动机转速达到 75% ~85% 的同步转速时，其离心力大于弹簧拉力，将三根铜条从静触头部分抬起，将副绕组回路切离电源。

如图 1.57 所示是离心开关的结构。

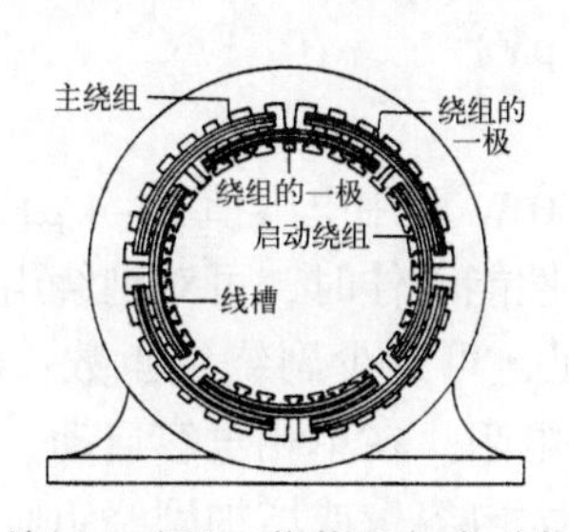

图 1.56　单相电动机工作绕组与启动绕组的分布

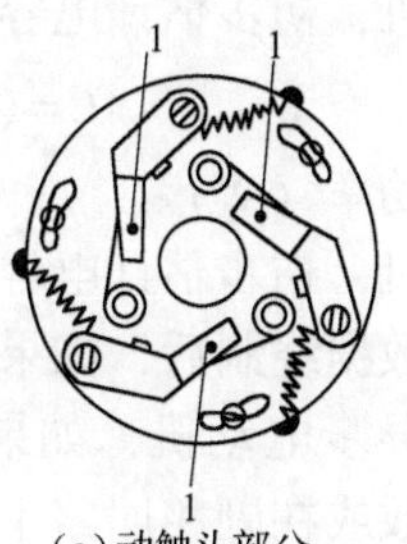

(a) 动触头部分

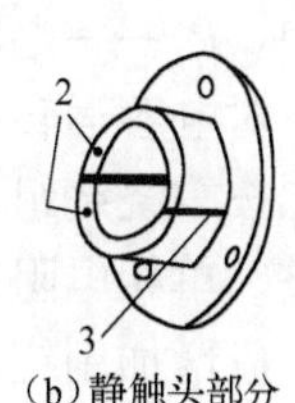

(b) 静触头部分

1—指形铜触片；2—铜片；3—绝缘

图 1.57　离心开关的结构

(2) 差动式启动继电器。差动式启动继电器是常闭触头串联在副绕组回路中，借弹簧力的作用使之闭合而接通副绕组回路。电动机启动时，启动电流通过继电器的电流线圈，产生电磁吸力而使常闭触头可靠闭合着。随着电动机转速升高，启动电流减小，继电器电流线圈产生的电磁吸力减弱，同时在继电器电压线圈电磁吸力的作用下，常闭触头打开，切断副绕组回路。

(3) 电流式启动继电器。电流式启动继电器是常开触头串联在副绕组回路中，电流线圈与主绕组串联。电动机接通电源后，比额定电流大几倍的启动电流，通入继电器的电流线圈而产生足够的电磁吸力。使触头闭合，接通副绕组回路，电动机启动。随着转速升高，启动电流减少。当转速升高至同步转速的75% ~85% 时，继电器线圈中通过的电流减小到所产生的电磁吸力不足以维持触头的闭合，故触头打开，切断副绕组回路。

（4）电压式启动继电器。电压式启动继电器是继电器的电压线圈与副绕组并联，常闭触头将启动电容器和副绕组串联。当电动机启动后转速升高到70%左右的同步转速时，继电器电压线圈的电流增大到电磁吸力足以将触头打开，切断副绕组回路。

2. 电容器

启动电容器只在启动瞬间工作，通电时间一般只是数秒钟，可采用体积小、容量大、价格低廉的电解电容器。

运转电容器在电动机运行时也通电工作，不能采用漏电较大、且有极性的电解电容器，而应采用油浸式电容器或金属化纸介质电容器。

从维修角度而言，电容电动机若出现启动转矩太小或无启动转矩的故障，应检查判断电容器是否发生了断路或短路。

（1）电容器的电容量一般都标在其外壳上。对电容器的电容量可用电容电桥测定，也可施加交流电压，通电流，测得电压和电流值后，用下式计算出：

$$C = I/2\pi fU \times 10^6 (\mu F)$$

式中 I——通过电容器的电流（A）；

f——电源频率（Hz）；

U——附加在电容器上的电压（V）。

（2）启动电容器和运转电容器的电容值计算较为复杂，并且计算出的电容量还得通过实践加以调整。对维修人员来说，可按经验公式估计，并参考同类型同规格电动机的电容初选定出。

对电容启动电动机，初步估计电容量为：

$$C = (0.5 \sim 0.6) P_2 (\mu F)$$

式中 P_2——电动机功率（W）。

对电容运转电动机，初步估计电容量，可按每100 W取用电容值2～4 μF。

按重绕绕组计算数据绕制后，如果电动机的启动性能不佳时，可对副绕组或电容量进行调整。单相电阻启动异步电动机，如果启动转矩不足，可减少副绕组匝数；若启动电流过大，应增加副绕组匝数或在副相回路中串接一定值的电阻。在单相电容启动、电容运转、双值电容这三种异步电动机中，如果启动转矩小，应增大电容量或增加副绕组匝数；如果启动电流过大，可增加副绕组匝数同时减少电容量；如果电容器的端电压过高，则应增大电容量或增加副绕组的电阻。

1.5.4 单相异步电动机的绕组类型

单相异步电动机的绕组有集中式和分布式两大类。集中式绕组的主要缺点是磁场波形差，影响电动机运行性能和效率，并且定子圆周利用率低，槽容积过大。除了凸极式小型罩极电动机定子以外，各类单相异步电动机一般都是分布式绕组。

分布绕组的形式很多。目前在单相异步电动机上普遍采用同心绕组和正弦绕组，以前也曾广泛采用单层叠绕组。

1. 同心式绕组

同心绕组是由几个轴线相重合而跨越不同的线圈串联组成的绕组，通常是单层绕组。

单相电阻启动异步电动机和单相电容启动异步电动机，多采用单层同心绕组。这两种电动机，主绕组占定子总槽数的2/3，副绕组占总槽数1/3。前者用120°相带，后者用60°相带。两绕组的轴线在空间相隔90°电角度。如图1.58所示是4极24槽单相异步电动机的同心式定子绕组，其中A_1、A_2为主绕组的出线端，B_1、B_2为副绕组的出线端。

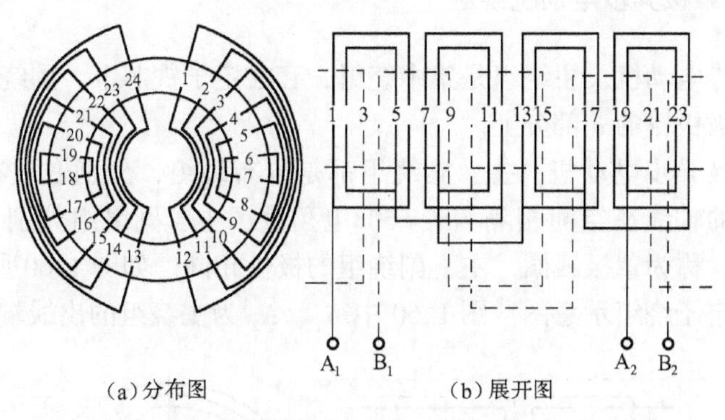

(a)分布图　(b)展开图

图1.58　4极24槽单相异步电动机的同心式定子绕组

2. 正弦绕组

正弦绕组都采用同心式绕组结构，但是，它与一般的同心绕组不同。其最大特点是属于一相绕组的各槽导线数严格按照正弦规律分布。组成每一绕组的各个线圈的匝数不同，线圈节距越大的，匝数越多；线圈节距越小的，匝数越少。

单相电容运转异步电动机和单相双值电容异步电动机，多采用正弦绕组。如图1.59所示是4极24槽单相异步电动机正弦绕组的展开图。图中A_1、A_2为主绕组的出线端，B_1、B_2为副绕组的出线端。

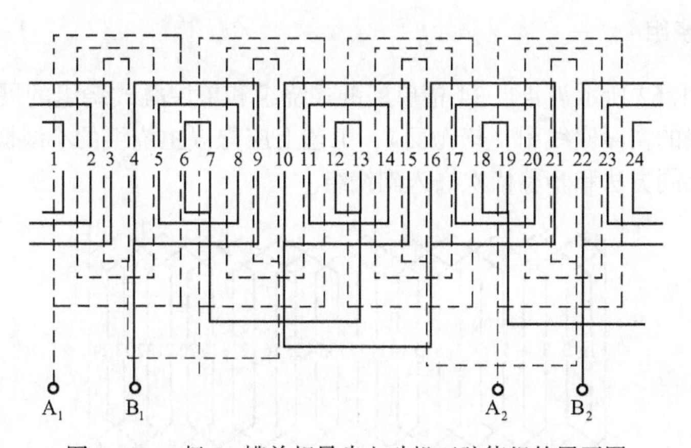

图1.59　4极24槽单相异步电动机正弦绕组的展开图

单相电容运转异步电动机的主、副绕组各占定子总槽数的1/2，即都是90°相带的同心绕组。它们的导体分布规律都相同，但轴线相互错开90°电角度。其每槽数中同时嵌放主、副绕组，前者放在槽底，后者放在槽上层。其主、副绕组虽然同时占定子的全部槽，但是，主绕组匝数较多的槽，恰好是副绕组匝数较少的槽，所以各槽的总匝数是比较均匀的。同一相的电流流过该相的各槽线圈时，槽电流分布也符合正弦形，进而使相绕组建立的磁势空间分布波形很接近正弦波。应该指出，正弦绕组有绕制工艺复杂、费工时等缺点，但是其主绕组全部嵌在槽底，副绕组全部嵌放在槽的上层，因此嵌线修理也并不太困难。

3. 单相凸极式罩极异步电动机绕组

凸极式罩极异步电动机，主绕组是集中绕组，套在定子铁芯上。副绕组是罩极线圈或一个短路环，套在磁极极靴的一部分上。

隐极式单相罩极异步电动机，主、副绕组都是分布绕组，分别嵌放在定子铁芯的线槽内。其主、副绕组的轴线在空间相隔40°～60°电角度，主、副绕组分别为独立的回路，并且副绕组自行短路，称为罩极线圈，主、副绕组的极性相同。如图1.60所示是2极18槽单相罩极异步电动机定子绕组示意图。图1.60中A_1、A_2为主绕组的出线端。

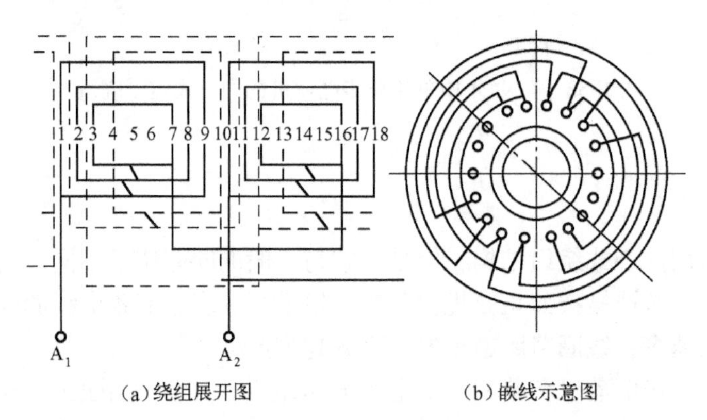

图1.60 2极18槽单相罩极异步电动机定子绕组示意图

4. 单层链式绕组

图1.61和图1.62所示为4极24槽单层链式绕组和单层叠式绕组的展开图。如图1.63为电动机定子绕组的实际嵌线图（横抛面），工艺上应先嵌主绕组的小线圈，后嵌主绕组的大线圈，之后按相同方法和步骤依次嵌入副绕组。

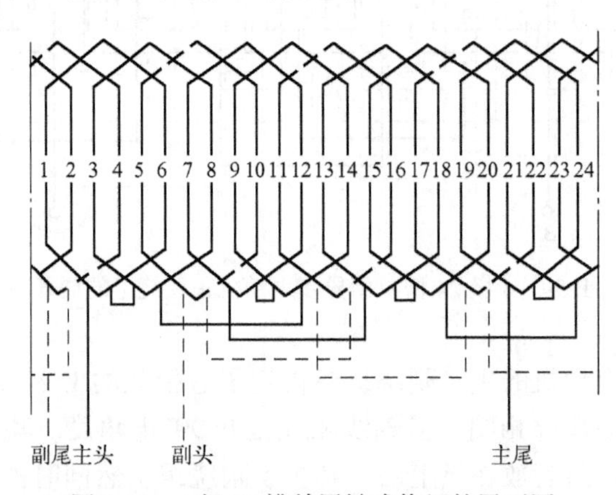

图1.61 4极24槽单层链式绕组的展开图

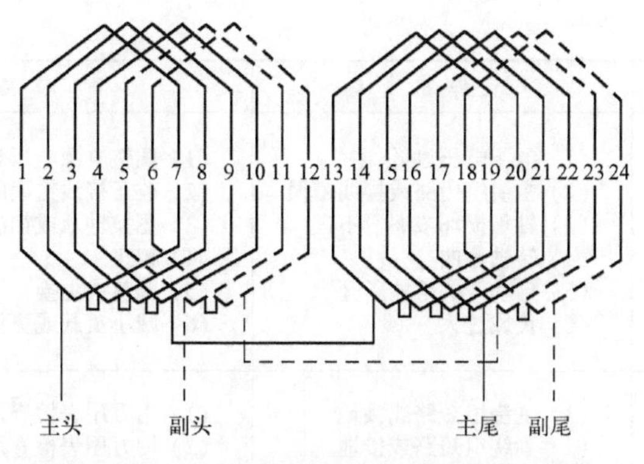

图1.62　4极24槽单层叠式绕组的展开图

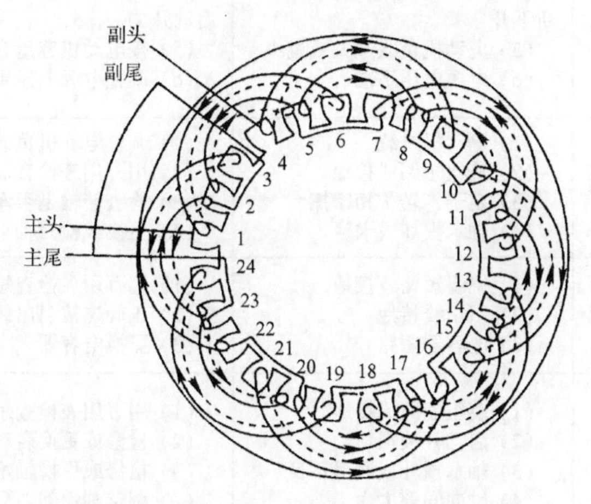

图1.63　电动机定子绕组的实际嵌线图

1.5.5　单相异步电动机常见故障及处理

单相异步电动机常见故障及处理方法，见表1.10。

表1.10　单相异步电动机常见故障及其处理方法

序　号	故障现象	故障原因	处理方法
1	电源电压正常，但通电后电动机不转	(1) 引线断路 (2) 主绕组或副绕组断路 (3) 启动开关触点接触不良 (4) 电容器开路 (5) 轴承损坏 (6) 轴承装配不良 (7) 润滑脂固结 (8) 轴承内进入杂质 (9) 定子与转子相碰 (10) 电动机过载	(1) 用万用表检查断路处并处理 (2) 用万用表检查断路处并处理 (3) 检查启动开关并调整 (4) 更换电容器 (5) 更换轴承 (6) 重新装配轴承 (7) 更换合格的润滑脂 (8) 清洁轴承 (9) 调整定子与转子的同心度 (10) 减小负载或换容量较大的电动机
2	空载或在外力作用下能启动，但启动困难	(1) 副绕组断路或回路不通 (2) 副动开关接触不良 (3) 电容器开路	(1) 用万用表检查断路处并处理 (2) 检查启动开关并调整 (3) 更换电容器

续表

序 号	故障现象	故障原因	处理方法
3	电动机的转速达不到额定值	(1) 电源电压过低 (2) 主绕组短路或接线错误 (3) 轴承损坏或润滑不良 (4) 转轴弯曲 (5) 启动开关不能断开 (6) 负载过大	(1) 调整电源电压到额定值 (2) 改正接线错误的绕组 (3) 更换轴承或加润滑油 (4) 校正 (5) 调整或更换 (6) 减小负载或更换容量较大的电动机
4	电动机启动后，发热很快，或烧毁绕组	(1) 主绕组短路或接地 (2) 副绕组短路或接地 (3) 主、副绕组相互错位 (4) 启动后启动开关的触头断不开 (5) 电动机负载过大或过小 (6) 电源电压不准	(1) 用万用表检查短路处并处理 (2) 用万用表检查短路处并处理 (3) 测量其电阻值或检查接头符号，改正接线 (4) 测量总电流和副绕组回路电流，检修或更换启动开关 (5) 按电动机容量合理匹配负载 (6) 调整电源电压到额定值
5	启动后电动机发热严重，输入功率太大	(1) 电动机过载 (2) 绕组短路或接地 (3) 定子、转子相摩擦 (4) 轴承损坏或卡住	(1) 调整电动机负载 (2) 用万用表检查短路、接地处并处理 (3) 检查转轴是否弯曲，同心度是否正常 (4) 更换或检修轴承
6	通电后熔丝就熔断，电动机不能启动	(1) 绕组短路或接地 (2) 引出线接地 (3) 电容器短路	(1) 用万用表检查短路、接地处并处理 (2) 正确连接引出线 (3) 更换电容器
7	电动机在运转时噪声太大	(1) 绕组短路或接地 (2) 启动开关损坏 (3) 轴承损坏或润滑不良 (4) 轴向间隙太大 (5) 电动机内进入杂物 (6) 转轴弯曲 (7) 旋转部件与定子相碰	(1) 用万用表检查短路、接地处并处理 (2) 检修或更换启动开关 (3) 检修或更换轴承 (4) 调整轴承间隙到正常值 (5) 拆卸电动机，清除内部杂物 (6) 校正或更换转轴 (7) 校正转子同心度
8	电动机发生不正常的震动	(1) 转子不平衡 (2) 皮带盘不平衡 (3) 伸出轴弯曲	(1) 校正转子平衡 (2) 校正静平衡 (3) 校正或更换转轴
9	电动机的轴承过热	(1) 轴承损坏 (2) 轴承内、外圈配合不当 (3) 润滑脂过多、过少或太脏 (4) 皮带过紧或联轴节安装不良	(1) 更换轴承 (2) 调整轴承的内、外配合适当，配合处不要相对滑动 (3) 更换轴承的润滑脂，加入量不能超过轴承室容积的70% (4) 调整合适的皮带张力，调整联轴节的平衡

1.5.6 重绕单相异步电动机绕组时的参数调整

在单相异步电动机绕组重绕过程中，由于电动机的性能和各个参数之间存在着错综复杂的关系，有时往往达不到预定的技术要求，因此必须对参数进行调整，以求达到预计的目的。但必须注意到在调整过程中，当调节某一个参数时，会影响到其他参数。因此，在这些相互联系的参数中，只能综合考虑，使主要的参数、技术指标符合使用的要求。

另外，工艺或材料性能的不同对电动机性能影响很大。因此，在重绕或维修时，必须根据具体情况认真分析，然后采取措施进行解决。制造工艺和材料性能对微型异步电动机性能的影响，见表 1.11。

表 1.11　制造工艺和材料性能对微型异步电动机性能的影响

电动机性能出现不正确的现象	制造工艺或材料性能的波动因素	补救办法
1. 启动转矩低	(1) 定子绕组匝数过多或绕组不对称 (2) 气隙偏小 (3) 转子槽口不齐（开口槽），使漏抗增大 (4) 转子铸铝材料用错，使转子电阻减小 (5) 铸铝缺陷使转子绕组严重不对称	在保证力能指标和温升前提下，适当缩小转子增大气隙；或在铸铝端环上割一道深而窄的环形槽
2. 最大转矩小	(1) 笼型转子有缺陷，使转子绕组明显不对称 (2) 转子斜槽度过大，使漏抗增加 (3) 定子绕组匝数过多，使漏抗增加	力能指标和温升允许时，车小转子以减少漏抗
3. 功率因数低	(1) 转子外径偏小使气隙增大，锉槽口、齿胀等因素使等效气隙增大 (2) 由于铁芯叠压时压力不足或叠片数量不足、冲片毛刺过大以及叠片表面氧化过度，使得铁芯实际重量不足，磁密增高 (3) 定子绕组匝数不够 (4) 硅钢片材质不对，其导磁率低于设计值 (5) 定转子轴向错位 (6) 铸铝转子槽斜度过大，转子冲片偏心使定转子电抗电流增加 (7) 气隙严重不均匀，使空载电流增大	电动机功率因数偏低，只能更换转子减少气隙，或更换定子绕组，增加匝数
4. 效率低	(1) 定子绕组不对称，并联支路接头焊接不良，使定子铜耗增大 (2) 铸铝材质不对，电阻率偏高；铸铝材料含杂质过多或铝液温度过高，其中夹氧化铝；铸造缺陷（缩孔、气孔、断条、裂纹、浇铸不足）；铜条鼠笼焊接不良等使得转子电阻增大 (3) 冲片毛刺过大；叠压压力过高；铆接、焊接不当引起严重片间短路；硅钢片本身比损耗大；定转子表面加工引起片间电流；铁芯实际重量不足或定子绕组匝数偏少等因素使铁耗增大	电动机效率不合格，一般不易补救。在保证温升合格的情况下，可适当缩小风扇外径以减小风磨耗；如转子杂耗大，可在压铸后增加“脱壳”处理
5. 温升高	(1) 由于工艺原因使电动机损耗增加（见效率低一项） (2) 绕组绝缘处理不良、定子铁芯和机壳配合不好使导热系数降低 (3) 零部件缺陷使通风路径风阻增大	已制造好的电动机一般先消除零部件缺陷，完善通风冷却。槽满率太低时，可增加浸漆次数，定子铁芯与机壳间热阻大时，可整浸定子

1.5.7　单相异步电动机绕组的重绕

对有故障的单相异步电动机，在确认绕组内部严重短路或已被烧毁时，应重新绕制绕组。

1. 记录各项数据

(1) 记录电动机铭牌数据。记录电动机铭牌数据便于了解该电动机的型号、功率、工作电压、额定电流及转速，同时便于购买配件。

(2) 记录绕组数据。记录绕组数据包括绕组形式、各线圈节距、匝数和几何尺寸（单相电动机各个线圈匝数和尺寸往往都不一样)、线径、连接、运转绕组和启动绕组之间的跨距、相互位置、绕线方法等，并及时将这些数据填入表 1.12 中。如果只有上面一层启动绕组烧坏，需要更换，可只记录该部分线圈的资料。

表 1.12 单相异步电动机修理记录单

铭牌数据

型号________ 功率________ 频率________ 编号________

电压________ 电流________ 温升________

转速________ 电容________ 制造厂________ 制造日期________

绕组名称	线径	支路数	节距	匝数
主绕组				
辅助绕组				

槽序号 1 2 3 4 5 6 7 8 9 10 11 12 13 14 15 16 17 18 19 20……35

2. 拆除旧绕组

单相电动机的运转绕组（主绕组）位于槽底部，而启动绕组（辅助绕组）则在槽上部，所以拆除绕组时，应先拆启动绕组，后拆运转绕组。

(1) 拆除启动绕组。拆换启动绕组或其中一个线圈组时，先用划针将待拆的线圈一端轻轻撬起来，然后将线圈的这一端剪断，并顺着铁芯槽把线圈剪断部分理直，从线圈的另外一端抽出该线圈。

拆除槽楔时，可以利用一根废锯条，先把锯条用锤子轻轻地将锯齿钉在槽楔上，再顺着锯条齿尖的方向敲一敲，槽楔便很快地退出槽子。

(2) 拆除整个定子绕组。拆除整个定子绕组的方法有加温拆法和冷拆法。

① 加温拆法是将电动机放入烘箱，以大约 100℃的温度烘 0.5 ~ 1 h 后，取出来退出槽楔，并依次剪开绕组各个线圈的端部，从绕组的另一端逐个抽出线圈。

② 冷拆法是先准备一把合适的平錾子、一把锤子，将定子放稳，将錾子口的一个平面贴着定子铁芯槽的端面（这是冷拆工艺的关键），用锤子敲击齐槽口切断各绕组的线圈边，再用一形状合适的铜棒，将槽内的各线圈边逐个顶出，用这种方法拆除绕组后，铁芯槽内比较干净，不需花很多时间清槽。

3. 配置槽绝缘

单相电动机的槽绝缘有层间绝缘、覆盖纸及端部绝缘，只需一层 0.4 ~ 0.5 mm 的聚酯薄膜青壳纸。

槽绝缘的长度取定子槽的全长加 6 ~ 12 mm，再两头打反折，以防止槽绝缘沿槽内滑动。层间绝缘的长度，一般掌握在两端各伸出铁芯 8 ~ 12 mm；覆盖纸的长度按照槽绝缘的长度而定。

端部绝缘，即线圈之间的绝缘，其尺寸大小应按端部实际形状裁剪，相邻线圈组应严格地分开，以保证线圈组之间绝缘良好。

4. 绕线及绕线模尺寸的确定

电动机绕组的重绕方法有三种：手绕、模绕和束绕。由于手绕和束绕操作不方便，工作效率低，除局部更换绕组采用手绕法外，全部更换绕组时，一般采用模绕方法。模绕时，必须先用木制或金属材料制成的绕线模绕好线圈，然后将绕好的线圈嵌入槽内。

绕线模的形状和尺寸的测定与三相电动机相似。最小线圈的直线部分两端伸出铁芯的长度大于6 mm，最大线圈的端部不应与端盖相碰擦。由于线圈尺寸较小，每个线圈的绕线模可做成整块的，并把模心做出一定的斜度，以便取下线圈。绕线模模心的厚度一般以铁芯槽深的3/4来确定。

同心式绕组的绕线模，如图1.64所示。绕线之前用螺母将一个极下面的数个同心模夹紧，绕线时从最小线圈开始，然后再绕较大的线圈。待全部绕好后，将每个线圈扎好，松开螺母，取下线圈。

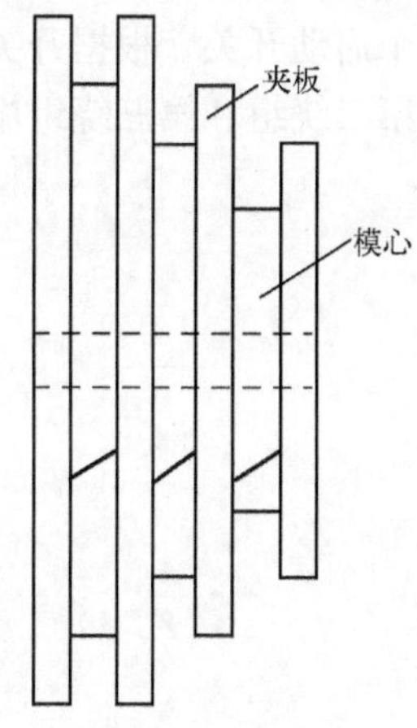

图1.64 同心式绕组的绕线模

5. 嵌线

嵌线前，应准备好嵌线用的绝缘材料（如层间绝缘、槽绝缘、槽楔和绑扎带等）和嵌线工具（如划针、压脚、手术用弯头长柄剪刀、橡胶锤子、顶销棒、垫打板等）。

嵌线时，注意不能损伤电磁线的绝缘。槽绝缘要在未嵌线之前全部放入槽内，位置要符合要求，线圈的有效边嵌入槽内后要排列整齐，线圈伸出铁芯两端的长度应适宜。

6. 绕组接线

（1）单相电动机绕组接线具有以下两个基本特点。

① 主、辅助绕组的接线方式基本一致。如果工作绕组（主绕组）是串联接法，则启动绕组（辅助绕组）也用串联接法。

② 不管电动机的极数有多少，同一绕组相邻两磁极的极性必须是相反的。所以两相邻线圈组的接法是，在串联接线时应当是“反串联”，即“头—头”连接或“尾—尾”连接。

（2）工作绕组的串联接法。如图1.65所示为4极分相电动机运转绕组的基本接法。

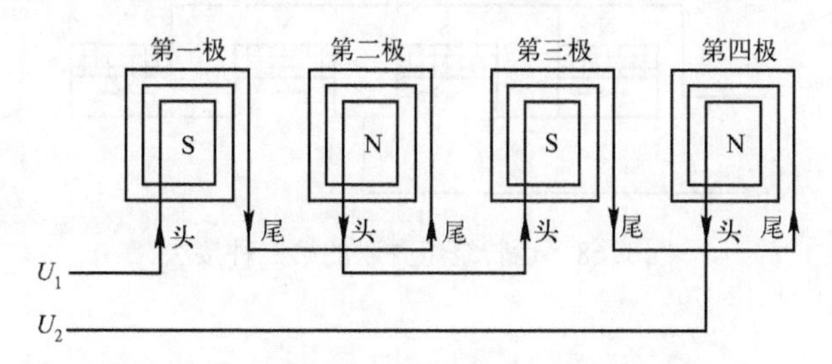

图1.65 4极分相电动机运转绕组的基本接法

为了作图简单，分相电动机绕组的接线图可以简化，如图1.65可以简化为图1.66来表示。图1.66中的长方块表示产生一个磁极的线圈组，S、N表示各线圈组产生的磁极极性，箭头则表示流经各线圈组的电流方向。

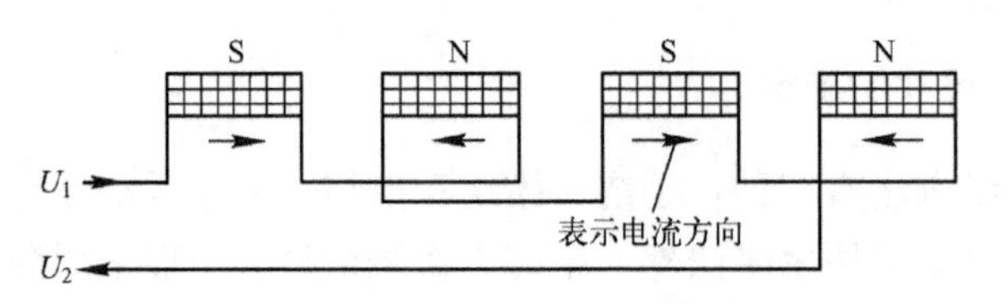

图1.66　分相电动机绕组接线图简化画法

(3) 启动绕组的串联接法。启动绕组的接法与工作绕组的接法基本相同，不同之处是多一个启动开关。根据开关的串接位置不同，有两种接法，一是串接在启动绕组的中间，即串在第二绕组和第三绕组中间；二是串接在启动绕组的首端或末端，如图1.67所示。

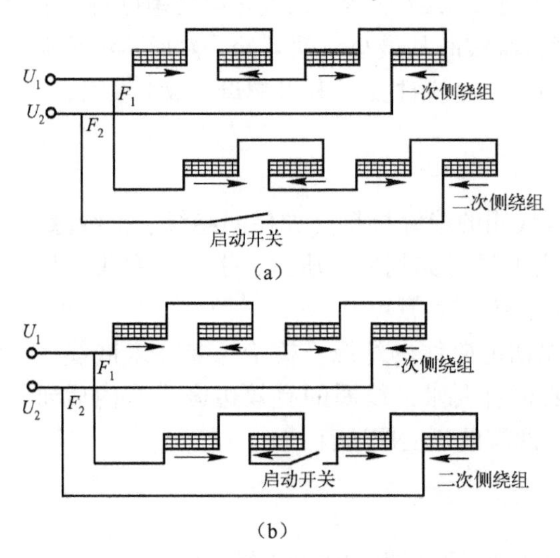

图1.67　单相4极电动机接线图

(4) 并联接法。普通分相电动机一般都是采用串联接法，但也有少数电动机采用并联接法（或称双联法）。其接法也有两种，一是“头—头”或“尾—尾”相接；二是“头—尾”相接，如图1.68所示。

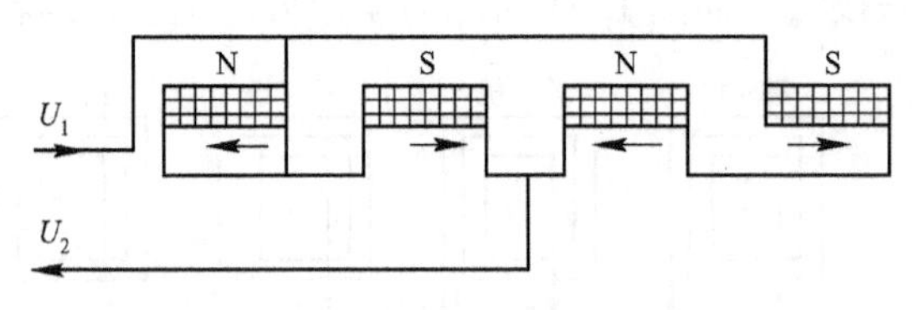

图1.68　运转绕组并联的第二种接法

7. 试验

为了判断绕组接线是否接错，可按右手螺旋法则、指南针法及铁打法等进行检查和验证，并用兆欧表检测绝缘确认无误后，再进行绑扎、装机、点动试转，检查是否正常。

8. 导线接头焊接与包扎

焊接时先将两根待焊的导线留以适当的长度，并将电磁线线头绝缘漆刮去，长度约 15 ~ 30 mm，然后将两根电磁线紧紧地绞在一起用锡焊牢。锡焊部分长度不少于 10 mm，焊口用 20 ~ 30 mm 的蜡套管或聚氯乙烯套管套好。具体操作分为三步，如图 1.69 所示。

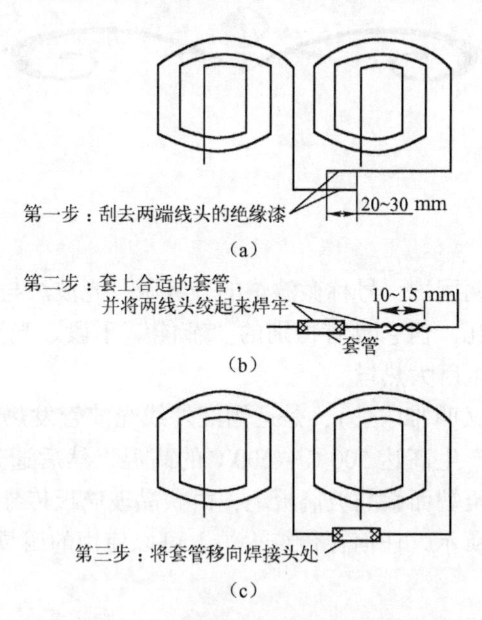

图 1.69　绕组引出线焊接方法图

电动机引出线的焊接法与此相同。线焊好后，进行整形，同时用白布带或玻璃丝绳将一次侧绕组、二次侧绕组及引出线牢牢地绑在一起。

9. 浸漆与烘培

先将定子放在烘箱内预烘 4 ~ 6 h，保持温度 105 ~ 115 ℃，然后将温度降至 80 ℃后，浸 1032 漆 10 ~ 15 min，立起滴漆 0.5 h 以上，再经 6 ~ 8 h 烘培即可。

第2章 光波炉、微波炉

2.1 光波炉

光波炉是一种家用烹调用炉，号称微波炉的升级版，光波炉与微波炉的原理不同。光波炉的输出功率多为七八百瓦，但它具有特别的“节能”手段。光波炉是采用光波和微波双重高效加热，瞬间即能产生巨大热量。

微电脑数码光波炉（又叫雅乐炉），是运用红外线光波管发热原理。在接通电源后，炉内的发热组件可在数秒内产生高达500℃～600℃的高温，然后通过反光聚热材料，将所有热能聚结在一起，并反射至炉面微晶玻璃板上，由微晶玻璃板传导热能到器具，从而达到烹调食物的效果，如图2.1所示。任何在传统火炉上可以使用的厨具，在光波炉上100%完全可以使用。

图2.1　光波炉

其他一些厨具对人体其实都是有一定危害的，如微波炉的“微波辐射”，电磁炉的“电磁辐射”，都在不知不觉中危害人的健康。“用光波炉有益健康”也是光波炉现在流行的一个重要原因。在做饭的同时它的“远红外热疗功能”就会自动启动，可以辅助治疗“关节炎风湿疾病等”

2.1.1 光波炉工作原理

1. 光波炉与微波炉的区别

光波炉又称光波微波炉，它和普通微波炉的最大区别就在于其加热方式。普通的微波炉内部的烧烤管普遍使用铜管或者石英管。铜管在加热以后很难冷却，容易导致烫伤；而石英管的热效不太高。

光波炉的烧烤管将石英管或者铜管换成了卤素管（即光波管），能够迅速产生高温高热，冷却速度也快，加热效率更高，而且不会烤焦，从而保证食物色泽。从成本上来讲，光波管成本只比铜管或者石英管增加几元钱，所以，现在光波管在微波炉技术上的使用非常普遍。

实质上光波是微波炉的辅助功能，只对烧烤起作用。没有微波，光波炉只相当于普通烤箱。市场上的光波炉都是光波、微波组合炉，在使用中既可以微波操作，又可用光波单独操作，还可以光波微波组合操作。也就是说，光波炉兼容了微波炉的功能，如图 2.2 所示为光波/微波炉外形。

图 2.2　光波/微波炉外形

微波炉由于烹饪的时间很短，能很好地保持食物中的维生素和天然风味，如用微波炉煮青豌豆，几乎可以使维生素 C 一点都不损失。另外，微波还可以消毒杀菌。使用微波炉时，应注意不要空“烧”，因为空“烧”时，微波的能量无法被吸收，这样很容易损坏磁控管。另外，人体组织是含有大量水分的，一定要在磁控管停止工作后，再打开炉门，提取食物。

2. 光波炉原理

光波炉是最新推出的家用烹调用炉，号称微波炉的升级版的光波炉与微波炉的原理不同。微波炉是利用磁控管加热的，但光波微波组合炉是在微波炉炉腔内增设了一个光波发射源，能巧妙地利用光波和微波综合对食物进行加热。因此，光波炉兼容了微波炉的功能。从结构上看，光波炉在炉腔上部设置了光波发射器和光波反射器。光波反射器可以确保光波在最短时间内聚焦热能最大化，这也是光波炉在结构上与普通微波炉的重要区别。相比微波炉，光波炉具有加热速度快、加热均匀、能最大限度地保持食物的营养成分不损失等诸多优点。光波微波组合炉主要用途在于能大大提高微波炉的加热效率，并在烹饪过程中最大程度地保持食物的营养成分，避免在烹饪食物时水分的丧失。光波炉的输出功率多为七八百瓦，不少消费者可能觉得这么高的功率也很费电，实际上这是对光波炉的一种误解。光波炉和一般烹饪器具不同，除了方便快捷，健康环保外，它还有特别的“节能”手段。首先，光波炉是采用光波和微波双重高效加热，瞬间即能产生巨大热量。又因为加热是直接针对食物本身，不需要通过器皿传热，且内外同时进行，加热时间极短，效率很高，大多食物仅需两三分钟。而一般的加热方式在容器、空间等上浪费的热能很多。据测试证明，光波炉加热的能源利用率可高达 95% 以上，靠电炉丝加热的电器只有 60%，煤气和液化气是 55%。光波炉最大的优点就是可以加热铁器皿。

2.1.2 光波炉的特点和正确使用

1. 特点

（1）多功能烹饪。火锅、煎、煮、炒、蒸、炸、炖、焖，韩式烧烤等样样皆能。由弱至强的火力设计，热能强劲，热力均匀，保证食物的自然本色。

（2）适合任何质料的平底锅具。保留电磁炉使用方便，外形美观的优点，弥补了电磁炉只能使用铁质锅的缺陷，使用范围扩大到所有耐高温的任何材质平底锅具。被称为永不挑锅的炉具，无论是瓦锅、铝锅、陶瓷锅、铁锅、玻璃锅等，只要耐高温均适用。

（3）升温快、火力强劲。采用钻石级微晶玻璃面板，面板可承受950℃高温，烧不破裂，不变色。开机数秒可达400～500℃的高温，急速烹饪，热力均匀（普通电磁炉只能达到300℃左右）。热效率达95%以上，真正省电、节能、快速省时。

（4）环保无磁辐射。光波炉是一种单纯的电能与热能的交换，绝无任何电磁辐射。众所周知，一个普通电磁炉相当于15部手机的辐射。光波炉无电磁辐射，特别是对妇婴无害，是真正没有电磁污染的厨房家电。

（5）光波炉发出的远红外线，具有防臭、除湿、抗菌、促进血液循环等保健功效，同时冬天可做取暖炉使用。

（6）安全保护装置。

① 电源电压过高、过低保护；

② 防炉内过热智能保护；

③ 可根据设定时间自动关机，即使使用后忘记关闭，保护系统会在100分钟后自动关机；

④ 烹饪中无明火、无烟，有益家居环境及家人健康；

⑤ 无液化气常见的泄漏、爆炸、烧伤等危险，减少意外事故发生；

⑥ 只适合加热底部直径大于等于12 cm小于等于28 cm的耐高温平底锅具。

（7）微计算机控制。

① 多种加热功能：从低到高的加热方式，实现不同的烹饪需要；

② 多种定温功能：维持选定温度，准确掌握烹饪火候；

③ 灵活定时功能：多种定时时间可供选择；

④ 自动报警功能：通过内部检知系统，能识别故障并报警；

⑤ 全新微计算机控制，防漏、防水、安全。

（8）清洁方便。电磁炉故障率高的原因主要是蟑螂的危害，在烹饪时无法避免油盐水流进电磁内，从而导致潮湿又有味道，进而成了蟑螂的家，所以很容易产生烧机爆功率管现象。因为电磁炉本身不产生热量，因此不会对蟑螂产生危害反而受益于它。红外线光波炉的发热原理是采用卤素管发光生热烹饪食物，所以产生的热度足以烧死有害蟑螂，也起到了很好的灭虫效果。

2. 光波炉万能锅的使用

（1）将底座框架与容器配合好并水平放置，把食物放在容器内（按实际需要选择配件），盖上炉头。

（2）接上电源，将定时器与温控器旋钮调到适当位置。

（3）放下提手，微电源开关自动开启，提示灯亮，表示其对应提示处于工作状态。

（4）烹饪结束，拔下电源插头，将炉头放到炉头架上。

（5）用取物架将食物取出。

（6）待容器冷却后，先抹拭清洁，再用水清洗容器。

（7）用软布抹拭清洁防护罩。

（8）清洁完后，盖上炉头，空热一分钟将容器吹干，将整机放到安全的位置。

如图2.3所示为光波炉万能锅外形。

图2.3 光波炉万能锅外形

2.2 微波炉

2.2.1 微波炉的特征、特点及分类

微波是一种高频率电磁波，通常是指300~30000 MHz频率的电磁波。

1. 微波炉的特征

（1）反射性，遇到金属物体就会反射，如镜子反射光线一样。

（2）吸收性，容易被含有水分的物体吸收而转变为热能。绝大多数的食品都含有水分，所以食品一般都可以用微波来加热。

（3）穿透性，微波可以穿透玻璃、纸张、陶瓷、聚乙烯等绝缘物体，但不被其吸收，因此这些物体不会发热。

2. 微波炉的特点

（1）高效率。微波炉加热食物时，是被加热食物自身直接发热，其加热食物的速度是传统加热方式的几倍到几十倍。

（2）加热均匀。微波炉加热食物时是使食物整体同时受热，除特别大而厚的食物之外，一般加热均匀，不会发生“外熟内生”或“外焦内生”的现象。

（3）节约能源。由于微波炉产生辐射微波波长与食物所吸收的波长相吻合，加上微波的穿透能力较强，绝大多数微波能被食物所吸收，加热效率高，节省电能，使微波炉比传统加热炉节电50%~70%。

（4）加热易于控制。微波炉在通电后即产生微波，被食物吸收得以升温，断电后不再产生微波，加热过程停止，不存在热惯性，控制非常方便。

（5）消毒杀菌。微波炉能在一两分钟内将食品中的细菌杀死；而冰箱的低温度并不能杀死全部细菌。

（6）安全卫生、保持营养。微波炉在使用中无明火、无油烟、烹调中不产生有害气体；由于烹调时间短，食品中的营养成分损失也少。

3. 微波炉的分类

（1）按频率分。

① 商用微波炉，使用微波频率为915 MHz，主要用于烘烤和消毒。

② 家用微波炉，波长为12.3 cm，频率为2450 MHz，即24.5亿次/秒。

微波炉使用这些专用频率的目的是使微波频率标准化，同时也避开对雷达和微波通信的干扰。

（2）按控制方式分。

① 继电控制式微波炉。微波炉的时间控制和功率调节是由电动定时器和一套齿条凸轮机构（常称一体化机构）完成的。

② 计算机控制式微波炉。微波炉的时间控制和功率调节及其他方面的控制是由一套电子集成电路构成的控制器（俗称“电脑”）完成的。

上述继电控制式和计算机控制式微波炉，除控制器结构不同外，其他方面没有太大的区别。

2.2.2 微波炉的结构与工作原理

1. 微波炉的结构

微波炉主要由磁控管、电源变压器、冷却装置、炉腔和控制部分等组成，如图2.4所示，其外形如图2.5所示。

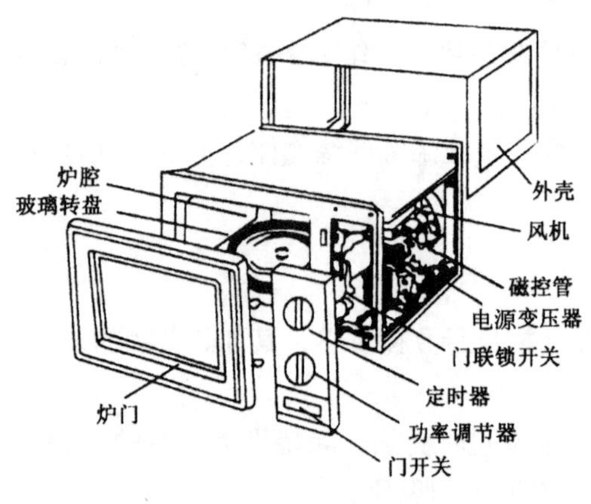

图2.4 微波炉结构

图2.5 微波炉外形

（1）磁控管。如图2.6（a）、（b）所示，磁控管的主要功能是产生和发射微波。磁控管是微波发生的心脏，内部装有一个阳极和一个发射电子的阴极，形成一个与管轴平行的强恒定磁场，阴极发出的电子在磁场作用下做空间圆周运动，呈螺旋状飞向阳极，当电子到达阳极附近的谐振腔时，即引起振荡，产生振动频率为2450 MHz的连续微波，完成电能向微波能的转换。

（2）电源变压器。由于电源变压器工作温度很高，则对漆包线要求绝缘等级高，同时耐高温。工作时将220 V的交流电产生一组3.2 V或3.4 V的交流电供给磁控管灯丝，同时产生一组1.8～2.0 kV高压交流电，使磁控管振荡并产生2450 MHz的微波。

(a) 磁控管外形

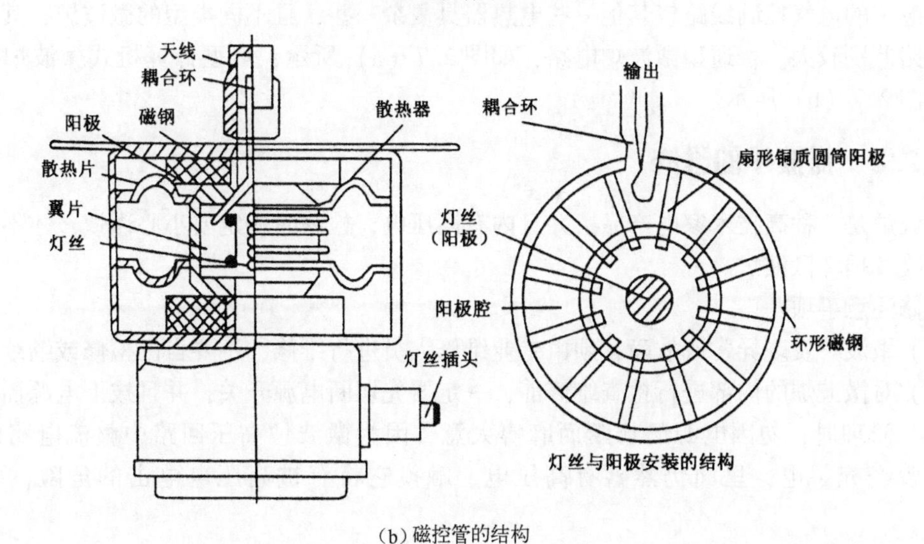

(b) 磁控管的结构

图 2.6 磁控管

(3) 冷却风扇。由机械强度高的金属和非金属做成形状不规则的叶片，由电动机带动旋转，产生的风既能使磁控管散热，又能使炉腔气流对流。

(4) 炉腔。微波炉的炉腔也称谐振腔，是存放烹调食物的地方，内表面涂有非磁性材料，顶部装有反射板。

(5) 炉门。炉门是存取食物和观察炉腔的开口，也是构成炉腔的前壁。它由金属框架和玻璃窗构成，是防止微波泄漏的一道关卡。

(6) 定时器。定时器是确定自动切断电源的装置。当微波炉工作到预定时间时，便自动切断电源。

(7) 双重闭锁开关。这是一个重要安全装置。其作用是当炉门打开或没有关闭好时，该开关一方面断开电路；另一方面断开继电器和定时器，以防止微波泄漏。

(8) 炉门安全开关。炉门安全开关是通过炉门凸轮臂来闭合继电器触点。因此，当双重闭锁开关没断开时，即使打开门，微波炉也不会工作。

(9) 烹调继电器。通过烹调开关或炉门安全开关和热继电器来控制电源变压器、风扇电动机等电源通路。

(10) 热断路器。热断路器装在磁控管附近，当磁控管因其他原因温度上升时，会自动切断电源，终止微波炉工作，以起到过热保护作用。

2. 微波炉的工作原理

微波炉通电工作时，将50 Hz、220 V的交流电经变压器、整流器、滤波器，供给磁控管所需要的各种电压，磁控管产生2450 MHz超高频电磁场的微波能量，经波导传到炉腔各处。由微波特性可知，食物是吸收微波的一种介质，微波使食品介质内部分子发生变化，由于分子的运动及分子间的摩擦而发热，使食品温度升高。由于食品内外同时被加热，所以，食物很快被烤熟，这与传统的食品加热方式是不同的。

微波炉的电气控制线路较其他一些电热器具复杂一些，且不同类型的微波炉，其控制和保护电路差别较大。普通型微波炉电路，如图2.7（a）所示；典型计算机式微波炉控制电路，如图2.7（b）所示。

2.2.3 微波炉的维修

微波炉是一种高技术家电产品，并且内有高压电，检修时一定要小心谨慎，才不会引起人身危险及损坏微波炉。

检修注意事项：

（1）微波炉发现异常或故障，须由专业维修人员进行维修，不要自己检修或继续使用。

（2）对微波炉的内部进行检查维修前，一定要先切断电源开关，并且拔下电源插头。

（3）修理时，勿因电源已切断而麻痹大意，因为微波炉高压回路中整流电路的高压电容器曾经充了电，里面仍然蓄有高压电，触摸它将有被高压电电击的危险，要十分注意。

（4）检修电路时，先要利用接地线把高压电容器中蓄存的高压电能放掉，然后再进行维修。

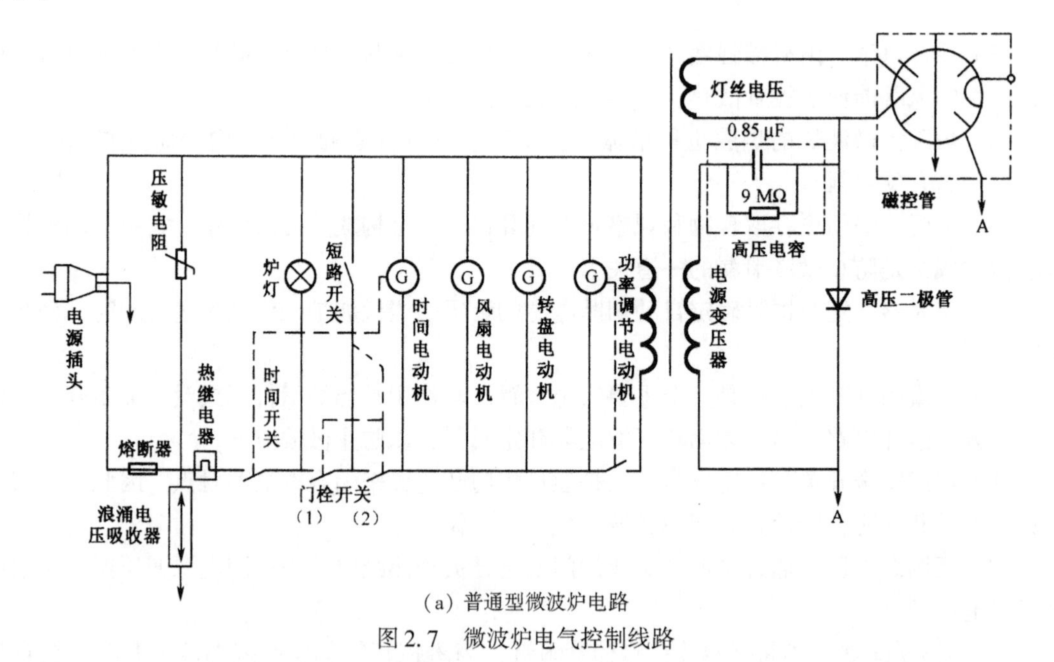

（a）普通型微波炉电路

图2.7 微波炉电气控制线路

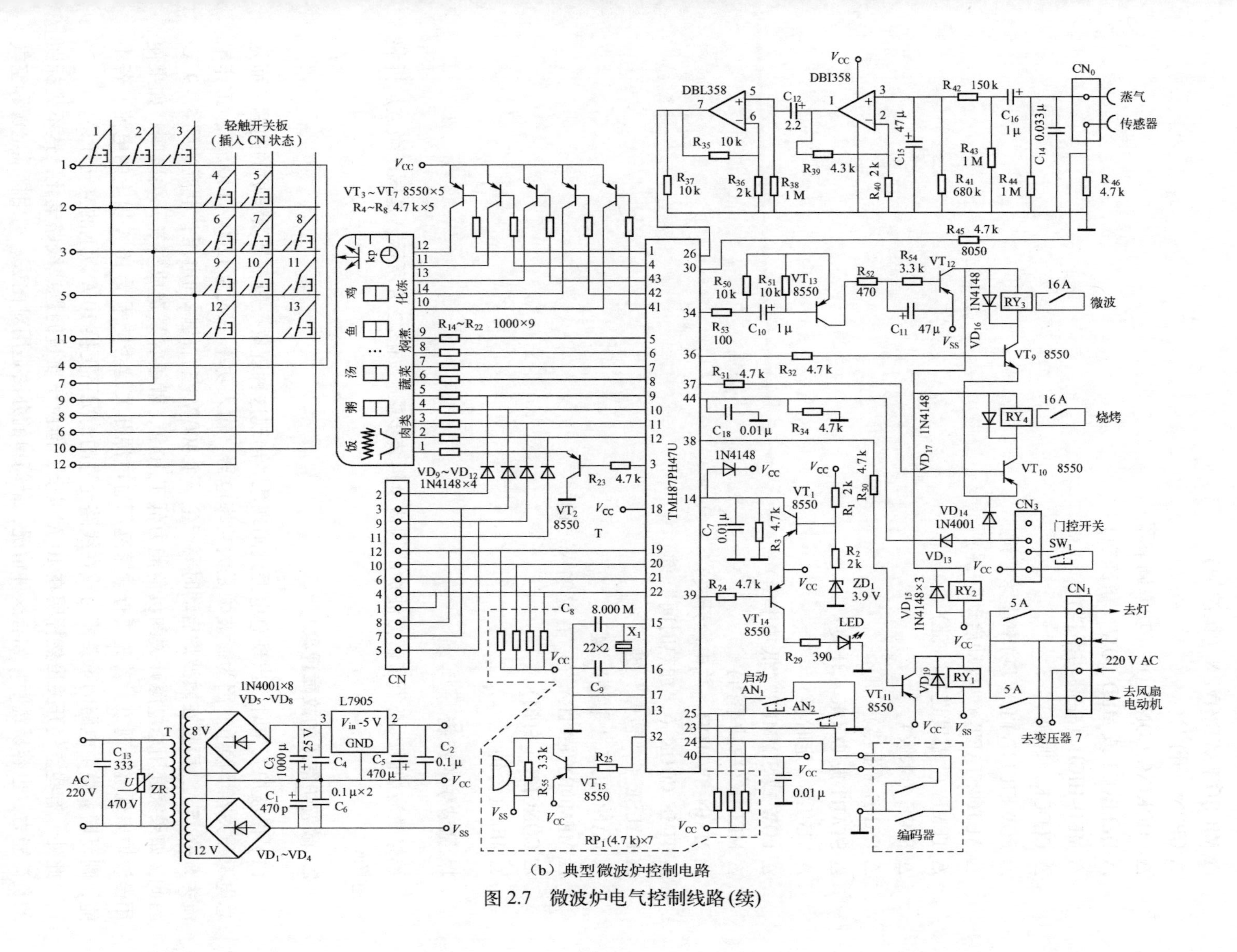

（b）典型微波炉控制电路

图 2.7　微波炉电气控制线路(续)

(5) 微波炉上一些常用的英文标志含义：

△ MICROWAVE OVEN（微波炉）
△ OPEN（开门）
△ COOKING CONTROL（功率调节器）
△ DEFROST 或 MED-LOW（解冻挡）
△ MED-HIGH（中高功率挡）
△ CLOCK（时钟）
△ POWER LEVEL（“功率选择”键）
△ AUTO START（“自动启动”键）
△ TEMP（“温度选择”键）
△ RICE（米饭）
△ CAKE（蛋糕）
△ START 或 COOK（开关）
△ TIMER（定时器）
△ LOW 或 SIMMER（低功率挡）
△ MEDU（中功率挡）
△ MAIN SWITCH（总电源开关）
△ TIME COOK（“加热时间”键）
△ PAUSE（“暂停”键）
△ CANCEL（“取消”键）
△ MEMORY ENTRY（“存储输入”键）
△ CONGEE（白粥）
△ Min（分钟）

1. 微波炉的拆装

维修微波炉时，必须了解微波炉的构造及拆装步骤，如图2.8所示，是国产微波炉拆装示意图。

2. 微波炉常见的故障现象

(1) 微波炉工作时，出现总电源跳闸现象。出现这种现象一般不是微波炉的问题，而是总电源开关容量偏小。因为微波炉是大功率电器，输入功率一般为1200～1400 W，工作电流为5～6.5 A，而且在微波炉启动时要产生一个400 V左右的瞬间电压，电流达到6～9 A。因此，如果家庭用总电源开关的负荷能力低于10 A，就很容易造成空气开关跳闸。如果使用微波炉出现跳闸现象，首先要查看家庭用总电源开关是否能承受10 A以上的电流，若不能，则要增大整个电路的承载能力或在线路允许的情况下更换10 A以上的空气开关。

此外，有些空气开关虽然标明在10 A以上，但由于质量问题或线路老化，达不到标明的负荷能力，也容易跳闸。如有这种情况，最简单的办法是用对比法。利用标准电源和空气开关，如微波炉能正常使用，说明原电气线路或空气开关有问题，应检修或更换新件。如此时也跳闸，就不排除微波炉有故障的可能性，应检修微波炉的电气电路。

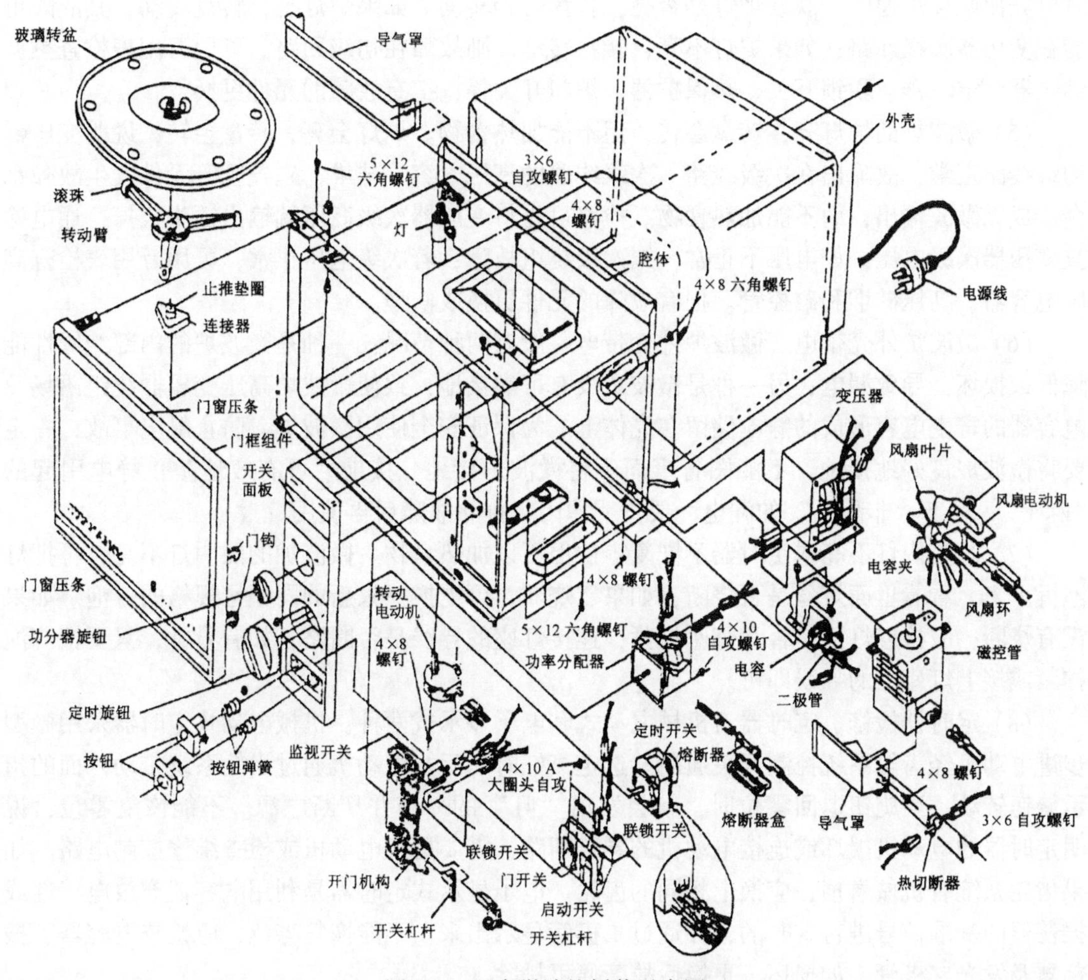

图2.8　国产微波炉拆装示意图

（2）微波炉在非高温挡工作时发出“吭吭”声。这不是故障，而是微波炉火力调节的声音，微波炉的磁控管只能以一种功率发射微波，功率调节是通过控制磁控管的工作和非工作的时间比例来进行的。一般来说，非高功率工作时，0.5 min 左右是一个功率周期，如中高功率时，0.5 min内磁控管有81%的时间工作，19%的时间停止工作，即每隔0.5 min 磁控管有一个重新启动的过程，就发出“吭吭”的声音，这是磁控管进入工作状态时的正常响声。但以高功率工作时，磁控管始终处于工作状态，就不会有这种声音。因此这种现象是正常的，而不是故障。

（3）微波炉通电后炉灯亮转盘不转。微波炉通电后炉灯亮，说明电源有电，热保护器、联锁开关、烹调继电器完好。转盘不转，说明故障可能在炉门安全开关或转盘电动机上，同时说明故障不可能在变压器及其以后的电路中。检修时，可先检查炉门安全开关，确认它无故障后，再检查转盘电动机。如果是炉门安全开关故障，可用新开关更换；如果是电动机绕组故障，可重新绕制绕组或更换电动机。

（4）微波炉不能加热食物。可能导致微波炉不能加热食物的原因很多。例如，变压器次级回路故障，可导致不能加热食物；变压器初级回路主要元件如烹调继电器、联锁开关、定时器、热保护器、炉门安全开关及变压器初级绕组等出现故障也可导致不能加热食物。检修时可先使微波炉通电，观察炉灯是否亮，转盘可否转动。如果炉灯亮，转盘转动，其故障可能在变压器次级回路；如果炉灯不亮，转盘转动，则故障在初级回路。可用万用表检查烹调继电器、定时器、联锁开关、热保护器、炉门开关等，把有故障的元件更换。

(5) 微波炉的炉灯亮，转盘会转，但不能加热食物。炉灯会亮，转盘会转，说明变压器初级线路正常，故障出在次级线路。次级线路的高压电容、硅堆、磁控管等元件发生故障都会造成无微波输出，而不能加热食物。检修可先将变压器次级高压端输出插头拔掉，通电检查变压器次级电压，如电压不正常，属次级绕组故障；若次级电压正常，可用万用表检查高压电容器、高压硅堆和磁控管。把有故障的元件更换或修理。

(6) 微波炉外壳带电。微波炉外壳带电一般有两种情况：一种是微波炉的内部绝缘性能降低或损坏，导致漏电；另一种是微波炉没有可靠接地，致使微波炉高压变压器绕组磁场及电容器的寄生电容形成的静电储留在壳体上。为保证安全使用微波炉，防止触电事故，一定要将微波炉良好地接地，不能图省事而不将微波炉接地，接地后可有效地防止静电引起的“麻手”。对于“非静电”的漏电，要查明原因，排除故障后再使用。

(7) 炉腔内灯不亮或定时器不恢复零位但可以加热食物。微波炉的照明灯不亮，可把灯泡拆下来，看看里面灯丝是否烧断，如果已烧断，可更换一只新的同型号规格的灯泡。如果没有烧断，应检查灯泡是否和灯座拧紧，连接灯座的导线是否断路，如有异常，只要把灯泡拧紧或接上灯座上的导线即可。

(8) 定时器检修。定时器有机械电动式和电子显示式两种：机械电动式定时器采用微型步进电动机经齿轮系统控制开关通断。选定烹饪时间后，电动机通过齿轮系统带动外面的指示旋钮转动，当旋钮退回零位时，就会发出“叮”的一声并切断电源。不能恢复零位，说明定时器的电动机损坏或连接电动机的导线断路，需要更换电动机或检查维修控制电路。如果齿轮系统有机械磨损，应换上相同的齿轮。电子显示式定时器是利用电容器充放电特性或振荡器的基准信号进行定时的，并通过二极管显示出来。不能恢复零位，应检查电容器、振荡器及发光二极管，如损坏，更换后故障便可排除。

微波炉常见故障分析及维修方法，见表2.1。

表2.1 微波炉常见故障分析及维修方法

故障现象	产生原因	维修方法
指示灯不亮，也不能加热	(1) 停电 (2) 熔断丝烧断 (3) 电源线路断路 (4) 继电器损坏 (5) 热继电器电路断路 (6) 微波电路故障 (7) 开关接触不良	(1) 待供电时使用 (2) 更换同型号规格熔断丝 (3) 检查断路或接触不良处加以排除 (4) 修理或更换继电器 (5) 检查，找出故障点并加以排除 (6) 修复触点或更换 (7) 检修开关
指示灯亮，但不能加热	(1) 变压器断路 (2) 高压电容器击穿 (3) 磁控管烧坏 (4) 整流二极管击穿 (5) 温度旋钮处于停止位置 (6) 定时器处于停止位置	(1) 修复或更换 (2) 更换同型号耐压值较高的电容器 (3) 修复或更换 (4) 更换同型号二极管 (5) 调整旋钮至预定位置 (6) 调整定时器处于预定位置

续表

故障现象	产生原因	维修方法
食物生熟不均	(1) 食物过厚 (2) 食物总量过多 (3) 未解冻食物直接烹饪	(1) 将食物切成片状，均匀放置 (2) 分几次烹饪，减少每次装入量 (3) 烹饪冷冻食物时应先解冻
磁控管烧坏	(1) 冷却电风扇不转 (2) 波导连接不良 (3) 电源电压过高 (4) 灯丝电压不正常 (5) 炉腔内无食物 (6) 炉腔内有金属器皿	(1) 找出电风扇不转的原因并排除 (2) 连接好波导，必要时更换 (3) 待电压正常时使用或加稳压器 (4) 找出原因并排除 (5) 炉腔内无食物时严禁通电工作 (6) 炉腔内严禁放置金属器皿
冷却风扇不转	(1) 电动机断路 (2) 电动机不工作 (3) 风扇与主轴打滑 (4) 风扇旋转受阻 (5) 定时开关失灵 (6) 启动机构松动 (7) 有金属器皿放入炉腔 (8) 搅拌风扇不转 (9) 炉壁积污过多	(1) 检查，找出故障点并重新接好 (2) 找出原因并排除，必要时更换 (3) 紧固固定螺钉 (4) 找出阻碍原因并加以排除 (5) 修复或更换定时开关 (6) 调整联锁开关装置 (7) 严禁金属器皿放入炉腔内壁 (8) 找出风扇不转的原因并加以排除 (9) 每次使用前应清洁炉壁炉腔
壳体漏电	(1) 带电元件与壳体相碰 (2) 受潮漏电 (3) 地线接地不良 (4) 电气系统进水或带电物进入	(1) 找出故障点加以绝缘处理 (2) 进行日晒或烘干再用 (3) 重新接好，以免危险 (4) 找出异物进入原因，排除后再使用
突然不工作	(1) 炉腔食物过少 (2) 温度继电器失灵	(1) 放入炉腔食物适量 (2) 找出故障维修，必要时更换
炉门开启不灵	(1) 铰链损坏 (2) 铰链螺钉松动，脱落	(1) 更换铰链 (2) 检查调整或更换

2.2.4　维修实例

例1

故障现象：夏普 R—5888 微波炉启动后出现很大的“嗡嗡”声，不能加热食物。

故障检查：正常情况下，除风扇的运转声、变压器轻微振动声外，一般不应有其他噪声。怀疑漏感变压器的负载不良，重点检查漏感变压器的次级电路。试断开漏感变压器次级输出引线，试机，“嗡嗡”声明显减少，断电后将高压元件放电，用万用表检测高压电容器、高压二极管及磁控管，发现磁控管的灯丝与管壳之间的直流电阻仅为500 Ω 左右（正常应为∞），致使磁控管的灯丝与阳极之间短路，漏感变压器的工作电流过大，因而出现不能加热食物故障。

故障维修：更换漏感变压器后，故障排除。

例2

故障现象：夏普 R—5888 微波炉启动后无微波输出，不能加热食物，但定时器运行正常。

故障检查：检查第一碰锁开关正常，通电后，测量功率延时期无 18 V 电压，将电路中高压电容器两端的高压电短路放电后，取下高压电容器，用万用表欧姆 R×10 kΩ 挡测量高压电容器的阻值接近于零（正常应为 10 MΩ 左右），说明高压电容器已损坏。

故障维修：更换高压电容器后，故障排除。

例3

故障现象：夏普 R—5888 微波炉启动后显示器无任何显示，照明灯不亮，无微波输出。

故障检查：初步检查主保险丝熔断，说明电源电路或负载电路存在短路，检查总开关及短路开关均正常，再检查保护二极管和高压二极管，发现高压二极管已击穿，由于高压二极管击穿引起主保险丝熔断，微波炉整机不工作。

故障维修：更换同型号高压二极管和保险丝后，故障排除。

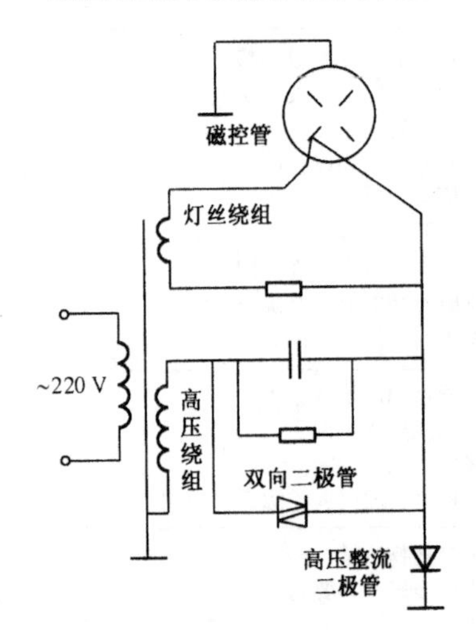

图 2.9　双向二极管保护电路

例4

故障现象：夏普 R—3G55 微波炉启动后炉灯不亮，转盘不转，不能加热。

故障检查：根据现象分析，怀疑电源电路存在故障，检查电源保险丝烧断，用一只 6.3 A 的保险丝更换后，通电时又烧断，说明电路中存在短路现象。引起此故障的原因有：高压变压器初级或次级短路，高压电容器或高压二极管短路，炉门开关或监控开关损坏，电源线或导线短路等引起。检查高压二极管、高压电容器均正常，但高压电容器两端的双向二极管已击穿。相关电路如图 2.9所示。此双向二极管的作用是在外界电网电压过高时，防止启动时电容器充电的过大浪涌电流冲击烧坏磁控管灯丝。由于双向二极管击穿，使电源变压器的次级出现短路，从而烧断 6.3 A 电源保险丝。

故障维修：更换保险丝和双向二极管后，故障排除。

例5

故障现象：夏普 R—3H65 微波炉启动 10 余秒停止工作，不能进入加热状态，显示器显示“88：88”字符。

故障检查：启动 10 余秒内微波炉主要完成检测炉腔内蒸气的工作，此后才正式启动工作。从故障现象分析，产生本故障的原因有：

① 蒸气传感器插头与控制电路板上的插座接触不良。

② 蒸气传感器控制电路有故障。

③ 控制电路板不良。

经检查蒸气传感器插头与控制电路板插座接触良好。用万用表测得蒸气传感器的直流电阻为 0 Ω，说明已损坏。

故障维修：更换同型号蒸气传感器，故障排除。

例6

故障现象：夏普 R—3H65 微波炉启动后不工作，不能加热食物，显示器无任何字符显示。

故障检查：拆机检查发现 8 A 保险丝已烧断，换新后又烧断，说明电源电路或负载电路存在严重短路。重点检查的电路有：

① 炉门开关电路。

② 监视电路。

③ 电压检测电路。

检查炉门开关正常，按下监视开关，测量监视电阻，为 0.8 Ω，正常；测量压敏电阻 RV_1 的直流电阻，为 0 Ω（正常应为 500 kΩ），说明压敏电阻已损坏。

故障维修：更换同型号的压敏电阻后，故障排除。

例 7

故障现象：夏普 R—5G10（W）微波炉启动后炉灯亮，风扇运转正常但无微波输出，也不能加热食物。

故障检查：静态检查第一碰锁开关正常，用万用表测量集成电路 D_1（TMS73C41）的 6 脚和 14 脚电压，实测 6 脚和 14 脚电压均为 0 V（正常应为 5 V），说明 D_1 内部损坏。

故障维修：更换 TMS73C41 集成电路后，故障排除。

例 8

故障现象：夏普 R—5G10（W）微波炉通电后炉灯亮，风扇运转正常，但无微波输出，不能加热食物。

故障检查：将微波炉置于高功率工作状态，用万用表测量 D_1 的 6 脚和 14 脚电压均为 5 V正常。检查其外围元件 VT_4、D_2 及 K_1 等元器件，发现 VT_4 击穿。

故障维修：更换同型号晶体管后，故障排除。

例 9

故障现象：夏普 R—5G10（W）微波炉微波烹调正常，但不能烧烤食物。

故障检查：由于其他功能正常，只是不能烧烤食物，应重点检查烧烤发热器及其供电电路，切断电源，待烧烤发热器冷却后，拆除连线，用万用表 R×1 Ω 挡测得其两端接头电阻为∞（正常应为 45 Ω）。经查为烧烤发热器断路。

故障维修：更换烧烤发热器后，故障排除。

例 10

故障现象：夏普 R—6G65 微波炉启动后发出很大的“嗡嗡”声，不能烹调食物。

故障检查：检查“嗡嗡”声是一种交流噪声，说明漏感变压器的负载过重。断电后，将高压元件放电，测量高压电容器、高压二极管、磁控管，发现磁控管的灯丝与管壳之间存在漏电电阻。

故障维修：更换磁控管后，故障排除。

例 11

故障现象：夏普 R—6G65 微波炉，接通电源后转盘和风机即开始运转，但不加热。

故障检查：从故障现象分析，故障出在控制部分，检查集成电路（47C862）各脚电压正常。按面板触摸开关，蜂鸣器有响应声，但有少数键不起作用。检查微波炉计算机控制板，其上积满脏物及油烟。

拆下计算机控制板，用清洁剂洗净烘干后通电试机，转盘和风机不再转动，但按“微波火力”键、“停止”键、“开始”键、“烧烤”键等均不起作用。将面板断开，短接8～12“火力”键、8～9“5s时间”键、7～12“开始”键，微波功能正常；短接4～11“烧烤”键、8～9“5s时间”键、7～12“开始”键，烧烤功能也正常，说明故障在按键面板上。

故障维修：洗净烘干电脑控制板，装机后、故障排除。

例12

故障现象：夏普R—6G65微波炉启动后无微波能量输出，但烧烤功能正常。

故障检查：能启动且烧烤功能正常，说明集成电路D_1基本无故障，怀疑微波产生电路有故障。断电30 s后，用带绝缘杆的螺丝刀对高电压电容器与微波炉机壳之间进行短路放电，分别检查高压电容器及磁控管均正常。接通电源，按“即时烹调”键，测D_1的21脚输出了-5 V低电平，但未听到继电器K_2吸合声，断开控制管VT_{26}的c极与VD_{26}的负极引线，串入万用表，按“即时烹调”键，发现其电流很微弱，说明VD_{26}（DTB143ES）并未导通，焊下检查，发现其b、e极开路。

故障维修：更换同型号控制管后，故障排除。

例13

故障现象：夏普R—6G65微波炉启动后转盘和风扇转动正常，但无微波输出，不能烹调食物。

故障检查：重点检查微波产生电路、断电30 s后，用绝缘的螺丝刀对高压电容器与微波炉之间进行短路放电，分别检查高压电容器、高压整流管及磁控管，均未发现异常现象。怀疑故障出在继电器驱动电路，驱动电路的工作原理是：控制高压变压器工作的继电器为K_2，其控制信号由D_1（IZAA558DR）的21脚输出。如图2.10所示，当微波炉需要进行烹调时，S_1与S_2之间的门控开关闭合，零电位（H电位）经VD_{20}加到VT_{25}、VT_{26}驱动管的发射极，从D_1 21脚输出的低电平加到VT_{26}的基极，驱动晶体管VT_{26}饱和导通，K_2继电器线圈通电工作，触点吸合，使高压变压器得电工作，磁控管工作，输出微波功率。

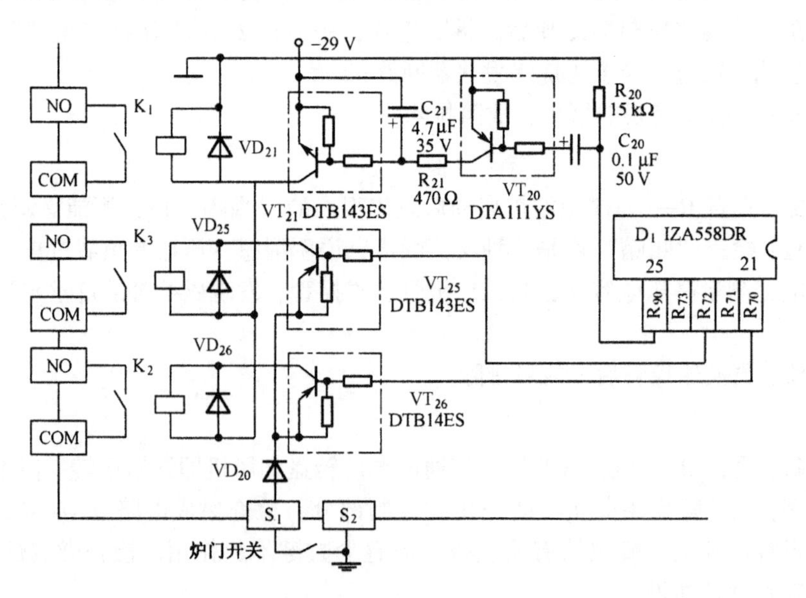

图2.10 继电器驱动电路

加电试机，按即时烹调键，测 D_1 21 脚输出了-5 V 低电平，但未听到 K_2 继电器的吸合声，断开驱动管 VT_{26} 的 c 极与 VD_{26} 负极引线，串入万用表，按即时烹调键，电流很微弱，说明 VT_{26} 并未导通，取下测量发现其 b、e 极已开路。

故障维修：更换驱动管 DTB143ES 后，故障排除。

例14

故障现象：夏普 R—6G65 微波炉启动后指示灯亮，显示器不计时，不能加热。

故障检查：测量电源电压正常，-29 V 电压也正常，测量微处理器 21 脚开机瞬间电压为 0 V，说明微处理器未复位。该机复位电路由 C_3、VD_2、R_4 和 VT_1 组成，检查发现控制管 VT_1 的 b、e 极已击穿，致使其集电极电压不能降到-0.48 V。

故障维修：用一只 2SA933S 晶体管更换后，故障排除。

例15

故障现象：夏普 R—6G65 微波炉炉灯点亮，但不能烹调食物。

故障检查：通电后转盘和风扇转动正常，烧烤功能也正常，但无微波输出。怀疑微波产生电路有故障。断电 30 s 后放电，分别检查高压电容器，磁控管的直流电阻值及高压二极管的正反向直流电阻值，测得高压二极管的正反向电阻均为∞，说明高压二极管已开路损坏。

故障维修：更换同型号高压二极管后，故障排除。

例16

故障现象：松下 NN—652 微波炉加热时间过长，能烹调食物。

故障检查：引起该故障的原因有以下几点。

① 电源电压过低。

② 磁控管栅极线圈松脱。

③ 磁控管老化。

先将磁控管电压电路断开，测量磁控管栅极电阻为 1 Ω 左右，正常；测量高压变压器输出高压为 3500 V（正常应为 4000 V），栅极电压为 2 V（正常应为 2.5 V）。查为高压变压器不良。

故障维修：更换高压变压器后，故障排除。

例17

故障现象：松下 NN—652 微波炉启动后炉灯亮，定时器能正常计时，但不能加热食物。

故障检查：重点检查微波产生电路、故障主要原因一是高压电容器损坏；二是高压二极管击穿。测得 18 V 电压供电正常，检查高压电容器、高压二极管和磁控管均正常，经检查为功率延时器损坏。

故障维修：更换功率延时器，故障排除。

例18

故障现象：松下 NN—555D 微波炉烹调时间过长，其他功能均正常。

故障检查：引起该故障的原因有以下几点。

① 电源电压过低。

② 磁控管老化。

③ 磁控管栅极线圈松脱。

打开机箱盖把磁控管高压电路分离，用R×1 Ω 挡测量磁控管栅极电阻为15 Ω 左右（正常应为1 Ω 左右），异常，检查发现磁控管老化。

故障维修：更换磁控管后，故障排除。磁控管是微波炉的核心部件，一旦老化基本上无法修复，如购不到同型号磁控管，可用国产磁控管代换。

例19

故障现象：松下 NN—5250 微波炉启动后无微波输出，烹调食物无反应，机箱内有较大的“嗡嗡”声。

故障检查：初步判断故障出在微波产生电路，相关电路如图2.11所示。经检查“嗡嗡”是一种交流声，怀疑是高压变压器存在短路。断开高压变压器的次级电路，交流声明显减小，说明高压变压器的初级电路工作正常，拔下微波炉电源插头，用万用表测量高压电容器、高压二极管、保护二极管和磁控管，发现磁控管的灯丝与管壳之间短路，造成高压变压器工作电流过大，故出现“嗡嗡”声。

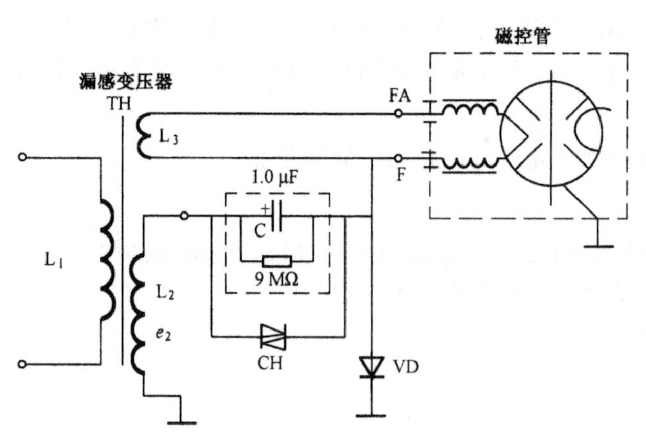

图2.11 微波发生电路

故障维修：更换磁控管，故障排除。如购不到同型号磁控管，可用国产磁控管代换，但要使其灯丝插脚上的F、FA标志与原磁控管的位置相同。

例20

故障现象：松下 NN—5550 微波炉通电启动后显示器有显示，但不能进行微波烹调。

故障检查：显示器有显示，说明电源电压正常，不能进行烹调，可能是升压二极管、高压电容、高压变压器损坏或磁控管栅极断线所致。拆开外壳，测量磁控管2.5 V灯丝电压正常。测量磁控管阳极无高压，将升压二极管、高压电容拆下检查，无异常。怀疑变压器次级绕组不良，将高压变压器的初、次级绕组与电路断开，测量初级绕组阻值为2 Ω 左右，次级绕组阻值为∞（正常应为100 Ω 左右），说明高压变压器次级线圈断路，导致磁控管阳极无高压而不能产生微波。

故障维修：更换同型号高压变压器后，故障排除。

例21

故障现象：松下 NN—5750 微波炉启动后，照明灯亮，转盘电动机转动，但不能进行微波加热。

故障检查：重点检查微波产生电路，开机，按“START”键，听到继电器发出“嘀嗒”声，说明控制驱动电路正常工作。断电后将高压部分放电，并将炉门打开，测量高压变压器初级、次级绕组，发现初级高压绕组呈开路状态。

故障维修：更换同型号高压变压器后，故障排除。

例22

故障现象：松下 NN—5750 微波炉启动后，显示正常，但不能烹调食物。

故障检查：根据故障现象，重点检查继电器驱动电路。拆开微波炉外壳，接通电源，用万用表测量漏感变压器的初级绕组，若无220 V电压，说明以下部位接触不良：

① 炉门开关（S_3、S_2）没有闭合。

② K_1 功率控制继电器没有闭合。

将炉门反复开闭几次，再测其引线，若已导通，说明炉门开关正常。判断故障可能出在 K_1 继电器及控制电路。

相关电路如图2.12所示，通电试机，测量微处理器 D_1（TMS73C41）的6脚和14脚有+5 V电压，正常，测量 D_2（AN6752）的4脚也输出了低电平，从电路原理分析，此时 VT_4 应导通工作，但实测 VT_4 的c极只有0.7 V左右的电压，说明 VT_4 并未导通，致使 K_1 不能闭合，更换同型号2SC1685三极管后，微波炉仍不工作，检查 VD_{12}、C_{23}，发现电容 C_{23} 已击穿，造成 VT_4 因过流而损坏。

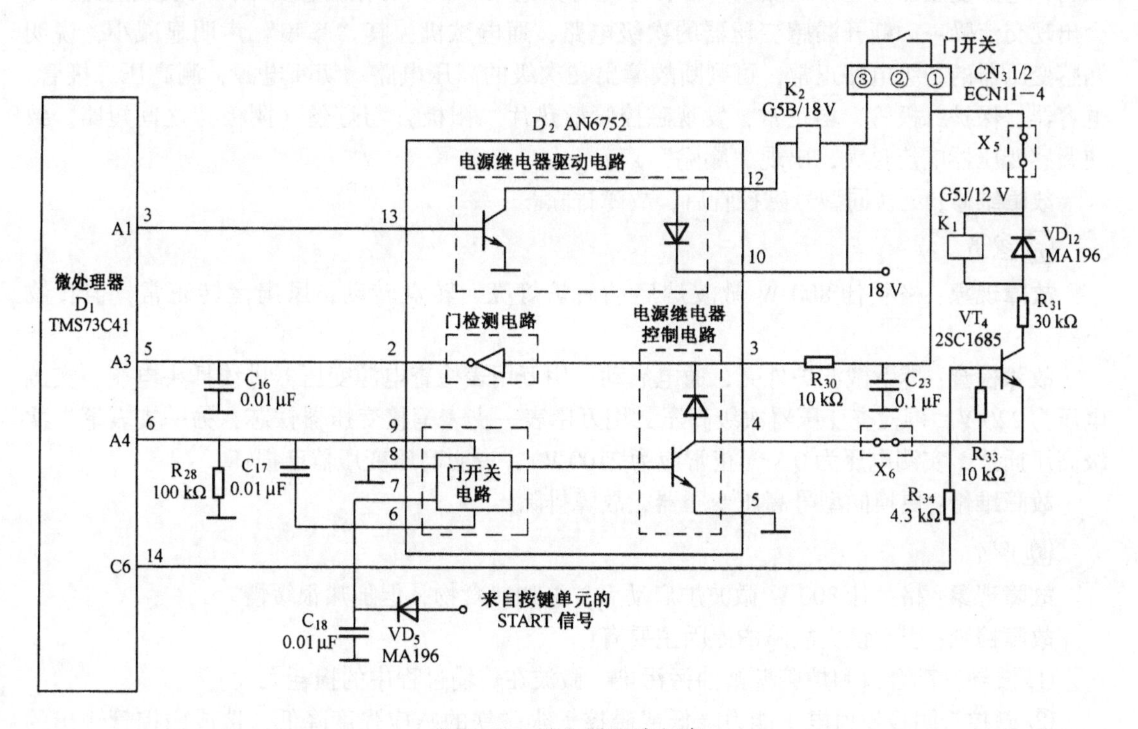

图2.12　继电器驱动电路

故障维修：更换 VT_4、C_{23}后，故障排除。

例23

故障现象：格兰仕750BS微波炉启动后照明灯亮、转盘、风机均运转正常，但不能加热食物。

故障检查：将高压变压器输出端与磁控管、高压电容器等的插头拔下，通电测量变压器次级和灯丝绕组有3.4 V交流电压，但高压绕组无电压。剥开高压绕组的绝缘盖板，发现其线圈表面有一烧断黑点，怀疑该处线圈烧断，造成局部开路。

故障维修：更换高压变压器后，故障排除。也可采用应急办法，取下变压器，用针尖挑开烧断点，将两个断头分别与绕组出线相通之后，用塑料皮导线焊接起来，再在焊接点及断点处涂上绝缘漆，待绝缘漆干后，试机，故障排除。

例24

故障现象：格兰仕750BS微波炉启动后无微波输出，且机内冒烟。

故障检查：拆机检查，发现变压器漆包线因温度过高而冒烟。断电后给电容器放电，测量变压器各绕组，阻值均正常，试将电容器放电，发现无火花，检查为电容器失容。

故障维修：更换高压电容器后，故障排除。

例25

故障现象：格兰仕750BS微波炉启动后无微波输出，且机内有较大的“嗡嗡”声。

故障检查：“嗡嗡”声是一种交流噪声。属不正常现象。微波炉在正常工作时，除冷却风扇，电源变压器有运转的振动声外，不应有其他噪声。只有在漏感变压器的负载短路时才会出现交流噪声。断开漏感变压器的次级电路，通电试机，其“嗡嗡”声明显减小，说明漏感变压器的初级电路正常，可判断故障出在次级的高压电路。切断电源，测高压二极管、电容器、保护二极管，均正常，发现磁控管散热片（阳极）与灯丝（阴极）之间短路。致使漏感变压器电流过大，出现“嗡嗡”声。

故障维修：更换同型号磁控管后，故障排除。

例26

故障现象：格兰仕800 W微波炉启动后炉灯亮，转盘转动，风扇运转正常，但食物不熟。

故障检查：拆下微波炉外壳，通电启动，用万用表检查电源变压器进线插头电压，实测电压为220 V。再检查变压器次级高压，用万用表一支表笔接变压器铁芯，另一支表笔接次级高压插片，实测电压为0 V（正常应为2100 V），说明高压变压器已损坏。

故障维修：更换同型号高压变压器，故障排除。

例27

故障现象：格兰仕800 W微波炉启动后，能加热食物，但加热很缓慢。

故障检查：引起该类故障的原因主要有：

① 波导管耦合口和炉腔壁被油污污染，微波在传输过程中的损耗太大。

② 磁控管阴极发射电子能力降低或磁控管永磁铁的感应强度降低，造成磁控管输出的微波功率减小。

③ 电压驻波比增大，反射增加，致使送到炉腔中的微波功率相应减少。

④ 炉腔或波导内有金属异物或者模式搅拌器损坏后停在某个易反射微波的位置，造成

微波反射增加。

⑤ 市电电压低于195 V时，引起加热缓慢。

故障维修： 分别检查以上部位，发现波导管耦合口上污染严重，对其清洁后，故障排除。

例28

故障现象： LG牌MS—2069T微波炉不能进行微波加热。

故障检查： 检查发现机内保险丝已烧断，更换一只10 A保险管，启动时，保险丝又被烧断。将变压器次级与高压电容器连接点插头拔下，再换上一只10 A保险丝，启动工作正常。说明故障发生在变压器次级电路，检查高压二极管、磁控管均正常。将高压电容器对地放电，测量高压电容器，发现该电容器对机壳（接地点）短路，造成通电后立即烧保险丝故障。

故障维修： 更换同型号的高压电容器，故障排除

例29

故障现象： LG牌MG—4978TW/G微波炉工作正常，但加热不均匀，出现一边熟，一边未熟的现象。

故障检查： 引起该故障的主要原因有：

① 食物转盘不转。

② 食物堆放过多。

③ 食物含水量不一致。

④ 食物的厚度超过3 cm。

⑤ 炉腔内污垢太多。

检查发现炉腔内污垢太多，使炉腔内建立的微波谐振模式减少，微波场的均匀性变差，致使食物加热不均匀。

故障维修： 将炉腔内的污垢清理干净，故障排除。

例30

故障现象： LG牌MS—1968T微波炉启动后运转正常，但加热速度太慢。

故障检查： 检查炉腔内食物并不多，功率开关调在高火位置，工作一段时间后，用手摸一下磁控管的散热片并不太热，观察磁控管接插件已严重生锈，造成接触电阻增大。

故障维修： 经除锈并更换连接线后加热正常，故障排除。

如磁控管的磁钢开裂也会出现类似现象。

例31

故障现象： LG牌MS—1977MT型电脑微波炉启动后炉灯亮，转盘转动，但不能用微波加热。

故障检查： 从故障现象分析，变压器以前电路工作正常，重点检查电源变压器次级高压以后的电路，主要部位有：

① 变压器次级到磁控管之间的连线松脱。

② 高压二极管或高压电容击穿，升压电路不工作，磁控管无工作电压。

③ 磁控管灯丝开路或老化。

测量电源变压器初级，220 V交流电压正常，测其次级，无1840 V交流高压输出，确认

为电源变压器次级线圈开路。

故障维修：更换同型号电源变压器，故障排除。

例32

故障现象：LG牌MG—5588SDTW/G微波炉，通电后显示正常，但无微波输出。

故障检查：显示正常，说明电源低压部分是正常的，故障出在高压部分，可能是高压电容器、高压二极管、变压器或磁控管损坏。用万用表测量磁控管栅极，电压2.5 V正常，但阳极无高压，怀疑升压二极管或高压电容不良，断电后，拆下检查，发现高压电容器损坏。

故障维修：更换同型号高压电容器，故障排除。

例33

故障现象：LG牌MG—5588SDTW/G微波炉炉灯亮，转盘转动，但不能加热食品。

故障检查：根据故障现象分析，怀疑微波发生电路不良。检查磁控管无异常，测高压变压器初级、次级电阻，发现高压绕组电阻值为∞（正常应为100 Ω左右）。说明高压绕组已开路。

故障维修：更换同型号高压变压器后，故障排除。

例34

故障现象：LG牌MG—5588SDTW/G微波炉开始是加热缓慢，后出现不能加热食物现象，但炉灯亮，转盘也转动。

故障检查：引起该故障的原因有以下几种。

① 功率调节器不良。

② 漏感变压器（或称高压变压器或电源变压器）初级绕组或次级绕组开路，造成磁控管得不到所需的工作电压，无微波输出。

③ 高压电容器开路。

④ 整流二极管（整流器）开路。

⑤ 磁控管失效或老化。

拆机检查①~④均正常，重点检查磁控管，引起磁控管损坏的原因主要有：

① 灯丝开路。

② 磁控管漏气。

③ 磁控管老化。

④ 磁控管的热切断器断开。

手摸磁控管严重发热，检查控制电路及风机电路均正常，查为磁控管内部漏气，造成磁控管内部打火。

故障维修：更换磁控管后，故障排除。

对于那些热切断器（或称热动开关）在电路中处于炉门开关以后的微波炉来说，磁控管上的热切断器，是为了避免由于风扇故障使通风停止或者由于通风道上的障碍物，引起磁控管产生过热现象而设置的。在正常运转的情况下，热切断器保持闭合状态。如果磁控管发生异常高温，热切断器便会自动断开，切断磁控管的供电电源，使磁控管停止工作。当磁控管冷却到安全运转温度以下时，热切断器开关闭合，磁控管恢复工作。此类故障应与本例故障进行区别。

例35

故障现象：LG牌MG—3599SDT微波炉，刚启动时工作正常，工作2 min后便自动停止工作，过几分钟又自动恢复工作，如此反复。

故障检查：怀疑是磁控管上的热切断器误动作所致。正常情况下，炉腔温度升高到145℃时切断器动作，切断磁控管的供电电源；炉腔内温度下降到110℃时，热切断器闭合，微波炉加热工作。

故障维修：由于加热时间不长，炉腔温度不会超过145℃时，估计为热切断器性能不良而产生误动作。更换后，故障排除。

冷却风扇工作不正常，热气排不出去，致使炉腔内温度升高，也会导致热切断器工作异常而切断磁控管的电源。

例36

故障现象：LG牌MG—4978TW/G微波炉工作正常，但加热不均匀。

故障检查：引起微波炉加热不均匀的原因有：

① 食物太大、太厚，造成食物外面熟而内部不够熟。

② 食物堆放太多，阻碍微波进入下层或内层食物。

③ 炉腔内污垢太多，妨碍了微波场的建立。

④ 转盘或搅拌器失灵。

⑤ 用金属容器盛装食物。

经检查，发现微波炉上方的微波搅拌器损坏。

故障维修：更换搅拌器后，故障排除。

例37

故障现象：夏普R—3H65微波炉能加热食物，但往往加热过度。

故障检查：测量监测电阻，阻值为1.5 Ω（正常应为0.8 Ω），故障在监测电阻。监测电阻R_4变值。

故障维修：更换同型号的监测电阻，故障排除。

例38

故障现象：夏普R—5G10（W）微波炉接通电源后，炉灯亮，但不能烧烤食物。

故障检查：断电，待烧烤发热器冷却后，测量两端接头电阻，阻值为∞（正常应为45 Ω），烧烤发热器烧断。

故障维修：更换烧烤发热器后，故障排除。

例39

故障现象：夏普R—6G65微波炉接通电源，炉灯亮，转盘转动，无微波输出，但烧烤功能正常。

故障检查：断电30 s后，放电，分别测量高压电容器、磁控管及高压二极管，发现高压二极管的正反向电阻均为∞，说明高压二极管击穿。

故障维修：更换高压二极管，故障排除。

例40

故障现象：松下NN—652微波炉炉灯亮，风扇运转正常，但无微波输出。

故障检查：测量 D_1 的1脚电压为5 V，14脚电压为5 V，异常。晶体管 VT_4 损坏。

故障维修：更换 VT_4，故障排除。

例41

故障现象：夏普R—6G65微波炉启动后，显示器无任何显示，微波炉不工作。

故障检查：拆机检查，发现电源线红、绿之间的5 A保险管（正常应为8 A）已烧断，更换后，将万用表接在变压器的次级5脚和6脚低压绕组之间，瞬间接通电源，5 A保险丝再次烧断，说明故障出在电源变压器次级以前的电路。

检查炉门开关压敏电阻均无异常，测监视电阻阻值为0 Ω（正常应为0.8 Ω），说明该电阻已开路。

故障维修：用0.8 Ω监视电阻更换后，故障排除。

例42

故障现象：夏普R—6G65微波炉启动后显示器不亮，按触摸键无反应，整机不工作。

故障检查：重点检查控制电路，通电检查，保险丝完好，测量电源各组电压正常，测量 D_1 的18、19脚，时钟振荡波形正常，用频率计测量其44脚，同步信号正常，32脚 V_{cc} 电压也正常，测量各控制信号端子，无输出，说明微处理器 D_1 不良，用导线将-5 V电压对 D_1 的20脚短接一下，炉灯点亮，判断复位电路存在故障。

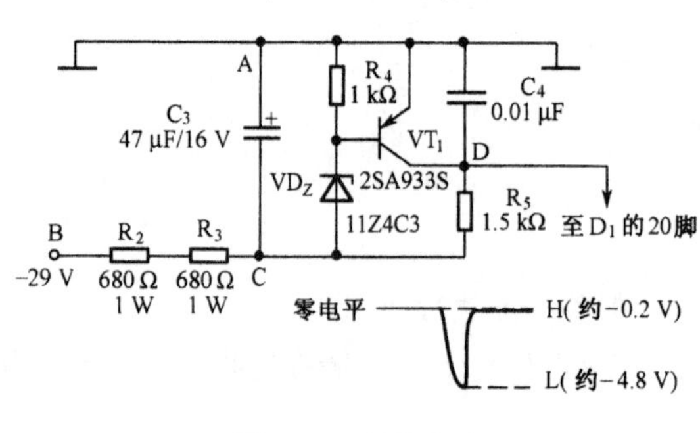

图2.13 复位电路

该机复位电路如图2.13所示，接通电源后，-29 V的电源电压经电阻 R_2、R_3 对电解电容 C_3 充电，产生-5 V电源电压。检查复位电路相关元件 C_3、VT_1 及 R_4 发现 VT_1（2SA933S）的b、e极击穿。

故障维修：更换控制管 VT_1（2SA933S）后，试机，故障排除。

例43

故障现象：夏普R—6G65微波炉启动后微波炉不工作，显示器无显示。

故障检查：观察电源线，已烧断，说明电源电路或负载电路存在严重短路。用5 A保险管（正常应为8 A，以防烧坏控制板）接入原保险位置，将万用表串接电源变压器（该电路电源变压器和高压变压器结合在一起）的次级5脚和6脚低压绕组之间，瞬间接通电源，发现万用表指针不动，但5 A保险管已烧断，说明电源变压器次级以前的电路工作不良。

经过以上检测，故障点缩小到炉门开关、监视电阻、压敏电阻和电动机。检查炉门开关正常，测量电动机引线，无短路现象，检查为压敏电阻烧坏。

故障维修：更换同型号压敏电阻后，故障排除。

例44

故障现象：松下NN—652微波炉刚启动时一切正常，工作约20 min后自动停机。

故障检查：该机内设置了一只熔断器，当炉内温度过高时熔断器将自动断开，以保持微波炉内温度不至于过高。引起微波炉内温度过高的原因有：冷却风扇不转；炉箱内壁空气导管受堵；箱内进、排气管堵塞等。经检查，冷却风扇正常，查为排气管被一异物堵塞，引起炉内温度过高，熔断器自动断开保护。

故障维修：清除排气管内的异物，使其畅通后故障排除。

例45

故障现象：松下 NN—652 微波炉，启动后机内发出“嗡嗡”声，数分钟后停止工作，显示器显示“F11”字符。

故障检查：通电检查，按操作键无效，断电后，可以重新启动，但1 min后故障重现。显示器显示“F11”，说明微波输出电路存在故障，电路如图2.14所示，检查上路输出功率电流监测电路，T_2 为电流变压器，其作用是通过初级线圈流过的电流，在次级线圈上感应到一个交流电压，再通过全波整流电路 VD_{41} ~ VD_{44} 后变为直流电压，此电压经 C_{41} 和 R_{41}、R_{44}、R_{43} 滤波分压和降压，在三极管 VT_{41} 的基极上输出电压大于0.6 V时，VT_{41} 导通，发射极输出一个相应的电压，经电阻 R_{47}、R_{49} 分压和降压后，送入 CPU 的8脚。正常情况下，总电流约为6 A时，在变压器的次级所感受到的电压则为交流6 A，整流后的直流电压为5 V，输送到三极管基极的电压为2 V，最后送入 CPU 的直流电压为1.5 V，当电压高于或低于这个电压时，则说明以下部位可能存在故障：

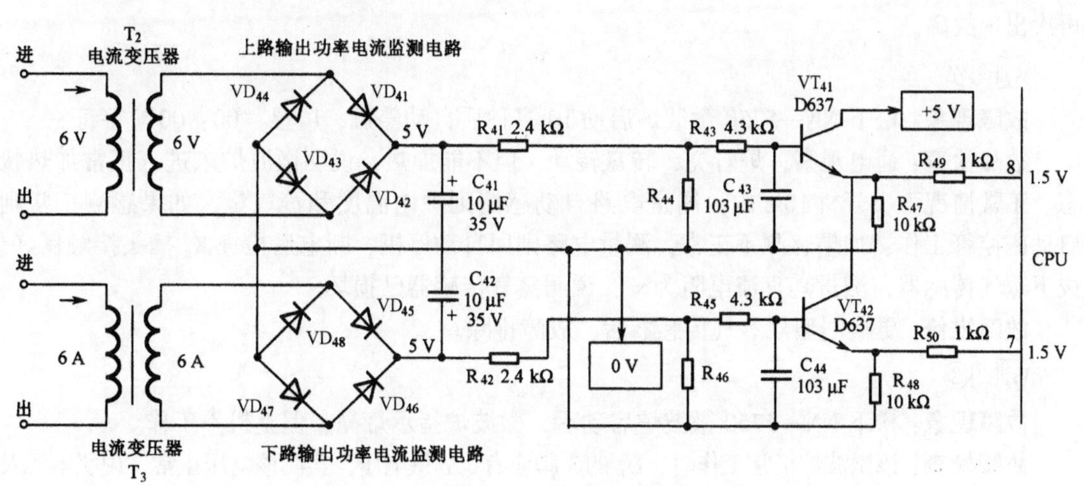

图2.14 电流监测电路

（1）控制电路故障。

（2）高压二极管短路。

（3）磁控管上的过热保护器断开。

（4）磁控管老化或高频管短路。

（5）高压变压器线圈开路。

（6）电源变压器线圈开路。

（7）功率继电器线圈开路或开关接触不良。

（8）门控微动开关接触不良或连线断路。

通电测量高压变压器的初级输入电流在启动后为10 A，且不下降。而高压变压器初级输入电流在启动后达到10 A，便很快下降到6 A，说明上路微波功率输出电路存在故障，测量高压变压器的初级线圈和次级线圈及灯丝线圈两端的直流电阻，分别为0 Ω、80 Ω和0 Ω，均正常；再测量磁控管的两个输入端子电阻值为0 Ω，正常；测量磁控管端子与其外壳电阻值为5 MΩ左右，而正常应为∞，说明磁控管工作不良。

故障维修：更换同规格磁控管后故障排除。微波炉启动后，工作正常时的声音为“嗤啦”一声，若出现“嗡嗡”响声，说明磁控管内腔发生高频短路，此种现象容易击穿二极管和电容器，应立即更换。

例46

故障现象：松下NE—1457微波炉，在工作数分钟后自动停机，并出现“F12”字符。

故障检查：通电检查，用钳型电流表测量两路高压变压器初级线圈的输入电流为6 A左右，但下路高压变压器初级线圈的输入电流在工作数秒钟后变为零，此后出现“F12”。怀疑电流监测电路出现短路现象。断开电源，用万用表电阻挡测量两路电流变压器次级阻抗，发现其阻抗一样大，测两路各自的整流电路，发现下路的阻抗明显小于上路的阻抗，检查整流电路的四个整流二极管，发现二极管VD_{43}正反向电阻均偏小。

故障维修：更换损坏的二极管后，故障排除。

检修此类电路板故障，首先应观察其上面的零部件是否有锈迹，零件的颜色是否改变，更换新品后，最好用清漆薄薄地涂在电路板上，使电路板上的零件不容易受到侵蚀，以避免再次出现故障。

例47

故障现象：松下NN—5750微波炉启动10多秒后自动停机，屏显“00：00”字符。

故障检查：通电观察，炉灯亮，转盘转动，但不能加热，说明微波炉未进入正常加热状态。正常情况下，开机10 s内，测量电路自动感测到炉内温度和蒸气量，如果感测正常则启动磁控管工作，如果感测不正常，测量电路则回自动停机，断电后检查X_4插头接触良好，拔下蒸气传感器，测量其直流电阻为∞，说明蒸气传感器已损坏。

故障维修：更换同型号蒸气传感器后，故障排除。

例48

故障现象：松下NN—5750微波炉启动后，微波炉指示灯亮，但整机不工作。

故障检查：该微波炉正常工作时，D_1的3脚应有5 V供电压，实测该电压正常，说明电源及D_1工作正常，将D_2的1脚和12脚短接，启动微波炉，仍不能正常工作，判断为K_2已损坏。

故障维修：更换K_2后，故障排除。

例49

故障现象：松下MN—5750微波炉启动后显示器无任何显示，微波炉不工作。

故障检查：检查电源8 A保险丝正常，测量D_1的1脚和3脚有220 V电压输入，测量电源变压器T_1的次级有20 V和2.5 V交流电压输出，测量VT_1的c极电压为16 V（正常应为18 V），但其e极无+5 V电源电压输出，说明电脑板未得到+5 V电压。

电路如图2.15所示。+5 V电压取自T_1的次级20 V电压，经C_3高频滤波，C_1平滑滤波，VD_{Z1}、VD_1整流，同时VD_{Z1}又起稳压作用，VT_1取样稳压后从其e极输出稳定的+5 V直流电压。由于+18 V电压基本正常，说明故障出在R_3、R_4、VT_1、VD_{Z1}组成的稳压电路，对稳压元件逐一检查，发现稳压二极管VD_{Z1}已击穿，致使VT_1的b极短路到地，而使+18 V电压降低，VT_1不工作，+5 V电压无输出。

故障维修：更换同型号5.6ES3稳压二极管，故障排除。

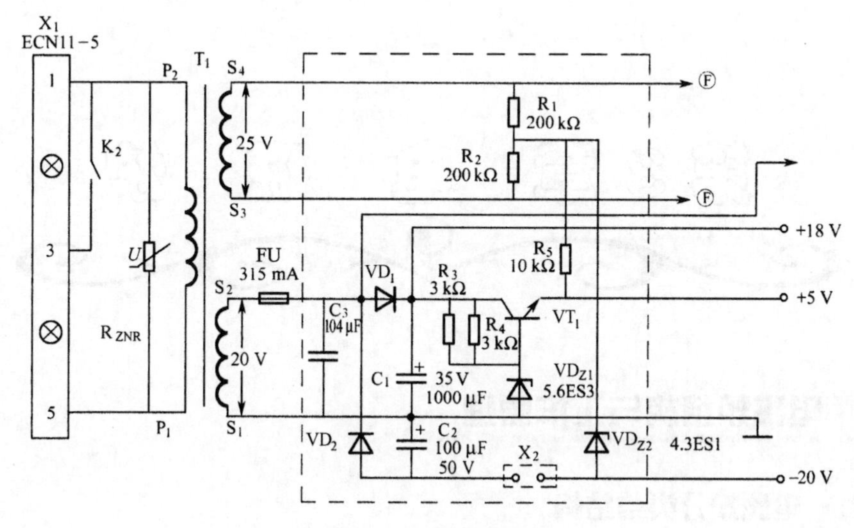

图 2.15　控制板电源电路

例 50

故障现象：松下 NN—5750 微波炉，按启动键，微波炉不工作，也无任何显示。

故障检查：测量电源交流 220 V 电压正常，测量电源变压器 T_1 次级有 20 V 和 2. 5 V 交流电压，测量整流滤波和稳压后的+5 V、+18 V 和-20 V 电压，均正常。怀疑复位电路有问题。该机控制电路中的复位电路如图 2. 16 所示，插上电源后，220 V 交流电压经整流滤波电路产生+18 V 和+5 V 电压，+5 V 电压直接加到微处理器 D_1（TMS73C41）上，而+18 V 电压经 10 脚加到 D_2（SN102977AN/AN6752）内部运算放大器的相同输入端，从运算放大器的输出端输出高电平，经 14 脚输出，由于 D_2 的 14 脚与 D_1 的 36 脚供内部自动复位电路使用。D_2 的 14 脚输出的高电平对 C_{15} 充电，当充电至高电平有效后，复位结束，微处理器进入工作状态，测量 D_1 的 36 脚复位电压正常，说明 D_1 已损坏。

故障维修：更换微处理器 D_1（TMS73C41），故障排除。

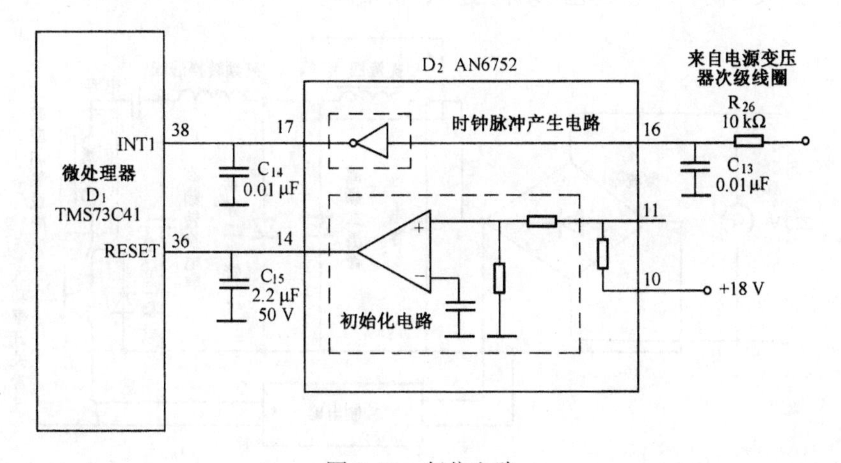

图 2.16　复位电路

第3章 电 磁 炉

3.1 电磁炉结构与工作原理

3.1.1 电磁炉分类与结构

1. 电磁炉分类

电磁炉的外形如图 3.1 所示。

图 3.1 电磁炉的外形

（1）低频电磁炉。低频电磁炉是直接使用频率为 50 Hz 的交流电，通过感应线圈，产生交变磁场而进行工作，其优点是结构简单、性能可靠、寿命长、成本低。缺点是电感材料使用铁芯和铜线，体积和重量较大，工作时振动和噪声也较大，目前市场上已不多见。

（2）高频电磁炉。高频电磁炉采用电器元件和电子电路，将频率为 50 Hz 的交流电通过整流后输出直流电，再经转换调节线路和输入控制电路，产生振荡频率为 20 kHz 的电流，再输送给电感线圈，产生交变磁场而进行工作，基本电路如图 3.2 所示。其优点是大量采用了电子电器元件，体积小，不像工频感应线圈那样消耗大量的材料，热效率高；缺点是电路结构复杂，价格高。

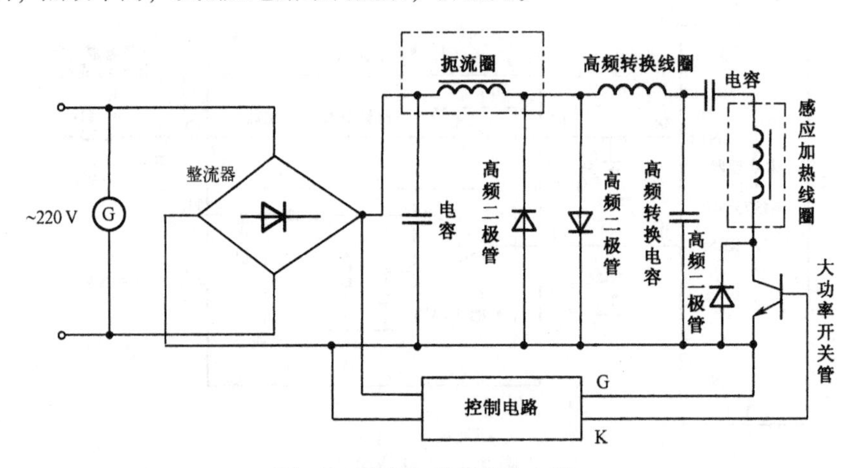

图 3.2 高频电磁炉基本电路

2. 电磁炉的结构

电磁炉结构图如图 3. 3 所示，主要由加热线圈、灶台面板、基本电路、安全保护电路及烹饪锅等部分组成。

(1) 加热线圈。如图 3. 4 所示，电磁炉的加热线圈呈平板状，一般用 20 根直径0. 31 mm 漆包线绞合绕制而成。为了消除平板线圈产生的磁场对平板线圈下方电路的影响，在线圈底部粘有 4 块 60 mm×15 mm×5 mm 的铁氧体（扁磁棒），用以减小磁场对电路的影响。

图 3. 3 电磁炉结构图

图 3. 4 加热线圈

(2) 灶台面板。如图 3. 5 所示，电磁炉对灶台面板有绝热、绝缘、不导磁的特殊要求，同时要求其具有良好的耐热性（约 300℃），有较好的机械硬度，有一定的热冲击强度和机械冲击强度，有良好的绝缘性及耐水、耐腐蚀等性能。

(3) 冷却部分。如图 3. 6 所示，电磁炉的冷却部分主要靠电风扇，通过对流循环空气对整体元件、逆变元件等进行冷却和防止锅体热量传给电器元件而影响电气部分工作的可靠性。

图 3. 5 灶台面板

图 3. 6 冷却部分

(4) 烹饪部分。电磁炉的烹饪部分主要指锅体和锅盖。电磁炉的锅体对材料要求很严格，从发热效率、发热量、振动和耐腐蚀、外观卫生等角度出发，选用不锈钢—铁—不锈钢—铝四层复合材料制成的锅较为理想。

(5) 电气控制部分。这部分电路包括电源开关和电源指示灯、定时开关和定时指示灯、保温开关和保温指示灯、功率输出开关和输出功率强弱指示灯等。当电源接通时，指示灯亮，电磁炉即开始工作，工作状态由各开关按钮所处位置进行控制。

(6) 电气线路部分。这部分电路主要由主电路、整流电路、逆变电路、控制电路、保护电路、继电器和电风扇电路等部分组成。这些部分的作用是把电源低频电流转换为电磁炉所需要的高频电流，以便使电磁炉按要求工作。

3.1.2 电磁炉加热原理

电磁炉的加热原理与其他电器有所不同，它是利用电磁感应原理实现加热的，如图3.7所示。加热线圈相当于变压器的原边，铁质锅相当于变压器的副边，励磁铁芯位于感应线圈中间，起到集中磁力线的作用，炉面板相当于变压器的气隙。当电磁炉接通电源，交变电流通过其感应线圈时，就产生出交变磁场，当磁场的磁力线穿过炉具上的金属锅底时，又产生出感应电流，这一电流在锅体内形成闭合回路，即涡流。涡流通过锅体材料的阻抗转变成热能，从而完成电能转换热能的过程，达到烹饪食物的目的。

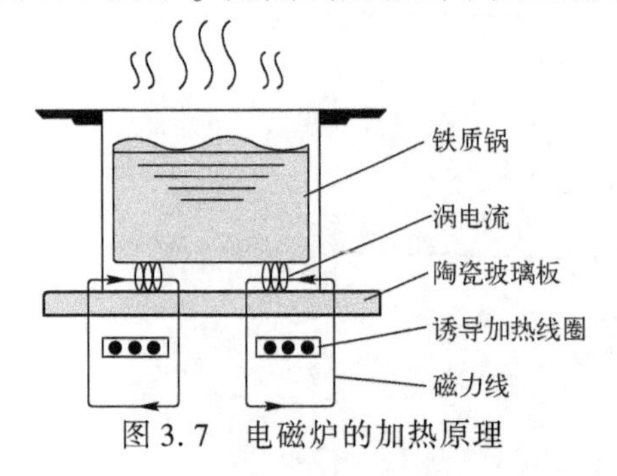

图3.7 电磁炉的加热原理

3.2 典型电磁炉458系列

458系列电磁炉是由建安电子技术开发制造厂设计开发的新一代电磁炉，界面上有LED发光二极管显示模式、LED数码显示模式、LCD液晶显示模式、VFD莹光显示模式机型。

（1）操作功能：加热火力调节、自动恒温设定、定时关机、预约开/关机、预置操作模式、自动泡茶、自动煮饭、自动煲粥、自动煲汤及煎、炸、烤、火锅等料理功能机型。

（2）电控功能：锅具超温保护、锅具干烧保护、锅具传感器开/短路保护、两小时不按键（忘记关机）保护、IGBT温度限制、IGBT温度过高保护、低温环境工作模式、IGBT测温传感器开/短路保护、高低电压保护、浪涌电压保护、VCE抑制、VCE过高保护、过零检测、小物检测、锅具材质检测。

（3）主要技术参数：

额定加热功率：700～3000 W的不同机型。

功率调节范围：额定功率的85%，并且在全电压范围内功率自动恒定。

电压使用范围：200 V/240 V机型为160～260 V；100 V/120 V机型为90～135 V。

电压频率：全系列机型均适用于50 Hz、60 Hz。

使用环境温度：-23～45℃。

458系列电磁炉机型较多，且功能复杂，但不同的机型其主控电路原理一样，区别只是零件参数的差异及CPU程序不同而已。电路的各项测控主要由一块8位4 K内存的单片机组成，外围线路简单且零件极少，并设有故障报警功能，故电路可靠性高，维修容易，维修时根据故障报警指示，对应检修相关单元电路，大部分均可轻易解决。

3.2.1 特殊零件

1. LM339 集成电路

LM339 内置四个翻转电压为 6 mV 的电压比较器，当电压比较器输入端电压正向时（+输入端电压高于-输入端电压），置于 LM339 内部控制输出端的三极管截止，此时输出端相当于开路；当电压比较器输入端电压反向时（-输入端电压高于+输入端电压），置于 LM339 内部控制输出端的三极管导通，将比较器外部接入输出端的电压拉低，此时输出端为 0 V。其引脚接线图与电路原理图如图 3.8 所示。

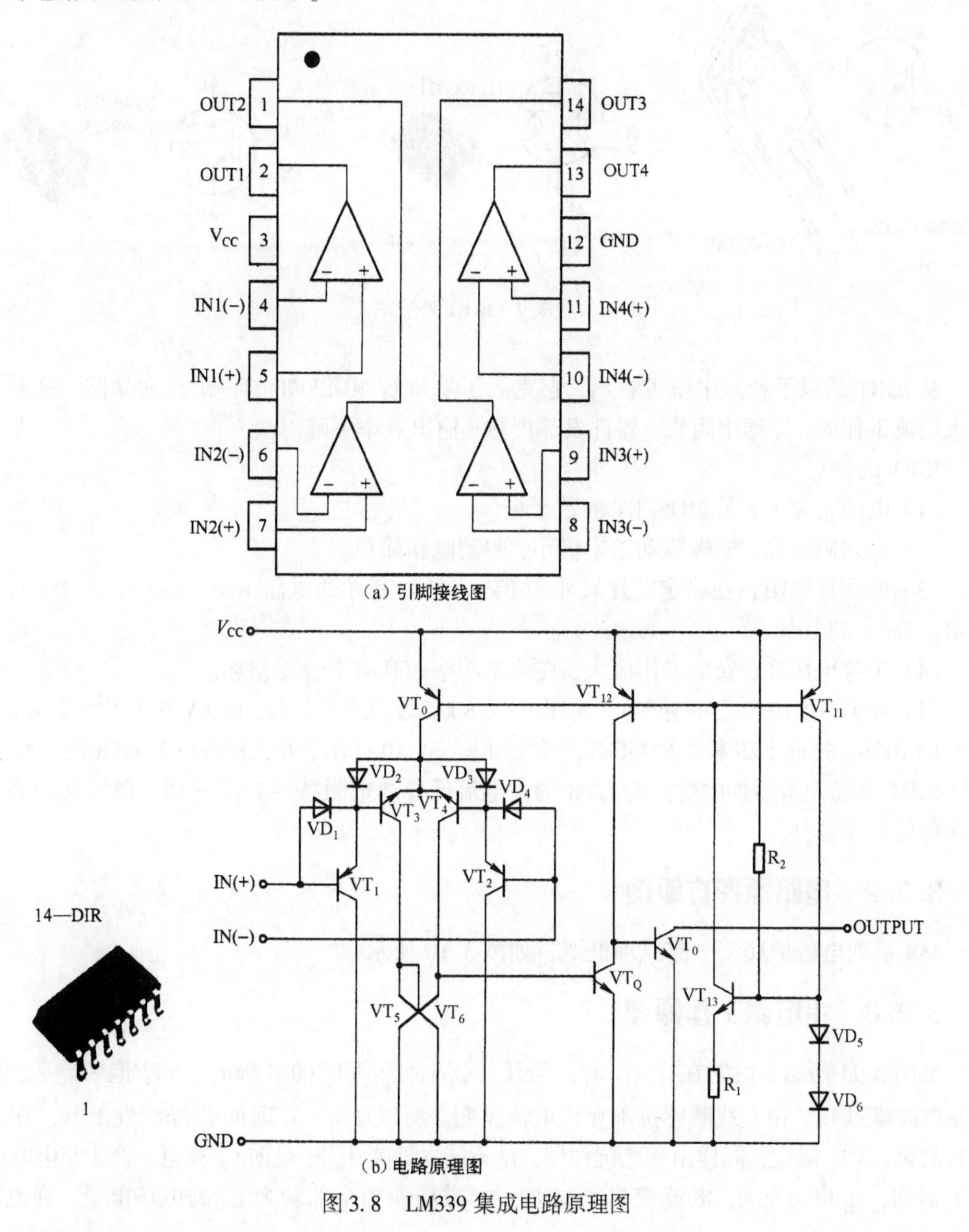

图 3.8 LM339 集成电路原理图

2. IGBT

绝缘栅双极晶体管（Iusulated Gate Bipolar Transistor）简称 IGBT，是一种集 BJT 的大电流密度和 MOSFET 等电压激励场控型器件优点于一体的高压、高速大功率器件。

目前有用不同材料及工艺制作的 IGBT，但它们均可被看做是一个 MOSFET 输入跟随一个双极型晶体管放大的复合结构。

IGBT 有三个电极，如图 3.9 所示，分别称为栅极 G（也称为控制极或门极）、集电极 C（也称漏极）及发射极 E（也称源极）。

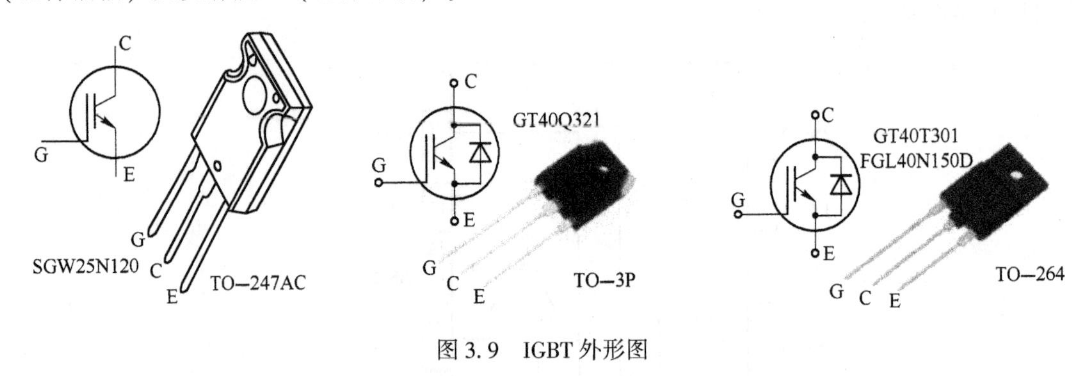

图 3.9　IGBT 外形图

从 IGBT 的以下特点中就可看出，它克服了功率管 MOSFET 的一个致命缺陷，就是于高压大电流工作时，导通电阻大，器件发热严重，输出效率下降。

IGBT 的特点：

（1）电流密度大，是 MOSFET 的数十倍。

（2）输入阻抗高，栅极驱动功率极小，驱动电路简单。

（3）低导通电阻，在给定芯片尺寸和 BVceo 下，其导通电阻 Rce（on）不大于 MOSFET 的 R_{ds}（on）的 10%。

（4）击穿电压高，安全工作区大，在瞬态功率较高时不会受损坏。

（5）开关速度快，关断时间短，耐压 1～1.8 kV 级的约 1.2 μs、600 V 级的约 0.2 μs，约为 GTR 的 10%，接近于功率管 MOSFET，开关频率直达 100 kHz，开关损耗仅为 GTR 的 30%。

IGBT 将场控型器件的优点与 GTR 的大电流低导通电阻特性集于一体，是极佳的高速高压半导体功率器件。

3.2.2　电路原理方框图

458 系列电磁炉典型电路原理框图，如图 3.10 所示。

3.2.3　主电路工作原理

如图 3.11 所示，时间在 $t_1 \sim t_2$ 时，当开关脉冲加至 VT_1 的 G 极时，VT_1 饱和导通，电流 i_1 从电源流过 L_1，由于线圈感抗不允许电流突变。所以在 $t_1 \sim t_2$ 时间 i_1 随线性上升，在 t_2 时脉冲结束，VT_1 截止，同样由于感抗作用，i_1 不能立即变0，于是向 C_3 充电，产生充电电流 i_2，在 t_3 时间，C_3 电荷充满，电流变0，这时 L_1 的磁场能量全部转为 C_3 的电场能量，在电容两

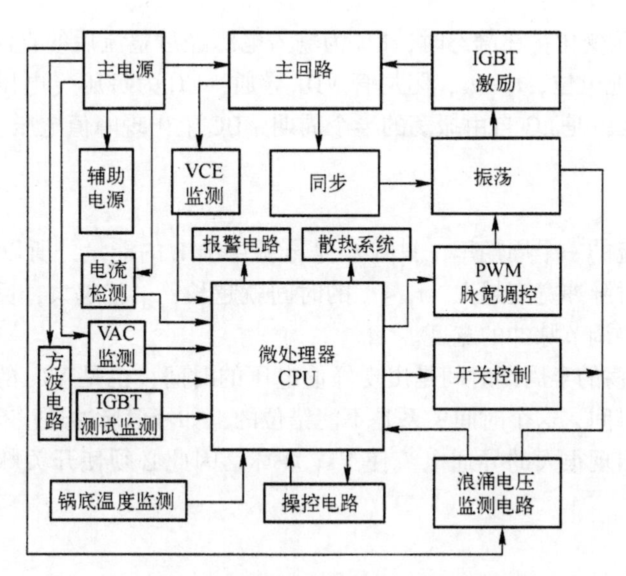

图 3.10 458 系列电磁炉典型电路原理框图

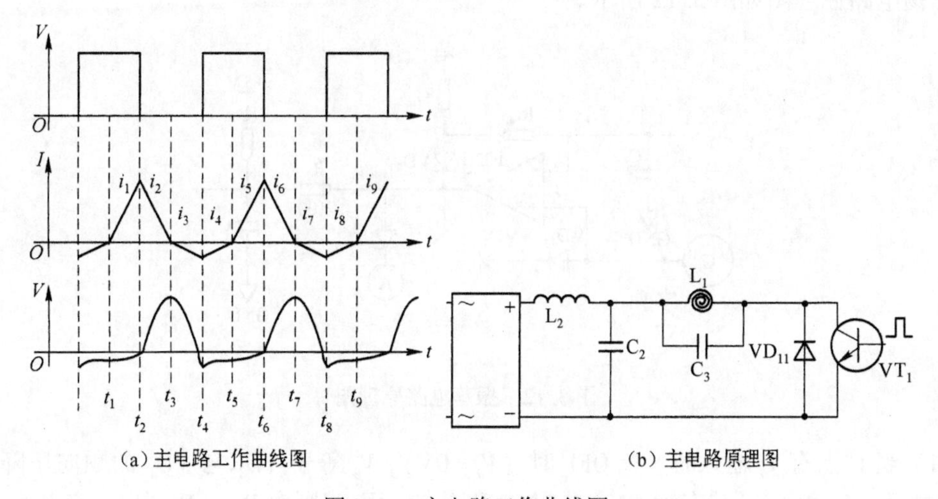

(a) 主电路工作曲线图 (b) 主电路原理图

图 3.11 主电路工作曲线图

端出现左负右正，幅度达到峰值的电压，在 VT_1 的 CE 极间出现的电压，实际为逆程脉冲峰压+电源电压，在 $t_3\sim t_4$ 时间，C_3 通过 L_1 放电完毕，i_3 达到最大值，电容两端电压消失，这时电容中的电能又全部转为 L_1 中的磁能，因感抗作用，i_3 不能立即变0，于是 L_1 两端电动势反向，即 L_1 两端电位左正右负，由于阻尼管 VD_{11} 的存在，C_3 不能继续反向充电，而是经过 C_2、VD_{11} 回流，形成电流 i_4，在 t_4 时间，第二个脉冲开始到来，但这时 VT_1 的 U_E 为正，U_C 为负，处于反偏状态，所以 VT_1 不能导通，待 i_4 减小到0，L_1 中的磁能放完，即到 t_5 时 VT_1 才开始第二次导通，产生 i_5 以后又重复 $i_1\sim i_4$ 过程，因此在 L_1 上就产生了和开关脉冲 f（20～30 kHz）相同的交流电流。$t_4\sim t_5$ 的 i_4 是阻尼管 VD_{11} 的导通电流，在高频电流一个电流周期里，$t_2\sim t_3$ 的 i_2 是线盘磁能对电容 C_3 的充电电流，$t_3\sim t_4$ 的 i_3 是逆程脉冲峰压通过 L_1 放电的电流，$t_4\sim t_5$ 的 i_4 是 L_1 两端电动势反向时，因 VD_{11} 的存在令 C_3 不能继续反向充电，而经过 C_2、VD_{11} 回流所形成的阻尼电流，VT_1 的导通电流实际上是 i_1。

VT_1 的 VCE 电压变化：在静态时，UC 为输入电源经过整流后的直流电源，$t_1 \sim t_2$，VT_1 饱和导通，U_C 接近地电位，$t_4 \sim t_5$，阻尼管 VD_{11} 导通，UC 为负压（电压为阻尼二极管的顺向压降），$t_2 \sim t_4$，也就是 LC 自由振荡的半个周期，UC 上出现峰值电压，在 t_3 时 UC 达到最大值。

通过分析可知：

（1）在高频电流的一个周期里，只有 i_1 是电源供给 L 的能量，所以 i_1 的大小就决定加热功率的大小，同时脉冲宽度越大，$t_1 \sim t_2$ 的时间就越长，i_1 就越大，反之亦然，所以要调节加热功率，只需要调节脉冲的宽度。

（2）LC 自由振荡的半周期时间是出现峰值电压的时间，也是 VT_1 的截止时间，也是开关脉冲没有到达的时间，这个时间关系是不能错位的，如峰值脉冲还没有消失，而开关脉冲已提前到来，就会出现很大的导通电流使 VT_1 烧坏，因此必须使开关脉冲的前沿与峰值脉冲后沿相同步。

1. 振荡电路

振荡电路原理图如图 3.12 所示。

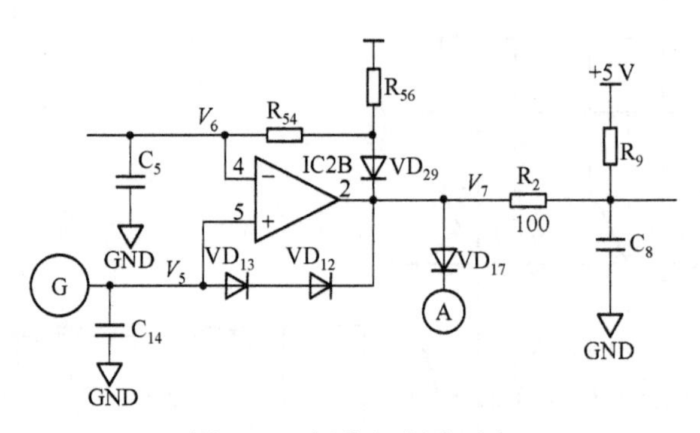

图 3.12 振荡电路原理图

（1）当 G 点有 V_i 输入时、V_7 OFF 时（$V_7=0V$），V_5 等于 VD_{12} 与 VD_{13} 的顺向压降，而当 $V_6<V_5$ 之后，V_7 由 OFF 转态为 ON，V_5 也上升至 V_i，而 V_6 则由 R_{56}、R_{54} 向 C_5 充电。

（2）当 $V_6>V_5$ 时，V_7 转态为 OFF，V_5 也降至 VD_{12} 与 VD_{13} 的顺向压降，而 V_6 则由 C_5 经 R_{54}、VD_{29} 放电。

（3）V_6 放电至小于 V_5 时，又重复（1）形成振荡。“G 点输入的电压越高，V_7 处于 ON 的时间越长，电磁炉的加热功率越大，反之越小”。

2. IGBT 激励电路

振荡电路输出幅度约 4.1 V 的脉冲信号，此电压不能直接控制 IGBT（VT_1）的饱和导通及截止，所以必须通过激励电路将信号放大才行，如图 3.13 所示。

该电路工作过程如下：

（1）V_8 OFF 时（$V_8=0$ V），$V_8<V_9$，V_{10} 为高，VT_8 和 VT_3 导通、VT_9 和 VT_{10} 截止，VT_1 的 G 极为 0 V，VT_1 截止。

（2）V_8 ON 时（$V_8=4.1$ V），$V_8>V_9$，V_{10} 为低，VT_8 和 VT_3 截止、VT_9 和 VT_{10} 导通，

+22 V 通过 R_{71}、VT_{10}加至 VT_1 的 G 极，VT_1 导通。

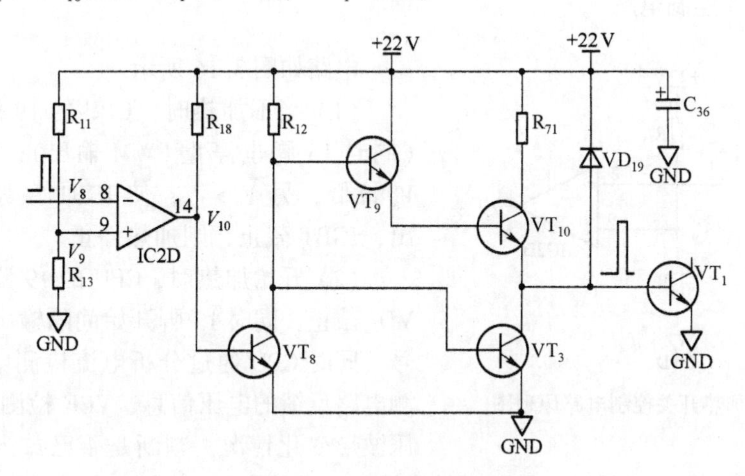

图 3.13　激励电路原理图

3. PWM 脉宽调控电路

CPU 输出 PWM 脉冲到由 R_6、C_{33}、R_{16}组成的积分电路，如图 3.14 所示。PWM 脉冲宽度越宽，C_{33}的电压越高，C_{20}的电压也跟着升高，送到振荡电路（G 点）的控制电压随着 C_{20}的升高而升高，而 G 点输入的电压越高，V_7 处于 ON 的时间越长，电磁炉的加热功率越大，反之越小。"CPU 通过控制 PWM 脉冲的宽与窄，控制送至振荡电路 G 的加热功率控制电压，控制了 IGBT 导通时间的长短，结果控制了加热功率的大小"。

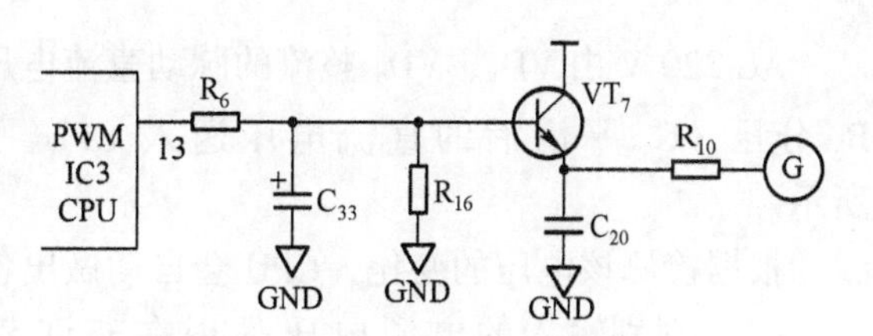

图 3.14　PWM 脉宽调控电路原理图

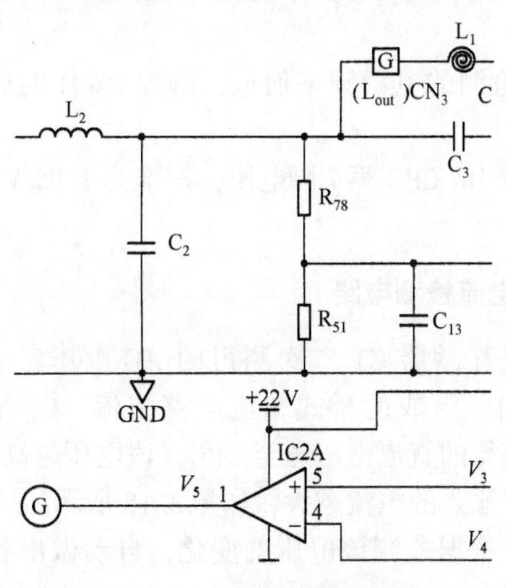

图 3.15　同步电路原理图

4. 同步电路

R_{78}、R_{51} 分压产生 V_3，$R_{74}+R_{75}$、R_{52} 分压产生 V_4，在高频电流的一个周期里，在 $t_2 \sim t_4$ 时间（如图 3.13 所示），由于 C_3 两端电压为左负右正，所以 $V_3<V_4$，V_5 为 OFF（$V_5=0$ V）振荡电路 $V_6>V_5$，V_7 为 OFF（$V_7=0$ V），振荡没有输出，也就没有开关脉冲加至 VT_1 的 G 极，保证了 VT_1 在 $t_2 \sim t_4$ 时间不会导通，在 $t_4 \sim t_6$ 时间，C_3 电容两端电压消失，$V_3>V_4$，V_5 上升，振荡有输出，有开关脉冲加至 VT_1 的 G 极。以上动作过程，保证了加到 VT_1 的 G 极上的开关脉冲前沿与 VT_1 上产生的 VCE 脉冲后沿相同步，同步电路原理图如图 3.15 所示。

5. 加热开关控制电路

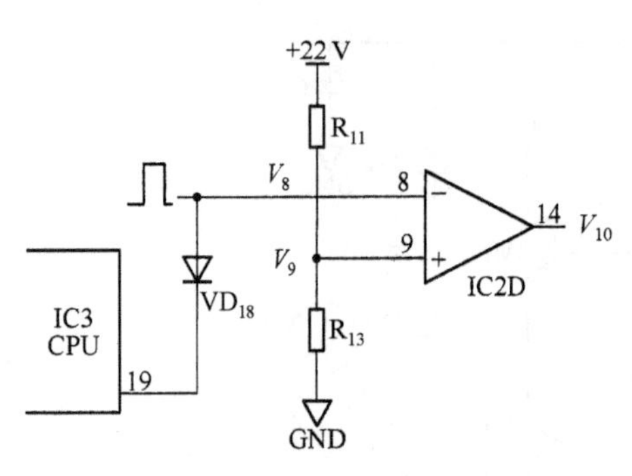

图 3.16 加热开关控制电路原理图

电路如图 3.16 所示。

（1）当不加热时，CPU 的 19 脚输出低电平（同时 13 脚也停止 PWM 输出），VD_{18}导通，将V_8拉低，另$V_9>V_8$，使 IGBT 激励电路停止输出，IGBT 截止，则加热停止。

（2）开始加热时，CPU 的 19 脚输出高电平，VD_{18}截止，同时 13 脚开始间隔输出 PWM 试探信号，同时 CPU 通过分析电流检测电路和 VAC 检测电路反馈的电压信息、VCE 检测电路反馈的电压波形变化情况，判断是否已放入适合的锅具。如果判断已放入适合的锅具，CPU13 脚转为输出正常的 PWM 信号，电磁炉进入正常加热状态；如果电流检测电路、VAC 及 VCE 电路反馈的信息不符合条件，CPU 会判定为所放入的锅具不符或无锅，则继续输出 PWM 试探信号，同时发出指示无锅的故障信息，如 1 分钟内仍不符合条件，则关机。

6. VAC 检测电路

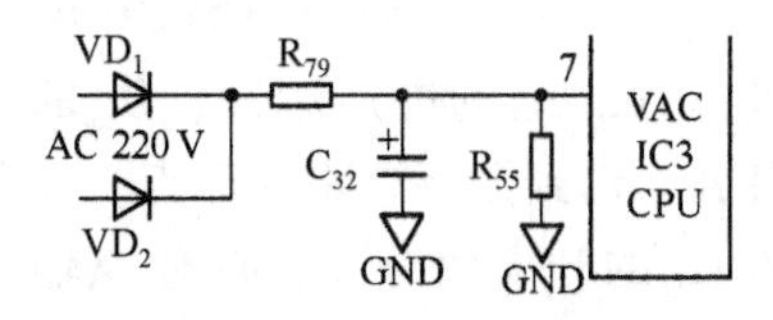

图 3.17 VAC 检测电路原理图

AC 220 V 由 VD_1、VD_2 整流的脉动直流电压通过 R_{79}、R_{55}分压、C_{32}平滑后的直流电压送入 CPU，如图 3.17 所示。

根据检测该电压的变化，CPU 会自动做出各种动作指令：

（1）判别输入的电源电压是否在充许范围内，若不在则停止加热，并发出故障信息。

（2）配合电流检测电路、VCE 电路反馈的信息，判别是否已放入适合的锅具，做出相应的动作指令。

（3）配合电流检测电路反馈的信息及方波电路检测的电源频率信息，调控 PWM 的脉宽，令输出功率保持稳定。

“电源输入标准 220 V±1 V 电压，不接线盘（L_1）测试 CPU 第 7 脚电压，标准为 1.95 V±0.06 V”。

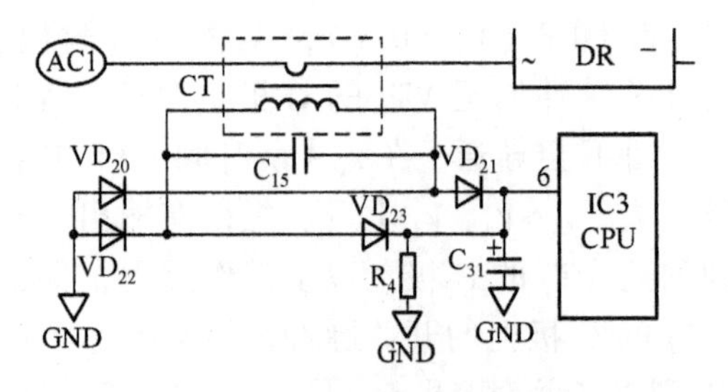

图 3.18 电流检测电路原理图

7. 电流检测电路

电流互感器 CT 二次测得的 AC 电压，经 VD_{20} ~ VD_{23} 组成的桥式整流电路整流、C_{31}平滑，所获得的直流电压送至 CPU，该电压越高，表示电源输入的电流越大，如图 3.18 所示。

CPU 根据检测该电压的变化，自动做出各种动作指令：

（1）配合 VAC 检测电路、VCE 电路反馈的信息，判别是否已放入适合的锅具，做出相应的动作指令。

(2) 配合 VAC 检测电路反馈的信息及方波电路检测的电源频率信息，调控 PWM 的脉宽，令输出功率保持稳定。

8. VCE 检测电路

将 IGBT（VT_1）集电极上的脉冲电压通过 $R_{76}+R_{77}$、R_{53}分压送至 VT_6 基极，在发射极上获得其取样电压，将此反应了 VT_1 的 VCE 电压变化的信息送入 CPU，如图 3.19 所示。

CPU 根据检测该电压的变化，自动做出各种动作指令：

(1) 配合 VAC 检测电路、电流检测电路反馈的信息，判别是否已放入适合的锅具，做出相应的动作指令。

(2) 根据 VCE 取样电压值，自动调整 PWM 脉宽，抑制 VCE 脉冲幅度不高于 1100 V（此值适用于耐压 1200 V 的 IGBT，耐压 1500 V 的 IGBT 抑制值为 1300 V）。

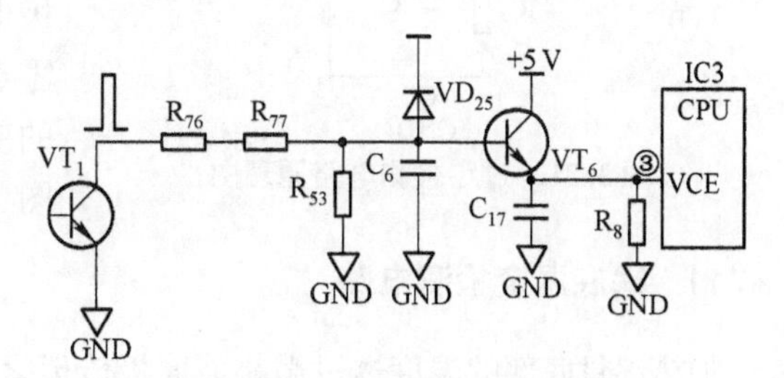

图 3.19 VCE 检测电路原理图

(3) 当测得其他原因导至 VCE 脉冲高于 1150 V 时（此值适用于耐压 1200 V 的 IGBT，耐压 1500 V 的 IGBT 此值为 1400 V），CPU 立即发出停止加热信息（见表 3.1）。

9. 浪涌电压检测电路

电源电压正常时，$V_{14}>V_{15}$，V_{16}为 ON（V_{16}约 4.7 V），VT_{17}截止，振荡电路可以输出振荡脉冲信号，当电源突然有浪涌电压输入时，此电压通过 C_4 耦合，再经过 R_{72}、R_{57}分压取样，该取样电压通过 VD_{28} 另 V_{15}升高，结果 $V_{15}>V_{14}$令 IC2C 比较器翻转，V_{16}为 OFF（V_{16} = 0 V），VD_{17}瞬间导通，将振荡电路输出的振荡脉冲电压 V_7 拉低，电磁炉暂停加热，同时，CPU 监测到 V_{16} OFF 信息，立即发出暂止加热指令，待浪涌电压过后、V_{16}由 OFF 转为 ON 时，CPU 再重新发出加热指令，电路原理图如图 3.20 所示。

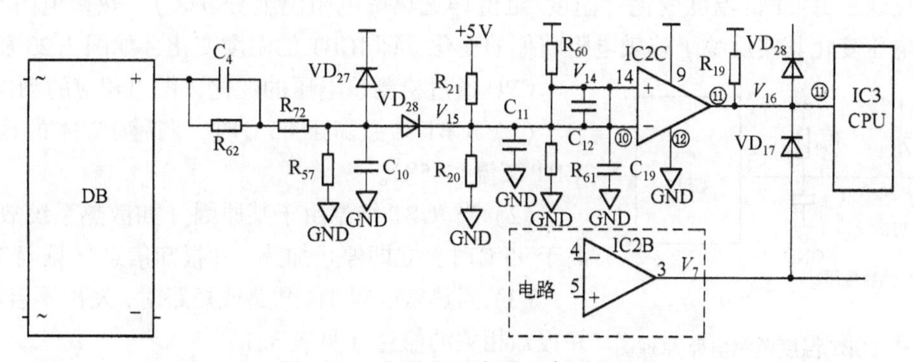

图 3.20 浪涌电压检测电路原理图

10. 过零检测电路

当正弦波电源电压处于上下半周时，由 VD_1、VD_2 和整流桥 DB 内部交流两输入端对地的两个二极管组成的桥式整流电路产生的脉动直流电压通过 R_{73}、R_{14} 分压的电压维持 VT_{11} 导通，VT_{11} 集电极电压变 0，当正弦波电源电压处于过零点时，VT_{11} 因基极电压消失而截止，集电极电压随即升高，在集电极则形成了与电源过零点相同步的方波信号，CPU 通过监测该信号的变化，做出相应的动作指令，电路原理图如图 3.21 所示。

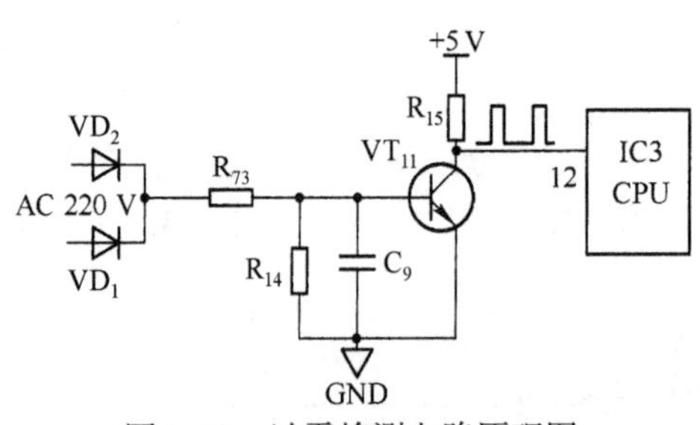

图 3.21 过零检测电路原理图

11. 锅底温度检测电路

加热锅具底部的温度透过微晶玻璃板传至紧贴玻璃板底的负温度系数热敏电阻，该电阻阻值的变化间接反影了加热锅具的温度变化（温度/阻值祥见热敏电阻温度分度表），热敏电阻与 R_{58} 分压点的电压变化其实反映了热敏电阻阻值的变化，即加热锅具的温度变化，如图 3.22 所示。

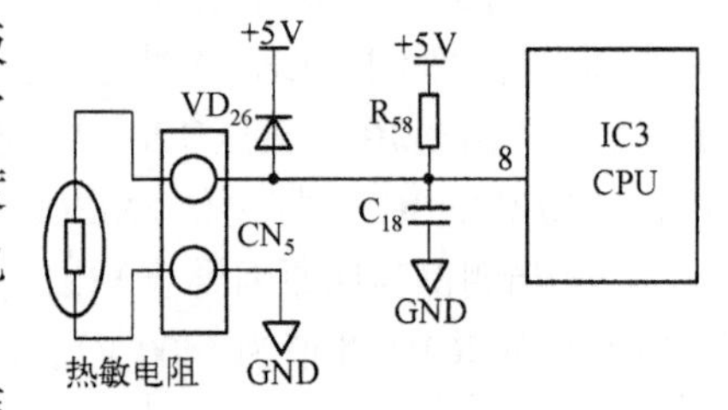

图 3.22 锅底温度检测电路原理图

CPU 通过检测该电压的变化，做出相应的动作指令：

（1）定温功能时，控制加热指令，令被加热物体温度恒定在指定范围内。

（2）当锅具温度高于 220℃时，加热立即停止，并发出故障信息（见表 3.1）。

（3）当锅具空烧时，加热立即停止，并发出故障信息（见表 3.1）。

（4）当热敏电阻开路或短路时，发出不启动指令，并发出故障信息（见表 3.1）。

12. IGBT 温度检测电路

IGBT 产生的温度透过散热片传至紧贴其上的负温度系数热敏电阻 TH，该电阻阻值的变化间接反映了 IGBT 的温度变化（温度/阻值详见热敏电阻温度分度表），热敏电阻与 R_{59} 分压点的电压变化其实反映了热敏电阻阻值的变化，即 IGBT 的温度变化，如图 3.23 所示。

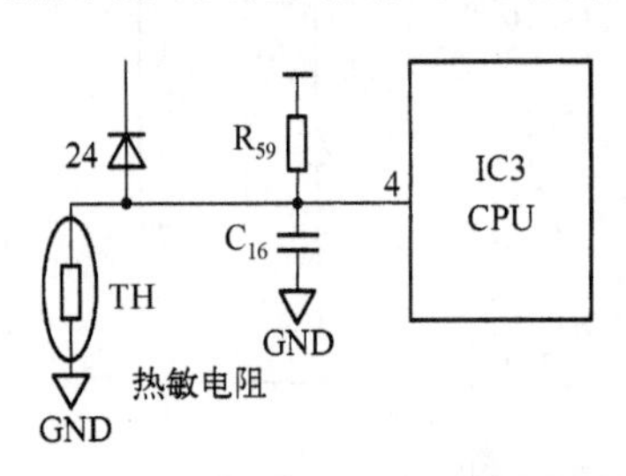

图 3.23 IGBT 温度监测电路原理图

CPU 通过检测该电压的变化，做出相应的动作指令：

（1）IGBT 结温高于 85℃时，调整 PWM 的输出，令 IGBT 结温≤85℃。

（2）当 IGBT 结温由于某原因（如散热系统故障）而高于 95℃时，立即停止加热，并报知信息（见表 3.1）。

（3）当热敏电阻 TH 开路或短路时，发出不启动指令，并报知相关的信息（见表 3.1）。

（4）关机时如 IGBT 温度>50℃，CPU 发出风扇继续运转指令，直至温度<50℃（继续运转超过 4 分钟如温度仍>50℃，风扇停转；风扇延时运转期间，按 1 次关机键，可关闭风扇）。

(5) 电磁炉刚启动时，当测得环境温度<0℃，CPU 调用低温检测模式加热 1 分钟，1 分钟后再转用正常检测模式，防止电路零件因低温偏离标准值造成电路参数改变而损坏电磁炉。

13. 散热系统电路

将 IGBT 及整流器 DB 紧贴于散热片上，利用风扇运转通过电磁炉进、出风口形成的气流将散热片上的热及线盘 L_1 等零件工作时产生的热、加热锅具辐射进电磁炉内的热排出电磁炉外。CPU 发出风扇运转指令时，15 脚输出高电平，电压通过 R_5 送至 VT_5 基极，VT_5 饱和导通，V_{CC} 电流流过风扇、VT_5 至地，风扇运转；CPU 发出风扇停转指令时，15 脚输出低电平，VT_5 截止，风扇因没有电流流过而停转，电路原理图如图 3.24 所示。

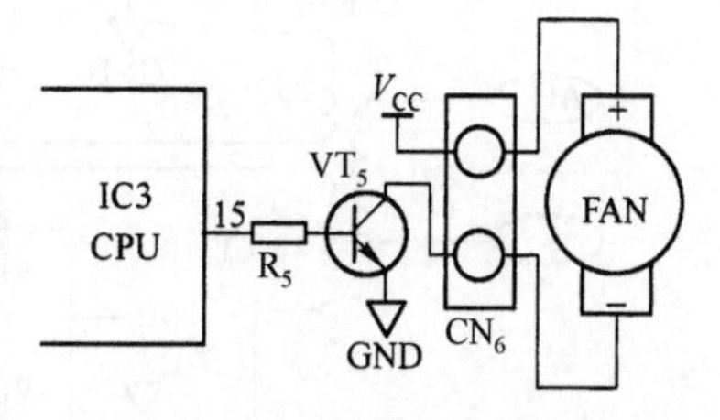

图 3.24 散热系统电路原理图

14. 主电源电路

AC220V 50/60 Hz 电源经保险丝 FU，再通过由 CY_1、CY_2、C_1、共模线圈 L_1 组成的滤波电路（针对 EMC 传导问题而设置，详见注解），再通过电流互感器至桥式整流器 DB，产生的脉动直流电压通过扼流线圈提供给主回路使用；AC_1、AC_2 两端电压除送至辅助电源使用外，另外还通过印于 PCB 上的保险线 P. F. 送至 VD_1、VD_2 整流得到脉动直流电压做检测用途，电路原理图如图 3.25 所示。

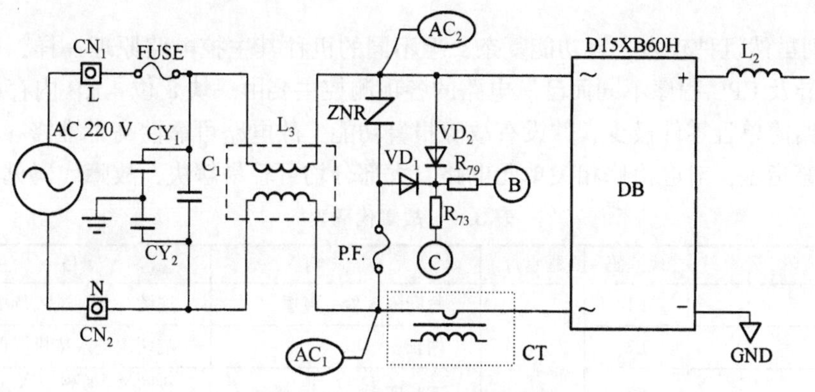

图 3.25 主电源电路原理图

由于目前并未提出电磁炉需做强制性电磁兼容（EMC）认证，基于成本原因，内销产品大部分没有将 CY_1、CY_2 装上，L_1 用跳线取代，但基本上不影响电磁炉使用性能。

15. 辅助电源电路

AC 220 V 50/60 Hz 电压接入变压器初级线圈，次级两绕组分别产生 13.5 V 和 23 V 交流电压。13.5 V 交流电压由 VD_3 ~ VD_6 组成的桥式整流电路整流、C_{37} 滤波，在 C_{37} 上获得的直流电压 V_{CC} 除供给散热风扇使用外，还经由 IC1 三端稳压、C_{38} 滤波，产生+5 V 电压供控制电路使用。

23 V 交流电压由 VD_7 ~ VD_{10} 组成的桥式整流电路整流、C_{34} 滤波后，再通过由 VT_4、R_7、VD_{Z1}、C_{35}、C_{36} 组成的串联型稳压滤波电路，产生+22 V 电压供 IC2 和 IGBT 激励电路使用，电路原理图如图 3.26 所示。

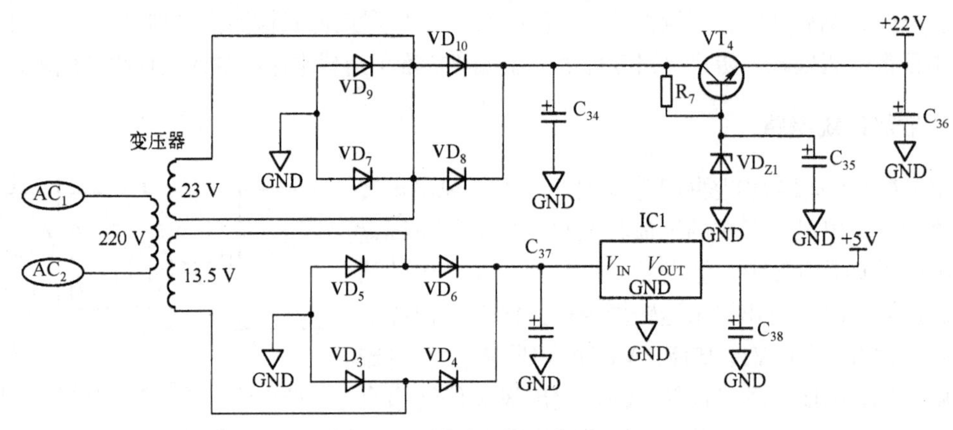

图3.26　辅助电源电路原理图

16. 报警电路

电磁炉发出报警响声时，CPU14脚输出幅度为5 V、频率3.8 kHz的脉冲信号电压至蜂鸣器ZD，令ZD发出报警响声，如图3.27所示。

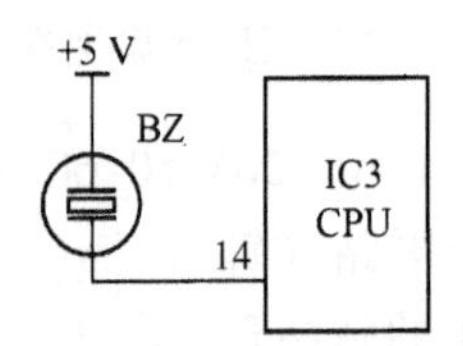

图3.27　报警电路图

3.2.4　故障检测

1. 故障代码

458系列虽然机种较多，且功能复杂，但不同的机种其主控电路原理一样，区别只是零件参数的差异及CPU程序不同而已。电路的各项测控主要由一块8位4 KB内存的单片机组成，外围线路简单且零件极少，并设有故障报警功能，故电路可靠性高，维修容易，维修时根据故障报警指示，对应检修相关单元电路，大部分均可轻易解决，故障代码见表3.1。

表3.1　故障代码表

<table>
<tr><th>故　障</th><th>代　码</th><th>指示灯</th><th>声　响</th><th>备　注</th></tr>
<tr><td>无锅</td><td>E1</td><td rowspan="11">电源灯及所设定指示灯闪亮</td><td>每间隔3秒一声短</td><td>连续一分钟进入待机状态</td></tr>
<tr><td>电压过低</td><td>E2</td><td>两长三短</td><td>响两次进入待机（间隔5s）</td></tr>
<tr><td>电压过高</td><td>E3</td><td>四长四短</td><td>每间隔5 s响一次（IGBT温度低于50℃时风扇停）</td></tr>
<tr><td>锅超温</td><td>E4</td><td>三长三短</td><td rowspan="7">响两次进入待机状态（间隔5 s）</td></tr>
<tr><td>锅空烧</td><td>E6</td><td>两长两短</td></tr>
<tr><td>IGBT超温</td><td>E0</td><td>四长三短</td></tr>
<tr><td>TH开路</td><td>E7</td><td>四长五短</td></tr>
<tr><td>TH短路</td><td>E8</td><td>四长四短</td></tr>
<tr><td>锅传感器开路</td><td>E9</td><td>三长五短</td></tr>
<tr><td>锅传感器短路</td><td>EE</td><td>三长四短</td></tr>
<tr><td>VCE过高</td><td>E5</td><td>无声</td><td>重新启动</td></tr>
<tr><td>定时结束</td><td></td><td></td><td>响一长声进入待机</td><td></td></tr>
<tr><td>无时基信号</td><td></td><td>灯不亮</td><td></td><td>连续</td></tr>
<tr><td colspan="5">注：代码只适用数码显示机型，其他机型只有指示灯与声音报警</td></tr>
</table>

2. 主板检测标准

由于电磁炉工作时，主回路工作在高压、大电流状态中，所以对电路检查时必须将线盘（L_1）断开不接，否则极易在测试时因仪器接入而改变了电路参数造成电路板烧毁。接上线盘试机前，应根据表3.2（主板检测表）对主板各点做测试后，一切符合标准后才能接上线盘进行试机。

表3.2 主板检测表

1. 待机测试（不接入线盘，接上电源后不按任何键）				
步 骤	测 试 点	标 准	备 注	主板测试不合格的处理方法
1	通电	发出“B”一声		(1)
2	CN_3	> 305 V	确认电压为220 V	(2)
3	+22 V	DC 220V±2 V		(3)
4	+5 V	5 V±0.1 V		(4)
5	VT_1 G极	<0.5 V		(5)
6	V_{16}	>4.7 V		(6)
7	B点（VAC）	1.96 V±0.05 V	电压220 V；并接10 kΩ电阻在C_3两端，后恢复	(7)
8	V_3	0.75 V±0.05 V	电压220 V	(8)
9	V_4	0.65 V±0.05 V	电压220 V	(9)
10	VT_6基极	0.7±0.05 V	电压220 V	(10)
11	VD_{24}正极	2.5 V±0.05 V	断开TH，接入30 kΩ电阻，后恢复	(11)
12	VD_{26}正极	2.5 V±0.05 V	不接传感器，接30 kΩ电阻，后恢复	(12)
2. 动检（不接入线盘，接通电源按开机键）				
13	VT_1 G极	间隔出现1～2.5 V	加至VT_1 G极的试测信号	(13、14、15)
14	CN_6两端	12V±1V	风扇应转动	(16)
15			1～14步骤合格后接入线盘，应正常加热	(17)

3. 主板测试不合格的处理方法

(1) 加电不发出“B”一声。如果按开/关键指示灯亮，则应为蜂鸣器BZ不良，如果按开/关键仍没任何反应，再测CUP第16脚+5 V是否正常，如不正常，按第（4）项方法检查，如正常，则测晶振X_1频率应为4 MHz左右（没有测试仪器时可换一个晶振试测），如频率正常，则为IC3 CPU不良。

(2) CN_3电压低于305 V。如果确认输入电源电压高于AC 220 V时，CN_3测得电压偏低，应为C_2开路或容量下降，如果该点无电压，则检查整流桥DB交流输入两端有否AC 220 V，如有，则检查L_2、DB，如没有，则检查互感器CT初级是否开路、电源入端至整流桥入端连线是否有断裂开路现象。

(3) +22 V故障。当没有+22 V时，应先测量变压器次级是否有电压输出，如没有，测量初级是否有 AC 220 V 输入，如有则为变压器故障，如果变压器次级有电压输出，再测 C_{34} 是否有电压，如没有，则检查 C_{34} 是否短路、VD_7 ~ VD_{10} 是否不良、VT_4 和 ZD_1 这个两零件是否都击穿，如果 C_{34} 有电压，而 VT_4 很热，则为+22 V 负载短路，应检查 C_{36}、IC2 及 IGBT 推动电路，如果 VT_4 不是很热，则为 VT_4 或 R_7 开路、ZD_1 或 C_{35} 短路。+22 V 偏高时，应检查 VT_4、VD_{z1}。+22 V 偏低时，应检查 VD_{z1}、C_{38}、R_7，另外，+22 V 负载过流时也会使+22 V 偏低，但此时 VT_4 会很热。

（4）+5 V 故障。当没有+5 V 时，应首先测量变压器次级是否有电压输出，如没有，测初级是否有 AC 220 V 输入，如有则为变压器故障，如果变压器次级有电压输出，再测 C_{37} 有否电压，如没有，则检查 C_{37}、IC1 是否短路、VD_3 ~ VD_6 是否不良，如果 C_{37} 有电压，而 IC4 很热，则为+5 V 负载短路，应检查 C_{38} 及+5 V 负载电路。+5 V 偏高时，应为 IC1 不良。+5 V 偏低时，应为 IC1 或+5 V 负载过流，而负载过流 IC1 会很热。

（5）待机时 V. G 点电压高于 0.5 V。待机时测 V_9 电压应高于 2.9 V（小于 2.9 V 时检查 R_{11}、+22 V），V_8 电压应小于 0.6 V（CPU 第 19 脚待机时输出低电平将 V_8 拉低），此时 V_{10} 电压应为 VT_8 基极与发射极的顺向压降（约为 0.6 V），如果 V_{10} 电压为 0 V，则检查 R_{18}、VT_8、IC2D，如果此时 V_{10} 电压正常，则检查 VT_3、VT_8、VT_9、VT_{10}、VD_{19} 是否良好。

（6）V_{16} 电压 0 V。测 IC2C 比较器输入电压是否正向（$V_{14}>V_{15}$ 为正向），如果是正向，断开 CPU 第 11 脚再测 V_{16}，如果 V_{16} 恢复为 4.7 V 以上，则为 CPU 故障，断开 CPU 第 11 脚 V_{16} 仍为 0 V，则检查 R_{19}、IC2C。如果测 IC2C 比较器输入电压为反向，再测 V_{14} 应为 3 V（低于 3 V 查 R_{60}、C_{19}），再测 VD_{28} 正极电压高于负极时，应检查 VD_{27}、C_4，如果 VD_{28} 正极电压低于负极，应检查 R_{20}、IC2C。

（7）V_{AC} 电压过高或过低，过高检查 R_{55}，过低检查 C_{32}、R_{79}。

（8）V_3 电压过高或过低，过高检查 R_{51}、VD_{16}，过低检查 R_{78}、C_{13}。

（9）V_4 电压过高或过低，过高检查 R_{52}、VD_{15}，过低检查 R_{74}、R_{75}。

（10）VT_6 基极电压过高或过低，过高检查 R53、VD_{25}，过低检查 R_{76}、R_{77}、C_6。

（11）VD_{24} 正极电压过高或过低，过高检查 VD_{24} 及接入的 30 kΩ 电阻，过低检查 R_{59}、C_{16}。

（12）VD_{26} 正极电压过高或过低，过高检查 VD_{26} 及接入的 30 kΩ 电阻，过低检查 R_{58}、C_{18}。

（13）动检时 VT_1 G 极没有试测电压。首先确认电路要符合表 3.2（主板检测表）中第 1 ~ 12 测试步骤标准要求，如果不符则对应上述方法检查，如确认无误，测 V_8 点如有间隔试测信号电压，则检查 IGBT 推动电路，如 V_8 点没有间隔试测信号电压出现，再测 VT_7 发射极有否间隔试测信号电压，如有，则检查振荡电路、同步电路，如果 VT_7 发射极没有间隔试测信号电压，再测 CPU 第 13 脚有否间隔试测信号电压，如有，则检查 C_{33}、C_{20}、VT_7、R_6，如果 CPU 第 13 脚没有间隔试测信号电压出现，则为 CPU 故障。

（14）动检时 VT_1 G 极试测电压过高时，要检查 R_{56}、R_{54}、C_5、VD_{29} 是否良好。

（15）动检时 VT_1 G 极试测电压过低时，要检查 C_{33}、C_{20}、VT_7 是否良好。

（16）动检时风扇不转时，要测 CN_6 两端电压高于 11 V 应为风扇不良，如 CN_6 两端没有电压，测 CPU 第 15 脚如没有电压则为 CPU 不良，如有要检查 VT_5、R_5 是否良好。

（17）通过主板 1 ~ 14 步骤测试合格仍不启动加热时，故障现象为每隔 3 s 发出“嘟”一声短音（数显型机种显示 E1），检查互感器 CT 次级是否开路、C_{15}、C_{31}是否漏电、VD_{20} ~ VD_{23}是否不良，如这些零件没问题，要小心测试 VT_1 G 极试测电压是否低于 1.5 V。

3.3 电磁炉故障维修实例

3.3.1 458 系列微波炉维修实例

例1

故障现象：放入锅具，电磁炉检测不到锅具而不启动，指示灯闪亮，每隔 3 秒发出“嘟”一声短音（数显型机种显示 E1），连续 1 分钟后转入待机。

故障分析：根据报警信号，此为 CPU 判定为加热锅具过小（直经小于 8 cm）或无锅放入或锅具材质不符而不加热，并做出相应报知。根据电路原理，电磁炉启动时，CPU 先从第 13 脚输出试测 PWM 信号电压，该信号经过 PWM 脉宽调控电路转换为控制振荡脉宽输出的电压加至 G 点，振荡电路输出的试测信号电压再加至 IGBT 推动电路，通过该电路将试测信号电压转换为足已令 IGBT 工作的试测信号电压，令主回路产生试测工作电流，当主回路有试测工作电流流过互感器 CT 初级时，CT 次级随即产生反映试测工作电流大小的电压，该电压通过整流滤波后送至 CPU 第 6 脚，CPU 通过检测该电压，再与 VAC 电压、VCE 电压比较，判别是否已放入适合的锅具。

从上述过程来看，要产生足够的反馈信号电压另 CPU 判定已放入适合的锅具而进入正常加热状态，关键条件有三个：

（1）加入 VT_1 G 极的试测信号必须足够大，通过测试 VT_1 G 极的试测电压可判断试测信号是否足够大（正常为间隔出现 1 ~ 2.5V），而影响该信号电压的电路有 PWM 脉宽调控电路、振荡电路、IGBT 推动电路。

（2）互感器 CT 须流过足够的试测工作电流，一般可通测试 VT_1 是否正常可简单判定主回路是否正常，在主回路正常及加至 VT_1 G 极的试测信号正常前提下，影响流过互感器 CT 试测工作电流的因素有工作电压和锅具。

（3）到达 CPU 第 6 脚的电压必须足够大，影响该电压的因素是流过互感器 CT 的试测工作电流及电流检测电路。

处理方法：

（1）测+22 V 电压高于 24 V，按“主板测试不合格的处理方法”第（3）项方法检查，结果发现 VT_4 击穿。结论：由于 VT_4 击穿，造成+22 V 电压升高，另 IC2D 正输入端 V_9 电压升高，导至加到 IC2D 负输入端的试测电压无法令 IC2D 比较器翻转，结果 VT_1 G 极无试测信号电压，CPU 也就检测不到反馈电压而不发出正常加热指令。

（2）测 VT_1 G 极没有试测电压，再测 V_8 点也没有试测电压，再测 G 点试测电压正常，证明 PWM 脉宽调控电路正常，再测 VD_{18}正极电压为 0 V（启动时 CPU 应为高电平），结果发现 CPU 第 19 脚对地短路，更换 CPU 后恢复正常。

结论：由于 CPU 第 19 脚对地短路，造成加至 IC2C 负输入端的试测电压通过 D18 被拉低，结果 VT_1 G 极无试测信号电压，CPU 也就检测不到反馈电压而不发出正常加热指令。

（3）按表3.2（主板检测表）测试到第6步骤时发现V_{16}为0 V，再按“主板测试不合格的处理方法”第（6）项方法检查，结果发现CPU第11脚击穿，更换CPU后恢复正常。

结论： 由于CPU第11脚击穿，造成振荡电路输出的试测信号电压通过VD_{17}被拉低，结果VT_1 G极无试测信号电压，CPU也就检测不到反馈电压而不发出正常加热指令。

（4）测VT_1 G极没有试测电压，再测V_8点也没有试测电压，再测G点也没有试测电压，再测VT_7基极试测电压正常，再测VT_7发射极没有试测电压，结果发现VT_7开路。

结论： 由于VT_7开路导至没有试测电压加至振荡电路，结果VT_1 G极无试测信号电压，CPU也就检测不到反馈电压而不发出正常加热指令。

（5）测VT_1 G极没有试测电压，再测V_8点也没有试测电压，再测G点也没有试测电压，再测VT_7基极也没有试测电压，再测CPU第13脚有试测电压输出，结果发现C_{33}漏电。

结论： 由于C_{33}漏电令通过R_6向C_{33}充电的PWM脉宽电压被拉低，导至没有试测电压加至振荡电路，结果VT_1 G极无试测信号电压，CPU也就检测不到反馈电压而不发出正常加热指令。

（6）测VT_1 G极试测电压偏低（推动电路正常时间隔输出1～2.5 V），按“主板测试不合格的处理方法”第（15）项方法检查，结果发现C_{33}漏电。

结论： 由于C_{33}漏电，造成加至振荡电路的控制电压偏低，结果VT_1 G极上的平均电压偏低，CPU因检测到的反馈电压不足而不发出正常加热指令。

（7）按表3.2（主板检测表）测试一切正常，再按“主板测试不合格的处理方法”第（17）项方法检查，结果发现互感器CT次级开路。

结论： 由于互感器CT次级开路，所以没有反馈电压加至电流检测电路，CPU因检测到的反馈电压不足而不发出正常加热指令。

（8）按表3.2（主板检测表）测试一切正常，再按“主板测试不合格的处理方法”第（17）项方法检查，结果发现C_{31}漏电。

结论： 由于C_{31}漏电，造成加至CPU第6脚的反馈电压不足，CPU因检测到的反馈电压不足而不发出正常加热指令。

（9）按表3.2（主板检测表）测试到第8步骤时发现V_3为0 V，再按“主板测试不合格的处理方法”第（8）项方法检查，结果发现R_{78}开路。

结论： 由于R_{78}开路，另IC2A比较器因输入两端电压反向（$V_4>V_3$），输出OFF，加至振荡电路的试测电压因IC2A比较器输出OFF而为0，振荡电路也就没有输出，CPU也就检测不到反馈电压而不发出正常加热指令。

例2

故障现象： 按启动指示灯指示正常，但不加热。

故障分析： 一般情况下，CPU检测不到反馈信号电压会自动发出报知信号，但当反馈信号电压处于足够与不足够之间的临界状态时，CPU发出的指令将会在试测→正常加热→试测循环动作，产生启动后指示灯指示正常，但不加热的故障。原因为电流反馈信号电压不足（处于可启动的临界状态）。

处理方法：

按表3.2（主板检测表）测试一切正常，再按“主板测试不合格的处理方法”第（17）项方法检查，结果发现互感器CT次级开路。

结论： 由于互感器CT次级开路，所以没有反馈电压加至电流检测电路，CPU因检测到的反馈电压不足而不发出正常加热指令。

按表3.2（主板检测表）测试到第8步骤时发现 V_3 为0 V，再按“主板测试不合格的处理方法”第（8）项方法检查，结果发现 R_{78} 开路。

结论： 由于 R_{78} 开路，另 IC2A 比较器因输入两端电压反向（$V_4>V_3$），输出 OFF，加至振荡电路的试测电压因 IC2A 比较器输出 OFF 而为0，振荡电路也就没有输出，CPU 也就检测不到反馈电压而不发出正常加热指令。

例3

故障现象： 开机电磁炉发出两长三短的“嘟”声（（数显型机种显示 E2），响两次后电磁炉转入待机。

故障分析： 此现象为 CPU 检测到电压过低信息，如果此时输入电压正常，则为 VAC 检测电路故障。

处理方法： 按“主板测试不合格的处理方法”第（7）项方法检查。

例4

故障现象： 插入电源电磁炉发出两长四短的“嘟”声（数显型机种显示 E3）。

故障分析： 此现象为 CPU 检测到电压过高信息，如果此时输入电压正常，则为 VAC 检测电路故障。

处理方法： 按“主板测试不合格的处理方法”第（7）项方法检查。

例5

故障现象： 插入电源电磁炉连续发出响2秒停2秒的“嘟”声，指示灯不亮。

故障分析： 此现象为 CPU 检测到电源波形异常信息，故障在过零检测电路。

处理方法： 检查零检测电路 R_{73}、R_{14}、R_{15}、VT_{11}、C_9、VD_1、VD_2 均正常，根据原理分析，提供给过零检测电路的脉动电压是由 VD_1、VD_2 和整流桥 DB 内部交流两输入端对地的两个二极管组成桥式整流电路产生，如果 DB 内部的两个二极管其中一个顺向压降过低，将会造成电源频率一周期内产生的两个过零电压其中一个并未达到0 V（电压比正常稍高），VT_{11} 在该过零点时间因基极电压未能消失而不能截止，集电极在此时仍为低电平，从而造成了电源每一频率周期 CPU 检测的过零信号缺少了一个。基于以上分析，先将 R_{14} 换入3.3 K 电阻（目的将 VT_{11} 基极分压电压降低，以抵消比正常稍高的过零点脉动电压），结果电磁炉恢复正常。虽然将 R_{14} 换成3.3 K 电阻电磁炉恢复正常，但维修时不能简单将电阻改3.3 K 能彻底解决问题，因为产生本故障说明整流桥 DB 特性已变，快将损坏，所已必须将 R_{14} 换回10 K 电阻并更换整流桥 DB。

例6

故障现象： 插入电源电磁炉每隔5秒发出三长五短报警声（数显型机型显示 E9）。

故障分析： 此现象为 CPU 检测到按装在微晶玻璃板底的锅传感器（负温系数热敏电阻）开路信息，其实 CPU 是根椐第8脚电压情况判断锅温度及热敏电阻开、短路的，而该点电压是由 R_{58}、热敏电阻分压而成，另外还有一只 VD_{26} 做电压钳位之用（防止由线盘感应的电压损坏 CPU）及一只 C_{18} 电容作滤波。

处理方法： 检查 VD_{26} 是否击穿、锅传感器有否插入及开路，判断热敏电阻的好坏在没有专业仪器时，简单用室温或体温对（电阻值—温度分度）阻值。

例7

故障现象：插入电源电磁炉每隔5秒发出三长四短报警声（数显型机种显示EE）。

故障分析：此现象为CPU检测到按装在微晶玻璃板底的锅传感器（负温系数热敏电阻）短路信息，其实CPU是根据第8脚电压情况判断锅温度及热敏电阻开/短路的，而该点电压是由R_{58}、热敏电阻分压而成，另外还有一只VD_{26}做电压钳位之用（防止由线盘感应的电压损坏CPU）及一只C_{18}电容做滤波。

处理方法：检查C_{18}是否漏电、R_{58}是否开路、锅传感器是否短路，判断热敏电阻的好坏在没有专业仪器时，简单用室温或体温对（电阻值—温度分度）阻值。

例8

故障现象：插入电源电磁炉每隔5秒发出四长五短报警声（数显型机种显示E7）。

故障分析：此现象为CPU检测到安装在散热器的TH传感器（负温系数热敏电阻）开路信息，其实CPU是根据第4脚电压情况判断散热器温度及TH开/短路的，而该点电压是由R_{59}、热敏电阻分压而成，另外还有一只VD_{24}做电压钳位之用（防止TH与散热器短路时损坏CPU）及一只C_{16}电容作滤波。

处理方法：检查VD_{24}是否击穿、TH有否开路，判断热敏电阻的好坏在没有专业仪器时，简单用室温或体温对（电阻值—温度分度）阻值。

例9

故障现象：插入电源电磁炉每隔5秒发出四长四短报警声（数显型机种显示E8）。

故障分析：此现象为CPU检测到按装在散热器的TH传感器（负温系数热敏电阻）短路信息，其实CPU是根据第4脚电压情况判断散热器温度及TH开/短路的，而该点电压是由R_{59}、热敏电阻分压而成，另外还有一只VD_{24}做电压钳位之用（防止TH与散热器短路时损坏CPU）及一只C_{16}电容做滤波。

处理方法：检查C_{16}是否漏电、R_{59}是否开路、TH有否短路，判断热敏电阻的好坏在没有专业仪器时，简单用室温或体温对（电阻值—温度分度）阻值。

例10

故障现象：电磁炉工作一段时间后停止加热，间隔5秒发出四长三短报警声，响两次转入待机（数显型机种显示E0）。

故障分析：此现象为CPU检测到IGBT超温的信息，而造成IGBT超温通常有两种，一种是散热系统，主要是风扇不转或转速低，另一种是送至IGBT G极的脉冲关断速度慢（脉冲的下降沿时间过长），造成IGBT功耗过大而产生高温。

处理方法：先检查风扇运转是否正常，如果不正常则检查VT_5、R_5、风扇，如果风扇运转正常，则检查IGBT激励电路，主要是检查R_{18}阻值是否变大、VT_3、VT_8放大倍数是否过低、VD_{19}漏电流是否过大。

例11

故障现象：电磁炉低电压以最高火力挡工作时，频繁出现间歇暂停现象。

故障分析：在低电压下使用时，由于电流较高电压使用时大，而且工作频率也较低，如果供电线路容量不足，会产生浪涌电压，假如输入电源电路滤波不良，则吸收不了所产生的浪涌电压，会另浪涌电压检测电路动作，产生上述故障。

处理方法：检查 C_1 容量是否不足，如果1600 W以上机型，电容 C_1 是1 μF，应将该电容换上3.3 μF/250 V AC规格的电容器。

例12

故障现象：烧保险管。

故障分析：电流容量为15 A的保险管一般自然烧断的概率极低，通常是通过了较大的电流时烧毁，所以当发现烧保险管故障必须在换入新的保险管后对电源负载做检查。通常大电流的零件损坏会令保险管做保护性熔断，而大电流零件损坏除了零件老化原因外，大部分是因为控制电路不良所致，特别是IGBT，所以换入新的大电流零件后除了按表3.2（主板检测表）对电路做常规检查外，还需对其他可能损坏该零件的保护电路做彻底检查，IGBT损坏主要有过流击穿和过压击穿，而同步电路、振荡电路、IGBT激励电路、浪涌电压检测电路、VCE检测电路、主回路不良和单片机（CPU）死机等都可能是造成烧毁的原因。

处理方法：

(1) 换入新的保险管后首先要对主回路做认真检查，发现整流桥DB、IGBT击穿，更换零件后按表3.2（主板检测表）测试发现+22 V偏低，按（主板测试不合格的处理方法）第（3）项方法检查，结果为 VT_3、VT_{10}、VT_9 击穿另+22 V偏低，换入新零件后再按表3.2（主板检测表）测试至第9步骤时发现 V_4 为0 V，按表（主板测试不合格的处理方法）第（9）项方法检查，结果原因为 R_{74} 开路，换入新零件后测试一切正常。

结论：由于 R_{74} 开路，造成加到 VT_1 G极上的开关脉冲前沿与 VT_1 上产生的VCE脉冲后沿相不同步而另IGBT瞬间过流而击穿，IGBT上产生的高压同时令 VT_3、VT_{10}、VT_9 击穿，由于IGBT击穿电流大增，在保险管未熔断前整流桥DB也因过流而损坏。

(2) 换入新的保险管后首先要对主回路做认真检查，发现整流桥DB、IGBT击穿，更换零件后按表3.2（主板检测表）测试发现+22 V偏低，按“主板测试不合格的处理方法”第（3）项方法检查，结果为 VT_3、VT_{10}、VT_9 击穿另+22 V偏低，换入新零件后再按表3.2（主板检测表）测试至第10步骤时发现 VT_6 基极电压偏低，按（主板测试不合格的处理方法）第（10）项方法检查，结果原因为 R_{76} 阻值变大，换入新零件后测试一切正常。

结论：由于 R_{76} 阻值变大，造成加到 VT_6 基极的VCE取样电压降低，发射极上的电压也随着降低，当VCE升高至设计规定的抑制电压时，CPU实际监测到的VCE取样电压没有达到起控值，CPU不作出抑制动作，结果VCE电压继续上升，最终出穿IGBT。IGBT上产生的高压同时令 VT_3、VT_{10}、VT_9 击穿，由于IGBT击穿电流大增，在保险管未熔断前整流桥DB也因过流而损坏。

(3) 换入新的保险管后首先要对主回路作认真检查，发现整流桥IGBT击穿，更换零件后按表3.2（主板检测表）测试，通电时蜂鸣器没有发出“B”一声，按“主板测试不合格的处理方法”第（1）项方法检查，结果是晶振 X_1 不良，更换后一切正常。

结论：由于晶振 X_1 损坏，导至CPU内程序不能运转，通电时CPU各端口的状态是不确定的，假如CPU第13、19脚输出为高，会令振荡电路输出一直流使IGBT过流而击穿。本故障的主要原因是晶振 X_1 不良导至CPU死机而损坏IGBT。

3.3.2 富士宝系列电磁炉维修实例

1. 故障代码

E2：传感器开路及附件是否正常。
E3：电压过高，测量 R_{26}、R_{17}是否为2V、R_{29}、CPU变压器是否正常。
E4：电压过低，测量 R_{26}、R_{17}、R_{29}、CPU变压器是否正常。
E5：瓷板温度过高，检查传感器是否有足够的散热油。
E6：散热片温度过高，测量温控器、CPU是否正常。
E7：NTC传感器开路及附件是否正常。

2. 主要工作点电压值

R_{22}：1.8 V（带线盘）
J_3：1.7 V
C_1：2.8 V
J_1：2.6
说明：C_1 的电压要高于 J_1，R_{22}的电压要高于 J_3，否则电磁炉不能启动。
KM339各脚电压（不带线盘）：

KM339脚	1	2	3	4	5	6	7	8	9	10	11	12	13	14
各脚电压（V）	0	0.1	18	5	0	0	6.3	2.9	3	2.6	0	0	0.2	5

典型富士宝1H～1000H电磁炉电路图，如图3.28所示。

3. 故障的检查与处理

例1

故障现象：不通电。

故障处理：首先要检查保险丝是否烧断，如果烧断，应该检查功率管、整流桥堆、VT_2、VT_1、R_{45}（10 Ω）、7805（0.3 μF）是否被击穿，如果以上检查的元件都正常，再检查变压器及开关板是否有输出电压，如果开关板没有输出电压，要检查开关板的 DZ_2（18 V）及开关管是否被击穿，若以上两项检查也正常，再检查CPU、C_{11}、C_{14}是否正常。

例2

故障现象：不启动（即不加热，无检锅声）。

故障处理：首先检查各点电压是否正常（R_{22}、J_3、C_1、J_1 及KM339）及变压器输出的 DZ_2（18 V）、7805（5 V）是否正常，如果正常，再检查 VT_2、VT_1、VD_1、C_3、CPU及 R_{22}、J_3、C_1、J_1 发现电压同时降低了零点几伏，说明5 μF的电容不良。

例3

故障现象：不启动，有检锅声，工作电流在2 A左右。

故障处理：检查互感器是否开路，测量 VD_8、VD_9、VD_{10}、VD_{11}是否被击穿，C_{24}、C_5、CPU是否不良。

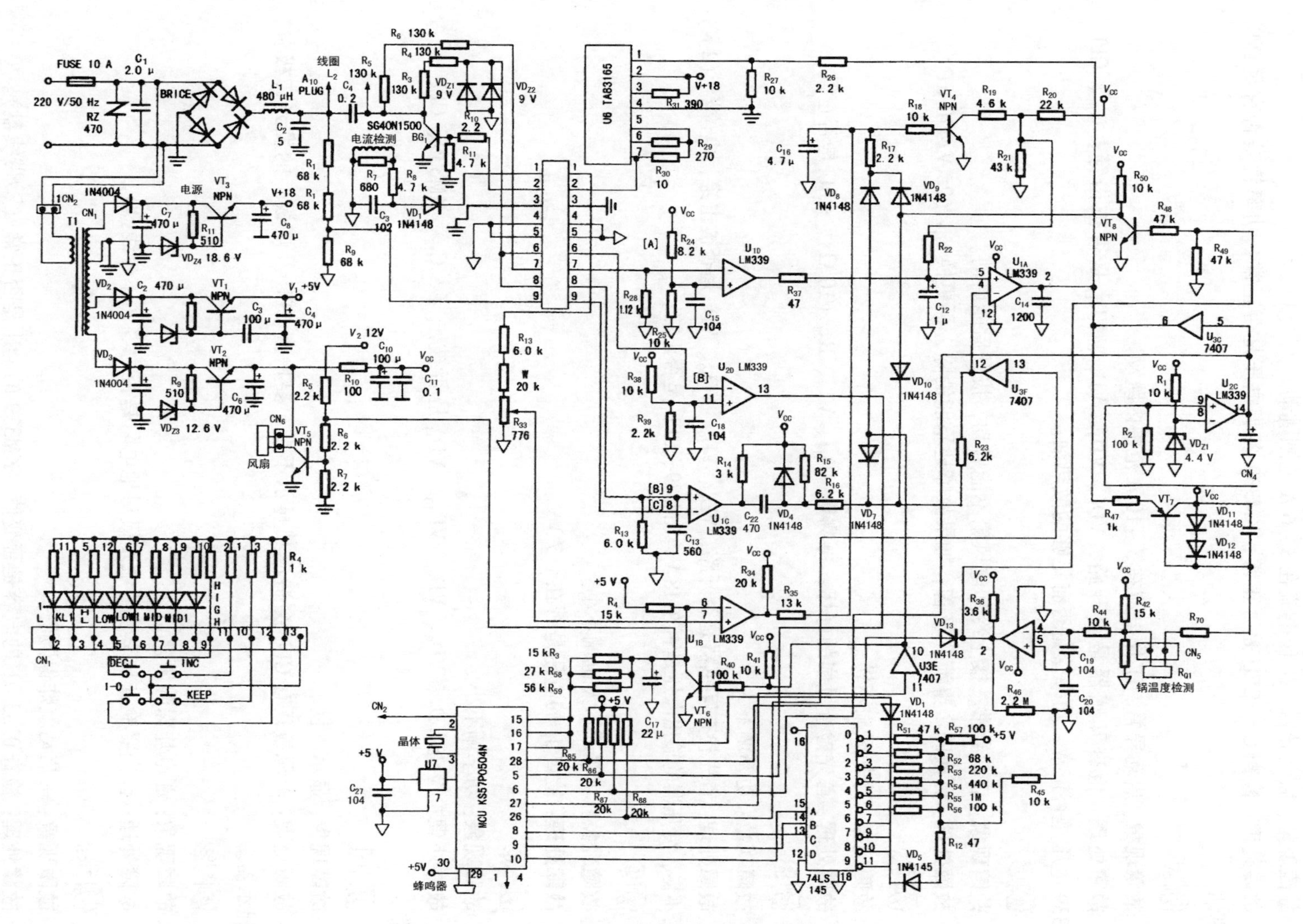

图3.28 富士宝1H~1000H电磁炉电路图

例4

故障现象：启动异常，工作电流在3～6 A范围跳动。

故障处理：检查C_9、CPU是否正常，KM339各脚电压是否正常，功率管是否有足够的散热油。

例5

故障现象：启动异常，工作电流在5～10 A范围内跳动。

故障处理：检查互感器是否开路，VD_8、VD_9、VD_{10}、VD_{11}是否被击穿，C_{18}、CPU、KM339电压是否正常，功率管是否有足够的散热油。

例6

故障现象：启动异常，接上冷却电风扇不能启动，拔开后能启动。

故障处理：更换四个整流二极管，如果故障还不能消除，再更换C_{12}（25 V/470 μF）。

例7

故障现象：冷却风扇不转。

故障处理：首先检查风扇的好坏，再测量VD_{14}、VT_6、R_{28}（10 Ω）、CPU是否正常。

例8

故障现象：功率调不大。

故障处理：首先检查互感器是否开路，VD_8、VD_9、VD_{10}、VD_{11}是否被击穿，电位器（2 K）是否不良，变压器的输出电压是否在18 V，KM339、CPU是否正常。

例9

故障现象：功率调不大也调不小。

故障处理：检查J_3的电压是否在1.7 V。

例10

故障现象：功率调不小。

故障处理：检查VD_2、VD_8、VD_9、VD_{10}、VD_{11}是否被击穿，C_{18}、KM339、CPU是否正常。

例11

故障现象：显示不良。

故障处理：电源板只有CPU会造成其显示不良，要检查CPU及灯板上的发光二极管，IC显示器。

例12

故障现象：通电炸保险管。

故障处理：首先要检查功率管的触发极对地电阻是否为零（不带线盘）。

例13

故障现象：一启动就炸保险管。

故障处理：检查0.33 μF的电容是否变值，KM339的电压是否正常（不带线盘）。

例14

故障现象：通电工作一会后，蜂鸣器长鸣。

故障处理：小线盘的电磁炉，可将 C_1（100）改为 471，若故障还不消除，将 NTC、CPU 更换，电容 C_{20} 改为 1 μF/50 V。

大线盘的电磁炉可将底座垫高 5 mm，若故障还不消除，也将 NTC、CPU 更换，电容 C_{20} 改为 1 μF/50 V。

例15

故障现象：开机后，电磁炉数码管显示 E2，无加热反应。

故障处理：故障代码 E2 表示炉面温度传感器开路或相关电路故障。将安装在线盘中央的炉面温度传感器取下，用万用表电阻挡测其阻值，正常时在 50～200 kΩ 之间。实际维修中发现此故障多是由炉面温度传感器引脚锈蚀断裂损坏引起。

例16

故障现象：开机后，电磁炉操作面板显示正常，但不加热，并且发出“嘀嘀”报警声。

故障处理：电磁炉保护状态或有故障，均会发出“嘀嘀”报警声。检修开机报警故障时，应先测量+5 V、+18 V 及+300 V 电压是否正常，再测量 LM339 各脚待机电压，从而进一步判断故障所在。

例17

故障现象：开机后，能听到反复检锅声，电磁炉也发出“嘀”的报警声，但是不加热。

故障处理：能听到检锅声，证明电磁炉保护电路基本正常。造成这种故障的原因主要有两个：一是同步电路故障；二是谐振电容不良。实际检修时，应先检修同步电路，其中以 R_{44}、R_{43}、R_{42} 出现阻值增大或开路故障较多，再更换谐振电容。

例18

故障现象：开机无电源指示，打开机壳后发现保险管炸裂，检测到 IGBT 管击穿短路。

故障处理：造成 IGBT 管击穿的原因有：

（1）+5 V、+18 V 电压不稳定；

（2）谐振电容不良或失容；

（3）LM339 不良；

（4）推动电路故障；

（5）同步电路故障；

（6）+300 V 滤波电容不良。

在待机状态下测量+5 V、+18 V 是否稳定，+300 V 电压是否正常，LM339 各脚待机电压是否正常，以及推动电路是否正常。焊下谐振电容检测是否良好。在保证上述各项都正常后，再装上 IGBT 管试机。在实际维修中，会遇到多次击穿 IGBT 管的故障，在维修时应把 LM339、VT_1、VT_2、C_3、C_1 及桥堆一并更换。

例19

故障现象：电磁炉上通电长鸣，指示灯全亮。

故障处理：更换 R_{53}：1/6 W–10 K 为 1/6 W–4. 7 K 或 1/4 W–4. 7 K。

例20

故障现象：电磁炉正常电压开机长鸣。

故障处理：更换 R_{15}：1 W−330 K±1%。

例21

故障现象：电磁炉不检锅。

故障处理：拔掉排线（功率板到控制板），测量 R_{16}：1W −330 K±1%；R_{17}、R_{18}：1 W−240 K±1% 是否正常，更换不正常电阻。如无法测，则直接更换 R_{16}：1 W−330 K±1%，不正常再更换 R_{17}、R_{18}：1 W−240 K±1%。

例22

故障现象：电磁炉通电无反应。

检查处理方法：测量功率板桥堆、保险管是否损坏，如桥堆损坏而 IGBT 未短路则更换桥堆保险管。

例23

故障现象：电磁炉不通电。

故障处理：首先检查保险是否烧断，若有烧断，检查功率管、桥堆、VT_2（8050）、VT_1（8550）、R_{45}（10Ω）、7805（0.3 μF）是否被击穿，若以上都正常；查变压器及开关板是否有电压输出，若开关板无电压输出；查开关板 ZD_2（18 V）及开关管是否击穿，若以上两项都正常；查 CPU、C_{11}（104）、C_{14}（104）是否正常。

例24

故障现象：电磁炉不启动，即不加热，无检锅声。

故障处理：首先查各个电压是否正常（R_{22}、J_3、C_1、J_1 及 339）以及变压器输出的 ZD_2（−18 V），7805（−5 V）是否正常，若以上都正常，查 VT_2（8050）、VT_1（8550）、VD_1、C_3（222J）、CPU、另 R_{22}、J_3、C_1、J_1 同时降低零点几伏，则为 5 μF 电容不良。

例25

故障现象：电磁炉不启动，有检锅声，电流在 2 A 左右反复。

故障处理：查互感器是否开路，测 VD_8、VD_9、VD_{10}、VD_{11} 是否被击穿，C_{24}（103J）、C_5（250 V/10 μF）、CPU 是否不良。

例26

故障现象：电磁炉启动异常，电流在 3 ~ 6 A 之间反复。

障处理：查 C_9（222J）、CPU 是否正常，339 各脚电压是否正常，功率管是否有足够的散热油。

例27

故障现象：电磁炉启动异常，电流在 5 ~ 10 A 之间反复。

故障处理：查互感器是否开路，VD_8、VD_9、VD_{10}、VD_{11} 是否被击穿，C_{18}（272J）、CPU 及 339 电压是否正常，功率管是否有足够的散热油。

例28

故障现象：电磁炉启动异常（插上风扇不启动，拔开启动）。

故障处理：换四个整流二极管（测试为好的）如不行再换 C_{12}（25 V/470 μF）。

例29

故障现象：电磁炉风扇不转。

故障处理：先查风扇是否好坏，再测 VD_{14}、VT_6（8050）、R_{28}（10Ω）、CPU 是否正常。

例30

故障现象：电磁炉功率调不大（功率可调，但不够大）。

故障处理：查互感器是否开路，VD_8、VD_9、VD_{10}、VD_{11}是否被击穿，电位器（2 K）是否不良；变压器是否够 18 V 输出，339、CPU 是否正常。

例31

故障现象：电磁炉功率调不大，也调不小（按键及电位器不可调）。

故障处理：查 J_3 电压是否为 1.7 V 左右。

例32

故障现象：电磁炉功率调不小（按键可调，电位器调不小）。

故障处理：查 VD_2、VD_8、VD_9、VD_{10}、VD_{11} 是否击穿，C_{18}（272J）、339、CPU 是否正常。

例33

故障现象：电磁炉显示不良。

故障处理：查 CPU 及灯板上的发光二极管，IC 显示器（注：电源板只有 CPU 会造成显示不良）。

例34

故障现象：电磁炉通电炸管（炸保险管）。

故障处理：首先查功率管的触发极对地是否为零（不带线盘）。7805 是否开路，VT_1（8550）、VT_2（8050）是否不良，变压器是否有 5 V 输出 339 电压是否正常（不带线盘）。

例35

故障现象：电磁炉启动炸管。

故障处理：查 0.33 μF 是否变值，339 电压是否正常（不带线盘）。

例36

故障现象：电磁炉通电工作一段时间长鸣。

故障处理：2004 年产的电磁炉有（P70/190/190A/230/250）机型接的是小线盘。将 C_1（100）改为 471，若仍不行，将 NTC、CPU 更换，C_{20}改为 1 μF/50 V。

3.3.3 低频电磁炉常见故障与维修

例1

故障现象：加热时间长。

故障原因：

(1) 电压过低

(2) 锅底面积太小

(3) 锅底与灶台不吻合
(4) 锅材料选择不当
(5) 功率选择钮失灵
(6) 电气元件效率过低

维修方法：

(1) 待电压正常时使用或加稳压器
(2) 选用合适的锅
(3) 校正锅底平面或更换锅体
(4) 选用电磁炉所配置锅
(5) 修理，必要时更换
(6) 找出故障元件，必要时更换

例2

故障现象：指示灯不亮，锅不热。

故障原因：

(1) 停电
(2) 熔丝烧坏
(3) 供电线路有断路或接触不良

维修方法：

(1) 待供电时使用
(2) 更换同型号熔丝
(3) 找出故障点，并加以修理排除

例3

故障现象：指示灯亮，锅不热。

故障原因：

(1) 线圈断路
(2) 整流元件烧坏
(3) 继电器失灵
(4) 逆变电路出故障
(5) 温度调节钮处于空位
(6) 功率选择钮失灵
(7) 锅的材料非导磁材料

维修方法：

(1) 更换线圈
(2) 更换整流元件，必要时全部更换
(3) 修理，必要时更换
(4) 找出故障处并加以排除
(5) 将调节钮调到适当位置
(6) 必须采用金属锅

例4

故障现象：电气元件经常性损坏。

故障原因：

(1) 电压不稳

(2) 整流输入有短路或逆变器输入有短路

(3) 带电体进入电气部分形成短路

维修方法：

(1) 待电压稳定时使用或加稳压器

(2) 找出短路处并加以排除

(3) 找出故障点加以排除并采取绝缘密封措施

例5

故障现象：壳体漏电。

故障原因：

(1) 带电元件与壳体相接触

(2) 带电体进入电气部分

(3) 电气元件受潮

维修方法：

(1) 找出接触点加以绝缘，并接好地线，以防伤人

(2) 查出原因和故障点加以排除并进行绝缘密封

(3) 干燥处理后再使用

例6

故障现象：食物生熟不均。

故障原因：

(1) 线圈位置不正确

(2) 锅底严重变形

(3) 放入锅内食物过多

维修方法：

(1) 校正线圈位置并加以固定

(2) 校正锅底，必要时更换

(3) 保持合理放入量

例7

故障现象：噪声太大。

故障原因：

(1) 线圈固定不牢

(2) 锅体材料选择不当

(3) 紧固件有松动

维修方法：

(1) 将线圈重新固定牢固

(2) 注意使用与电磁炉所配锅体
(3) 检查各紧固件并重新紧固好

例8

故障现象：整流元件过热。

故障原因：

(1) 电压过高
(2) 冷却通路受阻
(3) 电风扇不转
(4) 使用时间较长
(5) 整流元件本身故障

维修方法：

(1) 待电压正常时使用或加稳压器
(2) 找出原因并加以排除
(3) 找出故障原因并加以排除
(4) 进行间歇工作制
(5) 更换整流元件

3.4 关于电磁炉的磁辐射防护

电磁炉是国家重点推广的节能新产品。具有高效节能效果（热效率高达94.5%，比其他电热器具节能30%～60%、加热迅速（加热时间仅为其他电热器具的1/2）、用途广泛、安全方便等众多优点，作为家电新秀已经进入千家万户。但是由于电磁炉的工作特点而产生的电磁辐射危害问题，已经引起人们的高度关注。

电磁炉辐射危害是阻挡电磁炉推广的一个国际难题。中国家用电器部分专家认为，因电磁炉的工作原理引致电磁辐射问题，已经成为业界的“难言隐痛”。据业内电磁辐射专家介绍，目前电磁炉工作时发出的电磁辐射强度超过人体能忍受能力（国际标准0.2 μT）数十倍。有着较强环保意识的西方国家使用电磁炉的家庭较少，目前我国少量出口西方国家的电磁炉都是800 W以下辐射危害较小的茶水电磁炉。

防止电磁炉辐射首先要从选锅入手。理想的电磁炉专用锅具应该是以铁和钢制品为主，因为铁磁性材料会使加热过程中加热负载（锅体及炉具）与感应涡流相匹配，能量转换率高，相对来说磁场外泄较少。而陶瓷锅、铝锅等则达不到这样的效果，对使用者的健康威胁也更大一些。

在使用电磁炉时要注意尽量和电磁炉保持距离，不要靠得过近。电磁炉与微波炉使用时的注意事项比较相似，靠得越近则越容易被辐射，通常与电磁炉要保持20 cm以上的距离较为安全。

另外，使用电磁炉的时间不要过长，如果经常较长时间地使用电磁炉，应尽可能选择有金属隔板遮蔽的。因为在正常情况下，电磁炉若放在金属隔板下方，电磁辐射明显较低，隔离设计不正确或直接把电磁炉放在桌面上，辐射量会相应地增大很多。在购买电磁炉时一定要向销售商索要电磁感应强度测试报告，通过这个报告来对比选择低场强的电磁炉产品。

除了这些，厨房里面的配套设施也非常重要，可以准备一件不锈钢纤维制作的防电磁围裙，准备一对防电磁辐射的手套，这些细小的准备也可以让使用者在厨房中操作更加安全。

针对目前国内外还无法消除严重超标的电磁炉辐射危害问题，我国有科研机构经过长期的研发试制，已经攻克了这一难关，通过权威机构检测无辐射电磁炉在加热等性能和其他品牌相同的情况下，接触炉体检测其电磁辐射强度小于0.01 μT，比其他品牌的电磁辐射强度降低了99%以上，远低于国际安全标准。

第4章 电灶、电饼铛、电烤箱

4.1 电灶

4.1.1 电灶工作原理与组成

1. 工作原理

电灶原理是利用电流通过电阻很大的电阻丝（钨丝，和白炽灯里的材料一样）时散发出来的热量加热。

电灶按安装方式可分为自由放置式和内藏式（嵌装在厨房柜台内）；按灶台加热器类型可分为全电型和电—气两用型（除电加热器外，还带1~2个煤气加热器）。

2. 电灶组成

电灶由壳体、电热元件和控温定时系统组成，如图4.1所示，为电灶外形。

图4.1　电灶外形

（1）壳体。包括箱体、控制屏和箱门3部分，均用薄钢板制作。表面凡受高温的地方均应涂搪。箱体为两层，其间可填充绝热材料，也可以是空气夹层。箱门上装有耐热玻璃，同时还设有联锁机构，在开门时可自动切断电源。

（2）电热元件。分灶台加热元件和灶膛加热元件两类。灶台加热元件安装在灶台台面上，可加热各类锅具。其典型形式是弯成圆盘状的金属管式电热元件，功率可调或固定。灶膛加热元件安装在灶膛内部供烤制食物用，通常由上部烤制元件和下部焙制元件组成，常见的是金属管式。

（3）控温定时系统。电灶的控温与定时主要用于灶膛。控温采用双金属片式或感温包式控温器，定时则采用发条式、电动式或电子式定时器。电灶的总功率均较大，一般在2 kW以上，有的可高达10 kW，安装使用时应特别注意超负荷的安全问题。

3. 安装方式

电灶按安装方式可分为自由放置式和内藏式（嵌装在厨房柜台内）。按灶台加热器类型可分为全电型和电—气两用型（除电加热器外，还带1~2个煤气加热器）。

4.1.2　电灶类型与使用要求

1. 普通电灶

普通电灶由封闭式电炉和一个电烤炉组成。封闭式电炉的管状发热元件埋藏在铸铁或铝合金的炉面发热板内，与空气隔绝，可防止氧化，且热效率比开启式电炉高10%，甚至65%以上。封闭式电炉的直径和功率大小不一，以适应不同尺寸锅具的使用要求。

2. 微波灶

微波灶利用微波能量来烹调食物的新型电灶。由电源变压器、整流器、微波发生器（磁控管）、传输波导、搅拌器（风扇）、箱体、炉门和控制器等组成，其中主要结包括为波导、炉腔、炉门三部分。

波导是一根矩形的金属管，用来传输由磁控管发射出的微波。波导的一端接磁控管的天线，另一端从箱体上部送入，波导管还限定电磁场的波形。炉腔多是由铝或不锈钢等金属组成的金属盒。炉腔内未被食物吸收尽的微波到达炉壁后，又可重新反射回来穿透食物而被吸收。炉门主要由金属框架和玻璃观察窗组成，与炉腔紧密相接。

使用时，市电经电源变压器升压，又经稳流器和电容整流滤波后，变为直流电供给磁控管，并在磁控管内产生2450 MHz的微波。微波能通过波导传输，再由搅拌器把它反射到炉腔各处，不断被食物吸收。食物中的分子在交变电场的作用下来回摆动（摆动次数每秒达数亿到数十亿次之多），即食物分子产生很高的振荡，分子运动以及分子间的摩擦，使食物在很短的时间内产生足够的热量，食物的温度迅速上升。微波灶的耗电量仅为同等功率电灶耗电量的20%左右。

微波灶的电气控制方式有普及式和电脑控制式两种。普及式微波灶设有定时装置，使用时可根据不同食物选定烹调时间和合适的加热功率；电脑控制式微波灶带有一个微电脑，它可使微波灶按预先选定的程序完成食物的解冻、加热和保温。

3. 微波灶使用要求

（1）微波灶使用时不能空烧，否则由于微波无处吸收，会损坏磁控管；

（2）炉腔内存放食物的器皿，必须是非金属材料，如玻璃、陶瓷和耐高温材料等，如用金属器皿会反射微波干扰炉腔正常工作，甚至产生高频短路，损坏微波灶；

（3）磁性材料不要靠近微波灶，以免干扰微波磁场；

（4）要定期检查微波泄漏量；

（5）检修微波灶必须切断电源。

4. 电灶使用要求

（1）电灶使用时，不要靠近其他高温热源或潮湿的地方，以免灶内温升过高或受潮；

（2）电灶内带电体很多，切勿用金属棒、针去捅吸气口和排气口，以免发生事故；

（3）烹饪器具应为生铁、熟铁和有磁性的不锈钢平底锅；

（4）使用中不要超过规定的连续开机时间；

（5）电灶电压必须与电网电压一致，或高或低都会损坏电磁灶，必要时应用调压器以保证两者电压一致。

4.2 电饼铛

4.2.1 电饼铛用途与特点

1. 用途

电饼铛可以灵活进行烤、烙、煎等，如烙饼（大饼、馅饼、玉米饼、发面饼等）、煎烤（煎鱼、煎蛋、烤肉串、油闷大虾、锅贴等）及炒花生米等。如图4.2所示，为家用电饼铛外形。

图4.2 家用电饼铛外形

可以做烧烤、铁板烧、煎鱼、烤鸡翅。烤鸡翅要注意入味，最好是翅中，鸡翅要划刀，方便熟。肉类要注意刀功不可切太厚。

煎鱼要挂上面或蛋，因为电饼铛的功率不同，火力会不同，有可能将鱼煎碎。

总之，只要可以熟的食品，都可以用电饼铛进行加工。

2. 特点

（1）结构独特的导油槽，能将使用中溢出的油脂重新导回铛底。

（2）选用性能优良的电子元件，发热管采用高碳钢材质，干烧也不会损坏，安全可靠，使用寿命长。热效率高，省时省电。

（3）发热盘均采用一次压铸成型、密度高强度大、不变形、受热均匀。

（4）上下盘同时加热，食物两面同时均匀受热，并有自动控温、调温装置，当内部温度达到设定值时，加温自动停止。

（5）外壳采用酚醛树脂为原料，具有无毒、无味、耐磨、卫生等特点。

4.2.2 正确的使用

1. 使用

（1）第一次使用时，首先用湿布将发热盘擦拭干净，上下发热盘擦上少量食用油。

（2）插上电源插头，打开电源开关，加热指示灯亮时，电饼铛预热过程完成后才能进行正常工作，电饼铛烤制过程中间断加热，以维持恒定温度，因此加热指示灯亮与熄同食物是否熟没有直接关系。

（3）电饼铛在加热过程中，严禁用手触摸发热盘及食物表面，以免烫伤。电饼铛为悬浮式设计，电饼铛内高度因食物厚度而自动调节。

（4）放入将要烤制的食品后盖好盖，参照食物加工表制作食物，也可凭经验掌握。一般当电饼铛四周热气变小时表明食物已熟。食品加工表只供参考，它与电压、气温及食物的用料、软硬、大小等有关，可根据食品合理调整。

（5）使用完毕，断电后需等几分钟，用湿沫布擦拭干净。如要长期存放应使用清洁剂进行清洗。

2. 电饼铛使用要求

注意

电饼铛不得用水直接冲洗

（1）凡没有带插头的电源引出线，由用户固定安装在小型空气断路开关上。该开关额定电流应大于或等于35 A。因台式电饼铛的功率较高，所以要选择较粗的电线引进电源，一般选择2.24 mm^2 铜芯线连接。

（2）台式电饼铛在包装箱内装有四条喷塑式电镀腿，在使用前安装好。

（3）台式电饼铛在箱体后有一只M8接地螺丝，需接好牢靠的地线后再使用，且使用完毕要切断其总电源。

（4）电饼铛不宜长时间空烧，其连续工作时间不得超过24小时。

（5）电饼铛在使用中操作人员不可远离，且勿让未成年儿童接近。

（6）禁止在易燃、易爆的物品周围、潮湿的场所及露天或淋雨状态下使用。

（7）如果电源线损坏，必须由专业电工更换电源线。

4.3　电烤箱

电烤箱是利用电热元件发出的辐射热烤制食物的厨房电器，如图4.3所示。

图4.3　普通电烤箱外形

4.3.1　电烤箱类型与结构

1. 类型

根据电烤箱所采用的发热元件大致可分为三类。

（1）选用一根远红外管和一根石英加热管的电烤箱，为所有的电烤箱中档次较低的类型。但基本的电烤功能可以实现，只是烤的速度相对慢一些。

（2）采用两根远红外管和一根石英加热管的电烤箱，这类烤箱的特点是加热速度较快。

（3）在附件中备有一根紫外线加热管，可附带用于高温消毒，其卫生程度较高，且加热速度快。

2. 结构

电烤箱由箱体、箱门、电热元件、控温器与定时器组成。

（1）箱体多用薄钢板制成，一般为双层，其间为空气夹层或填充绝热材料。

（2）箱门上装有耐高温玻璃，以便观察食物烤制情况。

（3）电热元件常用外表涂敷远红外辐射材料的金属管式。一般电烤箱都有上下两支电热元件，有些还在箱侧加装1~2支。

（4）控温元件主要采用双金属片式和电子式控温元件。

（5）定时器常用发条式和电动式，发条式定时范围在1小时以内，电动式可达数小时。

有些电烤箱中还设有食物托盘，由微电动机驱动，低速旋转，使食物烤制更为均匀。目前市场上推销的电烤箱，均采用温度传感器、重量传感器、湿度传感器和微处理机，可以根据预先输入的烤制程序，自动选取最佳烤制模式，使烤制过程最优化和自动化。

4.3.2 功能与工作原理

1. 功能

高档的电子电烤箱可以按预先编制好的程序改变加热方式、加热时间及食品的转动等。比如“360°旋转烘烤”功能，就可以使得烤制鸡鸭等肉品时进行360°的旋转烘烤，使食物受热均匀。有些电烤箱还配置了烤鱼网等实用配件。

（1）上火、下火既能分别单独开也能同时开。

（2）定时设置通常0~60分钟可调，有些还有始终加热挡。

（3）温度控制在100~250℃可调，有些还有40~100℃的低温挡。

（4）有些烤箱有旋转叉架可以烤整鸡用，有些下面有旋转托盘。烤箱的外观应密封良好，减少热量散失。开门大多为由上向下，不能太紧以免太热时用力打开容易烫伤，也不能太松，以免掉下来砸坏玻璃门。烤箱内部应该有至少三个烤盘位置，能分别接近上火、下火和位于中间。

（5）有些烤箱底部活动可拆卸，便于清理油渍和碎渣。

2. 工作原理

电烤箱是利用电热元件所发出的辐射热来烘烤食品的电热器具，利用它可以制作烤鸡、烤鸭、烘烤面包、糕点等。根据烘烤食品的不同需要，电烤箱的温度一般可在50~250℃范围内调节。

电烤箱的加热方式可分为面火（上加热器加热）、底火（下加热器加热）和上下同时加热三种。

普通电阻丝电烤箱电路原理图，如图4.4（a）所示，典型电脑式电烤箱电路，如图4.4（b）所示。工作过程是：将转换开关接通（闭合），此时上、下加热器加热，上、下加热器指示灯亮。当旋转定时器旋钮到某一时刻时，就决定了定时器控制时间。电路工作状态是定时器常开触点闭合与调温器常闭触点、加热元件相串联。当加热到达某一时间时，定时器旋钮又回到关闭状态，此时触点分开，电路被切断，达到加热的目的。若需长时间通电，不需要自动断开，将定时器旋钮反转即可。

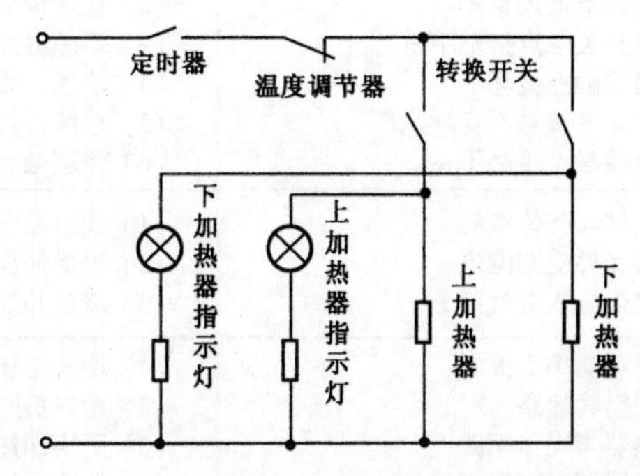

图4.4（a）　普通电阻丝电烤箱电路原理图

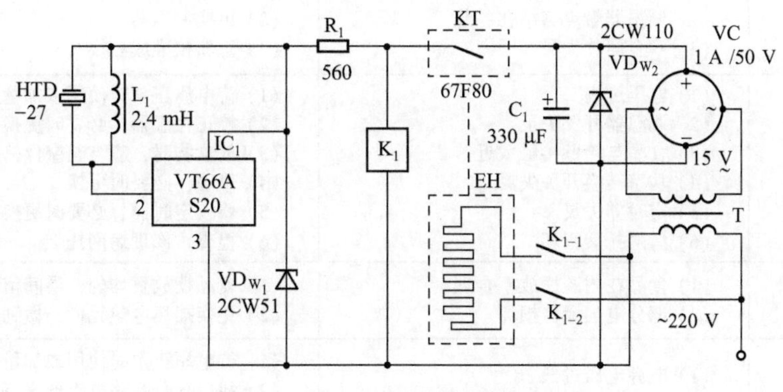

图4.4（b）　典型电脑式电烤箱电路

3. 使用注意事项

（1）按使用说明书要求进行操作。

（2）电烤箱应放在平整、稳固的地方，并保证接地螺栓可靠接触，要用250 V/10 A单相三芯插座与自带电源插头匹配使用，在使用过程中，观察玻璃窗、插座应保持清洁。

（3）不同类型的食品，所吸收的热量和升温速度不同，使用时掌握好烘烤食品的温度、时间最为重要。靠近炉门有散热现象，烘烤食品时要翻面，使其受热均匀。

（4）取用食品要停电操作，用手柄叉卡好烤盘，以防止触碰发热元件烫伤手指。

（5）保持内腔壁洁净，烘烤食品完毕，若内腔有调料、油渍等物，可用清洁剂轻擦烤箱内腔壁，并且从炉门排出湿气，烤箱表面用柔软布擦净，不能用清水冲洗内腔，以防止电气元件受潮。

（6）不用时把功率、温度控制、定时三个转换开关转到关停位置上，放在干燥、通风、洁净处。

4.3.3　常见故障与维修

电烤箱的常见故障与维修方法，见表4.1。

表4.1 电烤箱常见故障和维修方法

故障现象	产生原因	维修方法
指示灯亮内腔不热	（1）电热元件烧坏 （2）温度调节器调整不当 （3）转换开关触点接触不良 （4）调温器触点烧坏 （5）电热元件接触不良或烧坏 （6）定时器触点接触不良	（1）用万用表检查并更换 （2）重新校准触点位置 （3）修理触点或触片，必要时更换 （4）修理，必要时更换 （5）检修，找出接触不良点加以排除或更换 （6）修理触点或触片，必要时更换
有漏电现象	（1）带电体与壳体接触 （2）电器元件受潮漏电 （3）带电体进入电气部分	（1）找出漏电处加以绝缘处理，并接好地线 （2）干燥处理后再用 （3）清理并加绝缘处理，以防漏电伤人
通电时熔丝被烧断	（1）电烤箱功率太大 （2）电源引线短路 （3）加热器与壳体短路 （4）电气线路局部碰壳	（1）增大熔丝容量 （2）检修短路处，必要时更换 （3）更换加热器 （4）检查，找出碰壳点并排除
内腔温度失控	（1）调温器螺钉松动 （2）调温器触点熔结在一起 （3）双金属片失灵	（1）重新拧紧 （2）更换调温器 （3）重新校准或更换
烤焦食品	（1）电压过高 （2）调温器开关失灵 （3）食品与箱壁接触太近 （4）功率转换开关失灵 （5）定时器失灵 （6）烤网托架损坏	（1）待电压正常时使用或加稳压器 （2）校正恒温器，必要时更换 （3）放食物时，应与箱壁保持一段距离 （4）修理，必要时更换 （5）修校定时器，必要时更换 （6）检查、修理烤网托架
烘烤食物成色不均	（1）食品在内腔摆放不合理 （2）部分电热元件损坏	（1）食品摆放要均匀，层间留有空隙不宜过厚 （2）更换损坏电热元件，做到加热均匀
烘烤时间过长	（1）电源电压过低 （2）部分电阻丝烧坏 （3）电阻丝烧细功率变小 （4）部分辐射元件损坏 （5）内腔水分过多 （6）食物吸收波长与发射波长不匹配	（1）待电压正常时使用或加稳压器 （2）找出部分断路电阻丝进行更换 （3）更换电阻丝 （4）找出损坏元件进行更换 （5）排除内腔水分，并注意保温 （6）对于某些食物，如无机食物，不宜在远红外线烤箱烘烤
定时器失灵	（1）走时不准 （2）凸轮机构失灵	（1）更换或校准 （2）找出失灵原因加以排除
辐射元件经常损坏	（1）烤箱经常超电压工作 （2）电路接法不对或局部短路 （3）电热元件高温遇水 （4）食品含水较多，形成水滴	（1）若电压经常不稳定，应加稳压器 （2）检查，找出原因加以排除 （3）找出进水原因并加以排除 （4）在烘烤多水食物时，下面应加盘子

第5章 电热锅

5.1 电饭锅

电饭锅是家庭中最常用的电热炊具之一。目前，电饭锅国内生产品种较多，已形成国家标准。

5.1.1 电饭锅的分类与结构

1. 分类

（1）电饭锅按装配方式分类，有组合式和整体式；

（2）按加热方式分类，有直接加热式（发热盘的热量直接传给内锅底部）和间接加热式（有三层锅体，在内锅与衬锅加水，利用水加热产生蒸汽，再利用蒸汽蒸饭）；

（3）按控制方式分类，可分为保温式（饭熟后自动保持一定温度，直至人为断电）、定时启动保温式（在普通电饭锅加装定时器，使用者可以12小时以内任选启动时间）和单片机控制式（采用电脑程序控制）。目前使用较多的是双层自动保温式电饭锅；

（4）按电热元件分类，有单发式、双发热式、多发热式三种；

（5）按压力分类，做饭时锅内压力可分为常压式和压力式两大类。

2. 结构

电饭锅的结构形式虽多，但主要均由电热盘、温度控制装置、内锅、外壳、锅盖、开关等几部分组成，如图5.1、图5.2所示，为整体式电饭锅。

图5.1　普通电饭锅外形

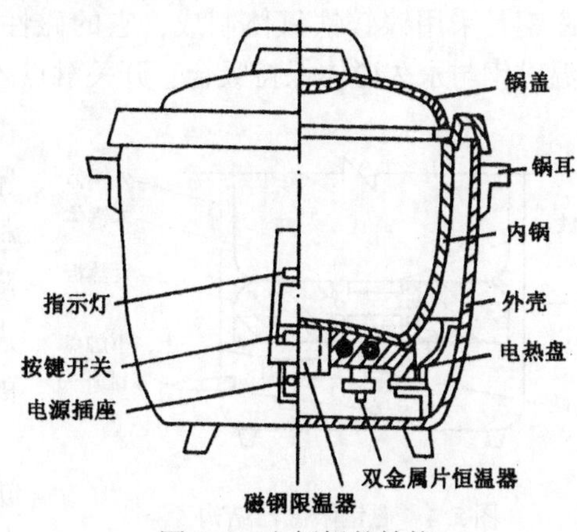

图5.2　电饭锅的结构

（1）电热盘。电热盘是电饭锅的主要部件之一，结构如图5.3所示。它主要由电热盘体和电热元件两大部分组成。电热盘采用管状加热元件浇铸在铝合金中制成，它具有良好的导热性、耐腐蚀性和较高的机械强度，其上面制成球面状，以便与锅内底部良好吻合。为了保证绝缘性能，电热管在浇铸之后，端部用密封材料进行绝缘和密封。

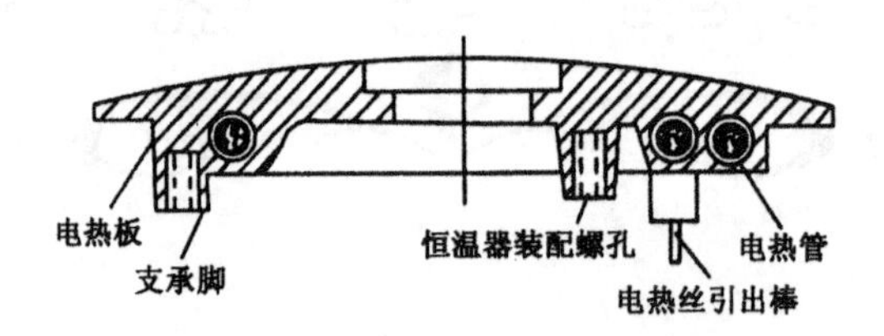

图5.3　电饭锅的电热盘结构

（2）温度控制装置。电饭锅的温度控制装置一般由磁钢限温器和双金属片恒温器两部分组成。

（3）内锅。内锅和锅盖共同组成烹饪食物的容器，可以自由取放。内锅一般由薄铝片制成，以提高抗锈蚀能力和热传导能力，其底部做成球面，以便与电热盘良好地接触。内锅上部边缘制有向外翻边的卷伸部分，以防止溢出的水汤等食物流出锅壳体进入电器部位，另一个目的是加强内锅的强度。锅盖上配有手柄和观察孔，便于及时掌握锅内食品的变化。

（4）外壳。外壳通常用冷轧板拉伸成型，表面再经过喷漆、电镀、烤花等表面处理工艺制成，达到美观和坚固耐用等目的。外壳是电饭锅的结构主体，它将各个基础元件（开关、发热板、温度控制装置）于一体。

5.1.2　电饭锅工作原理与自动控制

电饭锅的工作原理涉及温度控制和电路控制两部分。

1. 温度控制

电饭锅的温度控制一般由磁钢限温器和双金属片恒温器两部分组成。

（1）磁钢限温器。磁钢限温器的作用是当电饭锅内的饭达到煮熟温度时，使电路自动断电。它主要由感温磁钢、弹簧、永久磁铁、杠杆系统和开关等组成，结构如图5.4所示。其中感温磁钢是采用镍锌铁氧体制成，它的磁性随温度而变化。在锅内的温度不超过100℃时，感温磁钢与永久磁体保持吸合，开关触点闭合，电流通过电加热器进行加热。当锅底温度超过感温磁钢的居里点（103℃±2℃）时，紧贴内锅底的感温磁钢失去磁性，变成非磁性材料。永久磁钢不能再吸合上感温磁钢，这时降温弹簧弹开，传动片向下移动，致使开关触点断开，电路断开，停止加热，起到自动限温的作用。

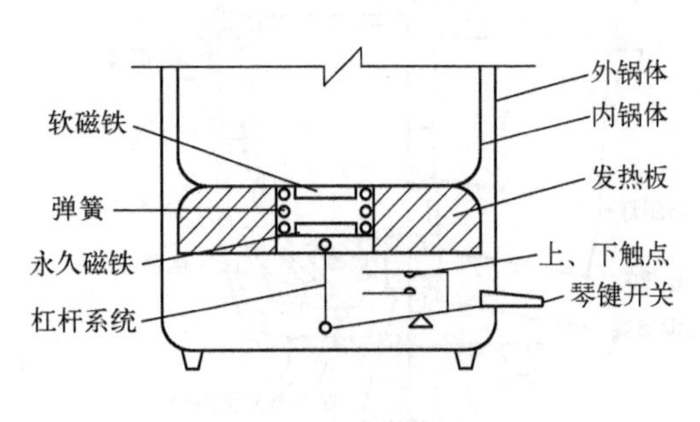

图5.4　磁钢限温器结构

（2）恒温器。饭煮熟后，磁钢限温器将电饭锅电源切断，且不能复位，想要饭熟后自动保温，可在磁钢限温器上并联一个双金属片恒温器，它是两种热膨胀系数不同的材料经轧制而形成的开关，如图5.5所示在常温状态下，双金属片处于平直状态，随着温度的不断升高，两层热膨胀系数不同的材料发生热膨胀长度不同的差异，热膨胀系数大的金属被热膨胀系数小的金属拉成弯曲状，温度越高，弯度越大，当达到一定温度时，弯曲点带动触点分离，达到断开电源的目的。当温度下降时，双金属片又逐渐恢复原来状态，触点再度闭合。如此反复工作，起到保温作用。通常恒温器使电饭锅的温度维持在65℃±5℃。

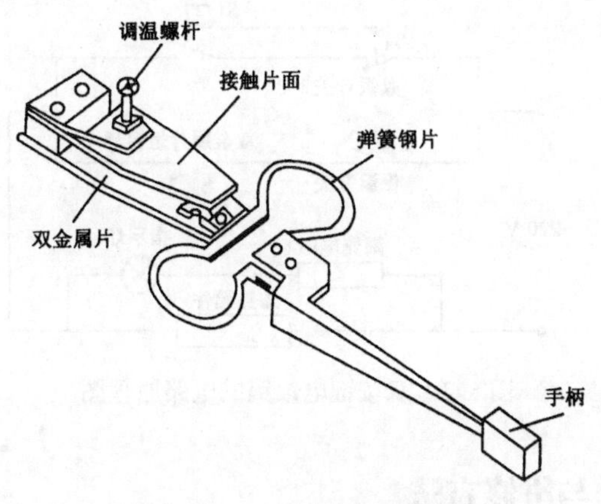

图5.5　双金属片恒温器结构

2. 电路控制

(1) 单按键电饭锅电路控制原理。单按键电饭锅的电路原理图如图5.6所示。从图中可以看出双金属片控制的触点 S_2 和磁钢限温器控制的触点 S_1 并联，指示灯电路和电加热器并联。S_1 和 S_2 并联后与电加热器电路（包括指示灯）串联。当 S_1 和 S_2 全部断开时，加热器不工作，S_1 和 S_2 中有一个或全部接通时，电热器即开始工作。

当接上电源后，由于电饭锅处于冷态，S_2 处于闭合状态，电路接通，指示灯亮，电加热器升温。按下按键 S_1，电路继续升温，当锅内温度高于65℃±5℃时，S_2 断开，此时只靠 S_1 接通电路。当温度继续上升至居里点温度（103℃±2℃）时，感温磁钢控制器失磁，S_1 自动断开，指示灯熄灭，电加热器断电停止工作，电热盘的余热足以将饭焖熟。之后，电饭锅温度逐渐下降，当温度下降至65℃±5℃时，电饭锅进入自动保温状态，依靠双金属片恒温器的反复断通，使锅内的温度保持在65℃±5℃，若不需要保温，拔下电源插头即可。

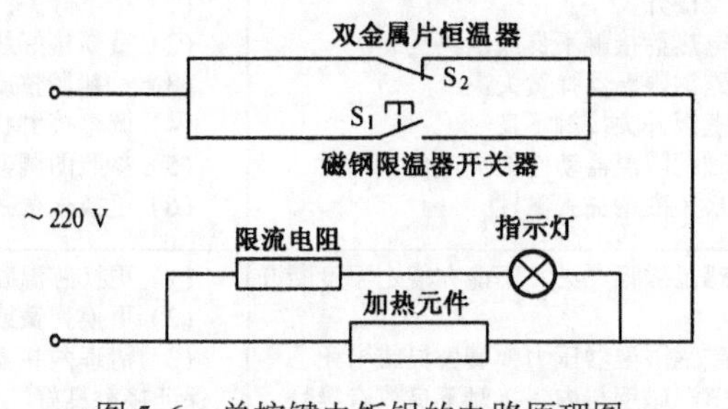

图5.6　单按键电饭锅的电路原理图

（2）双按键电饭锅电路控制原理　双按键电饭锅的电路原理，如图5.7所示。有两个按键，一个用于控制煮饭，一个用于保温。电路中，S_4 和 S_1 是联动开关。煮饭时插好电源插头，按下煮饭开关 S_4，指示灯亮，电饭锅通电升温。当温度上升到居里点温度时，限温器 S_1 动作，将电源切断。若需自动保温，可在开始煮饭时把保温开关 S_3 也同时按下，靠双金属片恒温器开关 S_2 自动断通，达到保温的目的。

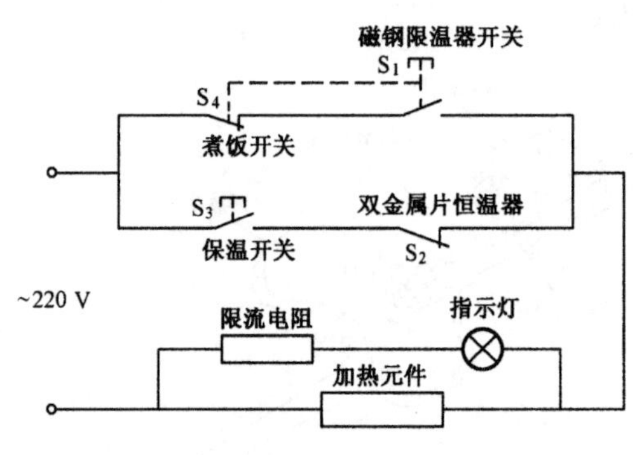

图5.7　双按键电饭锅的电路原理图

5.1.3　常见故障与维修方法

1. 电饭锅故障与维修

电饭锅的常见故障与维修方法，见表5.1。

表5.1　电饭锅的常见故障与维修方法

故障原因	产生原因	维修方法
指示灯不亮	（1）熔断丝断路 （2）电源引线断路 （3）指示灯泡烧毁 （4）磁钢限温器和保温器触头接触不良	（1）更换同型号熔断丝 （2）重新接线或更换 （3）更换指示灯泡 （4）更换或调整触点弹簧，除去触点上的污垢，保持良好接触
有漏电感	（1）绝缘部分变质，降低绝缘性 （2）电气部分受潮或浸水 （3）带电体与壳体相接触 （4）开关触点或插头等因使用过久而降低绝缘性能	（1）更换新的绝缘材料 （2）将电饭锅干燥处理后使用 （3）检查，找出接触处并加以排除，用三芯插头保证壳体与地接触良好 （4）重新整理各元件，必要时更换
饭不熟	（1）没按开关 （2）电热盘接触不良或断路 （3）磁钢限温器弹簧失灵 （4）煮饭开关接触不良 （5）磁钢限温器动作失灵或位置不对 （6）永久磁钢失去磁性	（1）按下开关，接通电源 （2）重新接好线路或更换电热盘 （3）重新调整或更换同型号弹簧 （4）调整接触状态或保持触点清洁 （5）参照图调整，必要时更换零部件 （6）更换永久磁钢
饭煮焦	（1）感温磁钢失灵，不能在规定温度断开电路 （2）磁钢限温器压力弹簧失灵或卡死 （3）感温磁钢与内锅接触不良或有异物 （4）磁钢限温器动作点过高	（1）更换感温磁钢 （2）更换弹簧或检修故障点 （3）清理两接触面，注意放内锅时左右旋转几次保证接触良好 （4）调整动作温度在103℃±2℃范围内

续表

故障原因	产生原因	维修方法
煮饭干硬	(1) 双金属片恒温器动作温度过高 (2) 保温时间过长 (3) 加水过少	(1) 调整调温螺钉，保证动作温度在65℃±5℃范围内 (2) 保持保温时间不超过180 min，以免水分蒸发过多 (3) 适当增加水量
保温不均匀或不能自动保温	(1) 双金属片损坏 (2) 恒温器触点失灵 (3) 调整螺钉工作不可靠	(1) 更换双金属片恒温器 (2) 修复触点，必要时更换触点 (3) 更换调整螺钉，并校准动作温度
一旦通电熔丝即断	(1) 电线与壳体或底板相碰 (2) 开关绝缘损坏 (3) 电热管与电阻丝之间短路	(1) 检查并修复 (2) 更换开关 (3) 更换电热盘
煮饭生熟不均	(1) 内锅底没有清理干净 (2) 内锅底部有严重变形 (3) 内锅底部与电热盘接触不均 (4) 电热盘发热不均	(1) 清理内锅底部，保持内锅底部与电热盘接触均匀 (2) 校正内锅底部，必要时更换内锅 (3) 更换内锅和电热盘 (4) 检查电热盘是否有短路，必要时更换
煮饭效率低、时间长	(1) 内锅底有变形 (2) 内锅底部与电热盘间有异物相隔 (3) 电压过低 (4) 发热元件功率小	(1) 校正内锅底部，要与电热盘接触良好 (2) 清理内锅底部和电热盘表面，提高传热效率 (3) 待供电正常时使用或使用稳压器 (4) 更换发热元件或整个电热盘

2. 南极星全自动电饭锅常见故障维修实例

例1

故障现象：指示灯不亮。

故障处理：检查电源线插头内接线是否因为频繁的插拔而脱落，温度保险片 FU 是否熔断，变压器 T 的初级线圈是否开路。FU 熔断后可以用 130～160℃/8～10 A/250 V 的温度保险更换；变压器损坏后，用 220 V/9 V（5 W）的变压器替换。

例2

故障现象：煮糊饭或是在煮粥、汤时食品严重外溢。

故障处理：这种故障多为温度传感器 R_T 的电阻值变动，R_7 的阻值增大或开路。R_T 损坏后可以用 MTS—102 型热敏电阻替代。

例3

故障现象：饭煮夹生。

故障处理：这是在饭没有熟时电路就进入了保温状态，产生此类故障的原因多为 R_T 失灵或 R_7 电阻值增大。可根据“例2”的方法处理。

说明：U_1 控制芯片实测参数，见表5.2、表5.3。

表5.2 U_1 芯片各脚实测参数

U_1 引脚	1	2	3	4	5	6	7	8	9	10	11	12	13	14	15	16	17	18
对地电阻（kΩ）	10.5	10.5	10.5	10.5	3.5	10.5	12.5	7.5	9	12	10.5	10.5	10.5	0	10.5	10.5	10.5	10.5
保温时电压（V）	2.9	2.9	2.9	2.4	4.9	2.4	0.2	3.6	0	2.3	0	0	3.4	0	2.9	2.9	2.9	2.9

表5.3 不同功能时 U_1 主要引脚电压值

执行功能	引脚电压值（V）	
煮饭	15脚3.4–4.4	8脚3.15
快速煮饭	18脚3.4–4.4	8脚3.05
煮粥	1脚1.4–2.4	8脚3.00
炖汤	2脚3.4–4.4	8脚2.95
保温	3脚1.4–2.4	8脚3.4

5.2 电压力锅

电压力锅是一种集压力锅和电饭锅优点于一身的家用炊具。它与电饭锅相比，增加了高压高温功能，使用起来升温快、效率高、耗电省、保温好。用电压力锅做饭香软，易于消化，用它烹调的肉类，能保持原汁原味。

5.2.1 电压力锅结构与工作原理

1. 基本结构

电压力锅如图5.8和图5.9所示。它主要由外壳、锅盖、密封胶圈、限压阀、安全装置、锅内胆、电热装置、定时器和指示灯等组成。

图5.8 电压力锅外形

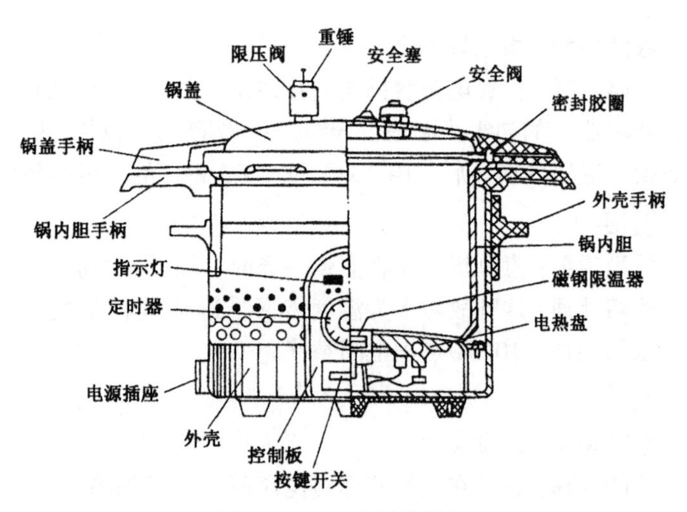

图5.9 电压力锅的结构

外壳。外壳由锅体和支座组成。锅体一般采用厚0.5 mm的冷轧钢板拉伸压弯制成。为提高它的保温节能效果，采用双层结构。外层为外壳，内层为锅体，中间是空气保温层。锅体的底部安装有电热盘、支座及控制电器。

锅盖。锅盖由3 mm铝合金板压制而成，下缘冲压出六瓣紧扣凹缘。凹缘上安装有对称塑料把手，端口内嵌耐热、耐压密封胶圈，保证锅内的密封保压效果。

限压阀。限压阀的结构如图5.10所示。它由阀座、重锤组成。其基本结构与普通压力锅限压阀相同。将阀座装上密封垫圈后套入锅盖，再用阀瓣拧紧，使用时将重锤套入阀座即可。当锅内压力超过110±10 kPa时，限压阀自动向外排气减压。

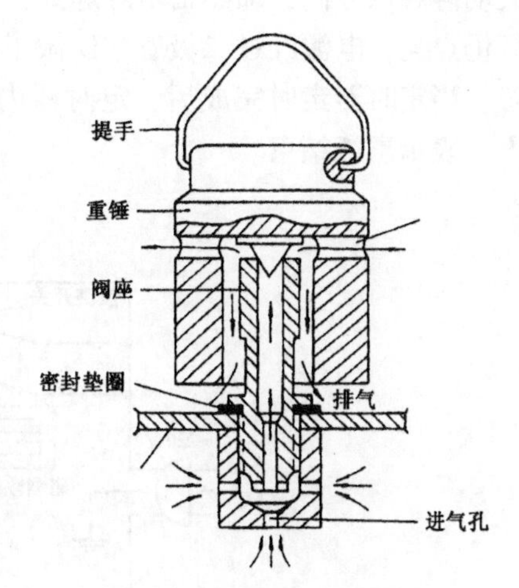

图5.10 限压阀的结构

安全装置。安全装置包括安全阀和安全塞，它们装在锅盖上。以及限温器，安装在电热盘底部中央。安全阀的结构如图5.11所示。正常工作时阀针不动作，不会排气，当锅内压力超出安全数值时，高压蒸气克服安全阀内压簧的压力使阀针上移，这时高压蒸气就会从阀体的排气间隙排除，若此时安全阀失灵，高压蒸气就会冲破金属安全塞的金属易熔片排出锅外，如图5.12所示。当锅内温升异常时，过热保护片熔断，自动切断电源，起到安全保护作用。

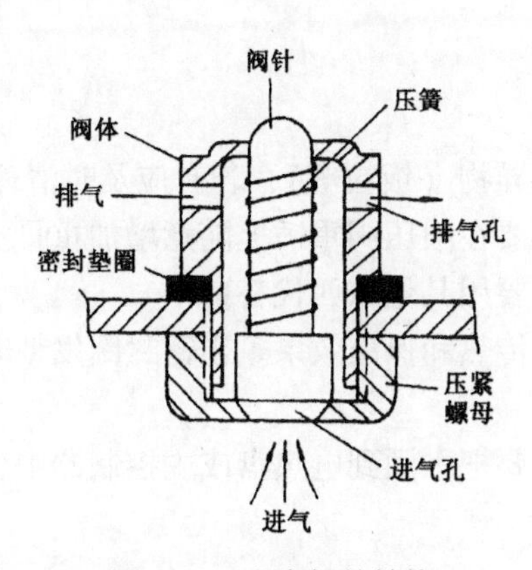

图5.11 安全阀的结构

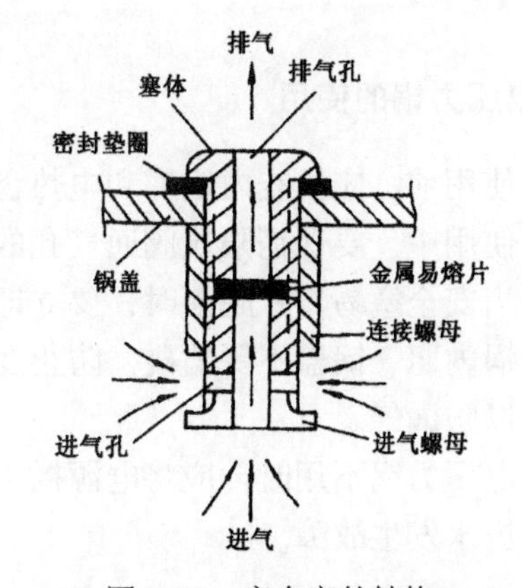

图5.12 安全塞的结构

锅内胆。锅内胆由铝合金冲压制成，底部呈球面状，可以与电热盘紧密接触。上端边缘有扣紧凸缘，缘边下安装一对手柄。

电热装置。电热装置包括按键开关、限温器和电热盘。电热盘表面为球面状，内嵌机械强度和导热性能都较好的金属管状电热元件。限温器安装在电热盘底部中间，其感温磁钢靠弹力紧贴锅内胆底面，整个结构和工作原理与自动保温式电饭锅的磁钢限温器基本相同。

定时器。定时器采用机械传动式，以发条为动力源，定时时间在0～60 min内选定，到达设定时间后，自动切断电源。

2. 工作原理

图5.13所示是普通电压力锅的电路图，以下根据电路图说明工作原理。接通电源前，把要煮的食物放入锅内，加入适量的水，确定限压阀排气孔畅通后，盖好锅盖，套上限压阀重锤。定时器设定时间后，按下按键开关S，磁钢限温器开关闭合，电源接通，加热指示灯和保压指示灯同时发光，电热盘全功率加热升温。当锅内温度升高到居里温度和达到规定压力时，磁钢限温器感温磁铁失去磁性，在重力和弹力的作用下自动落下，通过拉杆带动使开

关动静触点分离，加热指示灯熄灭，主电源被切断，此时因定时器仍在运行，所以保压指示灯仍点亮，电源经过二极管VD做半波整流，继续向电热盘供电，使电压力锅进入保压状态。当定时器走时完成后，定时器内的开关自动断开，保压电源自动切断，保压指示灯熄灭，表示烹饪结束。

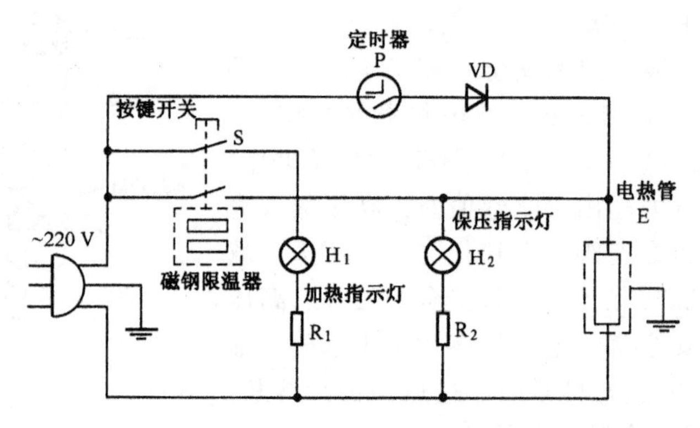

图5.13 普通电压力锅的电路原理图

3. 电压力锅的使用

(1) 使用前，应检查内锅底和电热盘之间有无异物（饭粒等），若有应及时清理掉。

(2) 使用中，要保证限压阀通气孔的畅通，不要在限压阀重锤上随意增加重量。

(3) 当安全塞易熔片脱落时，要立即更换，不要用其他东西代替。

(4) 锅内胆、锅盖不要磕碰，防止变形，影响传热和保压效果。当密封圈发粘时，要及时更换，以防漏气。

(5) 电压力锅不用时，应将电源插头拔下。不要把水洒到电热盘或主控制器中，以防因电器部分进水发生故障。

5.2.2 电压力锅故障与维修方法

1. 电压力锅的常见故障与维修方法

电压力锅的常见故障与维修方法，见表5.4。

表5.4 电压力锅的常见故障与维修方法

故障现象	故障原因	维修方法
电压力锅不发热	(1) 电源引线折断或引线与插头连接处松脱 (2) 按下开关，开关触点接触不良或已烧毁 (3) 电热盘电热丝断开 (4) 过热保护器熔片熔断	(1) 用万用表电阻挡测量，查出断线处重新接好，或更换电源引线和插头 (2) 矫正触片和连杆，清除触点表面氧化层或更换开关 (3) 更换电热盘 (4) 找出原因更换熔片
按键开关按下后锁不住	(1) 磁钢限温器感温磁钢失磁性 (2) 开关连杆变形，使限温器磁钢无法吸住锅底	(1) 更换感温磁钢 (2) 调整连杆

续表

故障现象	故障原因	维修方法
保压功能失效	(1) 保压电源断线或连接螺钉松脱 (2) 定时器处于“关”位置 (3) 整流二极管烧坏 (4) 定时器限位开关触片变形，失去弹性，触点接触不良	(1) 检查断线或松脱点，重新焊接 (2) 调整定时器旋钮至所需时间的刻度 (3) 更换同规格的整流二极管 (4) 用尖嘴钳矫正，无法恢复时则应更换定时器限位开关
饭不熟	(1) 锅内胆与电热盘之间有异物 (2) 锅内胆变形 (3) 供电电压过低 (4) 锅内胆偏斜，一边悬空	(1) 清除异物 (2) 找出变形处，用木锤小心敲打锅底整形 (3) 电压正常后使用 (4) 转动内胆，使之恢复正常
煮焦饭	(1) 磁钢限温器内部受阻，使磁钢不能自动脱离 (2) 按键开关触点熔结，通电时间过长，将饭煮焦 (3) 定时器限位开关触点失去弹性，触点不能分开，使保压温度过高	(1) 清除异物，检查开关连杆调整至动作灵活 (2) 用小刀将熔结触点分开，再用细锉刀修理触点，严重的则更换元件 (3) 拆开定时器校正触片，使触点能自动分离
漏电	(1) 连接导线、插座或恒温器等处绝缘材料损坏与外壳相碰 (2) 电器部件受潮 (3) 电热盘发热元件封口绝缘材料老化	(1) 更换绝缘材料，将金属件移离外壳，进行绝缘处理 (2) 打开底盖，进行干燥处理 (3) 清除老化绝缘材料，用硅胶封口固化 24 h 后再使用
漏气	(1) 限压阀阀座松动 (2) 限压阀、安全阀、安全塞密封垫圈破损 (3) 安全阀压簧失去弹性，阀针与阀体间有空隙 (4) 安全塞熔片破损 (5) 锅盖密封圈使用过期	(1) 阀座与阀瓣重新固定 (2) 更换 (3) 更换弹簧，调整间隙 (4) 更换新的易熔片 (5) 更换
限压阀不排气或排气不畅	(1) 限压阀进、排气孔堵塞 (2) 限压阀重锤内有锈物，气孔受阻	(1) 清除孔中堵塞物 (2) 除铁锈和污物，加少许食用油，使其转动灵活

2. 电压力锅维修实例

例1

故障现象： 飞鹿 DZY1—22 型电压力锅定时保压失效。

故障原因： 飞鹿 DZY1—22 型电压力锅电路图，如图 5.14 所示，PT 为定时器，VD 为整流二极管，DR 为电热盘。当锅内温度达到居里温度点时，限温器动作，S_2 断开，电热盘主电源切断。这时因定时器继续走时，电流经定时器开关、整流二极管继续向电热盘供电，由于二极管的降压作用，电热盘对锅内胆低功率加热，自动电压力锅进入保时保压工作状态。电压力锅无法保压，说明可能是由于定时器限位开关无法闭合或二极管断路引起。

故障维修： 用万用表电阻挡测量，发现二极管 VD 损坏，更换二极管 VD 后，接通电源后使用，保压功能正常，故障排除。

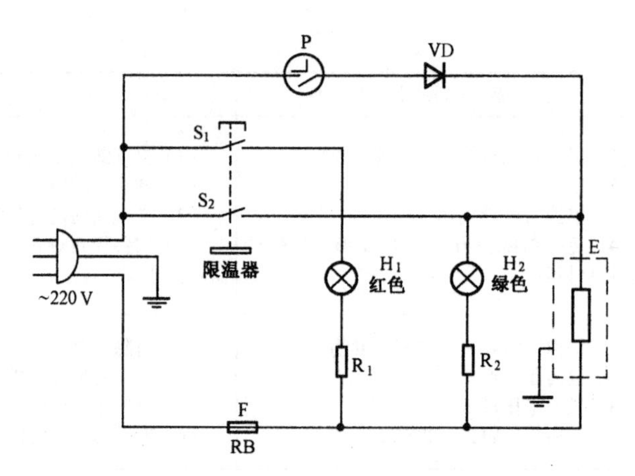

图 5.14　DZY1—22 型电压力锅的电路图

例2

故障现象：家宝 YWB—55 型自动电压力锅加热灯与保压灯都不亮，不能工作。

故障原因：电源电压正常，锅内无电，这种故障多为高温熔断器断路引起。

故障维修：购买一只与一般电饭锅同型号的 130℃ 的熔断器更换，放置位置与电热盘间保持 20 mm 的距离，通电试验，故障排除。

例3

故障现象：SP—103P 型自动电压力锅漏气。

故障原因：引起漏气的原因一般是某处密封圈松动引起。

故障维修：

① 限压阀、安全塞中密封圈松动，将漏气处的阀螺母重新拧紧。

② 安全塞中熔片破裂，取出装入相同的易熔片。

③ 橡胶密封圈老化变形，更换新的密封圈。

例4

故障现象：SP—103P 型自动电压力锅的限压阀不排气。

故障原因：引起此现象一般是由于限压阀排气道或限压阀重锤上的排气孔被异物堵塞造成。

故障维修：用铁丝把阀上排气道和重锤上的排气孔疏通，故障即排除。

例5

故障现象：家宝 YWB—55 型自动电压力锅温度上升很慢，通电 2 h 仍未达到温度。

故障原因：经检查，控制电路部分均正常，电源电压也正常。故引起故障的原因可能是电热盘中有一根电热丝烧断，或锅胆与电热盘接触不良。

故障维修：检查发现电热盘中一根电热丝已烧断，更换电热盘，通电试验，一切正常。

5.3　电蒸锅

电蒸锅也叫电蒸笼，电蒸锅是一种在传统的木蒸笼、铝蒸笼、竹蒸笼等基础上开发出来的用电热蒸气原理来直接清蒸各种美食的厨房生活电器，如图5.15所示。

1. 用途

电蒸锅主要用于家庭、饮食店、食堂、餐馆、饭店等场所清蒸或清炖鱼虾类、禽蛋类、肉类、果蔬类、面食类等食物。也可以用来快速加热饭菜和各种其他食物。

图5.15 多功能电蒸锅

2. 功能与特点

(1) 电蒸锅能均匀加热，保持蒸锅内温度一致，使食物受热均匀，不会发生夹生现象。

(2) 电蒸锅采用叠层食物蒸架设计，可同时做多道菜，节省空间和时间，还可用储存食物。

(3) 电蒸锅节能省电，30秒内出蒸气，有自动恒温和断电功能。

(4) 电蒸锅采用防滴防漏锅盖设计，有效防止盖顶水珠直接滴落于食物上，从而影响食物的美味。

(5) 电蒸锅采用进口无毒耐高温PC透明材料，可非常直观地观察整个食物烹饪全过程。

(6) 电蒸锅采用独立积汁盘，以便保持食物的原汁原味。

(7) 电蒸锅采用可移动蒸架和可移动蒸格层，清洗非常方便。

(8) 电蒸锅具有各种食物清蒸、再加热、食物快速解冻、食物高温杀茵等功能。

电蒸锅功率一般在700～1800 W，电压为220 V、容量为5～20升。

5.4 阿迪锅

阿迪锅集合了压力锅、电饭锅、焖烧锅的优点于一体，并弥补了众锅的不足。结构先进、造型新颖，是现代家庭理想炊具，也是压力锅、电饭锅、焖烧锅的升级换代产品，如图5.16所示。它是一种全新的发明，无论在功能上还是品质上都取得了全新的突破。它的出现，结束了不同的烹饪要用不同锅具的历史，将一锅多用变成现实。

1. 阿迪锅的特点

图5.16 阿迪锅外形

家中使用了阿迪锅可以极大的节省空间，因为阿迪锅可代替电饭锅煮饭、代替高压锅炖肉、熬粥不溢锅，平时可以蒸地瓜，烙鸡蛋饼，非常方便，省时、节能，经济。

阿迪锅独创不沸腾、不冒汽烹饪系统，烹饪食物时不会有水汽蒸发，即使放在卧室里煮东西也可以。用阿迪锅煮鸡、煮鱼、煮肉等食物，无须加水，只要放好酱油、醋、料酒等调料，利用阿迪锅的TTP（时间、温度、压力）黄金值设定系统，即能很快煮出天然原汤。

（1）阿迪锅独创不沸腾、不冒汽烹饪系统；

（2）TTP 黄金值设定；

（3）无沸腾、不冒汽；

（4）全封闭、不氧化；

（5）智能烹饪；

（6）节能省电；

阿迪锅不仅充分保留营养，还具有快速烹饪，省电节能，一锅多用等特点。阿迪锅炖鸡炖肉全封闭锁住水分，利用食物本身的水分循环烹调，无须加水。这样食物中的维他命、营养物质、美味和天然颜色不被破坏，还可降低胆固醇含量，分解脂肪，吃起来不油腻，也没有油烟和废气排出。它煮出的米饭因为没有沸腾和翻滚的过程，所以颗粒完整，并能提高人体对蛋白质的吸收率，营养不流失；它独创不破坏食物维生素程序，能在烹饪蔬菜、肉、谷物的时候保留更多的维生素。省时、省电、省地方。

阿迪锅之所以如此出众，是因为它独具"锁住美味、锁住营养、锁住健康"的 TTP 智能营养控制系统，在食物营养保留方面远远高于其它普通锅具。不仅充分保留了营养，还具有快速烹饪、省电节能、安全环保等特点。阿迪锅煮粥不溢锅，炖鸡不加水，做菜菜不蔫，可以蒸、煮、焖、炖、煨、煲、烧、熬，完全替代电饭煲、高压锅、焖烧锅等。

2. TTP 智能营养控制系统

阿迪锅独创 TTP 智能营养控制系统。TTP 指的是时间、温度和压力的有效智能组合。用传统锅具烹饪，由于不同食物所需的火候不同，食物的美味和营养保存都让人难以控制。阿迪锅独创的"TTP 智能营养控制技术"，即根据不同的食物自动设定时间、温度和压力，让这三条曲线一直处于能够获得最佳口味与营养的黄金数值上，独创煮肉降脂、营养煮饭、提升食物中蛋白质保存率、不破坏食物中维生素这四种程序，全面封存营养，这就如同给阿迪锅加了一把锁，锁住美味与营养。

3. 主要功能

（1）一锅多用：它集压力锅、电饭锅、焖烧锅等各种优点于一身；

（2）天然原汤：阿迪锅在炖鸡、炖肉时，不加水也可以出汤，充分保留食物的天然营养；

（3）省时省电：煲粥、炖汤、焖烧比电炖锅工作时间缩短 40%，一年节省出一台阿迪锅；

（4）品质卓越：外壳采用进口彩涂板，典雅高贵，耐磨抗腐蚀，钛晶内胆，更健康；

（5）适应高原：阿迪锅区别于其他普通锅具，在高原地带依然可以煮饭。

阿迪锅属于电压力锅，内部工作压力必然超过 1 个标准大气压，即超过 101 kPa。阿迪锅和普通明火压力锅的不同，在于可以用控制温度不超过高压下水的沸点，不必像普通明火压力锅那样用减压阀放气降低内部压力。

5.5　机器人炒菜机

机器人炒菜机使用的过程简单好学，可将主、辅料一次性入锅，一次性完成烹饪，无须翻炒，无须人去看管；炒菜过程无油烟、无飞溅、无辐射；并可以根据个人口味需求，灵活配料，炒出的菜和平时做出的味道一样，如图5.17所示。

1. 主要结构及作用

图5.17　机器人炒菜机外型

（1）控制电路。核心是集成电路芯片，用于根据不同食物和烹调方法设置工作时间和温度，控制各执行机构的工作，实现食物烹制的标准化、程序化和自动化。

（2）加热系统。上下各有两块光谱不同的红外电发热器，与炒锅内、外胆共同形成立体加热系统，使炒锅内的食物全方位受热。

（3）搅菜系统。在电炒锅底部中心设置有一台微型立式电机，通过耦合传动，带动在内炒锅里的搅柄做间歇匀速转动，实现翻炒。

（4）鼓气系统。用于在炒菜过程中对锅内的补气，达到菜的色鲜味美。

（5）显示板。用于设置烹制时间和方式，显示和提示工作状态。

（6）外壳。由主体外壳和上盖组成，用于安装各内部器件，并起保温隔热、过滤和密封作用。

2. 主要技术参数

（1）电源功率：交流220 V/50 Hz（110 V/60 Hz），1250 W；

（2）电机功率：6 W；

（3）自重：4.8 kg；

（4）食物烹制时间：一般菜肴只需3分钟；

（5）允许食物体积：3.3 L。

3. 功用和特点

（1）使用功能多。机器人炒菜机基本实现了传统炒锅的功能，又综合吸收了一些新型厨具的优点，并具有独特的功用和优势。

（2）环保节能，健康卫生。没有油烟、蒸汽、味道冒出，没有明显的噪声产生，没有食物的飞溅，也不会有异物滴落食物中，是本机器人炒菜机的又一优点。它采取密封加热，能量得到充分利用。根据实验，烹制相同的一盘菜肴，采用机器人炒菜机比采用同等功率的敞开式电炒锅至少缩短时间50%，即节省一半电能，而且省去了开动抽油烟机所需的电能消耗。

（3）良好的食品加工品质。由于机器人炒菜机设计了鼓气系统，所以制作出的菜肴成品，色泽鲜亮自然，令人赏心悦目，口感良好。

（4）省时省事，操作方便。无论是炒纯素菜、荤菜或荤素搭配的菜，可将准备好的主料、配料和佐料全部一次投入，加盖并设定程序后，炒菜过程自动进行。由于采取锅的底部、顶部和四周立体交叉封闭式加热，菜的热渗透快，成熟快，一盘正常容量的家常菜，炒制时间在3~4分钟，比用燃（煤）气灶人工炒制缩短一半时间。

4. 功能和特点

（1）使用功能多；
（2）环保节能，健康卫生；
（3）良好的食品加工品质；
（4）省时省事，操作方便。

第6章 洗碗机

洗碗机是一种能代替人工洗刷碗碟、盘盆、刀叉、勺筷等餐具的专门设备。它具有省时、操作简便、体积小、安全实用、清洁卫生的特点，外形如图6.1和图6.2所示。

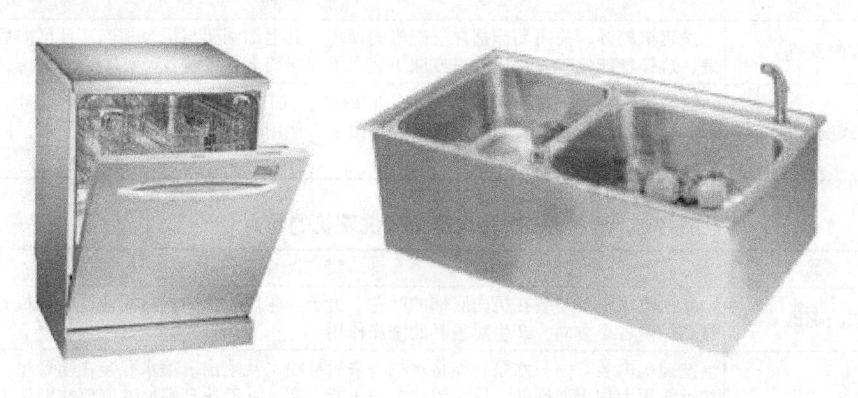

图6.1　传统家用洗碗机　　　　图6.2　超声波家用洗碗机外形

6.1 洗碗机的分类与特点

1. 洗碗机的分类

（1）按整体结构分，有嵌藏式、落地式、轻便式、变换式及水槽式洗碗机等。

（2）按开门装置分，有前开式、顶开式洗碗机等。

（3）按安装置方式分，有固定型、移动型、水槽装入型和桌上型洗碗机等。

（4）按工作原理（洗涤方式）分，有淋浴式（又分上下回转喷嘴式、下喷嘴式、下喷嘴反射翼式、塔喷嘴式、多孔管式、雨弹头式和旋转汽缸式等）、叶轮式、脉动水流式、超声波洗碗机等。

2. 洗碗机的特点

各种结构类型洗碗机的特点，见表6.1；各种开门装置洗碗机的特点，见表6.2；各种洗涤方式洗碗机的特点，见表6.3。

表6.1 各种结构类型洗碗机的特点

种类	特点
嵌藏式洗碗机	一般安装于柜橱中以节省空间，但必须与热水管、冷水管、排水管及电源等作永久性连接，一经安装固定后，不能再次移动
落地式洗碗机	一般固定安装使用，可独立安放于厨房中空余地方（一般放在长条橱柜旁即可）
变换式洗碗机	可随时变动其安装位置，也可把脚拆下，嵌装在柜橱中作嵌藏式洗碗机使用，属前开式轻便洗碗机
轻便式洗碗机	无须固定安装，使用时只要把进水管连接于水龙头上，再把电源引线插头插到供电插座上即可
水槽式洗碗机	在洗碗机的机顶上装有一只水槽，以便碗碟等餐具在放入洗碗机之前先作初步洗刷之用。它也必须与固定的供水、排水及电源等设施相连接

表6.2 各种开门装置洗碗机的特点

种类	特点
顶开式洗碗机	洗碗机的开、关门动作都在洗碗机的顶部。其上部网架与机盖相连，且可向后或向两侧折叠，这样就能比较方便地放进或取出装在下面网架上各种餐具
前开门式洗碗机	这种洗碗机是一种最常见的类型。它的开、关门装置在机体的正面，可向下或向侧面打开。开机门时，装餐具的网架便连同拉出来。使用时，应注意保持网架平衡，以防止网架打翻而打碎餐具

表6.3 各种洗涤方式洗碗机的特点

种类	特点
叶轮式洗碗机	利用电动机驱动装在机内底部的叶轮，由于叶轮位于水中，从而通过电动机溅起水花，飞溅到机内各个方向，产生对餐具的洗涤作用
淋浴式洗碗机	洗碗机内装有一只水泵，能将水抽上来后从喷水孔喷出。喷水孔装在喷臂里，喷臂由于水的反作用力作用而回转，导致喷水方向不断改变，从而达到喷射洗刷放在网架上的所有餐具的目的
脉动气流式洗碗机	利用安装在机体顶部的小气泵将空气鼓入水箱底部，借助气泡和水流的不断冲击，将有规则排放的碗碟洗刷干净
超声波式洗碗机	这种洗碗机在清洁液中引入了超声振动，向清洁液辐射声波后，便产生超声空化效应，以除去碗碟表面上的各种污垢。“超声空化效应”是指超声波达到一定声强和频率时，在超声波的作用下，清洁液中会产生大量气泡（称为空化气泡），这些气泡随超声振动反复地作生成或闭合运动，即在超声负压时生成，在超声正压时闭合。当空气气泡处于完全闭合状态时，会产生自中心向外的微激波。这些微激波的压强可达到几十个到几百个兆帕，其冲击力足以剥离碗碟表面的污垢。该洗碗机清洗质量高、噪声小、耗电小

6.2 洗碗机的结构与工作原理

6.2.1 洗碗机的结构

洗碗机主要由机壳（外箱体、内箱体）、控制机构、洗涤装置、漂洗剂供料装置、电加热器、碗篮、门控开关及进、排水管和安全装置（包括电动机过载保护、压力开关、门联锁开关）等部件构成。

1. 机壳（外箱体、内箱体）

机壳由箱壳与箱门两部分组成。采用优质不锈钢板冲压制成双层结构，外观豪华美观。机壳上设有排气口，过量气体可以由此排出。箱门设在机壳正面，上面有透明塑料观察窗，由此可查看机器的运行及餐具清洗情况。箱门上方还有暗藏式门扣，关上门扣，门扣开关的触片受压力作用而闭合，从而接通电源；若打开箱门，则电源自动切断。按下门扣后，箱门由上向外翻至水平位置。

2. 控制机构

控制机构主要由程序控制器（核心部件）和选择开关构成，控制面板的外形如图6.3所示。程序控制器设在控制板的左侧，顺时针旋至“开”的位置，指示灯发亮，表示洗碗机开始工作。程序控制器是一种机械凸轮式或微电脑式的程序控制装置，洗涤程序是按预先设定好的进行。就机械凸轮式程序控制器而言，它用一台微型永磁式同步电动机做动力，经多级减速齿轮减速传动，使滑板推动滑销，从而驱动六个不同的具有记忆功能的步进凸轮盘转动，按一定时间和程序进行编排组合，控制凸轮开关动作，从而使程序控制器触点闭合或断开，自动完成“电源开→洗净→漂清1→漂清2→漂清3→洗清→电源关”等一系列洗涤程序。

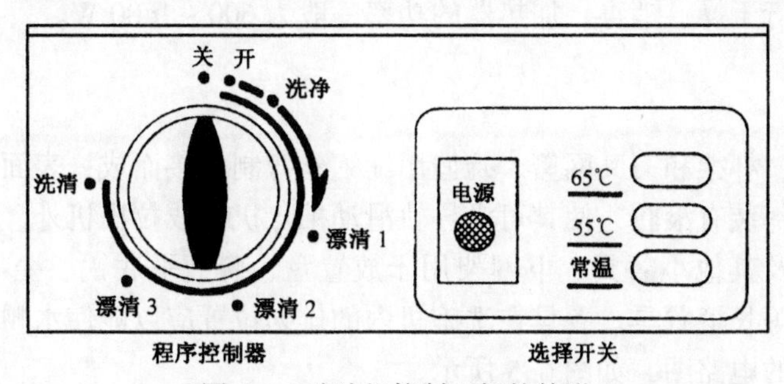

图6.3 洗碗机控制面板的外形

3. 洗涤装置

洗涤装置主要由喷臂、机座、转轴装置及程序控制器、选择开关和安装在机座下的进水电磁阀、清洗泵电动机、排水泵电动机等部件组成。洗碗机的控制机构如图6.4所示。其中喷臂（旋转式喷臂）是洗涤装置中一个关键的部件，它安装在机座上面。喷臂是用高强度的ABS塑料注成扁条状。清洗泵将自来水抽到喷臂的水槽内，由喷水孔喷出。喷臂由于受到水的反作用，产生一个使喷臂连同轴套一起绕空心转轴转动的力。喷臂以三维方向喷出

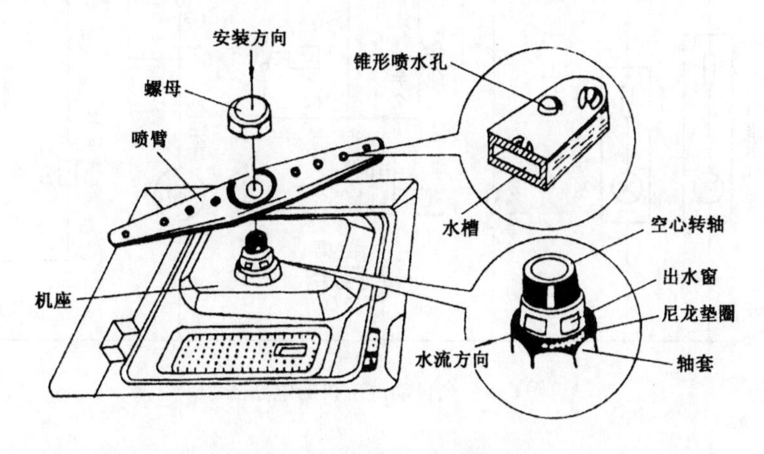

图6.4 洗涤装置结构示意图

高可达3.5 m的密集水柱，对餐具进行喷射冲洗，加速餐具上油脂的脱落，污水经过滤器后由排水泵排出机外。

4. 漂洗剂供料装置

漂洗剂供料装置通常有五个漂洗挡供用户选用。“1”和“2”挡为通用挡，“3”至“5”挡则可根据水质硬度的大小选用。洗碗机工作时，洗涤剂便会按调节好的挡次自动供料。漂洗剂供料装置设在机门内板凹坑中。用小勺舀专用洗涤剂放入凹坑后，喷臂喷水时便会将其喷散溶解于水中。

5. 加热器

电加热器装在机座面上，用不锈钢管状电热元件弯成凸字形。由于电热元件直接与水接触加热，故热效率很高。餐具在洗净结束时，利用加热器加热洗净（或催干）液体时散发出的热量对餐具进行干燥、消毒。加热器的功率一般为600～1400 W。

6. 碗篮

碗篮包括碗架、杯架和刀叉网篮。碗篮用细钢丝弯制焊接而成，表面喷涂塑料以提高防锈性能。在碗篮底部装有滚轮，使其可沿导轨滑动推入机内或拉出机外。上网架用于放置玻璃杯、酒杯、茶杯及其他小餐具。下网架用于放置盘、碗、平底锅、壶等较大件的餐具及刀、叉、筷子、勺等长柄餐具。餐具在洗碗机内的排列位置应以能使水顺流而不积水为好。

全自动洗碗机的电路图，如图6.5所示。

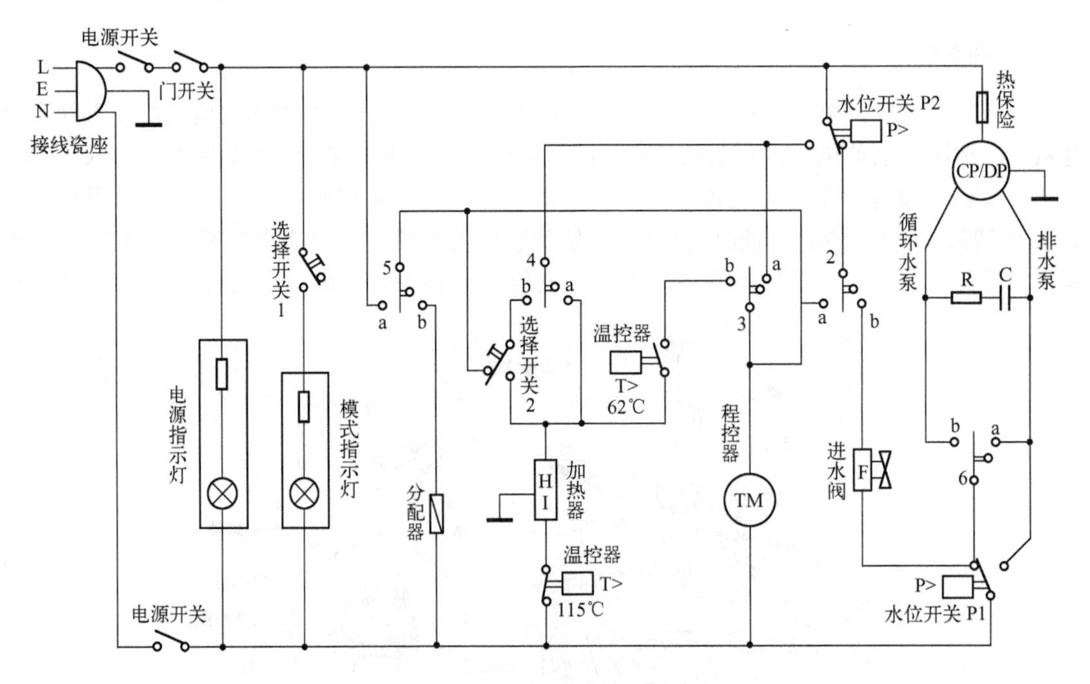

图6.5 全自动洗碗机的电路图

6.2.2 洗碗机的工作原理

各种洗碗机的工作原理，见表6.4。

表6.4 各种洗碗机的工作原理

分类		工作原理示意图	说明
淋浴式洗碗机	上下回转喷嘴式	上臂喷嘴 水管 下臂喷嘴 水泵	工作时，通过水泵先给洗涤液加压，然后分别由上、下旋转喷嘴将水喷射到餐具上
	下喷嘴式	回转用喷射嘴 水泵	工作时通过水泵先给洗涤液加压，然后下部的旋转喷嘴将水喷射到餐具上
	下喷嘴反射翼式	反射翼 下部喷嘴	工作时，通过水泵先给洗涤液加压，由下部喷嘴将水喷射到上篮反射翼，以放射状的水洗净上篮的餐具，下篮的餐具则由多孔的横管喷嘴进行洗涤
	塔喷嘴式	臂式喷嘴 塔式喷嘴 水泵	工作时，通过水泵先给洗涤液加压，由塔型喷嘴将上下篮的餐具进行洗涤
	多孔管式	旋转盘 多孔管 水泵 电动机	工作时，通过较大容量的水泵先给洗涤液加压，然后分别由底部和侧面的多孔管向餐具进行喷射冲洗。清洗时，上、下盘均做缓慢的旋转运动

续表

分类		工作原理示意图	说明
淋浴式洗碗机	雨弹头式	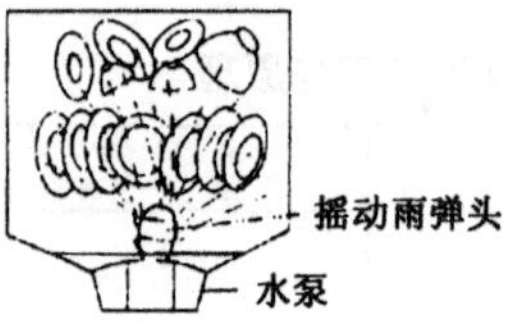	工作时，通过水泵给洗涤液加压，然后由摇动着的雨弹头将液体喷射到餐具上
	旋转汽缸式	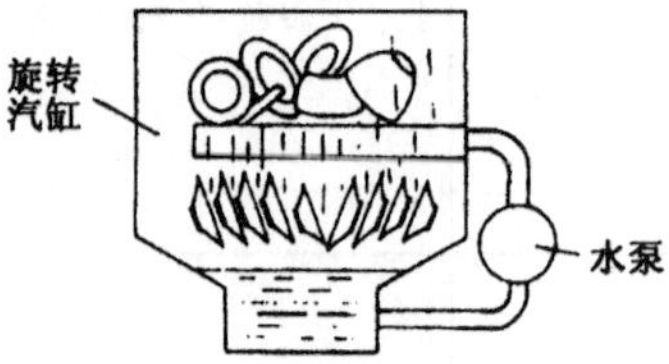	工作时，通过水泵给洗涤液加压送到安置在上、下篮之间的汽缸，汽缸上有数排细孔，当洗碗机高速旋转时，洗涤液就以喷雾状洒落到餐具上
叶轮式洗碗机		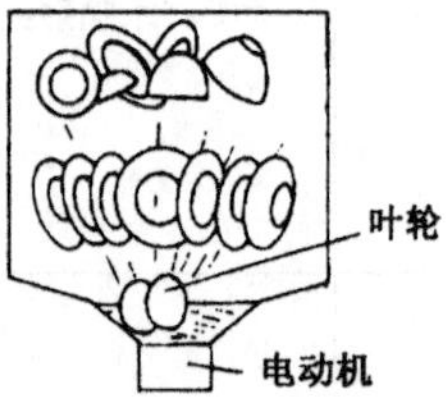	工作时，它以电动机带动叶轮的高速旋转，将洗涤液向上方飞溅冲刷餐具
超声波式洗碗机		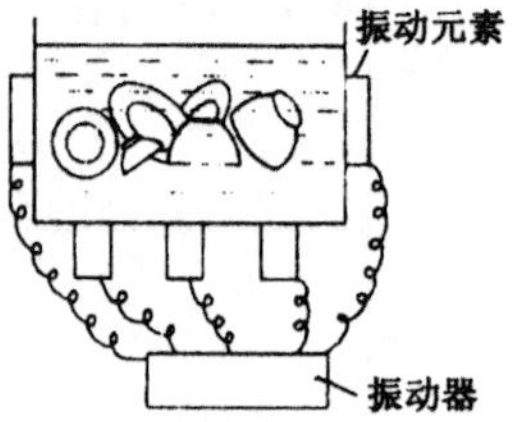	工作时，要把全部餐具放入洗碗机内，并盛满洗涤液，这种洗碗机在机内底部和侧面装有振动元件，工作时发出10～50 kHz的超声波，通过“超声空化效应”洗涤餐具

6.2.3　洗碗机的正确使用

1. 洗碗机的工作过程

能否正确合理使用洗碗机，对彻底洗净餐具上的油脂脏污有重要的影响，下面以其中一种洗碗机的详细工作程序为例，如图6.6所示，加以说明合理使用洗碗机的过程。

（1）一次喷射。接通电源，按下开关按钮和定时器（控制器），洗碗机进入第一次喷射工作状态。

（2）洗涤剂洗碗。当水进至一定水位后便停止进水，释放洗涤剂容器即翻转倒出洗涤剂，开始进入洗涤周期。

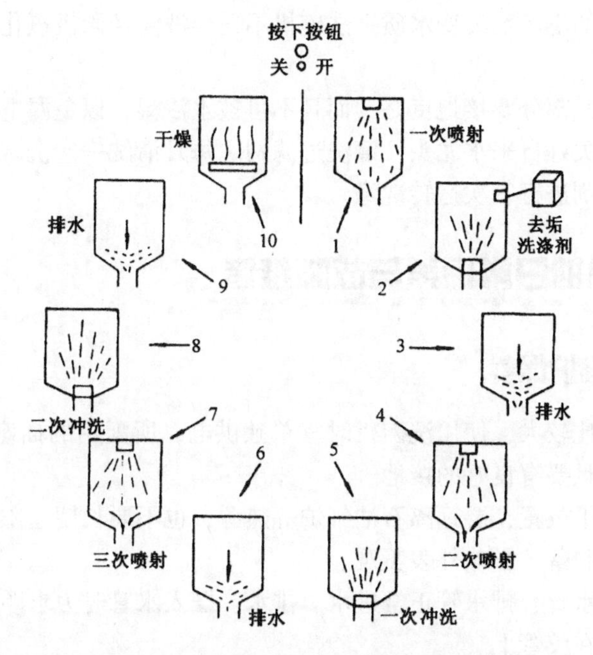

图6.6 合理使用洗碗机的工作程序

(3) 排水。当洗涤周期完毕，将水排出。

(4) 二次喷射。进水阀开启后，喷臂上的喷水孔随即在机内喷水数秒。

(5) 一次冲洗。排水阀关闭，让额外的水积存起来，水位的高度由计量线圈自动控制，喷臂旋转进行一次冲洗。

(6) 排水。当冲洗周期完毕，自动开启排水阀排出冲洗水。

(7) 三次喷射。进水阀开启后，喷臂又自动进行喷水。

(8) 二次冲洗。由定时器（控制器）控制，动作与第一次冲洗周期的相同。

(9) 排水。洗涤周期完成，按照预定程序开启排水阀，关闭进水阀，电动机停止工作。

(10) 干燥。自动接通加热器电路，对洗净的碗、碟等餐具进行干燥。

为了达到最佳的洗涤效果，使用者除了应掌握洗碗机的特点、安装方法和正确使用方法外，还应了解餐具上的油污物的种类与这些油污物对水的湿润关系、碗碟的形状及在网架上的合理安放、洗涤剂的选择、家庭的供水情况等。

2. 注意事项

(1) 使用前，应仔细阅读洗碗机的使用说明书，熟悉其性能和操作方法，然后按规定安装好洗碗机。

(2) 最好使用单独的电源插头，不要和其他家用电器并用一块电源接线板。

(3) 初次使用时，应先做一次试运转（即不装碗碟的运转），确认洗碗机运转正常，无漏水、漏电现象后，方可正式使用。

(4) 在洗涤前先将餐具中的残汁、残渣倒掉，再放入洗碗机网架中的指定位置上，便于餐具清洗干净。

(5) 进水温度不能超过其最高水温，以免机内塑料、橡胶制品变形或损坏。若使用的水质较硬，应选用合适的洗涤剂改变水质。洗碗机不适合洗涤经阳极氧化着色处理的铝质器皿和手绘瓷器。

（6）洗碗机的电气部分要接地良好，而且不可被水浸湿，以免漏电或损坏部件。

（7）使用结束应关好自来水龙头，清洗过滤网。每月清洗一次洗碗机时，必须在无餐具的情况下，使用洗涤剂进行一次运转洗涤。

6.3 洗碗机的日常保养与故障维修

6.3.1 日常维护保养

（1）洗碗机功率比较大，使用洗碗机时宜单独供电，所配用的插座容量为10 A、250 V的单相三孔插座，并且要有良好的接地。

（2）洗碗机应水平放置，要远离石油气炉等热源，也不要长期让阳光直射洗碗机，以免外壳漆层褪色变黄或脱落，影响外表美观。

（3）为了保证进水管、排水管正常进水、排水，摆入水管时力求顺畅，防止折弯或迂回打结，不要将重物压在胶管上。

（4）使用洗碗机时，勿用高于70℃的热水，以免塑料、橡胶件变形或损坏。高温清洗后排出的热水仍有相当高的温度，请小心处理。

（5）放置餐具时，首先将要洗涤的餐具上的骨头、菜渣、剩余肴料等清理干净后才能放入碗篮内，以免堵塞过滤器，影响洗涤。

（6）洗碗机洗涤完毕，要及时清洗过滤器积存的污物，清洁干净后放回机内原处。

（7）使用55℃或65℃挡清洗餐具，刚停机，请勿用手触摸加热器，以免烫伤皮肤，通常停机30分钟，待加热器冷却后再做机内处理。

（8）操作程控器旋钮，只能向顺时针方向转动，切勿用力倒旋，以免损坏程控器。如果转动旋钮不慎，错过程序指示的位置，此时应作顺时针旋转，经“关”（OFF）挡至“开”（ON）挡位置，再重新运行。

（9）使用或清洗洗碗机，其控制机构如程控器、选择开关、门控开关切勿被水淋湿，以免降低绝缘性能而引起漏电。

（10）洗碗机运行期间，切勿堵塞排气口，以免影响机内正常排气，同时不要强行移动冲击洗碗机，以免发生故障。

（11）地处楼层过高、水压过低时，不宜使用洗碗机，应避开用水高峰期，待水压正常再使用。

（12）机门打开后，不要重压或强行按机门，以免导致事故或损坏。放置餐具时，应正确排放，不能乱放或重叠放置餐具，以免影响餐具洗净度，同时要注意小餐具的前端切勿露出碗篮之外，以免阻碍臂旋转。

（13）耐温低于90℃的餐具，如高级漆器餐具、纸制品餐具、泡沫饭盒等不要放入洗碗机内清洗，以免洗涤烘干后变形。

（14）洗碗机内必须保持清洁干净，为防止洗碗机内部产生异味，每月应做一次清洁。

（15）切勿随意拆卸机内各种电器零件，避免人为损坏，出现故障要及时修理好才能继续使用。

(16) 若长时间不用洗碗机时，应用温水清洁机内油污，再用干布擦干水分，装入包装纸箱，存放于通风干燥处。

(17) 洗碗机的定期清洗。

① 先把搁物架取下，再将下喷淋器取下，用低泡沫的清洗剂擦拭机器内壁，再用清水冲净即可；取下过滤网，用清水冲洗即可。

② 加入适量的洗涤剂，让洗碗机运行标准洗。

6.3.2 常见故障与维修方法

1. 洗碗机的常见故障与维修方法，见表6.5

表6.5 洗碗机的常见故障与维修方法

故障现象	故障原因	维修方法
洗碗机主电动机不转	(1) 叶轮被卡住 (2) 门联锁开关不能接通 (3) 电动机绕组烧毁	(1) 检查叶轮是否有机械杂物，有应予以排除 (2) 换联锁开关 (3) 检查修复或更换电动机
洗碗机漏水	(1) 机门或电热元件插口上的密封垫损坏 (2) 排水软管破裂 (3) 压力开关失灵，不起防溢保护作用	(1) 检查并更换 (2) 检查并更换 (3) 更换压力开关
洗碗机进水阀不能自动关闭	(1) 磁吸力线圈或连线断路 (2) 控制器失灵 (3) 进水阀流量垫圈方向装反	(1) 更换线圈，修复电气连接 (2) 检查修理，必要时予以更换 (3) 重新装进水阀流量垫圈
洗碗机有不正常噪声	(1) 喷臂或叶轮与餐具相碰 (2) 洗碗机安装不平衡、不牢固	(1) 检查餐具，特别是长柄餐具位置是否适当，重新放置 (2) 查并调整位置
洗碗机洗涤后碗碟不干	(1) 冲淋的水没有流干 (2) 洗碗机加热器损坏	(1) 清洗排水过滤网和排水管 (2) 检查并更换
碗碟上有脏点和油污（洗不净）	(1) 水温低 (2) 水压低造成进水和冲洗不正常 (3) 喷水孔和水的通道受阻塞 (4) 使用了不合适的洗涤剂 (5) 洗涤剂用量不足 (6) 碗碟重叠遮盖，妨碍冲喷 (7) 食物结硬洗不掉	(1) 调节加热器控制温度，以补偿散失的热量 (2) 查明水压低的原因，按具体情况解决 (3) 检查和清洗堵塞处 (4) 应选用为自动洗碗机配制的洗涤剂 (5) 按说明书的用量使用 (6) 按使用要求叠放碗碟 (7) 餐具要及时清洗，如果未洗前已经放了一小时以上，则在放进洗碗机前先用冷水冲淋浸泡
洗碗机漏电	(1) 带电部件绝缘损坏 (2) 带电部件外漏碰壳 (3) 没接接地线或接地线松脱 (4) 电气元件过度受潮	(1) 重新加以绝缘或更换 (2) 移离并加以绝缘 (3) 重新接好接地线 (4) 干燥处理后再用
洗完的餐具上有凝结水珠	洗碗机在程序结束之后，是处在余温烘干的状态中，洗碗机内的水蒸气会在机器内部形成水雾，在温度降低之后，水雾就会凝结成水珠，滴落在餐具上，并不是洗碗机烘干不彻底	在洗碗机程序结束洗涤程序结束30分钟之后，将洗碗机门体微开，让洗碗机处于干燥处

续表

故障现象	故障原因	维修方法
洗碗机运转时打开门后不停止转动	门联锁开关损坏或接点粘连不能断电，使主电动机无法停止运转。	（1）属于按钮被卡住时，把卡住按钮的异物清除，使其动作灵活 （2）属于门开关接点轻度粘连时，可拨开用细砂布磨平继续使用；如果粘连严重，需要更换新开关。弹簧失效时，可调整或更换弹簧
洗碗机进水阀不能自动关闭	（1）检查定时器是否正常工作。检查定时器电动机凸轮控制程序，如通过接点控制，应检查接点接触情况 （2）检查磁吸线圈或连线是否断路。测量磁吸线圈的通断，并测量其两端电压 （3）检查进水阀流量垫圈是否装反	（1）如有氧化现象，应进行打磨。如凸轮损坏，需要更换零件或定时器 （2）若线圈断路，应更换新线圈或拆下重新绕制。若线圈两端无电压，应逐渐测量电气连线，发现断处或接触不良处排除 （3）如装反，应倒换过来；如损坏，需更换新的流量垫圈
喷射臂不喷水	洗碗机内的石灰和残余物能堵住喷射孔及喷射臂固定。检查喷臂上有无被食物残余阻塞	向上拉出喷射臂并取下，松开上喷水臂，在水龙头下清洗两个喷水臂后，重新装上喷水臂，确保下喷水臂已锁定到位，且上喷水臂已拧紧
洗碗机不排水	洗涤水中有没被过滤器过滤的大块的食物残余会导致排水泵的堵塞。废水不再从洗碗机中排出，并能覆盖在过滤器上	（1）尽可能把水舀出 （2）卸下过滤器，松开盖子上的螺母，打开盖，检查内部有无阻塞并排除 （3）重装过滤器
下喷射臂旋转不灵活	小物体或食品残余物阻塞喷射臂	拆卸下清洗
洗涤时泡沫产生的过多	正常的洗涤液注入光亮剂料盒	使用一块布将所有溢出的光亮剂擦干净，否则它会导致在下一个洗涤程序中产生过多的泡沫
食物残余粘在碗碟等物上	（1）洗碗机安装不正确，水流不能到达碗碟等洗涤物的各个部分 （2）堆放的东西太多 （3）堆放洗涤物互相接触 （4）加入洗涤剂不够 （5）选定的洗涤程序不够强烈 （6）喷射臂旋转受到碗碟的阻碍 （7）喷射臂的喷嘴被残余物阻塞 （8）过滤器被阻塞 （9）过滤器未被正确的安装 （10）排水泵被阻塞	（1）按使用说明书正确安装 （2）按技术参数合理堆放餐具 （3）正确放置洗涤餐具 （4）合理添加洗涤剂 （5）正确选定洗涤程序 （6）正确堆放餐具 （7）清洗喷嘴 （8）清洗过滤器 （9）正确安装过滤器 （10）清洗检修排水泵

2. 洗碗机维修实例

例1

故障现象：洗碗机通电后不工作。

故障维修：

① 检查电源引线和保险丝是否断，电源插头、插座是否接触良好。若电源引线或保险丝断，则更换电源引线和保险丝；若电源插头、插座接触不良，则修复或更换。

② 检查门联锁机构是否发生故障。其检修方法如下：将门联锁开关拆下，检查开关内金属片是否因长时间使用发生变形而导致接触不良，或长时间不用金属片生锈。可用细砂纸将金属片表面的氧化物打磨干净，适当调节两金属片之间的距离，以便使动片被压下时保证

能接触到静片。如果门联锁开关已不能修复，则应更换联锁开关。

③ 检查主电动机。若察觉有异常气味，说明主电动机内的绕组已烧毁，应及时修理或更换新的主电动机；若听到“嗡嗡”的声音，说明主电动机某处可能被异物卡住，应检查并及时排除。

例2

故障现象：洗碗机进水不畅。

故障维修：

① 检查水源。若由于未接上水源引起洗碗机进水不畅，则打开自来水龙头，放到一定水位即可；若由于无供水导致洗碗机不能工作，则应关掉洗碗机电源，等水来了后再使用。

② 检查进水管接头。若进水管接头安装不良引起进水不畅，则应重新安装。

③ 检查进水管道是否有堵塞物。若有，应取出堵塞物，直至管道进水畅通无阻。

例3

故障现象：洗碗机排水不畅。

故障维修：

① 检查洗碗机的过滤器或管道。若发现有异物堵塞，取出即可。

② 检查程序控制器触点。若发现有接触不良，应重新接好；若程序控制器损坏，应修复或更换。

③ 检查排水泵是否被异物卡死。若是，应取出异物予以排除。

④ 用万用表检查排水泵电动机的绕组（测量两端阻值），若阻值为无穷大，则说明绕组已烧断，需要重新绕制或更换新的电动机。

例4

故障现象：洗碗机喷臂不转动。

故障维修：

① 检查洗碗机的碗篮里的餐具是否放置整齐平稳。若有部分长柄餐具露出在外面而造成喷臂被卡，只需放置好碗碟篮里的餐具，使其不外露即可。

② 检查喷臂本身是否被异物卡住。若是，应去除异物。

③ 检查进水电磁阀、启动电容器和清洗泵电动机。若发现进水电磁阀引线脱落或电磁阀绕组断路、烧毁引起喷臂不转，则应逐一修复，若绕组损坏严重必须更换。

例5

故障现象：“万家乐”洗碗机某一洗涤功能不正常。

故障维修：

① 检查洗碗机同步电动机。先查与同步电动机相连的有关引线，若引线良好，则再用万用表电阻挡测量电动机绕组两端的电阻。若发现电动机绕组烧坏，则应更换电动机。“万家乐”的同步电动机型号为 A9DT26，更换电动机时型号要相同。

② 检查程序控制器减速齿轮组啮合是否良好。若发现传动齿轮被卡住或凸轮损坏不能修复，则应调换。

③ 检查记忆凸轮棘爪压簧有无错位。如果错位，则应校正。

若以上三处均正常，则故障可能发生在程序控制器的组合开关上。该开关触点流过的电流大，而且启动也较频繁，因而极易发生接触不良。组合开关内共有六组开关，每组开关的结构大致相同，可用万用表电阻挡测量，找出损坏的一组，然后拆开程序程度器前、后端盖，取出触片予以修理。可先用细砂纸磨光，再用酒精清洗污垢，最后装机试用。

例6

故障现象：使用"万家乐"洗碗机时，水量明显增多或减少。

故障维修：

① 当"万家乐"洗碗机水量增多，水位高于95 mm时，可按以下方法处理：先检查气室体和气管本身是否破裂，连接处是否漏气。若是，应修复或调换。再拔下气管与水位控制器的连接端，向气管内吹气，检查气管内是否有水珠阻塞，造成空气流动不畅。

② 当"万家乐"洗碗机水位减少到低于83 mm时，便会导致喷水不连接，洗碗机内的水面没有全部淹没加热管。可按以下方法处理：先检查气体定量通气管接管的管口是否被污物阻塞。若是，清除污物。再检查水位是否在额定的范围内。如果不是，其调整方法：若实测水位低于83 mm，可用螺丝刀顺时针调整工作水位调整螺钉，直至达到正确值为止；如果实测水位高于95 mm，可用螺丝刀逆时针调整，直至水位达到正常值为止。

如果出现排水和进水同时进行而程序处于进水状态，可用螺丝刀顺时针调整溢水保护水位螺钉，直至不出现上述现象为止。然后，再检查水位是否在额定的范围内，如果不是，再按以上方法调整。

例7

故障现象：日产NP—700型洗碗机门打开后，电动机不停止运转。

故障维修：产生这种故障原因是：门联锁开关失效或接点粘连导致不能断电，使主电动机无法停止运转。

维修时需切断电源检修门联锁开关。如果是按钮被卡住，只要把按钮的异物清除，使其动作灵活即可。若按钮运动自如，说明是按钮内部损坏。如果是属于触点轻度粘连，则可拨开接点，用细砂纸打磨后使用；如果粘连严重，则需更换新的开关。另外，联锁开关弹簧的弹力不足也会影响按钮动作，只要调整弹簧弹力或排除卡住弹簧的异物即可；若弹簧无法使用，则需更换。

第7章 电子消毒柜

电子消毒柜是一种对餐具、茶具等器皿进行杀菌、消毒的家用电器。在日常生活中人们离不开餐具、茶具等器皿，而病毒又往往借助这些器皿进入人的身体，危害身体健康。为杜绝传染源，做到清洁卫生，人们对餐具、茶具等器皿的消毒越来越重视。而用电子消毒柜消毒，对大肠杆菌、乙肝病毒、痢疾菌、葡萄球菌等病菌都有明显的杀灭作用，从而保证人们的身体健康。电子消毒柜被广泛用于家庭、接待站、幼儿园、卫生所、小型餐厅、茶馆等场所。图7.1所示为台式电子消毒柜；图7.2所示为嵌入式电子消毒柜。

图7.1　台式电子消毒柜

图7.2　嵌入式电子消毒柜

7.1　消毒柜的分类与特点

7.1.1　消毒柜的分类

1. 按照消毒方式分

（1）电热食具消毒柜，通过电热元件加热进行食具消毒的消毒柜；

（2）臭氧食具消毒柜，通过臭氧进行食具消毒的消毒柜；

（3）紫外线食具消毒柜，把紫外线作为食具消毒手段之一的消毒柜，单仅靠紫外线消毒的消毒柜是不适用于食具消毒的。

2. 按照消毒效果分

(1) 一星级消毒柜（*）对大肠杆菌杀灭率应不小于99.9%；
(2) 二星级消毒柜（* *）
① 对大肠杆菌灭杀对数值应≥3（≥ 99.9%）；
② 对脊髓灰质炎病毒感染滴度（TCID50）≥105 灭活对数值≥4.00。

7.1.2　采用不同消毒方式的特点

1. 聚能光波消毒柜消毒

传统干热灭菌法是干热通过空气作为传导介质，传热慢，因此灭菌时间很长，费时费电。聚能光波消毒法是充分利用了光波发出的光作为传导介质，通过光波聚能器将光波高温瞬时直接照射在餐具上，所以灭菌时间很短，达到杀灭乙肝病毒的消毒效果所需时间和用电量仅是传统干热消毒时间和用电量的1/6 和1/3。所谓聚能就是把光波强大的能量通过聚焦器的作用在瞬间聚集在餐具上进行消毒，（普通红外线、光波就好比是灯泡，聚能光波就好比是手电筒）而最大限度的减少光热损失，具有锁定范围，发热速度快，杀菌彻底，节约能源的优点。

2. 无臭氧医用紫外线消毒

用于消毒的紫外线灯分为普通型和无臭氧型，普通型紫外线灯激发空气中的 O_2 而形成 O_3 称为臭氧紫外线。随着紫外线杀菌灯制造技术的发展，无臭氧紫外线灯是在石英玻璃中加入特殊材料，能阻挡253.7 nm 以外的波长段的光向外辐射，所以称为无臭氧紫外线灯，这两种类型的紫外线杀菌灯的杀菌能力没有本质的区别，无臭氧型的紫外线杀菌灯寿命长达5000 小时以上，因此，目前医院全部采用无臭氧型的紫外线杀菌灯消毒。

7.2　消毒柜工作原理与正确使用

7.2.1　消毒柜工作原理

常规的消毒方式有开水蒸煮和化学消毒两种，一般开水温度达不到杀灭大肠杆菌、乙肝病毒的目的；而化学消毒容易造成残留，反而对人体有害。家用消毒柜主要采用远红外线加热高温消毒、臭氧消毒及紫外线臭氧消毒等方式。

1. 高温消毒

高温消毒是利用电子控制，使红外线加热管在消毒柜内产生高于120℃的高温进行消毒，并有温度传感器控制温度，杀菌效果彻底。

(1) 高温电子消毒柜结构。它主要由柜体、柜门及电热元件等组成，如图7.3 所示。

单门单柜电子消毒柜体积小，容量也小，一般适用于家庭、接待室对餐具、茶具的消毒；双门双柜电子消毒柜体积较大，容量也比较大，一般适用于幼儿园、卫生所、餐厅、茶馆对餐具、茶具等的消毒。

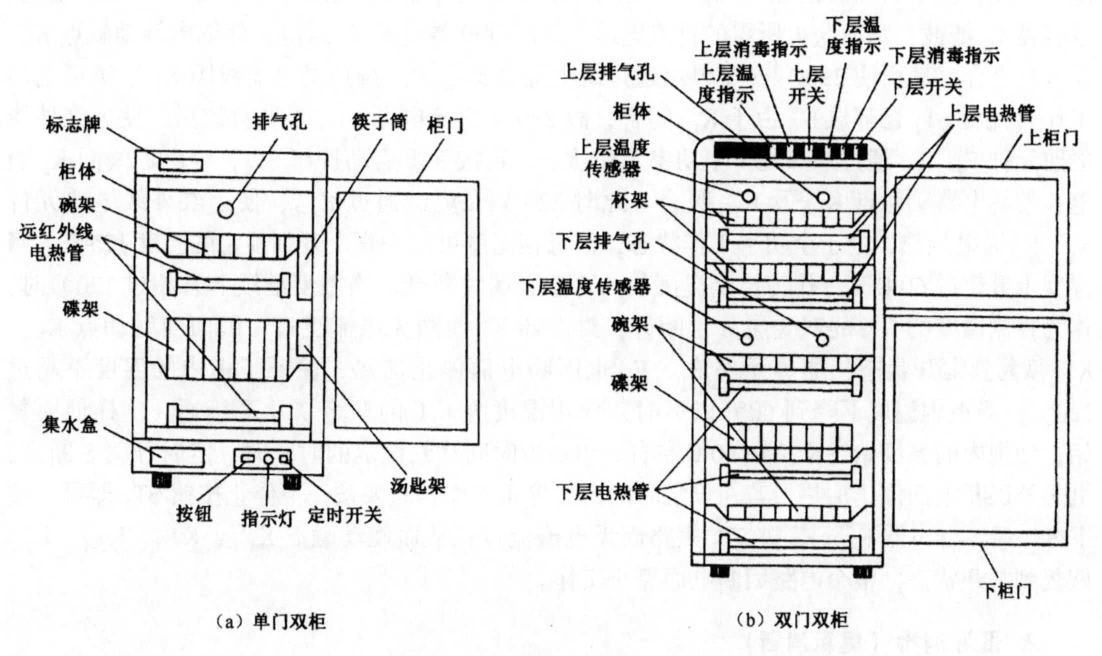

（a）单门双柜　　（b）双门双柜

图 7.3　高温电子消毒柜结构

（2）高温型电子消毒柜工作原理。高温型电子消毒柜是以远红外线电热元件为热源。所谓远红外线，实际上是一种波长为 30～1000 μm 的远红外光（一种不不可见光）。远红外线电热器能将远红外线辐射能直接辐射到消毒的物体上，并被其吸收，从而使辐射能转变为热能。远红外线有显著的加热效应和强烈的穿透能力，易被物体所吸收，因此被加热物体温度上升快，节约能量，达到高温杀菌、消毒的目的。

高温电子消毒柜的电路原理图，如图 7.4 所示。

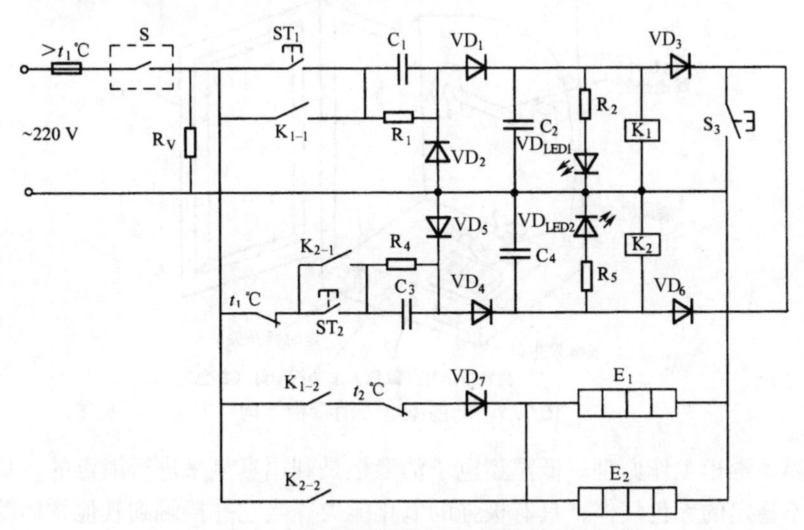

图 7.4　高温电子消毒柜电路原理图

在使用时，先把洗净的餐具或茶具放入篮筐、托架内，然后接上电源，将定时器开关S定好时间，按下启动按钮ST_1。220 V交流电便通过电容器C_1交流降压、二极管VD_1整流、电容器C_2滤波，从而获得所需的直流电压。此时继电器线圈K_1通电，使继电器动触点K_{1-1}及K_{1-2}吸合，从而使220 V交流电可通过继电器动触点K_{1-1}维持继电器线圈K_1继续通电而工作（此时ST_1已释放）。由于K_{1-2}闭合，故220 V交流电经VD_7半波整流后，使远红外线电热元件E_1、E_2通过加热处于半功率工作状态。再按一下启动按钮ST_2，继电器线圈K_2通电，使继电器动触点K_{2-1}及K_{2-2}吸合。此时220 V交流电通过K_{2-2}，使远红外线电热元件E_1、E_2通电加热，处于全功率工作状态，消毒柜温度可以一直上升到预定的温度125℃。当温度上升超过60℃时，作为控制温度的t_2℃双金属片断开。当温度继续上升超过120℃时，作为控制温度的t_1℃的双金属片也断开，继电器K_2线圈无电流流过，因而使触动点K_{2-1}、K_{2-2}恢复到常开状态，加热元件E_1、E_2也因断电而停止加热，保证了柜内的温度不超过120℃。当柜内温度下降到60℃以下时，作用温度为t_2℃的双金属片又接通。这样周而复始，使柜内的温度始终维持在60℃左右。当消毒时间达到设定的时间时，定时开关S断开，电热器因断电而停止加热。若在设定时间内想停止工作，只要按一下停止按钮ST_3即可。按下ST_3后，继电器K_1、K_2被ST_3短路而无电流流过，从而使动触点K_{1-1}、K_{1-2}、K_{2-1}、K_{2-2}恢复到常开状态，整个电路因断电而停止工作。

2. 低温消毒（臭氧消毒）

（1）低温消毒柜的结构。低温型电子消毒柜主要是利用臭氧杀菌消毒的，臭氧消毒是利用高压放电产生适量臭氧，臭氧具有良好的杀菌消毒作用，特别是在潮湿的环境中消更好；具有消毒速度快、穿透力强、杀菌效果好、不用高压蒸气、无化学毒性残留的好处。低温电子消毒柜主要由柜体、柜门、餐具篮筐、臭氧发生器、远红外线电热管等部件组成，如图7.5所示。

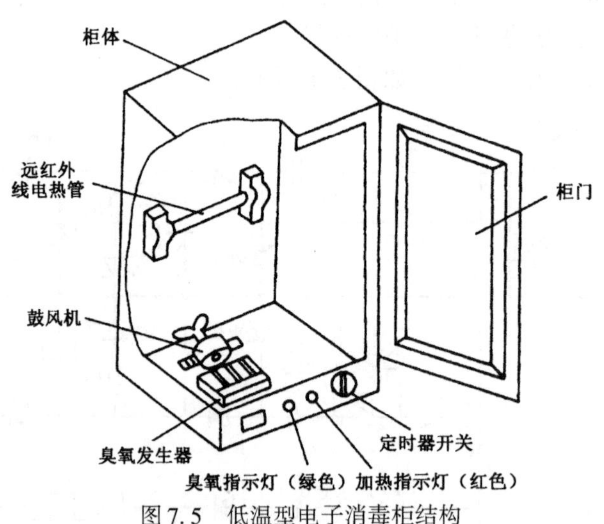

图7.5　低温型电子消毒柜结构

（2）低温消毒柜工作原理。低温型电子消毒柜是利用臭氧来进行消毒的。臭氧是一种非常活泼、极不稳定的无色气体，具有极强的氧化能力。当它一接触到其他物体就会产生极强的氧化作用，从而使物体上的细菌氧化而死亡，达到杀菌消毒的目的。

低温型电子消毒柜的电路原理如图 7.6 所示。

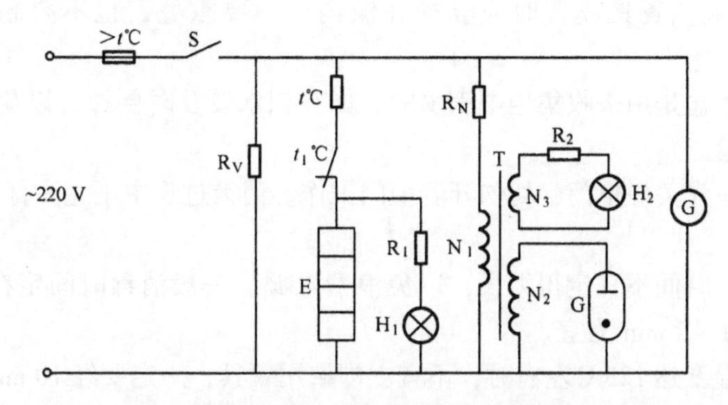

图 7.6　低温型电子消毒柜的电路原理图

在使用时，先把洗净的餐具或茶具放入篮筐、托架内，关好，门，然后接通电源，将定时器开关 S 定好时间。由于双金属片处于接通状态，红灯亮，远红外线电热器也因通电而加热，使柜内的温度开始上升，同时高压变压器的初级线圈 N_1 通电，在次级线圈 N_2 产生一定的高压，使臭氧管产生臭氧，在次级线圈 N_3 上也感应 220 V 交流电，使臭氧指示灯 H_2 亮（绿灯）。当柜内的温度上升，超过预定的温度 60℃时，控制温度的 t_1℃的双金属片断开，远红外线电热器断电停止加热，加热指示灯 H_1 熄灭。当柜内的温度下降到预定温度 60℃时，双金属片又一次接通，使远红外线电热管再次通电加热，从而使柜内的温度始终维持在 60℃左右。当消毒时间到预定时间时，定时开关 S 断开，整个电路停止工作。

3. 紫外线臭氧消毒

紫外线臭氧消毒是利用石英紫外线灯管，紫外线管可辐射大量 253.7 μm 和 184.9 μm 两种波长的紫外线。紫外线具有很强的杀菌效果，同时 184.9 μm 波长的紫外线还可激发空气中氧气而形成臭氧，臭氧具有很强的氧化性，在高浓度、高湿度、常温环境下具有很好的杀菌作用，和紫外线共同作用进行双重消毒，杀菌效果倍增。

7.2.2　电子消毒柜的安装与使用

1. 电子消毒柜的安装

电子型消毒柜的安装一般有座式安装、墙挂式安装和顶挂式安装 3 种。在安装时应注意：

（1）电子消毒柜的安放位置应选择通风良好的地方，安放高度以操作和使用方便为准。

（2）电子型消毒柜的安放点的总承载力应大于消毒柜加餐具总重量的 150%。

（3）座式电子消毒柜要安放在平整的台面上；墙挂式电子消毒柜需用随机附件及螺钉固定在碗柜某侧墙壁上；顶挂式电子型消毒柜需用随机附件及螺钉固定在碗柜附近的顶板上。

2. 高温型电子消毒柜的使用

（1）高温型电子消毒柜工作时，供电电源插座应符合国家规定（单相三极插座），并应有可靠的安全接地保护。

(2) 使用前，应先将载物筐平整地放入筐托架上，然后倒去餐具里多余的水分或其他杂物，逐件放入。餐具放置时应立插在筐内，不要重叠，也不要超载，以免损坏承受支架。

(3) 柜内集水盒是用来收集柜中滴水的。如有积水要及时倒掉，以免漫溢而影响安全。集水盒放置要平稳。

(4) 操作前应先关好柜门，切勿开着柜门工作。消毒过程中不允许打开柜门，以免影响消毒效果。

(5) 使用时，时间不宜定得太长，以免浪费电源。一般消毒时间定在高温指示灯（红灯）灭后再延长1～2 min为宜。

(6) 当柜内温度达125℃左右时，不宜立即取用餐具，一定要经10 min后方可开门。

(7) 经灭菌消毒后的餐具，如暂不使用，就不要开门取出，以使餐具保持清洁卫生。

(8) 应经常保持柜内清洁。清洁柜内时，先拔下电源插头，再用细布蘸肥皂液轻轻擦洗。

3. 低温型电子消毒柜的使用

(1) 使用时要将柜门关严，防止臭氧溢出。在工作期间和消毒后短时间内不要打开柜门。在开门状态下，不得接通电源。

(2) 为了增强消毒效果，保证臭氧分子与餐具表面充分接触，柜内餐具的摆放要留有一定的间隙，以保证臭氧气体在柜内畅通流动。

(3) 由于臭氧管的外壳是玻璃制成的，防爆能力差，因此在使用或清洁时要避免与硬物碰撞导致破裂。

(4) 应经常保持柜内清洁。清洁时要先拔下电源插头，用湿毛巾蘸少许中性洗涤液轻轻擦洗。应经常清洁过滤器处的灰尘。

4. 消毒柜使用中常见问题解释

(1) 消毒柜未使用的时间过长，为何灯会一直闪烁？

因为消毒柜的灯管内部充有惰性气体，当未使用12个月以后里面的气体就会发生变化，导致一直闪烁点不着；但是只要激活后，就可以正常的使用，对使用寿命没有影响。

(2) 停电后，消毒柜为什么会自动指示工作？

设计时考虑到消毒柜在没有正常完成工作时，对用户提醒用的；如果自动启动工作程序，则是开关或电源板有问题，需要维修。

(3) 臭氧味是否对身体是有害的？

适当的臭氧对身体没有影响，对空气有净化的作用，能杀灭空气中的致病菌；但如果臭氧浓度高了对身体会有影响，只要人没感觉不舒服是不会有影响的；国标规定，柜体20 cm范围内泄漏浓度小于0.2 mg/m^3，方太泄漏量0.04 mg/m^3，远低于国家标准，不会对人体造成伤害.

(4) 消毒柜上、下拉篮是否可以对换？

除欧三系消毒柜之外，因为欧三系采用的是不对称拉篮，上下无法互换，其余产品上下两个拉栏尺寸是一样，可互换，但下面换到上面后，操作不太方便，因此建议不要互换。

7.3　电子消毒柜的常见故障与维修

1. 电子消毒柜的故障与维修

电子消毒柜的常见故障与维修方法，见表7.1。

表7.1　电子消毒柜的常见故障与维修方法

故障现象	故障原因	维修方法
电子消毒柜通电后就熔断保险丝	（1）电源线之间或插头与插座导线短路 （2）继电器、高压变压器或风扇的线圈局部短路 （3）管状电热元件引出线与外壳间短路 （4）电子消毒柜的电气线路局部绝缘破坏，造成碰壳短路	（1）更换电源线，重新接线 （2）更换同型号的元器件 （3）重新接线 （4）找出碰壳处并使之绝缘
电子消毒柜通电后指示灯不亮	（1）电源插头和插座接触不良接线松脱 （2）定时器损坏 （3）指示灯损坏 （4）保险丝烧断	（1）检修松脱处，使之接触良好 （2）更换相同元器件 （3）更换同型号的指示灯 （4）更换同规格的熔丝
电子消毒柜无臭氧产生	（1）高压变压器无高压 （2）臭氧管漏气或老化	（1）更换同规格的变压器 （2）更换漏气或老化的臭氧管
电子消毒柜无烘干作用	（1）电热丝烧断 （2）温控器的动、静触点严重氧化而造成接触不良	（1）更换新件 （2）用细砂纸打磨触点，调整弹簧片，以使动、静触点接触良好
电子消毒柜风扇不转或时转时停	（1）电动机绕组烧毁 （2）风扇电动机引出线断路或接触不良 （3）电动机炭刷、换向器磨损严重，或炭刷架变形	（1）更换电动机或重新绕制 （2）更换引出线或重新焊接 （3）更换炭刷、换向器或修理炭刷架
臭氧管和紫外线灯不工作	（1）柜门未关好 （2）门开关接触不良 （3）电路故障	（1）关好柜门 （2）调整门开关或换门开关 （3）检查电路故障
高温消毒时间短	（1）食具堆积放置在靠门边位置 （2）上层温控器与下层温控器装错 （3）上、下发热管装错	（1）餐具均匀放置在层架上，互相留有空隙 （2）调换温控器位置 （3）调换上、下发热管
消毒时间长	（1）柜内堆放餐具太多、太密 （2）柜门关闭不严，门封变形 （3）石英发热管烧坏一支 （4）温控器失灵 （5）发热管电阻丝变细，使电阻增大功率降低 （6）电压低 （7）装错发热管	（1）调整食具数量和密度 （2）调整门铰座固定螺丝或换门封 （3）更换石英发热管 （4）更换温控器 （5）观察发热管的亮度正常情况下背部发热管微红，底部发热管明红 （6）增装稳压器 （7）按底部、背部重新装发热管
卧柜烘干效果不好	（1）PTC加热元件坏 （2）温控器限温温度过低 （3）热熔断器烧断 （4）风机坏 （5）餐具放置过密过多 （6）气温太低	（1）更换PTC加热元件 （2）更换温控器 （3）更换热熔断器 （4）更换风机 （5）不超过额定重量并同间格摆放 （6）减少食具数量，延长烘干时间
餐具发黄或柜内有异味	（1）餐具不净附有有机物或柜内不洁 （2）消毒温控器限温偏高、工作时间长 （3）臭氧消毒未等臭氧分解即打开柜门	（1）保持餐具洁净、柜内干净 （2）更换温控器，减少加热的时间 （3）臭氧消毒时要待断电10 min后方能开门

2. 电子消毒柜维修实例

例1

故障现象：电子消毒柜的发热元件不发热，造成消毒柜不能工作。

故障维修：

① 用万用表逐件检查电源插座有无电压，电源线、按钮、触点、控温开关、内部连接线、接线端子是否接通。一经检查出故障点，及时清除或更换。

② 检查控制系统元件（接触器、控温器、按钮等）是否完好。若损坏，则应更换同样规格的元件。

③ 若远红外电热管或臭氧发生器一旦损坏，整个器具便不能工作，可通过直观地观察该电热元件通电后是否发出粉红色的光来判断，否则，为电热元件损坏，须更换同规格的元件。

例2

故障现象：电子消毒柜漏电。

故障维修：

可通过电笔检查，氖管红亮，表明器具漏电严重。当发现电子消毒柜漏电时，应立即切断电源找出漏电原因。电子消毒柜漏电的原因可能是电热管的封口材料因过热而损坏。

① 应拆下电子消毒柜的后背板，清除电热管端部的封口材料，重新用SD-2、SD-4或“704”封口胶封口。

② 也可能是开关、定时器、插头、插座处的绝缘材料受潮、有异物。只要烘干或用电吹风把受潮部位吹干或清除赃物即可。

③ 可能是接地损坏，接地螺钉松动、锈蚀。只要清除接地螺钉处的锈蚀层，使接地良好即可。

第8章　洗　衣　机

8.1　洗衣机的类型与功能

8.1.1　洗衣机的命名

洗衣机的命名格式以汉语拼音字母表示，其含义包括洗衣机代号、自动化程度代号、洗涤方式代号、规格代号、工厂设计序号及结构型式代号。其含义是：

(1) 洗衣机，以汉语拼音字母“X”表示。

(2) 自动化程度，以汉语拼音字母表示。普通洗衣机为“P”，半自动洗衣机为“B”，全自动洗衣机为“Q”。

(3) 洗涤方式，以汉语拼音字母表示。波轮式洗衣机为“B”，滚筒式洗衣机为“G”，摆叶式洗衣机为“D”。

(4) 规格代号，按额定洗涤容量1.0、1.5、2.0、2.5、3.0、4.0、5.0 kg分别乘以10，即以10、15、20、25、30、40、50表示。

(5) 工厂设计序号，用阿拉伯数字表示。

(6) 结构形式，双桶以汉语拼音字母“S”表示，单桶不注。

(7) 脱水代号以汉语拼音字母T表示

例如：水仙牌XPB20-2S，即普通双缸波轮式，其标准洗涤容量为2.0 kg；

例如：小鸭XQG50-5，即滚筒式全自动洗衣机，其标准容量为5.0 kg。

8.1.2　洗衣机分类

洗衣机按结构形式、洗涤方式及自动化程序分类。

1. 按结构形式分类

(1) 单桶洗衣机。洗衣机只有一个盛水桶，如图8.1所示。

(2) 双桶洗衣机。洗衣机由洗涤桶和脱水桶结合成一体，分别进行洗涤和脱水，如图8.2所示。

(3) 套桶洗衣机。其脱水桶套装在盛水桶内，共用一个电机主轴的洗衣机，如图8.3所示。

2. 按洗涤方式分类

按洗涤方式分类可分为三种：波轮式洗衣机，如图8.4和图8.5所示；滚筒式洗衣机，如图8.6和图8.7所示；搅拌式洗衣机，如图8.8所示。

3. 按自动化程度分类

按自动化程度分可分为普通型洗衣机、半自动洗衣机和全自动洗衣机三种。

图8.1　单桶洗衣机

图8.2　双桶洗衣机

图8.3　套桶洗衣机

图8.4　波轮式洗衣机

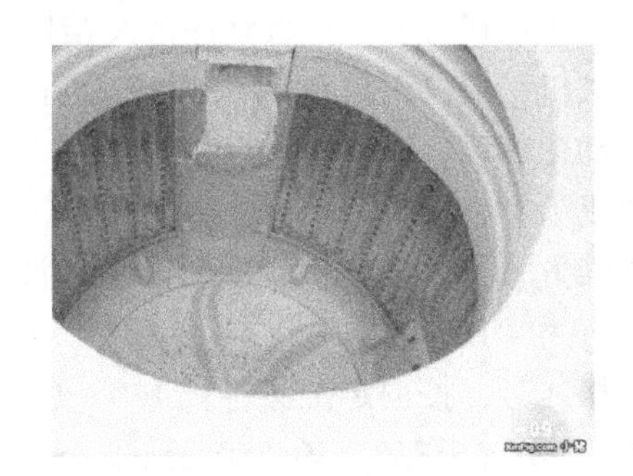

图8.5　波 轮

图8.6　滚筒式洗衣机

图8.7　滚筒

图8.8　搅拌式洗衣机

8.1.3　各类型洗衣机的基本功能

1. 普通型、半自动型、全自动型洗衣机的功能与操作

普通型洗衣机、半自动型洗衣机、全自动型洗衣机均具有洗涤、漂洗、脱水功能。三种洗衣机的根本区别在于技术利用程度不同。由于技术程度不同，在功能操作上也有区别。

（1）普通型洗衣机各功能的操作需手工转换。

（2）半自动型洗衣机各功能之间的操作，只有其中一两个功能不用手工操作而可自动转换。

（3）全自动洗衣机的进水、洗涤、漂洗、脱水、排水均不需手工操作，可自动转换。

2. 波轮式、滚筒式、搅拌式洗衣机在洗涤方式上的不同

（1）波轮式洗衣机的洗涤方式是将洗涤物浸没于洗涤水中，依靠摆叶往复运动进行洗涤。

（2）滚筒式洗衣机的洗涤方式是将洗涤物放在滚筒内，并浸没在洗涤物水中，依靠滚筒的正、反向转动进行洗涤。

（3）搅拌式洗衣机的洗涤方式是将洗涤物浸没在洗涤水中，依靠摆叶的往复运动进行洗涤。

3. 全自动洗衣机的分类

（1）按电气控制方式分机电程序控制和微电脑程序控制两种。机电程序控制（又称电动程序控制）全自动洗衣机的控制器，由一个微型电动机驱动几组凸轮系统，控制簧片触点的开断来实现程序控制动作。

微电脑程序控制的全自动洗衣机采用专用的单片微处理器，其执行机构的开关元件采用双向晶闸管或继电器。进水电磁阀、排水电磁阀、水位压力传感器等其他元件与机电控制全自动洗衣机基本相同。

微电脑程序控制的全自动洗衣机与机电控制全自动洗衣机比较，具有功能齐全、无电火花、安全可靠、使用寿命长的特点。

（2）按洗涤方式可分为涡旋式水流洗涤和新水流洗涤。涡旋式水流全自动洗衣机采用小波轮结构，靠波轮旋转产生呈旋形的水流带动洗涤物翻滚达到洗涤的目的。新水流全自动洗衣机采用大波轮，其传动部分除皮带传动外，还辅以齿轮减速装置，因此能实现低速运转和频繁换向。

新水流全自动洗衣机与涡旋水流全自动洗衣机比较，它具有磨损小、不缠绕洗涤物、洗净度高的特点。

（3）全自动洗衣机按自动化程度分为普通型全自动洗衣机和智能型全自动洗衣机。普通型全自动洗衣机和智能型全自动洗衣机装有微电脑控制器或机电程序控制器、电磁进水阀、排水电磁阀和执行元件，使用时可根据不同的衣料和脏污程度，按人工选择的程序自动完成洗涤、漂洗、脱水、排水全过程。

智能型全自动洗衣机比普通型全自动洗衣机具有更完善的洗涤程序及控制手段。这类洗衣机除具有普通型洗衣机所具备的执行元件和传感元件外，还设置了衣料传感器、衣量传感器和脏污程度传感器。使用时微电脑根据各个传感器送来的信息，通过分析和计算处理后，输出合适的程序自动完成洗涤、脱水和干燥的全过程。

8.2 双缸洗衣机的基本结构及工作原理

8.2.1 基本结构

普通双缸洗衣机由洗涤系统、脱水系统、给（排）水系统、控制系统和箱体支承系统组成。

1. 洗涤系统

普通双缸洗衣机的洗涤系统由洗涤缸和波轮盘组成。洗涤缸的材料选用有铝合金和塑料两种，波轮为塑料制成，其表面具有辐向凸筋。洗涤系统的传动部分由风叶、皮带轮、皮带和洗衣轴体组成。洗衣机运转时，电动机通过风叶轮带动皮带，皮带带动皮带轮，因皮带轮固定在洗衣轴体上，洗衣轴体通过紧固螺母固定安装在洗涤缸底部，当皮带轮传动时，洗衣轴体、波轮同转，使洗涤缸内的洗涤液形成涡流，产生洗涤作用。

2. 脱水系统

普通洗衣机的脱水系统由脱水桶和脱水缸组成。脱水桶一般为塑料制品，四周有泄水孔。脱水时，电动机带动联轴器及脱水桶作高速旋转，将洗涤物中的水甩出。在脱水电动机主轴上装有制动机构，可与电气系统配合，当脱水程序结束时，或使用者在脱水中途打开脱水桶盖板时，盖板安全开关切断电源，制动系统制动，脱水桶迅速停转。

3. 给、排水系统

普通双缸洗衣机的给水系统一般为顶部淋洒注水方式，也有从底部喷涌注水的。

普通双缸洗衣机的排水系统一般兼顾洗涤缸和脱水缸两部分的排水，脱水缸底部内侧有一单向橡皮阀，其作用是防止在洗涤缸排水时，水倒流到脱水缸内；洗涤缸底部内侧有一排水阀总成，排水阀总成同样可防止脱水缸内水回流到洗涤缸内。排水时排水转轴将阀体总成上提，排水阀打开，水通过排水管排出。

4. 控制系统

普通双缸洗衣机的整个控制系统安装在洗衣机面板上，主要有定时器、选择开关、微动开关和排水开关。由定时器和选择开关控制洗涤系统，定时器和微动开关控制脱水系统，排水开关控制排水。

5. 箱体支承系统

普通双缸洗衣机的箱体是由厚度为0.5～0.8 mm的钢板制成的，也有采用铝板或塑料制成的。底座用塑料制成，其支承方法是采用洗涤桶翻边与外壳固定的承重方式，外壳同底座固定。

8.2.2 工作原理

1. 洗涤过程

普通型双缸洗衣机由使用者操作定时洗涤时间，洗衣电动机作正、反向间歇转动，转盘的转动使洗涤桶内的洗涤液产生涡流，洗涤物通过波盘的搅拌振动等物理作用，使附着在其上的污垢分离。

2. 脱水过程

普通双缸洗衣机脱水时，旋转脱水定时器后，微动开关控制脱水系统，通过脱水桶的高速转动产生的离心力，将洗涤物内所含的水甩出。

3. 主要部件工作原理

普通双缸洗衣机主要部件有洗涤定时器、脱水定时器、洗涤电动机、脱水电动机、电容、波盘轴体等。

(1) 洗涤定时器。普通双缸洗衣机一般采用15 min的发条式定时器，也有的采用15 min的电动定时器。定时器内装有一系列齿轮及两组触头和一组切换触头。主触头起电源开关作用，切换触头用来改变电流流入电动机绕组的方向，以控制洗涤电动机的运行时间，改变电动机的旋转方向，使电动机正、反转变换。因为每次改变电动机转向之前，中间触头与两边的触点处于断开状态，所以电动机停转一段时间。

(2) 脱水定时器。普通双缸洗衣机的脱水定时器采用发条式5 min的定时器或电动式5 min的定时器。定时器内装有一系列齿轮及一组主触头，旋转定时器后，触头闭合，脱水电动机运行，实际上脱水定时器起控制脱水电动机的运行时间及开关作用。

(3) 电动机、电容器。普通双缸洗衣机所采用的洗涤电动机和脱水电动机均为单相四极电容器运行电动机，电动机有匹配电容器，其作用是使电动机能正常启动。洗涤电动机接线图如图8.9所示，当接通 K_4、K_5 时，电动机副绕组中的电流相位超前于主绕组中的电流相位，产生正转磁场，使电动机正转；当接通 K_4、K_3 时，主绕组的电流相位超前于副绕组中的电流相位，产生反转磁场，使电动机反转。因此，当电源电压正常的情况下，若洗衣机不能启动，或启动后不能正常运转，一般是电容器不良或电动机绕组短路或开路所引起。

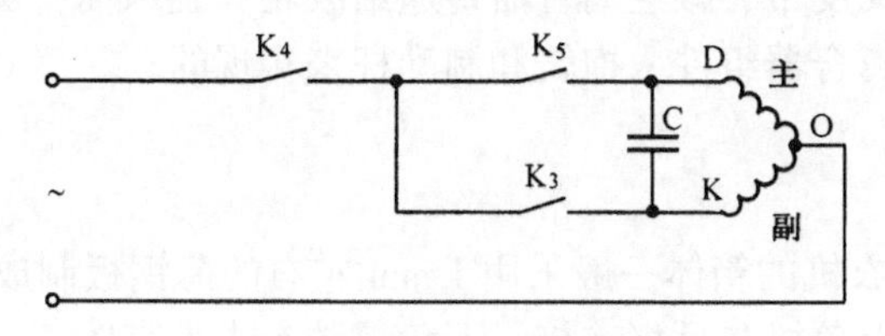

图8.9 洗涤电动机接线图

(4) 波盘轴体。普通双缸洗衣机的波盘轴体的功能是带动波盘转动并保证在转动时不漏水的重要部件。由轴承座、轴承骨架油封、轴体座、波轮轴、油毛毡及两个铜质含油轴承组成，波盘轴体的作用是支撑波盘，传递动力，并有良好的密封不漏水特性。

8.3　套缸（全自动）洗衣机基本结构及工作原理

8.3.1　基本结构

套缸（全自动）洗衣机由洗涤系统、传动系统、给排水系统、支承系统、控制系统和箱体组成，如图8.10所示。还包括安全开关、注水阀、水位开关、电源开关、电子程序控制器、排水电磁阀、减速离合器和电动机等部分。

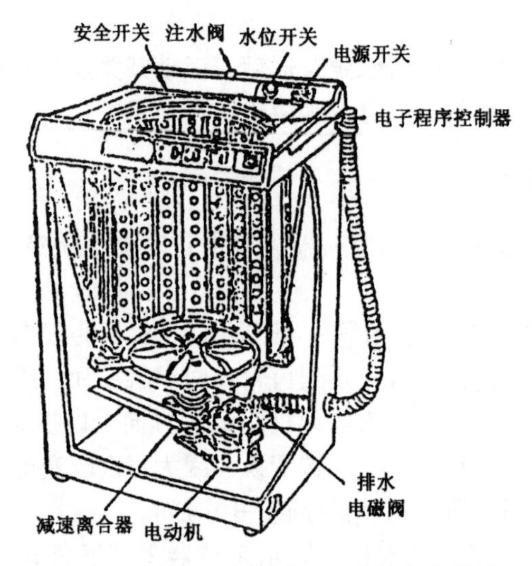

图8.10　套缸（全自动）洗衣机基本结构

1. 洗涤系统

套缸（全自动）洗衣机的洗涤系统由盛水桶、脱水桶、盛水桶罩、波盘等组成，从名字就可理解，它的洗涤系统包括脱水系统。盛水桶既做洗涤缸用又做脱水缸用。

2. 传动系统

套缸（全自动）洗衣机的查系统由减速离合器、皮带轮、传动皮带、电动机等组成。

电动机的动力经传动皮带、减速离合器传递给波轮和脱水桶，实现洗涤和脱水。其洗涤和脱水的转换，是利用离合器组件、抱簧和制动杆来实现的。

3. 支承系统和箱体

套缸（全自动）洗衣机的箱体一般采用1 mm左右的薄钢板制成。箱体背面开口，顶部和底部四个角设角撑，上角撑与吊杆连接，下角撑装有支承脚体。

支承系统的四根吊杆把整个箱体及传动机构一起吊压在箱体的四角。支撑杆总成包括减振弹簧，一般洗衣机采用阻尼筒。

4. 给、排水系统

套缸（全自动）洗衣机的进水管一头接在进水龙头上，另一头接在进水电磁阀上，由程控器控制电磁阀的开、关，控制洗衣机的进水。

套缸（全自动）洗衣机的排水系统由电磁铁牵引器和排水阀体组成。电磁铁牵引器由程控器控制。排水时，电磁铁牵引器将排水阀的排水水封拉到一定位置，使洗涤液通过排水口排出机外，排水结束后，电磁铁牵引器断电，排水阀的弹簧复位，拉动排水水封堵塞了排水口，完成整个排水过程。

5. 控制系统

套缸（全自动）洗衣机的控制系统由程序控制器、电源开关、水位开关、安全开关等组成。核心是程序控制器。洗衣机的进水、洗涤、漂洗、排水、脱水等全过程由控制系统控制洗衣机，按设定程序进行工作。

8.3.2 套缸（全自动）洗衣机的工作原理

套缸全自动洗衣机所采用的程序控制器有两种，即电动程序控制器和微电脑程序控制器。近年来生产的全自动洗衣机一般均采用微电脑程序控制器。

1. 电动程序控制器

以国产XZ—1A型程序控制器为例，该程序控制器备有长、短两个周期的工作时间。长周期为26 min，其编程为进水→洗涤→排水→漂洗→排水→脱水→关机；短周期为19 min，其编程顺序与长周期相同。

XZ—1A型程序控制器凸轮组电气原理图如图8.11所示。

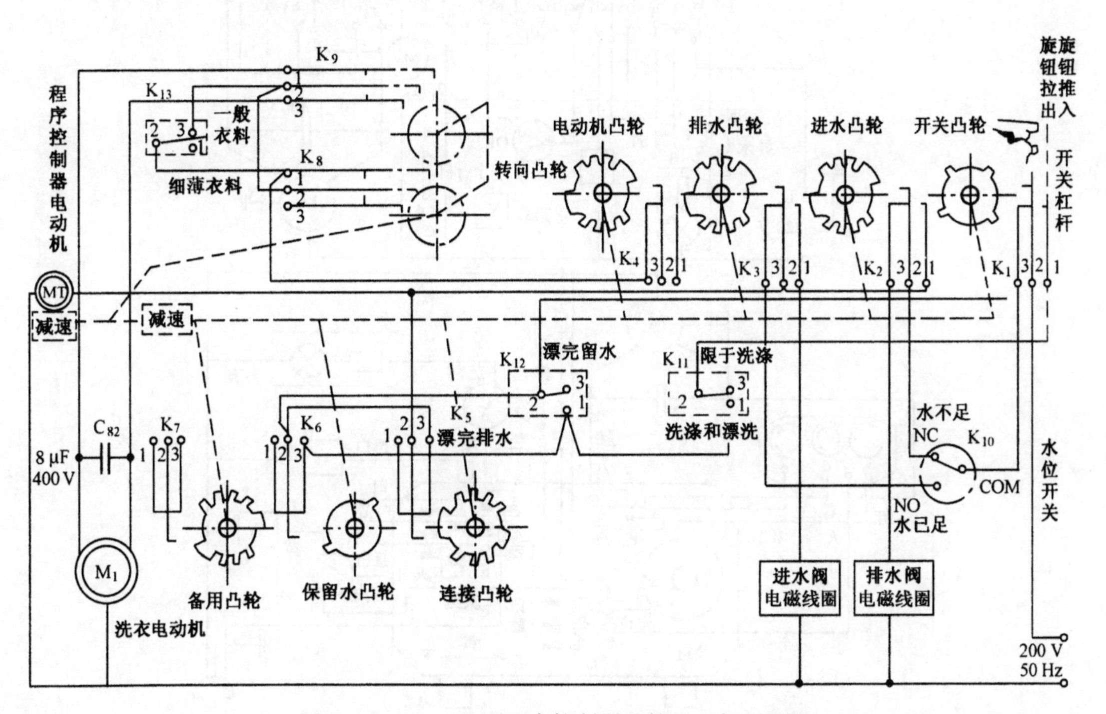

图8.11　XZ—1A型程序控制器凸轮组电气原理图

XZ—1A 型程序控制器凸轮组接线方法，如图 8.12 所示。

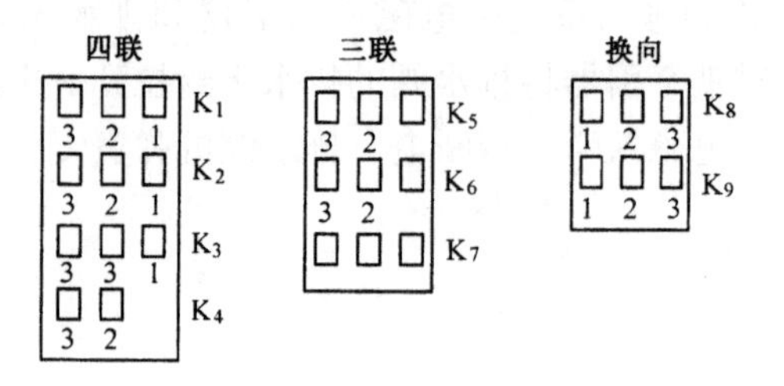

图 8.12　XZ—1A 型程序控制器凸轮组接线图

电动程序控制器的工作原理，如图 8.13 所示。当洗衣机接上电源时，指示灯亮，此时程序控制器接通电源，洗衣机全程序电源接通，按照编程顺序，进水电磁阀 Y_1 开启进水，此时电流回路为：

$$L \rightarrow A - a_1 \rightarrow B \rightarrow b_1 \rightarrow C \rightarrow c_2 \rightarrow QK-1 \rightarrow QK-3 \rightarrow Y_1 \rightarrow 0$$

当进水达到预选位置时，水位选择检测器的储气室压强增大，导致开关触点 QK-1，由 QK-3 向 QK-2 转换，进水电磁阀断电而停止进水。同时驱动微电动机 M_2 得电，洗衣机进入洗涤程序，波轮以正转→停→反转的程序运转。

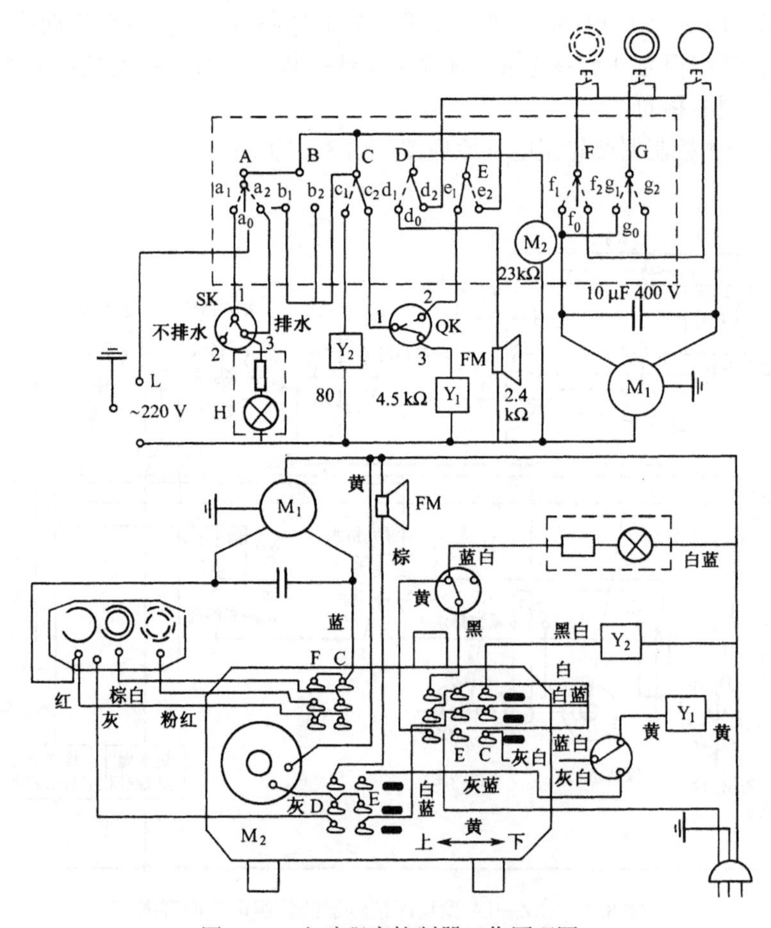

图 8.13　电动程序控制器工作原理图

洗衣机的“中”挡电路为

$L \to A-a_2 \to B \to b_1 \to C \to c_2 \to QK-1 \to QK-2 \to E-QK \to E \to$

$\{ \to G-g_2 \to M_1 \to$ 地（正转）

$\to TD-D$ $\{ \to G-g_0$（停转）

$\{$ $\to D-D-d_2$ $\{ \to G-g_1 \to E-e_1 \to M_1 \to$ 地（反转）

$\{ \to G \to g_0$（停转）

当洗涤结束时，触点 $C-c_2$、$D-d_2$、$E-e_1$ 在各自的凸轮盘控制下分断，使洗涤电动机失电而停转；同时，$C-c_1$、$D-d_0$、$E-e_2$ 转换接通，使排水电磁阀 PE 得电开启，洗衣机进入排水程序。其电流回路为

$$L \to A \to a_2 \to A-B-b_1 \to C \to \begin{cases} \to E \to e_2 \to E \to M_2 \to \text{地} \\ \to C \to c_1 \to Y_2 \to \text{地} \end{cases}$$

电磁阀开启排水后，由于桶内水位降低，水位检测开关 QK 内的密闭气室的气压减弱，使内部触点 QK-1 从 QK-2 自动复位转换到 QK-3 的位置上，为下一个漂洗程序的进水操作准备。待排水程序终了时，触点 $C-c_1$、$D-d_0$、$E-e_1$ 又在各自的凸轮盘控制下同时分断，使 $C-c_2$、$D-d_2$、$E-e_1$ 同时恢复常态，开始进入漂洗过程。微电机 M_2 由于 QK 的分断而停止运行，待桶内达到一定水位后，重复上述过程。

当最后一个排水过程快要结束时，触点 D 在其凸轮盘的指令下，从 $D-d_0$ 跳到 $D-d_1$，使电磁蜂鸣器得电发出音响信号，电流回路为

$L \to A-a_2 \to SK-3 \to SK-1 \to A-a_0 \to A \to B-b_1 \to C \to$

$$\begin{cases} E-e_2-E \to \begin{cases} \to M_2 \to \text{地} \\ \to D \to D-d_1 \to FM \to \text{地} \end{cases} \\ \to C-c_1 \to Y_2 \to \text{地} \end{cases}$$

此时触点 A 在其凸轮盘的指令下与 $A-a_1$ 分离跳位至 $A-a_0$ 挡（停），整机的电源输入通路被切断，全程序洗衣结束。

2. 微电脑程序控制器

微电脑程序控制器实际上是一块电脑板，它由单片机和双向晶闸管等电子元器件组成。以单片机作为控制中枢，其内部有按功能要求已编程的掩膜 ROM。由单片机控制执行元件，即双向晶闸管或继电器，通过双向晶闸管或继电器的通与断形成各个电路回路，控制洗衣机的运转。

以水仙牌 XQB30—111 型全自动洗衣机的微电脑程序控制器为例，如图 8.14 所示。介绍微电脑型程序控制器的电气原理。

洗涤工序：按启动键，水位开关→D 的 23 脚→D 的 15 脚→三极管 VT_6→双向晶闸管 VT_{R1}→进水电磁阀，洗衣机开始进水。当达到预定水位时，水位开关内的触片转换水位开关→D 的 23 脚，D 的 12 脚→三极管 VT_3→双向可控硅 VT_{R4}→D 的 1 脚，电动机反转；或 D 的 15 脚→三极管 VT_4→双向晶闸管 VT_{R3}→D 的 2 脚，电动机顺转。

正、反转中的停顿间歇由 D 内部控制。

当达到预选洗涤时间后，D 的 14 脚→三极管 VT_5→双向晶闸管 VT_{R2}→排水电磁阀；洗衣机进入排水工序，同时 D 的 12、13 脚无输出，电动机停转。

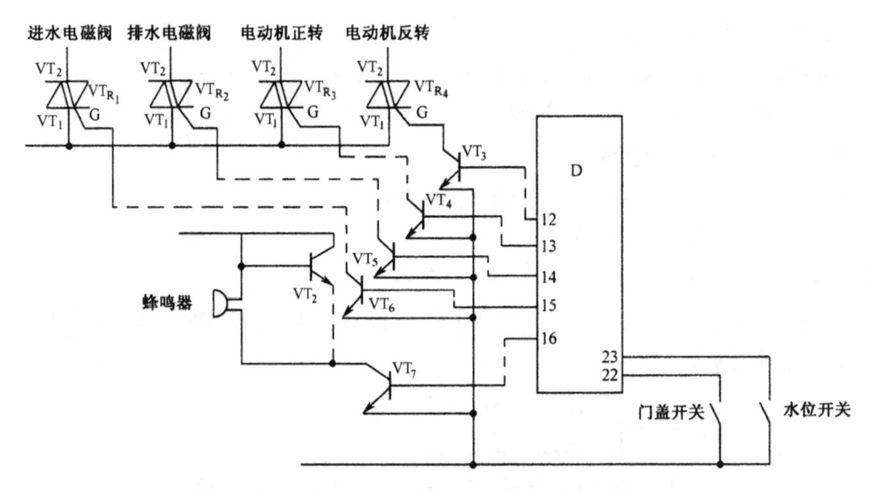

图 8.14　全自动洗衣机微电脑程序控制器原理图

排水开始后，盛水桶内的水位下降，当水位降到一定位置时，水位开关触片转换，洗衣机自动转入脱水工序。

水位开关→D 的 23 脚 →D 的 13 脚→三极管 VT_4→双向晶闸管 VT_{R3}→D 的 1 脚，电动机顺转。

门盖开关→D 的 22 脚→D 的 14 脚→三极管 VT_5→双向晶闸管 VT_{R2}→D 的 2 脚→排水电磁阀。

达到预定脱水时间后，D 的 18 脚→三极管 VT_7→三极管 VT_2→蜂鸣器。此时蜂鸣器连续鸣叫 10 次（以一秒一次），告知整个洗涤工作结束。

8.4　滚筒式全自动洗衣机基本结构及工作原理

8.4.1　基本结构

滚筒式洗衣机有侧装入式和上装入式两种。目前常见的滚筒式洗衣机多为侧装入式。侧装入式滚筒式洗衣机在正前方开门，洗涤物从正滚筒的前面投入和取出，可从门上的玻璃孔看到内部的工作情况。侧装入式全自动滚筒洗衣机由 6 个部分组成，如图 8.15 所示。

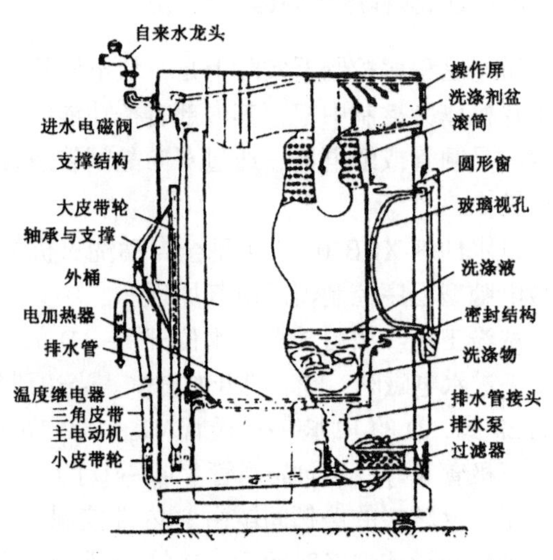

图 8.15　滚筒式洗衣机结构图

1. 洗涤系统

由外桶、内桶、轴承、滚筒轴承等组成。

2. 支承系统

支承系统主要由箱体、底部、后盖及吊装机心的四个弹簧和两个支承机心的弹性减振装置组成。

3. 传动系统

传动系统主要由双速电机、皮带及皮带

轮组成。

4. 进、排水系统

进、排水系统主要由进水电磁阀、进水管、排水泵、排水管和溢水管等组成。

5. 加热系统

加热系统采用管状电热元件，气压式测温机构。

6. 控制系统

控制系统由程序控制器、水位控制继电器、水温控制器、电源开关、节能开关、安全开关等组成。

8.4.2 工作原理

滚筒式全自动洗衣机，是将洗涤物放在不锈钢滚筒内，依靠滚筒的运转将洗涤物举升到高出洗涤液的某一高度，然后跌落下来，使洗涤物与洗涤液产生撞击，同时，也使洗涤物互相摩擦，产生人工搓洗的效果，从而达到理想洗涤效果。

滚筒式全自动洗衣机的操作过程与其他全自动洗衣机基本相似。打开开关后，进水电磁阀接通，开始进水。同时，将事前放置在洗涤剂容器盒内的洗涤剂冲进机内，当水位达到预定位置时，压力开关接通，进水阀关闭，洗衣机运转，搅拌洗涤液使洗涤物浸润，然后停止运转，装在水桶底部的加热元件开始对洗涤液加温，当洗涤液达到预定温度时，温控器断开，洗衣机进入主洗涤程序。主洗涤程序进行四次漂洗，然后进行脱水，整个洗涤过程结束。

8.5 洗衣机的维修

8.5.1 电器元件的故障判别

1. 电动机不转

洗衣机一般采用单相电容运转式异步电动机，定子槽内嵌有两个定子绕组，即主绕组（运行绕组）和副绕组（启动绕组），当发现电动机不能转动时，可卸下三角皮带进行试验，若此时电动机能转动则可能是启动转矩小或负载阻力大所引起。如拆下皮带后电动机仍不能转动，则可能是电动机气隙中没有旋转磁场。或者是启动电容器不良。如通过以上检查都正常，则可确认是电动机绕组有故障。检查方法是：如图8.16所示，在不通电的情况下，用万用表电阻挡进行测量，先用两表笔分别与B点和C点连接，测量出绕组总电阻值，再将一根表笔与A点连接，另一根表笔分别与B点和C点连接，测量出AB绕组的电阻值，再测量AC绕组的电阻值，假设总电阻值为R_{BC}，AB绕组的电阻值为R_{AB}，AC绕组的电阻值为R_{AC}，再设电动机每相绕组原设计电阻值为R_0，如输出功率为180 W，每相绕组的电阻值约为20 Ω。若所测得电阻值$R_{BC}=2R_0$，说明电动机绕组是正常的；若R_{BC}明显小于$2R_0$，则说明绕组相间短

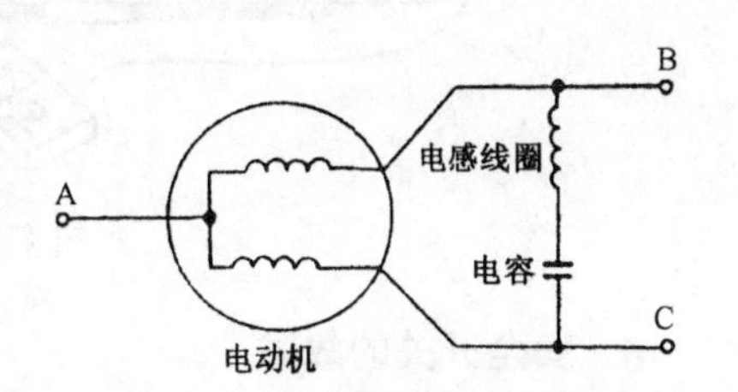

图8.16 电动机绕组的测量方法

路；若R_{AB}或R_{RC}明显小于R_0，或近于零，则说明AB绕组匝间短路。

2. 直流电磁铁铁芯不吸合

直流电磁铁的故障一般表现为线圈烧坏，造成电磁铁不吸合，参照图8.17所示。检查时，用万用表直流电压挡测量电磁线圈输入端是否有200 V左右的直流电压。在不通电的情况下，用万用表电阻挡测量电磁线圈两端的接线片间的电阻值。其方法是：先将动铁芯拉出，测量线圈A的电阻值；再将动铁芯推入，测量线圈A和线圈B串联后的电阻值。若线圈A的电阻值为90～110 Ω，线圈A和线圈B串联后的电阻值为3100～3300 Ω，说明电磁线圈正常，若测得电阻值过大，则说明电磁铁线圈已断路。

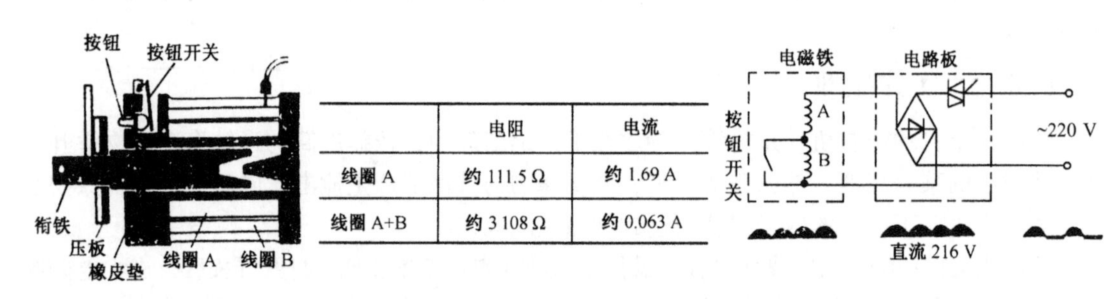

	电阻	电流
线圈A	约111.5 Ω	约1.69 A
线圈A+B	约3 108 Ω	约0.063 A

图8.17 直流电磁铁结构和工作电路

3. 微电脑程控器的故障

微电脑程控器出现故障时会造成不进水，或能进水但不能进入洗涤、排水、脱水工作状态。

判断程控器不良的方法：当洗衣机不进水时，先检查进水电磁阀的电阻是否为4.5 kΩ左右，如果正常，则说明进水电磁阀没有故障，则可能是程控器有故障。

参照图8.18，用万用表测量程控器是否有220 V交流电压，如果有220 V交流电压，则可能是导线断落或接触不良，如果无电压，可判断为电脑板已损坏。

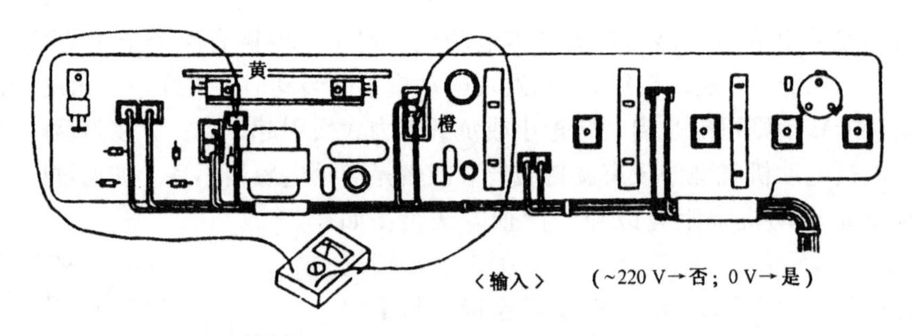

图8.18 电脑程控器的检测方法

4. 安全开关的故障

安全开关出现故障时，会造成不能进入脱水程序，或脱水时不能刹车的故障。一般是安全开关的触点接触不良。判别安全开关是否不良的简单方法是将安全开关短路，如果将安全开关短路后，洗衣机能实现脱水，则说明安全开关接触不良，一般为触点表面积碳或触点触片的压力太弱不能接触。

5. 水位开关的故障

全自动洗衣机的水位开关出现故障时，将会导致不进水或进水不止的故障。

水位开关的结构如图 8. 19 所示。水位开关不良的判别方法是：首先检查压力气管是否破损，连接是否正常，排除以上两点后，卸下水位开关，用万用表 $R\times1\ \Omega$ 挡测量 QK-1 点与 QK-3 点之间的电阻。测量时用嘴对着水位开关气管入口处用力吹一口气，正常时应能听到“嘀啪”的一声，测量其电阻值应为 0。若听不到“嘀啪”响声，则其电阻值应为 ∞，说明水位开关内部振动膜跳簧触点已经损坏。

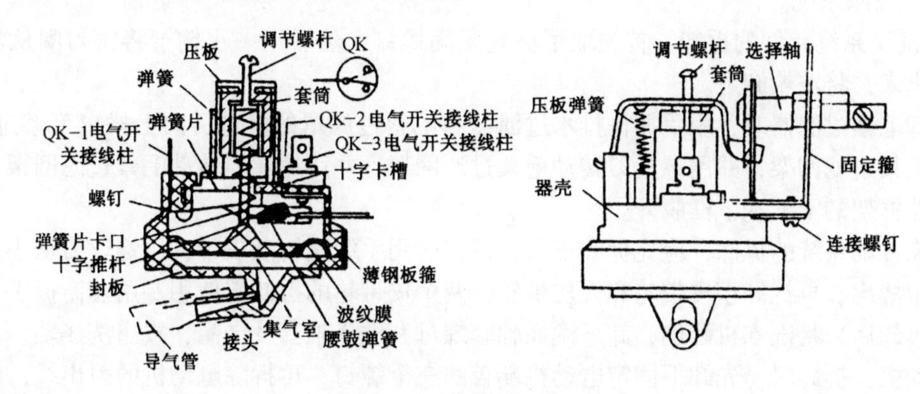

图 8. 19 水位开关的结构图

6. 电容器的故障

电容器故障的表现为电容器引脚断路和电容容量减小。

判别方法是：将电容器的一极接交流电，再用交流电的另一极去碰电容器的另一极（时间为 1 ~2 s)，此时电容器已充好电（不可用手碰触电容器)，然后用螺丝刀将电容器两极短路，观察是否有火花放出。如火花强烈，说明电容量正常；如火花很弱，说明电容量已减小；若无火花，说明电容器已击穿或失容。

也可用数字式万用表的电阻挡测量其电容量。其方法是：将数字式万用表的电阻挡接电容器的两个极，观察其数字显示，通常洗衣电机的电容器的容量为 8 ~10 μF，脱水电机的电容器的电容量为 4 μF。检测时用万用表显示的数字越大电容量就越大，反之，则说明电容量减小。

8. 5. 2 元件的拆卸

1. 普通双桶洗衣机元件的拆装

(1) 进水系统。

① 进水系统的拆卸。

- 取下洗衣机后盖板，将箱内导线解开呈松弛状态。
- 取出溢水过滤罩，露出排水阀架和排水拉带，此时用手将排水阀杆向下压，使阀杆与上方脱钩，拉出排水拉带。
- 取下连接三角底座与连体桶的螺钉，并将控制盘转动一个角度，取出流水盒和三角底座上的注水盒。

② 进水系统的装配　进水系统的装配在原则上按拆卸的反顺序进行。应注意的是：流水盒的位置要准确，流水盒上的定位插头要准确地插入连体桶内的三个定位孔内；防溅毛毡要准确插入定位插头上并紧固好；注水盒安装后，应在手柄与控制盘的转换拨杆导槽内涂适量的润滑油，以减少滑动过程中的摩擦。

脱水桶的装配应注意两点：

- 内盖的卡爪一定要插到连体桶内的孔槽内；
- 外盖的转轴一定要插到连体桶内的轴孔内，内、外盖的开启均应转动灵活手感良好。

（2）洗涤系统。

① 洗涤系统元件的拆卸：首先取下波轮紧固螺钉，然后用一小钩子将密封圈从洗涤轴套中取出来，将波轮卸下。

拆卸毛絮过滤器时，用手握住排水过滤器和毛絮过滤罩的上部，向上拔出毛絮过滤器，再拔出毛絮过滤网架，并用螺丝刀转动毛絮过滤网架，并用螺丝刀转动毛絮过滤网架，使毛絮过滤器框架的上框和下框脱开。

洗涤传动系统的拆卸，应先拆卸皮带，拆卸时用手缓慢转动皮带，用螺丝刀从小皮带轮处将皮带撬出，再拆卸小皮带轮和大皮带轮，两个皮带轮的拆卸需使用专用套筒扳手，大小皮带轮拆卸后，将洗衣机翻倒，卸下洗涤轴套螺母和洗涤轴套及卡圈，拔出洗涤轴。后拆卸洗涤电动机，拆卸时，先卸下固定电动机端盖的三个螺钉，再拆除电动机的引出线，电动机取下后，再将3个减振垫和1个调整套取出。

② 洗涤系统的装配：洗涤系统元件的装配除应按拆卸的反顺序外，还必须注意以下几点：

- 装配波轮和密封圈时，在安装密封圈前，先在密封圈唇口涂少许润滑油，将密封圈中弹簧朝下装入轴套内。

- 毛絮过滤系列装配：首先将挡圈水管组平放于洗涤桶的桶底，拧紧挡圈紧固螺钉；再装好循环水管和波轮；装好排水过滤罩，将毛絮过滤器下面的固定榫插入排水过滤罩内，将溢水过滤罩插入桶体上，再将毛絮过滤网架和过滤网装好，然后插入集水槽下面。毛絮过滤系统装配后应作运行检验，方法是：向洗衣机桶注入半桶以上水，通电运行，当波轮正、反交替运转时，如过滤网有水流出来，说明装配良好，如果过滤网没有水流出，则可能是组件安装没有到位。需重新拆装。

- 洗涤传动系统装配：原则上拆卸的反顺序进行。注意：一是要调节好电动机的斜度使轮与大皮带轮要调整在一个平面；二是传动皮带的松紧程度要调整适当。

（3）脱水系统。

① 脱水系统的拆卸：

- 首先拆卸喷淋管。其方法是先取下喷淋管塑料压板，再将脱水桶按住，握住喷淋管上部，将喷淋管逆时针方向转动，因喷淋管座下方有一个弹簧，转动时，应稍往下压一点，即可取出。

- 取出连接脱水桶与脱水轴法兰盘的3个固定螺钉，使脱水桶与法兰盘分离开，将脱水桶取下。再将连轴器上的脱水轴锁紧螺母和紧固螺母拧松，将脱水轴从脱水外桶拔出。

- 拆卸水封胶垫，方法是：将洗衣机倒立先用开水对连接支架加热，再将卡爪掰开，取出连接支架和水封胶垫。

- 拆卸脱水电动机和刹车机构，其方法是：打开脱水桶底盖，将刹车拉杆与刹车板分离，将刹车压板从连体桶的卡槽中向下压，使刹车板与连体桶脱开，并将刹车拉杆挂钩从刹车板的孔中脱出。然后，将洗衣机倒下，拧松减振弹簧下支架的固定螺钉，使下支座与塑料底座脱开，取出脱水电机和3个减振弹簧组件。

脱水电机取下后，将固定刹车片与脱水电动机上端的3只紧固螺钉卸下，然后卸下刹车片组件，再卸下刹车块、刹车弹簧和刹车钢丝。

② 脱水系统的装配：脱水系统的机械零件较多，如图8.20所示，装配时必须做到以下几点。

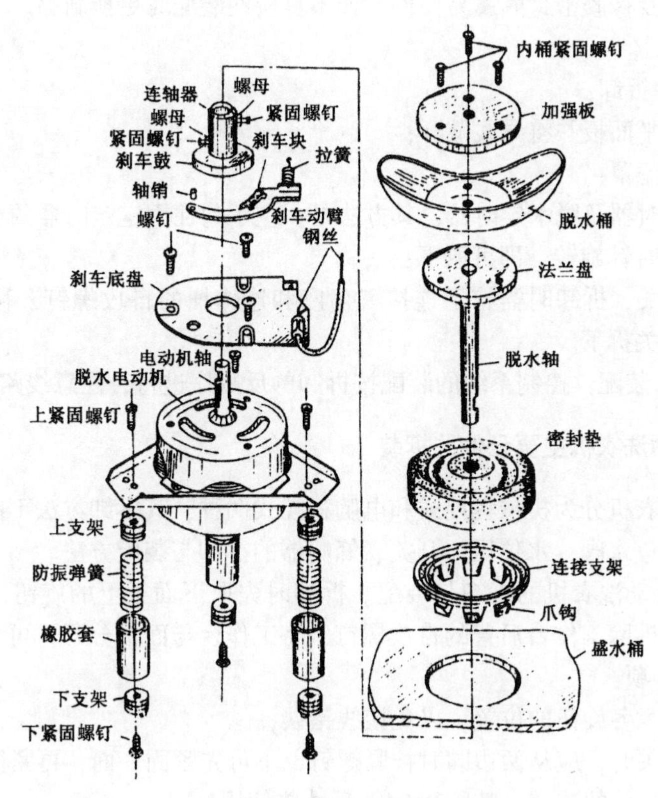

图8.20 脱水系统的装配示意图

- 装配前应将橡胶垫中的含油轴承和含油毛毡放在20号机油中浸泡，使其配合润滑油，然后再装配。
- 装配刹车片时，将刹车臂轴销上滴几滴机油。
- 装配防振弹簧及上支架、下支架、橡胶套时，应先各自组装好，再用螺钉固定。
- 紧固螺钉要注意拧紧，如刹车底片、联轴器、防振弹簧支架、脱水桶。
- 刹车要调节适度。
- 装配完毕后，应通电试运转，一定要保证运转平稳，无碰撞现象，否则卸下重装。

（4）排水系统。

① 排水系统的拆卸：

- 拆下后盖板固定螺钉，卸下后盖板，取下溢水过滤罩，卸下排水拉带，将排水旋钮拔出；

● 卸下控制盘；

● 将排水拔杆的卡爪从控制盘圆孔中脱开，然后卸下排水拔杆；

● 卸下三角底座、脱水扭盖、扭簧及内桶组件，再拆下排水阀弹簧、排水阀杆组件及溢水软管。

② 排水系统的装配：排水系统的装配，按拆卸的反顺序进行。

装配时应注意两点：

● 排水拉带的卡装位置；

● 排水阀弹簧及橡胶密封圈属易损件，如不良应在装配时更换新品。

（5）控制系统。

① 控制系统的拆卸：

● 首先卸下后平面板并将导线散开；

● 拆下溢水过滤罩；

● 拆下洗涤定时器及脱水定时器，其方法是：左手勾住固定定时器的卡爪，右手抓住定时器往下压，并顺时针旋转，即可取下；

● 拆下安全开关，拆卸时需拧下连接三角座和连体桶的自攻螺钉，移开三角座和控制盘，就可将安全开关拆下。

② 控制系统的装配：控制系统的装配按拆卸的反顺序进行，注意线路的连接。

2. 套桶全自动洗衣机主要元件的拆装

套桶全自动洗衣机分为机械程控式和电脑程控式两种，其拆卸方法不同。

（1）程控器、进水阀、水位压力开关、蜂鸣器的拆卸与装配方法。

① 机械式全自动洗衣机的拆卸与装配。拆卸时先取下面板上的旋钮，逆时针方向转动将旋钮旋出；然后拆除工作台后背的自攻螺钉，将工作台与面板分开，再分别拆除各部件。

② 装配注意事项：

● 装配时应注意各旋钮的位置，以免接线错误；

● 装配压力开关时，应从两边同时拧紧螺钉，不可先紧固一面，再紧固另一面；

● 进水管及回气管的连接，粘胶待24 h后才能使用。

③ 微电脑式全自动洗衣机的拆卸与装配：

● 先拆除工作台与箱体的固定螺钉，并将工作台嵌在箱体上，再拆除固定控制板的三颗螺钉，将控制面板拆开；松开固定在控制面板上的7颗固定螺钉，卸下电脑板；

● 拆下固定在工作台内的进水电磁阀、电源开关、安全开关，这三个开关各用两螺钉固定在工作台内，应逐一松开各自的两个螺钉，将其卸下。

④ 装配注意事项：

● 装配时应按照拆卸顺序先将一个部件的零件装配好，然后再将部件装回原位；

● 该部分装配要注意的主要是电脑板，装配时注意不要划破电脑板上密封硅胶，电脑板是一个整体元件，拆装时，不可在一个方向用力过大，防止拆断；

● 装配电脑板时注意导线和插件的连接。

（2）波轮盘的拆卸与装配方法。

① 波轮盘的拆卸：波轮与轴配合较紧，拆卸时首先用螺丝刀拧出波轮中间的固定螺钉，

然后用两根塑料包带从波轮与离心桶凹坎边缘的空隙中塞进后套住波轮，压住离心桶，两根拉带用力将波轮拆出。

② 波轮盘的装配：装配波轮关键要注意波轮与离心桶凹坎边缘的距离，正常距离为1.5 mm，最大距离不大于2 mm，否则会被碎皮屑咬住，而造成波轮不转。

（3）离心桶的拆卸与装配。

① 离心桶的拆卸：离心桶连着平衡圈，拆卸时首先卸下工作台，然后卸下盛水桶上口部的密封圈，再拆波轮。离心桶由特殊的六角螺母固定，首先卸下固定的螺母，再将离心桶摇晃几下，然后握住平衡圈向上提，即可拆出。

② 装配离心桶注意事项：

- 由于离心桶是由特殊螺母固定的，而且配合较紧密，拆装时需使用厂家的专用扳手，无专用工具，可用7 in管子钳。
- 装配离心桶时，应将底部连接盘中心孔的扁垫与离合器外轴配合好，装好止退垫片，六角螺母和波轮即可。

（4）电动机、排水直流电磁铁的拆卸与装配方法。

① 电动机、排水直流电磁铁的拆卸方法：拆卸时将洗衣机横置，将固定在箱体上的导线松开，拆开电动机、电磁铁的线柱和底脚上的固定螺钉，卸下固定衔铁的开口销即可将电动机和电磁铁卸下。

② 装配电动机、排水直流电磁铁时注意事项：

- 必须弄清各线头之间的连接关系，注意电动机的正转线与电磁铁线的连接。
- 装配时注意电动机底脚和电磁铁固定架一定要装好绝缘垫。
- 装配后各接线头扎在一起，用塑料袋装上固定于箱体上，并将袋口朝下，防止浸水。

（5）排水电磁阀的拆卸与装配方法。

① 排水电磁阀的拆卸方法：

- 拆下电磁铁衔铁与调节架的开口销；
- 拆除排水阀与洗衣机底盘连接的螺钉；
- 取下溢水管和排水短管，将排水阀与盛水桶分离开。

② 装配电磁排水阀时注意事项：

- 装配电磁排水阀时，先将橡皮套管用粘合胶与盛水桶排水口胶合后，再连接排水阀。
- 注意拧紧排水阀与底盘的连接螺钉，用弹簧卡子固定排水短管。
- 排水阀电磁铁的行程为14～17 mm，不当时可依靠排水阀底脚上的固定孔来调整。

（6）离合器的拆卸与装配方法。

① 离合器的拆卸。离合器固定在洗衣机底盘上，拆卸时应先拆除工作台、波轮、盛水桶密封圈和离心桶；将洗衣机横倒，拆下三角皮带及离合器固定螺钉，就可以将离合器卸下。

② 装配离合器时注意事项：

- 离合器装配后，其轴承与盛水桶底部、底盘平面应垂直；
- 装配时调整好拨叉、调整螺钉和顶开螺钉；
- 离合器装配好后，若离心桶装不下，则可能是离心桶底部连接盘中心孔与离合器外轴扁垫没有配合好，应拆除重新装配。

（7）盛水桶的拆卸及装配方法。

① 盛水桶的拆卸方法：

- 盛水桶固定在洗衣机底盘上，首先拆下工作台和离心桶；
- 拆下排水阀，因为排水阀与盛水桶排水口用橡皮套管连接并胶合；
- 卸下底盘上连接盛水桶的螺钉，将盛水桶从箱体上部取出。

② 装配盛水桶时注意事项：

- 必须注意大油封的装配，大油封由盛水桶的两只固定的定位销定位，装配时将其内侧橡皮油封凹槽内填满黄油，然后将含油轴承压入外油封圈内。装配时将4颗固定自攻螺钉对角逐步紧固。
- 重新安装排水阀时注意连接外胶合，不能漏水。
- 盛水桶与离心桶装配后，应进行调试，互相无干涉后才进行下一步装配。

8.5.3 维修洗衣机的基本思路

洗衣机同其他家用电器一样，既采用了机械技术又采用了电子技术。随着科学技术的发展，微电脑技术在洗衣机上广泛应用，对维修者来说，一方面要有一定的理论水平，懂得机械结构和工作原理，另一方面要有一定的工作经验。前一点决定检修的判断能力，后一点决定维修技术的熟练程度，这两点全都具备了，检修速度自然加快了。

在检修方法上，应从初步判断入手，利用各种检修方法，逐步缩小故障范围，直至找到故障点及故障元件。

1. 总体维修思路

（1）通过听和看初步确定故障部位。洗衣机出现故障送修时，应仔细倾听用户的介绍，从中对洗衣机发生故障的过程及现象有所了解。然后具体观察，通过再次开机和拆机初步判断故障原因和部位。

洗衣机分为普通型、半自动型和全自动型，同一类故障因机型不同其判断故障原因应有所区别。

如开机时正常，但在洗涤中洗衣机突然停转。这类故障对普通洗衣机来说，可能是电源停电、线路断线、插头接触不良、传动皮带脱落、波轮卡死或洗涤电机烧坏所致。但对微电脑全自动洗衣机来说，除电源故障和电动机故障外，应重点考虑电脑板是否有元件损坏。

（2）利用仪表测试判断故障部位。初步判断只是根据听取的反应和初步观察所做的主观判断，但这种判断是不完全准确的，只是一种怀疑。用仪表测试，就是对有怀疑的电路和元件进行检测，通过检测电压和电阻值与正常值对比判断电路是否有问题，元件是否损坏。如全自动洗衣机开机后不进水故障，主要应检查：电源电压是否正常，水压是否正常，进水电磁阀是否损坏，电脑板是否有元件损坏。

在电源电压及水压正常的情况下，用万用表测量进水电磁阀线圈的电阻值，若正常，可判断故障出在电脑控制板上，再通过对电脑板相关控制元件的检测，就可以找到故障元件。

2. 具体故障现象的维修思路

洗衣机三种机型所采用的技术不同，其结构形式、使用方法和控制方法均有区别。维修时应因机型而异，对具体故障现象进行分析和判断。

（1）普通型洗衣机具体故障检修思路。

● 接通电源并转动洗涤定时器后，波轮不转。

故障原因：电源电压过低；洗涤选择开关接触不良；电容器失效或电动机损坏；三角皮带脱落；波轮式传动机构被异物卡死。

● 波轮转速减慢。

故障原因：传动皮带过松或磨损造成打滑；主、从皮带轮上的顶丝松脱；洗涤电动机有故障或电容器容量不足；洗涤电动机绕组接反，造成磁极反向。

● 波轮盘时转时不转。

故障原因：定时器不良，触点失灵；线路接线头松动；电容器引线虚焊。

● 波轮盘单转，不能正、反向旋转。

故障原因：定时器内的触点只有一组能闭合，另一组触点已烧坏或接触不良，或定时器内换向的一组线已有一根开路；电容器的接线有一根断路；线路接错。

● 洗涤时有异常响声。

故障原因：紧固件松动；电动机转子与轴之间松动；两个皮带轮不在同一平面上；三角皮带装得过紧或皮带上有毛刺。

● 洗涤时振动过大。

故障原因：三角皮带装得过紧；波轮轴已弯曲变形造成波轮偏心。

● 有“嗡嗡”声，但波轮盘不转。

故障原因：电源电压太低或负载过重；电容器断路或短路；电动机绕组短路。出现此故障时，应立即切断电源，以免烧坏电动机。

● 排水缓慢或污水排不干。

故障原因：排水阀拉带断脱或松弛，不能将排水阀完全拉开；排水管折成死角或被压瘪；排水阀内被杂物阻塞。

● 脱水时脱水桶不转或转速变慢。

故障原因：微动开关接触不良；刹车拉带太松，使摩擦块与刹车轮不能完全脱开；刹车轮与脱水电机轴的顶丝松动，或连接螺钉与刹车轮松动；刹车绞线铆得太紧，转动不灵活，在刹车弹簧作用下，长期处于刹车状态。

● 脱水时脱水桶转动不停。

故障原因：脱水定时器位置不对或损坏；刹车控制绞线太短；安全开关失灵，电动机不停。

● 脱水桶停止太慢。

故障原因：刹车弹簧弹性太弱或损坏；刹车摩擦片严重磨损；刹车钢丝带损坏。

● 定时器失灵。

除电路原因外，定时器本身故障有：定时器内发条松脱或折断；定时器内齿轮损坏；定时器内触点烧损；定时器外客变形，造成齿轮移位。

● 洗衣机漏电。

故障原因：电动机碰壳；带电部分的绝缘体受潮后绝缘性能下降或与箱体相碰漏电。

● 洗衣机漏水。

故障原因：波轮轴上的密封圈损坏；轴承套与洗涤桶之间的垫圈损坏，使水沿轴承套外表漏出；洗衣桶底部的排水接头密封不严，或排水管接头破损；排水阀中的橡胶塞老化变质；排水阀外壳碰裂，或排水阀中有杂物，造成排水阀关闭不严。

（2）套桶全自动洗衣机具体故障检修思路。

- 接通电源，按动电源开关电脑程控指示灯不亮。

故障原因：电源开关接触不良；电源变压器断路；电源部分的插件脱落；微电脑程控器损坏。

- 接通电源，按下启动按键，洗衣机不进水。

故障原因：进水阀插件脱落或进水阀损坏；微电脑程控器损坏。

- 注水达到预定水位后仍进水不止，波轮不转。

故障原因：导气管破损或脱落；气嘴被异物堵住或气塞漏气；水位开关损坏；微电脑程控器损坏。

- 进水正常，达到预定水位后能停止进水，但波轮不转。

故障原因：变速器输入轴磨损；变速器内卡簧跳槽或折断；抱簧滑块损坏；电容器损坏或电动机损坏；微电脑程控器损坏。

- 进水正常，但洗涤时波轮只能单向转动。

故障原因：制动杆不能抱住变速器抱箍，或棘爪、棘轮配合不当；减速离合器内的齿轮损坏；电动机损坏；微电脑程控器损坏。

- 进水和洗涤正常，但不排水。

故障原因：排水电磁铁损坏或排水阀体内牵引弹簧不良；微电脑程控器损坏；排水阀口有异物堵塞。

- 脱水刚启动到高速转动时，微电脑指示回跳到标准程序。

故障原因：电源插座松动或电源开关接触不良；电源变压器插件松动；微电脑程控器损坏。

- 脱水时波轮顺转，但脱水桶不转。

故障原因：制动杆没有完全分离抱簧；排水电磁阀损坏；微电脑程控器损坏。

- 洗涤正常，但不能脱水，蜂鸣器也不响。

故障原因：传动皮带脱落；制动杆没有完全分离抱簧，或抱簧滑块损坏；棘爪、棘轮配合不当；电容器接线脱落或电动机损坏；微电脑程控器损坏。

- 洗涤正常，但不能进入脱水程序，蜂鸣器响。

故障原因：安全开触点接触不良；微电脑程控器损坏。

- 脱水时有轰鸣声。

故障原因：轴承支座安装不佳或轴承损坏；变速器与上支承磨损。

- 脱水时盛水桶撞击箱体，且有较大振动。

故障原因：脱水桶轴螺母松动；支撑杆套内滑动避振橡皮失灵；平衡环内平衡液流失。

- 洗涤时脱水桶跟转。

故障原因：离合器制动带制动性能变差；离合器纽簧性能变差；电磁铁动铁芯卡死。

5.5.4 常用的维修方法

1. 询问用户法

洗衣机出现故障的经过和出现故障时的现象，最先了解的是用户，因此，当用户送修时，应对用户详细询问，作为判断故障的重要依据。

例如：一台全自动洗衣机，洗涤时电动机不能启动，且发出异常响声。经询问用户，该机曾被水浸泡过，且长时间放在卫生间。根据用户的反应，初步判断为电动机绝缘性下降。用兆欧表测量电动机 AB 绕组的绝缘电阻远远小于 50 MΩ。说明该电机的绝缘性严重下降，已经不能使用了。

一台喷淋式双桶洗衣机，洗涤时下降水流翻滚减弱。经询问用户，该机新安装使用时良好，使用一段时间后变出现上述故障。由于是新机，且无其他毛病，可判断为传动皮带松弛，产生打滑，可通过调整洗涤电机的安装位置来调整皮带的松紧度。

2. 观察法

观察法就是检修中通过看、听、闻、摸等方法判断故障范围及故障元件。

（1）看。看线路有无断裂，线路板有无折断和电容器有无爆裂，机件之间是否紧固良好，有无松脱现象。例如：一台微电脑控制全自动洗衣机，在洗涤时，脱水桶跟着转。检修时，看制动带是否松脱、制动带是否严重磨损，制动带与制动轮上是否沾有油污，以上均会造成制动性能下降。

再如，洗衣机漏水，该故障是洗衣机的常见故障。但究竟什么部位漏水，必须通过仔细观察才能发现，进水管接头漏水、大小油封漏水、储水部件漏水或进、排水管漏水，通过看就可以一目了然。

（2）听。听，就是从洗衣机内发出的声音是否正常及发出异常声音的部位，来判断故障。

① 洗衣机工作时产生的振动和噪声，其原因比较复杂，在判断时，首先应仔细听，找到噪声产生的部位，才能对症下药，加以排除。

② 洗衣机在洗涤、漂洗、脱水结束时，蜂鸣器均应发出鸣叫信号，以告知使用者上一个程序已经完成，当一个程序完成时听不到蜂鸣声，首先应考虑控制蜂鸣器的电路是否有问题，其次是考虑蜂鸣器本身是否正常，应分别进行检测。

③ 洗衣机在工作中发出“吱吱”声。为了找到故障部位，首先卸下洗衣机后盖和三角传动皮带，接通电源，让洗涤电动机空转，如果“吱吱”声仍未消失，估计“吱吱”声来自主轴部件。经查为主轴两含油轴承严重失油。

④ 洗衣机运转噪声的判断不仅从部位可以判断，而且从声音的大小也可判断。传动皮带过松会出现“叭叭”声；波轮轴粉末冶金轴承在严重缺油时会发出“隆隆”的推磨声。

⑤ 脱水时电动机有“嗡嗡”声，但脱水桶不转，此种情况说明电动机已通电，不能启动可能是电容器不良。

（3）闻。闻洗衣机内有无烧焦异味。

① 洗涤时电动机不转，且有焦臭味，一般是电容器已烧坏或保险丝已烧断。

② 开机几分钟后就闻到有油漆焦糊味，可能是洗衣机内有局部短路，碰到此种情况应立即断电，以免烧坏电动机。

（4）摸。用手摸电动机有无过热现象，对于全自动洗衣机来说，微电脑板线路短路或击穿元件时，也会出现发热现象。

3. 电压法

电压法是检测单元电路及具体元件的一种最可靠的方法。微电脑程控全自动洗衣机的单片机 IC 对洗衣机的进水系统、洗涤系统、脱水系统和排水系统进行全程控制，IC 的控制元件及 IC 所控制的传感器在电路图上均标有正常值电压，当洗衣机出现故障时，可通过电压的检测判断具体元件是否损坏。

（1）通电后整机不工作。其故障范围在电源输入回路，微电脑控制电路、整流和稳压电路，可测试这部分电路。

（2）进水不止。其故障可能产生在水位传感器输入电路，可测试单片 IC 的相送控制脚电压。

（3）蜂鸣器不响或蜂鸣器鸣叫不停。故障可能发生在控制驱动电动机电路，可测试这部分电路的相关元件，一般为三极管损坏。

（4）不排水。故障可能发生在程控器、电磁阀和安全开关。用万用表测量电磁阀线圈两端，如无 220 V 直流电压，则说明程控器内部有故障，应更换电脑板。

4. 电阻法

电阻法是通过测量仪表检测故障相关元件的电阻值，从阻值的变化来判断元件是否损坏。

（1）洗衣机进水不止。可能是水位压力开关及导气管路有故障。可采用电阻法进行检查，在不通电情况下，通过导气管向水位压力管吹气，用万用表电阻挡测量水位开关两接线片之间的电阻，吹气时，阻值应接近于零；不吹气时，阻值在 10 kΩ 以上，否则，说明水位开关有故障。

（2）洗衣机不排水。当检查程控器和安全开关均正常时，则可能是电磁阀不良。用万用表测量排水、牵引电磁阀线圈的电阻值（正常应为 40 Ω），如趋于零，则说明排水电磁阀线圈短路，如果所测得的电阻值为正常值的 3 倍以上，则说明电磁阀线圈开路。

（3）洗衣机不能进入洗涤程序。检查程控器正常时，可对洗涤方式选择键进行测试，正常时该触点之间的电阻值应趋于零，如所测得的电阻值不是这样，则说明选择按钮有故障。

（4）通电后，洗涤指示灯不亮。此种情况一般是单片机 IC 有故障。为了快速判断故障，先测量限流电阻是否正常，再测量发光二极管的正反向阻值均为∞，说明发光二极管已烧坏。

8.5.5 维修实例

例1

故障现象：海尔小神童 XQB20—A 型全自动洗衣机启动后，不进水。

故障检查：不进水的故障原因一般是进水系统堵塞、自来水压低或控制系统有故障。检查证实水压正常、进水管及过滤器无堵塞现象，经判断故障出在控制系统。该机有标准程序、节约程序、单洗程序3个程序，但洗涤、漂洗、脱水工序相同。进水工序为：将程序控制器旋钮转动至标准程序洗涤位置。于是S_{1a}→COM→NC→S_{5b}→进水阀，进水。同步电动机TM不通电，不计时。

接通电源后，测量进水阀磁线圈无电压，检查水位开关、程序控制器的S_1、S_5两组触点，发现水位开关的COM触点断裂，造成COM与NC不能接通，进水阀不工作，所以不进水。

故障维修：更换水位开关，故障排除。

例2

故障现象：海尔小神童XQB40—D型全自动洗衣机启动后，不进水。

故障检查：洗衣机在洗涤和漂洗过程之前，以及在注水漂洗过程中，都应能自动进水。如果不进水，则属进水系统水路不通。检查水龙头已打开，测量进水水压正常，检查进水管、过滤网均无堵塞现象。由此分析，可能是电气线路有问题。

分别检查水位开关、进水阀等相关部件，发现进水阀线圈断路，造成进水阀打不开，因此无法进水。

进水阀的检查方法：

先将控制盒上的4个自攻螺钉卸下后，将控制台翻转180°，使低朝天，再拧下4个自攻螺钉，取下控制件防护罩，用万用表电阻挡测量进水阀电磁线圈，两接线柱间的电阻值为4.5~5.5kΩ，说明线圈正常。阀门不开启的原因，可能是进水阀内水道或中心孔被堵塞，或者动铁心被卡死，不能将中心孔打开。

故障维修：将进水阀拆开检查，发现其铁芯缠有很多杂物，将其清除后，装上试机，故障排除。

例3

故障现象：海尔小神功XQB45—G型全自动洗衣机启动后，进水不止。

故障检查：根据故障现象分析，可能是进水阀、排水系统、水位开关不良或程控器损坏。采用断电试验法，将电源线插头从电源插座上拔出，或者使电源开关处于“关”的位置，切断电源后，发现停止进水，说明进水阀正常。检查排水系统无异常，检查水位压力开关和空气气管系统都正常，由此判断，可能电气系统有问题。

采用短路连接试验法，对程序控制器进行检查。将程序控制器上连接压力开关的两根导线的插头拔出，用一根导线短接在它的两个插座上，然后在进水过程中进行试验。仍进水不止，则程序控制器有故障。

故障维修：为了确认程序控制器是否损坏，将压力开关两个插座短接启动洗衣机，用万用表电压挡测量程序控制器上进水电磁阀输出端两个插座之间的电压，有220 V 交流电压，证明判断正确，更换程序控制器后，故障排除。

例4

故障现象：海尔小神功XQB60—D型全自动洗衣机启动后，指示灯亮，但进水缓慢。

故障检查：根据故障现象分析，可能是水位压力开关、进水阀损坏、进水管堵塞或电路有问题。检查进水管无异常，检查水位压力开关及进水发均良好，由此判断电气电路有故障。

使压力开关处于断开状态时，测得进水阀线圈的两个导线（灰、黄）插座之间没有220 V交流电压；而进水时用万用表测量程序控制器上连接进水阀的两个插座（蓝、黄）之间有220 V交流电压，说明进水阀与程序控制器间的导线或连接处有短路、断路或接触不良现象。

故障维修：进一步检查发现进水阀与程序控制器间的连接导线接触不良。重新焊接程序控制器与进水阀间的导线后，故障排除。

例5

故障现象：海尔玛格丽XQG50—1型滚筒式全自动洗衣机启动后，进水不止。

故障检查：根据故障现象分析，可能控制电路或进水系统有故障。检查程序控制器水位压力开关等元器件，发现水位压力开关PV的触点PV_{14}损坏，造成PV_{11}与PV_{14}不能接通，引起进水不止。

故障维修：更换水位压力开关PV，试机，故障排除。

例6

故障现象：海尔全神童XQJ45—A型全自动洗衣机启动后，边进水边排水。

故障检查：边进水、边排水的故障原因一般是微电脑控制程序错乱或进、排水系统有元件损坏所引起。接通电源后，将洗衣机置于不同工作状态，分别测量微电脑程序控制器的各组输出电压，基本正常，说明微电脑程序控制器完好，可能执行部件有问题。

故障维修：分别检查牵引器、水位开关、微型开关、进水阀等有关部件，发现水位开关损坏，造成边进水、边排水故障。更换水位开关后，故障排除。

例7

故障现象：海尔全神童XQJ45—A型全自动洗衣机进水、洗涤均正常，但不能排水。

故障检查：由于进水、洗涤均正常，只是不能排水，表明故障在排水系统，可能是排水系统有元件损坏或微电脑控制不正常。

该机排水系统主要由盛水桶、排水阀、排水电磁铁、溢水管、排水短管和排水软管等零件组成。其工作原理是：通过排水阀阀门的开启和关闭来控制排水。而排水阀门的开启和关闭状态，又是由电脑程序控制器通过排水电磁阀及其连接零件来进行控制的。当洗衣机进入排水程序后，电磁阀应该通电、吸合阀心、开启排水阀门而排水。此时，程序控制器的微电脑便对排水时间开始计数，并对压力开关复位信号进行监测。排水时间到达规定时间后，自动停止排水。

故障维修：检查排水管路无正常，将洗衣机置于脱水程序，启动后听到电磁阀的吸合声，说明电磁阀及其他电气线路正常。由此说明不排水的原因可能是由于排水阀或其他连接件有故障。将洗衣机后盖打开，检查开口销、排水阀内弹簧的端头及其他连接件都正常，再拆下开口销，旋开排水阀盖，检查发现内弹簧断裂。更换内弹簧，故障排除。

例8

故障现象：海尔神童王XQB56—A型全自动洗衣机进水、洗涤均正常，但不能排水。

故障检查：根据故障现象分析，可能是排水系统有故障或控制系统工作异常，检查排水管路无异常，接通电源，当洗衣机进行漂洗或脱水程序试验时，能听到电磁阀的吸合声，说明电磁阀及其连线良好，可能电气线路有故障。用一根导线将程序控制器上连接安全开关的蓝色与白色双插座的右插座之间短接，再在排水时用万用表直流电压挡测量程序控制器上电磁阀输出端即棕色双插座的两插座之间的电压，发现电磁阀输入端的直流电压仅为 18 V（正常应为 198 V 左右），说明故障是由电网电压过低所引起。

故障维修：加装稳压电源后，试机，故障排除。

例9

故障现象：海尔小神童 XQB45—A 型全自动洗衣机，进水和洗涤过程均排水不止。

故障检查：根据故障现象分析，可能是排水阀损坏或控制排水阀的电路工作不良。检查排水阀完好，则可能是排水电气线路有故障。该机排水控制部分的控制原理是：当洗涤和漂洗程序结束后，微处理器 IC_1 通过输出 PT_7 将触发信号输入排水阀电动机电路开关的双向晶闸管 VS_8，这时，220 V 交流电便经过电源的回路，使排水电动机通电，排水阀门打开，洗衣机开始排水。

故障维修：检查双向晶闸管 VS_8、排水电磁阀等有关元件和器件，发现双向晶闸管 VS_8 的阳极与阴极间短路，VS_8 处于短接状态，导致排水不止。更换双向晶闸管 VS_8 后，故障排除。

例10

故障现象：海尔小神童 XQB50—G 型全自动洗衣机洗涤结束后，洗衣机能自动进入排水程序，但排水不畅。

故障检查：全自动洗衣机的排水系统主要由排水阀、机内排水管和电磁阀组成。洗衣机在程序控制器的控制下，当洗涤结束时，切断洗涤电机的电源；同时电磁阀的电源接通，电磁阀拉杆拉出排水阀的橡胶堵头，使洗涤液经过排水阀流经机内排水管排出机外。造成排水不畅的原因有：

① 排水管被压偏、弯折、管路堵塞。

② 排水阀门没有完全开启。

检查排水管，无堵塞、压偏、弯折现象；检查电磁铁，线圈无变形，排水阀橡胶阀门也无变形现象，排水拉杆运动正常。检查牵引器时，发现牵引器工作失常，造成排水不畅。

故障维修：更换牵引器后，试机，故障排除。

例11

故障现象：小天鹅 XQB20—3 型全自动洗衣机，启动后进水正常且自动转入洗涤程序，但洗涤过程中突然出现不进水。

故障检查：根据故障现象分析，可能是水压不够，进水口堵塞或进水电磁阀损坏。检查供水正常，检查进水过滤网也无阻塞现象。旋下洗衣机上盖四只螺丝，掀开上平板，并拆下其背部的电器部件保护板。接通电源总开关，按“开始/暂停”键，测量进水电磁阀插头两端电压为 220 V，正常。关断电源，拔下电磁阀接线（灰色、黄色），测量电磁阀线圈电阻，发现该电阻值为∞，说明电磁线圈开路。

故障维修：更换电磁阀后，故障排除。

例12

故障现象：小天鹅 XQB20—6 型全自动洗衣机启动后，不能进水也不能排水。

故障检查：用万用表欧姆挡在电源线插头的火线、零线、启动开关测量时，进水电磁阀线圈无 4.5 Ω 直流阻值，再测量排水电磁阀线圈也无 40 Ω 阻值。分析进水电磁阀和排水电磁阀同时损坏的可能性很小，怀疑程序控制器有问题。拆下程序控制器防护罩后，开机试验，故障又消除了，再测量两电磁阀的电阻值均正常。检查发现，推动触点的杠杆外露塑料活动不像拆下防护罩时活动幅度那么大，且动片不平直向上翘起，造成与罩壳内壁相擦受阻，导致触点接触不到位。

故障维修：在底座的固定防护罩螺丝孔处加垫 0.5～2 mm 厚的垫片，使内部间隙变大；使其推动触点接触良好，故障排除。

例13

故障现象：小天鹅 XQB20—6 型全自动洗衣机，启动后指示灯亮，但不进水。

故障检查：开关指示灯亮，说明供电是正常的，洗衣机进水可能进水阀有故障。进水电磁阀主要由电磁线圈、阀芯、波纹膜构成。其工作原理是：接通电源，开启程控器，220 V 交流分两路，一路是点亮电源指示灯，另一路向进水电磁阀供电。当线圈通电时，中心孔阀心提起，进水口的水从波纹膜中心孔下流，使波纹膜上升而进水。当水进到一定水位后，水位检测开关自动断电，电磁阀线圈失磁，阀心下降，中心孔被堵塞，水从小孔流进导向装置，由于压力均衡波纹膜下降，停止供水。

故障维修：接通电源，测量进水电磁阀线圈两端电压为交流 220 V 正常，再用 R×1 kΩ 挡检测电磁阀线圈电阻，发现其阻值为∞（正常应为 4.5 kΩ 左右），由此判断，进水电磁阀线圈断路。更换同型号进水电磁阀，故障排除。

例14

故障现象：小天鹅 XQB30—7 型全自动洗衣机接通电源，按下启动键，不进水。

故障检查：根据故障现象分析可能是进水系统机械部分有元件损坏或控制电路工作不正常。该机进水系统的电气控制部分工作原理是：当接通洗衣机电源、打开程序控制器后，指示灯亮，表示程序控制器已接通电源，进水电磁阀通电后开始进水，其电流回路：相线→T_{1a}→T_{3a}→Co→NC→T_{2a}→进水阀 J→O。

故障维修：分别检查开关 T_1、T_2、T_3 及进水阀 J，发现 T_1、T_2、T_3 接触良好，由此判断进水电磁阀有故障。拆开进水电磁阀检查，发现阀弹簧已失去弹力，使进水阀打不开，造成不进水。更换进水电磁阀弹簧后，故障排除。

例15

故障现象：小天鹅 XQB30—8 型全自动洗衣机接通电源，按启动键，不进水。

故障检查：根据故障分析，可能是进水电磁阀不良或微电脑程序控制系统有故障。断电后，用万用表欧姆挡测进水电磁阀线圈电阻值为 4.3 kΩ 左右，说明进水电磁阀基本正常，初步判断故障在电脑控制电路。

该机进水程序的控制原理是：接通电源，按下启动键后，操作信号由 J、K 端进入程序控制器板的微处理器 14021WFW 内，再由微处理器的③脚输出一个开关信号加到电脑板内的双向晶闸管 TR_4，使其导通，由于程序控制器控制板输出端 4 与外接进水电磁阀线圈相连，形成回路，洗衣机开始进水。

故障维修：接通电源后，测量微电脑程序控制器的电源为 220 V 交流电压，正常；但测量程序控制器板，无电源电压。检查导线、接插件。发现连接进水电磁阀的灰色导线一端松动，造成接触不良。将该导线重新接好后，试机，故障排除。

例16

故障现象：小天鹅 XQ330—8 型全自动洗衣机，启动后不进水，但人为地加水至正常水位时，洗衣机又能正常工作。

故障检查：由于人工加水后洗衣机能正常工作，说明洗衣机的洗涤、脱水、排水部件及程序控制器的控制部分均是正常的，故障出在进水系统，可能是进水电磁阀损坏。用万用表欧姆挡测进水电磁阀线圈电阻约为 500 Ω（正常为 4.5 kΩ 左右），说明进水电磁阀线圈有局部短路故障。再检查 VQ_1、R_{29}、V_{313} 等有关电路元器件，发现双向晶闸管 VQ_1 阴极与阳极间击穿，失去控制作用。

故障维修：更换 VQ_1（BCR1AM/400V）及进水电磁阀后，故障排除。

例17

故障现象：小天鹅 XQB33—82 型全自动洗衣机启动后，工作正常，但洗涤过程中突然停止进水。

故障检查：从故障现象分析，可能是供水系统不正常或电气控制系统有故障。首先检查自来水正常，进水阀滤网无堵塞现象。再检查电路，拆下背部保护板，通电后按“开启/停止”键，测量进水电磁阀插座两端电压为 220 V 正常。关掉电源，拔下电磁阀接线，测量电磁阀线圈电阻，呈开路状态。换上新进水电磁阀，开机试验，发现一接通总开关就进水（正常时在接通电源后按下启动键后才进水），当水位达到设定高度后，波轮能转动，但进水不止，说明电脑板有问题。

故障维修：检查进水控制电路，在无水状态下，测量电脑板上微处理器的 3 脚电平，能随按动“开始/暂停”键而高、低变化，属正常。焊开 R_2 一端，接通总开关，测量进水电磁阀上的电压仍为 220 V。由此判断双向晶闸管（VT）极间已击穿。更换同型号双向晶闸管后，试机故障排除。

例18

故障现象：小天鹅 XQB33—82AC 型全自动洗衣机，接通电源后，按启动键后，不进水。

故障检查：根据故障现象分析，可能是水位传感器不良、进水电磁阀不良、为进水电磁阀提供 220 V 电压的继电器损坏，驱动电路有元件损坏、电脑芯片有故障等。

首先测量电磁阀线圈阻值正常，水位传感器完好。全自动洗衣机进水电磁阀工作电压是由双向晶闸管控制的，用万用表检测量双向晶闸管 Q_2（BCR1M），发现 T_1 极与 T_2 极之间的电阻值为零，说明已击穿，更换晶闸管后，仍不能进水，从电路原理分析，晶闸管 G 极无触发信号。该触发信号由电脑板发出经电阻 R_{26}（270 Ω）去控制 Q_{13} 的导通与截止，从而控制晶闸管 Q_2 的通断。怀疑 R_{26} 不良，拆下检查已断路，Q_{13}（K_{346}）击穿。

故障维修：更换 R_{26} 和 Q_{13} 后，故障排除。Q_{13}（K_{346}）可用 9015 管代换。

例19

故障现象：小天鹅 XQB33—82 型全自动洗衣机启动后不进水，但人工注水后，洗衣机进入洗涤程序和脱水程序，且工作正常，

故障检查：引起不能进水故障的原因有以下几点：一是进水压力过低，低于进水电磁阀的使用水压；二是进水电磁阀无工作电压，从而不动作；三是进水电磁阀本身出现故障，线

圈匝间短路或开路、阀芯被卡住。检查水压和电压均正常，由此判断故障是进水电磁阀本身。

故障维修：拆下进水电磁阀，发现其阀芯被卡住，造成不能进水。更换进水电磁阀后，故障排除。

例20

故障现象：小天鹅 XQB40—868FC（G）型全自动洗衣机启动后，不进水。

故障检查：全自动洗衣机不进水故障原因一般是进水电磁阀不良或水位检测电路有故障。经检查水压、进水阀、进水管路均未见异常。可能是水位传感器或水位检测电路有故障。

水位传感器的工作原理：根据桶内水位发生变化，密封室内的隔膜便产生变形，推动磁芯上下移动，使电感线圈的电感量发生变化，从而使水位变化量转变为相应频率变化量。

微处理器 IC_1（CPU）接收水位传感器输出的信号后，从集成电路 IC_3 脚输入，由 IC_3 脚反相输出；由于电阻 R_{44}的反馈，对信号起到了放大作用。反相信号经 $IC_3$⑨脚输入，由 $IC_3$⑧脚输入到 IC_1（CPU）㉓脚，CPU 根据检测的频率，与程序内设定值进行比较，发出相应的指令，以实现对水位高、低的控制。

根据上述原理，检查进水线路的相关元件 TR_3、TR_2、C_8、C_7、R_{19}、R_{21}，发现电容器 C_7 短路，

故障维修：更换同型号电容器后，故障排除。

例21

故障现象：荣事达 XQB38—92 型全自动洗衣机接通电源后，指示灯亮，按启动键，洗衣机不进水。

故障检查：全自动洗衣机不进水的故障原因：

① 水压不正常。

② 进水电磁阀损坏。

③ 进水阀口的过滤网罩被异物堵塞

④ 线路部分接触不良。

⑤ 微电脑板有故障。

检查自来水压力正常，检查进水阀阀口网罩无异物堵塞，测量微电脑板有 220 V 的输出电压，进水电磁阀也有 220 V 交流输入电压，线路部分无接触不良现象，由此判断进水电磁阀有问题。

该机进水电磁阀为交流电磁式，有两个空腔，通过隔膜隔开，隔膜中间有一个节流孔，隔膜边缘附近也有一个针眼大小的节流孔。断电情况下，衔铁在弹簧的作用下，封住中间节流孔，这时左边腔内的压力等于右边形成空腔的水压，隔膜左侧受力大于右侧，推动隔膜右移，压紧进水阀的出水口，使进水阀处于关闭状态；通电情况下，衔铁在电磁线圈磁力的作用下，克服弹簧的弹力，向左移开，左边空腔通过中间节流孔与出水口相通，气压为大气压，右边环形空腔水压大于左边空腔压力，推动隔膜左移，打开进水阀的进水口，洗衣机开始进水。

故障维修：该故障怀疑是进水电磁阀不良，断电后，测量其线圈电阻值为∞，说明线圈

断路，造成进水电磁阀工作失效。更换进水电磁阀后，故障排除。

例22

故障现象：小天鹅 XQB20—6 型全自动洗衣机接通电源后，人体接触箱体时有麻电感。

故障检查：引起漏电的故障原因：

① 感应漏电。

② 接地线断路或插座内零线和地线并在一起。

③ 电动机或电容器漏电。

④ 电器元件绝缘破损。

⑤ 导线接头部分密封不严。

⑥ 电源引线重新接线时，接地线接错.

⑦ 程控器（包括定时器）进水。

⑧ 电动机受潮。

⑨ 在过分潮湿的环境中试用洗衣机等。

故障维修：本例故障是定时器内进水所引起。将定时器内的水擦净、烘干，故障即可排除。

例23

故障现象：小天鹅 XQB30—8 型全自动洗衣机在工作时，当人体触及箱体时有麻电现象。

故障检查：经检查，这是洗衣机的静电现象，带静电的洗衣机不但当人体触及时会麻电，而且还会使洗衣机微电脑因高压静电和火花放电干扰而失灵，出现洗衣机程序混乱现象。产生静电的原因是洗衣机工作时，由于不同物质相互摩擦而产生的。

消除静电的方法有两种：①用带电体通过空气发生静电中和；②将带电体本身的静电泄漏放电。

故障维修：为了减少静电危害，其作用是将洗衣机采用了低阻值的防静电传动皮带，并将离合器连接板通过接地导线与箱体连接，就有可能出现麻电现象。卸下洗衣机的后盖板检查，发现箱体连接离合器连接板的导线已断落。重新连接好接地线后，故障排除。

例24

故障现象：小天鹅 XPB20—1S 型洗衣机，操作排水开关手感触点。

故障检查：根据故障现象，先检查洗涤桶里的水，不带电，又检查接地线良好，漏电保护开关也没有动作。观察排水开关，周围有水滴，测试排水开关带电。拔掉电源插头，拆开控制面板，检查发现蜂鸣器锈蚀，从排水开关至蜂鸣器均有水滴。拆下电磁式簧片蜂鸣器，检查 220 V 供电线圈，其外层绝缘纸和内部漆包线已损坏。由于使用中水从蜂鸣器流到排水开关，因此排水开关也带电。

故障维修：更换蜂鸣器后，故障排除。

例25

故障现象：海尔全神童 XQB60—A 型全自动洗衣机程序结束后，蜂鸣器不鸣叫，电源开关也不断电。

故障检查：根据现象分析，引起此故障的原因：

① 程序控制器有故障。

② 电源开关的电磁铁线圈上无电压。

③ 电源开关内部有故障。

在洗衣机程序后10 min左右，用万用表电压挡测量程序控制器上白、黄两个单心插座之间有220 V交流电压，说明程序控制控制器基本正常，应重点检查电源开关。测量电源开关电磁线圈上无电压，检查为电源开关电磁线圈连接导线接触不良。

故障维修：重新焊接电源开关电磁铁线圈连接导线后，故障排除。洗衣程序结束后，程序控制器控制蜂鸣器响6次，电源开关应在10 min内自动断电。

例26

故障现象：海尔小神童XQB2B—A型全自动洗衣机程序混乱，开机后不进水就洗涤。

故障检查：正常工作时：当水位开关由NC转到NO时，水位升高，进水阀断电，进水停止，同步电动机TM接通开始计时洗涤、漂洗、浸洗工序。

洗涤的电流由1Ca→COM→NO→3Ca→6Cb→Cb和10Cb→M-0。

洗涤电动机开始正、反转运行，在浸洗阶段，波轮在10 min内，只运转1～2 min做搅拌运动。经分析，引起该故障的原因有：

① 操作时选择的程序与所要选定的程序不相符。

② 程序控制器内部有故障。

③ 减速离合器的离合功能失灵。

故障维修：经检查，选定程序正常，减速器的离合无异常。由此说明故障在程序控制器。逐步检查程序控制器的1C、3C、6C、8C、10C各组触点，发现3C触点已损坏。更换程序控制器，故障排除。

例27

故障现象：小天鹅XQB20—6型全自动洗衣机在脱水完成后，打开安全开关洗衣机不停机。

故障检查：根据洗衣机标准的规定，当打开洗衣机盖板50 mm时，安全开关应能切断电源，脱水桶在10 s内就能停止转动。安全开关不能断开的故障原因：

① 安全开关两簧片之间的顶压变形过大。

② 安全杆与盛水桶之间的距离过大。

③ 安全开关内相对运动件运动受卡阻。

④ 安全开关两触点粘连等。

故障维修：拆下后盖和控制盒仔细检查，发现安全开关两簧片间的顶压变形量过大，减弱了它的断开效果，造成安全开关不能断开，出现不停机故障. 用钳子调整簧片和盖板顶杆的距离，故障排除。

若安全开关的簧片触点之间有间隙接触不良，将会造成在脱水时，脱水桶振动稍大点，洗衣机就停机。

例28

故障现象：小天鹅XQB20—6型全自动洗衣机排水失灵。

故障检查：检查排水阀、电磁线圈均正常，再检查机械系统中的各零件及部件均无异常现象，由此说明机械系统无故障，应重点检查电气系统。用万用表测量排水、牵引电磁线圈的电阻值为 40 Ω，正常，测量程序控制器排水的弹簧触片电阻为∞（正常工作时应为0 Ω），检查弹簧触片，发现触片已断裂。

故障维修：更换程序控制器后，故障排除。

例 29

故障现象：小天鹅 XQB20—6 型全自动洗衣机，洗涤时波轮始终单向转动。

故障检查：检查棘爪、抱簧、脱水轴、离合器、离合套、排水阀、电磁铁等机械部分，均无异常，由此说明故障在电气系统。

故障维修：怀疑故障可能在程序控制器，检查程序控制器内同步微电动机，无异常，再进一步检查发现其触片的触头由于打火造成了黏结，致使程序控制器内部控制正、反向转动的凸轮触片闭合。将触头黏结分开，连同烧蚀的触头用金相砂纸磨光，装上后，如不能保证触头之间有正常的压力，故障仍然存在，说明该程序控制器无法修复。只有重新更换新的程序控制器，故障才能排除。

例 30

故障现象：小天鹅 XQB30—8 型全自动洗衣机，进行洗涤程序时电动机不转动，并有“嗡嗡”声，其他功能正常。

故障检查：通电后，测洗涤电动机有正常的交流电源，断电后，检查洗涤电动机的启动电容器也无异常现象，由此说明故障可能在程序控制器。用万用表 R×1 kΩ 挡测量双向晶闸管 TR_1 和 TR_2 的 T_1、T_2 极的电阻值为 0 Ω，说明 TR_1 和 TR_2 已击穿。

故障维修：更换 TR_1、TR_2，故障排除。

例 31

故障现象：小天鹅 XQB30—8 型全自动洗衣机，启动后进水正常，但达到预定水位后，洗衣机不工作。

故障检查：全自动洗衣机在达到预定水位后，即会自动停止进水，转入洗涤程序，波轮作正、反向转动。停止进水后不洗涤，说明电气部分或机械传动部分有故障。首先应检查电气部分。

电气部分故障有：程控器不良、电动机导线断路、电容器开路、接插件松动等。首先检查电脑板，用万用表测量微电脑板的红、黄脚和蓝脚，同时有 220 V 电压输出，正常时该三脚（红、黄、蓝）应交替输出 220 V 电压，故判断微电脑板已损坏。

故障维修：更换电脑板，故障排除。

在电源正常的情况下，若测得微电脑板的红、黄、蓝三脚均无电压输出，同样属微电脑板故障。

例 32

故障现象：小天鹅 XQB40—868FC（G）型全自动洗衣机启动后，按各功能操作键均无效。

故障检查：检查各操作键内的簧片，接触正常，由此判断故障可能在按键输入电路。开机后，由微处理器 IC_1 的㉙～㉜脚（PD_5、PD_6 端）的输出不同时序的脉冲方波，用来检测键盘的输入和控制指示灯、数码管的开启，软件不断检测 IC_1 的④、③脚（PD_5、PD_6 端）

的输入，当有按键按下时，软件便会检测到此按键输入中的高电平，并根据脉冲方波，断定是何键按下，而做相应处理。由于人为按键是一抖动的波形，并且远远慢于微处理器检测速率，所以在软件中做了相应延时处理，以便不产生脉冲码的重复读入。按键按下后，+5 V电源经驱动晶体管和按键进入微处理器。由于此信号中可能有干扰信号，因此在输入中加有滤波电容和限幅电阻。

故障维修：逐步检查Q_1、Q_2、Q_3、Q_4、VD_1、VD_2、VD_3、VD_4、R_3、C_{14}、R_{47}、C_{26}等相关元器件，发现电容器C_{14}短路、电阻R_{47}一端虚焊，引起微处理器工作正常．更换C_{14}及重焊R_{47}后，故障排除。

例33

故障现象：小鸭XQG50S—892型上开盖全自动滚筒洗衣机接通电源后，电源指示灯HL不亮。

故障检查：该机正常时应为：通电，拉起程控器旋钮，程控器触点9-9T接通，电源指示灯HL得电点亮。同时电动门锁BL内BP_1和BP_3之间的PTC陶瓷片得电发热，双金属片受热，使BP_3和BP_2间的开关接通，控制单元CU得电，塑料销锁住机盖。

故障维修：检查电源插头与插座连接正常，拆开控制板，测量HL两端电压失常，查为其触点接触不良。重接后，故障排除。

例34

故障现象：小鸭XQG50S—892型上开盖全自动滚筒洗衣机，通电5 s后，机盖没被锁住。

故障检查：首先拆卸控制板和机盖，检查紧固螺钉无松动现象，测量PTC片的两接线端电压正常，检查电动门锁、弹簧、塑料销，发现电动门锁的滑片不灵活。

故障维修：给滑片加注润滑油即可。

例35

故障现象：小鸭TEMA831型全自动洗衣机启动后，洗涤不停。

故障检查：由于洗涤电动机转动不止，怀疑故障在程序控制器。检查程序控制器的传动齿轮，无异常，继续检查发现程序控制器用的螺丝过长，顶住了程序控制器的凸轮片，引起程序控制器停走，致使故障的发生。

故障维修：用锉刀将螺钉锉短1 mm后，故障排除。

例36

故障现象：海尔小神童XQB15—A型全自动洗衣机，洗涤过程中波轮不转，其他正常。

故障检查：通电后，观察指示灯能正常显示，且能听到“嗡嗡”的电流声，说明电源系统正常，怀疑故障在控制系统，但测量程序控制器执行元件输出端电压基本正常。

故障维修：由此判断故障可能在洗涤、漂洗系统。检查洗涤电动机正常，再逐步检查启动电容器C、水位开关、进水阀等相关元器件，发现启动电容器C击穿，更换启动电容器C后，故障排除。

例37

故障现象：海尔小神童XQB42—9A型全自动洗衣机洗涤中保险丝熔断。

故障检查：引起保险丝熔断的原因：

① 电动机过载。衣物过多、波轮或脱水桶被异物卡滞、传动皮带调节过紧、轴承损坏等。

② 电源电压过高时，使电动机的转子、定子间的气隙磁通增大，电流急剧增加。

③ 电源电压过低，如果负载不变，工作时的电动机的电流增大，致使保险丝熔断。

故障维修：首先检查电动机，发现电动机的轴承已损坏。更换电动机轴承和保险丝，故障排除。

例38

故障现象：海尔小神童 XQB45—A 型全自动洗衣机，洗涤时波轮不能正、反向转动。

故障检查：正常洗涤时，离合器的洗涤轴应与脱水轴分离，才能带动波轮正、反向单独转动。若离合器棘爪不到位、方丝离合弹簧配合过紧或断裂、方丝离合弹簧的内密封圈漏水或渗水，都将是引起波轮不能正、反转的原因。检查离合器正常，而洗涤电动机只能单向转动，怀疑程序控制电路有故障。经测量程序控制器洗涤输出端的换向电压失常，检查 VS_1、VS_2、C_{80}、C_{81}、C_{180}、R_{180}、VT_{71}、R_{80}、R_{81}、C_{70}、C_{71}等，洗涤电动机换向相关电路的元器件，发现电容器 C_{70}击穿。

故障维修：更换 C_{70}后，故障排除。

例39

故障现象：海尔小神童 XQB45—A 型全自动洗衣机，将洗衣机置洗涤程序后，波轮启动缓慢，且转速也慢。

故障检查：引起此故障的原因：

① 电动机启动缓慢或转速下降。

② 机械传动中紧固零部件松动和皮带打滑引起。

检查离合器、波轮、三角皮带，均正常；测量交流电源电压为 205 V，基本正常，怀疑电气电路有故障。检查水位开关、电动机、双向晶闸管 VS_1 和 VS_2、电感线圈和电容器等元器件，发现电容器失容，造成洗涤电动机启动转矩变小，引起所述故障。

故障维修：更换启动电容器后，故障排除。

例40

故障现象：海尔小神功 XQB60—D 型全自动洗衣机，洗涤时电动机旋转，波轮不转动。

故障检查：打开机盖进行洗涤时，电动机能旋转，但波轮不转，由此怀疑机械装置有故障。引起机械装置的故障原因：

① 电动机皮带轮紧固螺钉没有拧紧。

② 三角皮带打滑或脱落。

③ 离合器皮带松脱。

④ 离合器减速机构损坏。

⑤ 波轮孔与紧固螺钉滑扣、紧固螺钉松脱、断裂或波轮方孔被磨圆等，造成波轮松动而不能随波轮轴转动。

故障维修：打开后盖，逐步检查各部件，发现电动机皮带轮紧固螺钉已松动。将电动机皮带轮紧固螺钉拧紧，故障排除。

第9章 电 冰 箱

电冰箱是一种小型的制冷装置。它广泛地应用于家庭、饭店、商场、医院和科研单位。常用来冷藏、冷冻食品和药品等。

9.1 电冰箱分类与制冷系统

9.1.1 电冰箱的基本结构与性能

1. 电冰箱的构成

家用电冰箱主要由箱体、制冷系统、电气自动控制系统和附件等组成。

（1）箱体是电冰箱的躯体，用来隔热保温；一般箱内空间分为冷藏和冷冻两个部分。

（2）制冷系统利用制冷剂在制冷循环过程中的吸热和放热作用，将箱内的热量转移到箱外介质（空气）中去，使箱内温度降低，达到冷藏、冷冻食物的目的。

（3）电气自动控制系统是用于保证制冷系统按照不同的使用要求自动而安全地工作，将箱内温度控制在一定范围内，以达到冷藏和冷冻的需要。

（4）附件是为完善和适应冷藏、冷冻不同要求而设置的。一般在箱内都还装有照明灯，开门时灯亮，关门后灯灭。

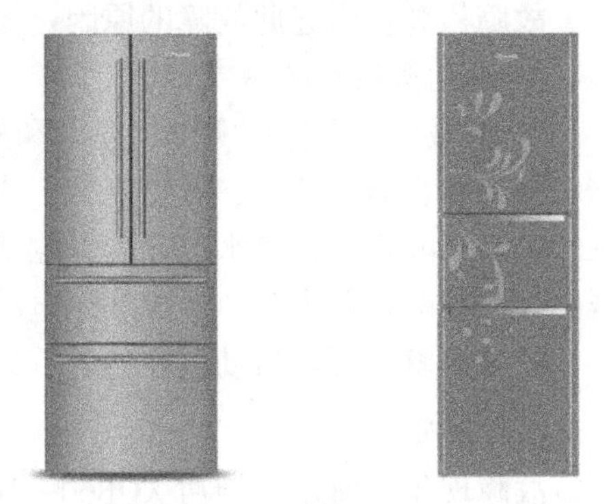

图9.1 普通电冰箱

普通电冰箱如图9.1所示。

2. 电冰箱的技术性能参数

（1）类型。分冷藏箱C、冷冻箱D和冷藏冷冻箱CD。

（2）电源。包括额定电压、额定频率和使用电压范围等。

（3）电动机的额定输入功率（W）。

（4）耗电量（kW·h/24 h）。

（5）外形尺寸（深×宽×高）。

（6）重量（kg，分为毛重和净重）。

（7）总有效容积（L），包括冷冻室有效容积和冷藏室有效容积。

(8) 制冷系统性能，包括压缩机型号、输入功率、启动电流、启动继电器型号、过载保护继电器型号、冷凝器、蒸发器、毛细管、干燥过滤器的规格、制冷剂型号及灌注量。

(9) 冷冻室和冷藏室性能，包括冷冻室能力、星级、气候类型、冷藏室温度等。

(10) 气候类型。分热带型（T）、亚热带型（ST）、温带型（N）和亚温带型（SN）4种。我国多使用亚热带型（ST）和温带型（N）。

表9.1为某一系列电冰箱的主要性能指标。

表9.1 电冰箱的主要性能指标

项目 \ 型号	BC-150	BCD-160	BCD-228
有效容积（L）	150	160	228
冷冻室容积（L）	—	31	—
冷冻室最低温度（℃）	—	-18	-18
冷藏室温度（℃）	0～10	0～10	0～10
耗电量（kW·h/24 h）	0.6	1.4	4.36
外形尺寸（mm×mm×mm）	680×570×1260	470×660×1150	544×585×1537
使用电压范围（V）	187～242	187～242	187～242
额定电压（V）	220	220	220
额定频率（Hz）	50	50	50
净重（kg）	47	47	58
气候类型	N	ST	N

3. 电冰箱的分类

电冰箱按箱内冷却方式不同，可分为直冷式和间冷式两种，其中，直冷式又分单门和双门电冰箱两种。若按制冷剂不同又分“有氟”、“无氟”电冰箱等。

(1) 直冷式单门电冰箱。直冷式单门电冰箱中的蒸发器吊装在电冰箱内体的上部。当制冷剂（氟利昂）在其管路中低压沸腾时，进行低温吸热，而由蒸发器围成的空腔就形成了冷冻部位（冷冻室）。蒸发器下面的冷藏部位（冷藏室）则依靠冷空气下降、热空气上升，进行冷热的自然对流，对存放在冷藏部位的食品进行冷却。这种电冰箱冷冻部位空间的最低温度一般能达到-6～-12℃；而冷藏部位通过电气自动控制系统中的温度控制继电器，可将温度控制在0～8℃。直冷式单门电冰箱的结构，如图9.2所示。

(2) 直冷式双门电冰箱。直冷式双门电冰箱设有二个蒸发器。冷冻室有一个方壳形蒸发器；而冷藏室中有一个板式或盘管式蒸发器，装在冷藏室内的顶部或后壁上。冷冻室空间的平均温度可达到-18℃以下，而冷藏室温度为0～8℃。由于冷冻室和冷藏室各有一扇门，取出和放入食品时，不像直冷式单门电冰箱那样因共用一扇箱门而相互影响，从而节约了电能。箱内冷热交换采用自然对流方式。直冷式双门电冰箱的结构，如图9.3所示。

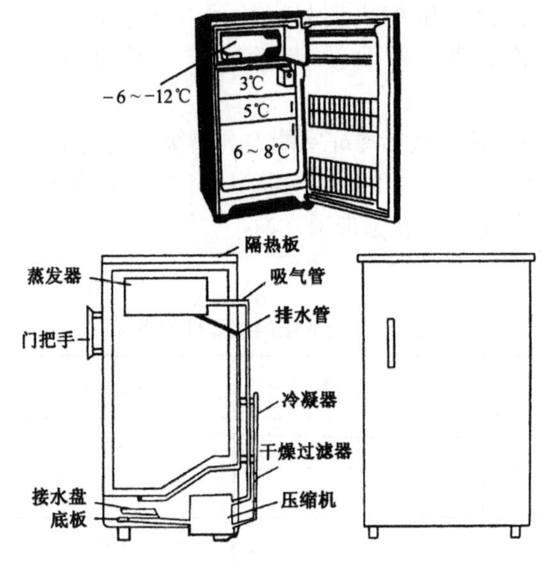

图9.2 直冷式单门电冰箱结构

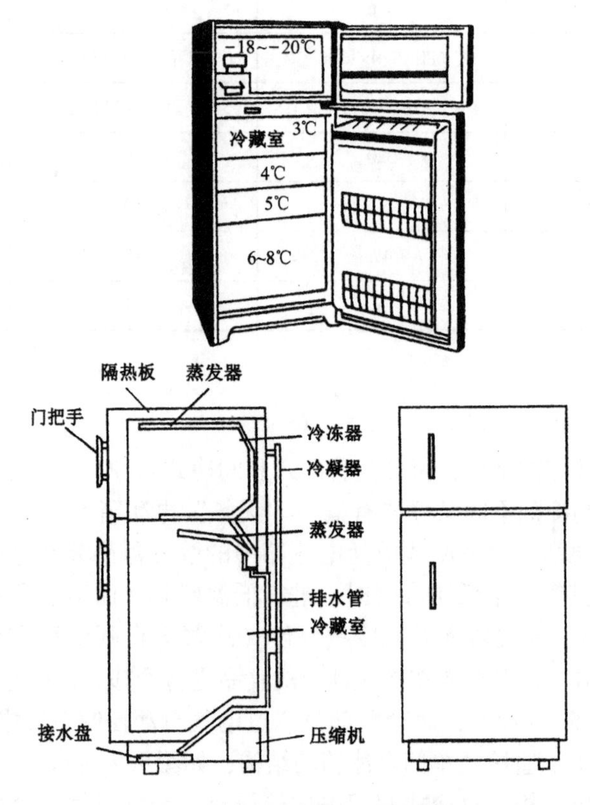

图9.3 直冷式双门电冰箱结构

（3）间冷式电冰箱。间冷式电冰箱大多做成双门双温式。它将翅片管式蒸发器安装在冷冻室和冷藏室中间的夹层中，利用小型轴流式风扇，使冰箱内空气强制流过翅片管式蒸发器，经冷却后再返回冰箱内，形成冰箱内冷空气的强制循环。这样，冷冻室的温度可达到

-18℃ 以下，而冷藏室的温度为 0～8℃。采用这种冷却方式和全自动化霜控制的电冰箱，称为“无霜汽化式”双门双温电冰箱。它与直冷式双门电冰箱相比，具有冷藏室温度均匀、冷冻食品不会被凝霜污染、自动除霜等优点。它特别适用于沿海地区或空气湿度较大的地区。间冷式电冰箱的结构，如图 9.4 所示。

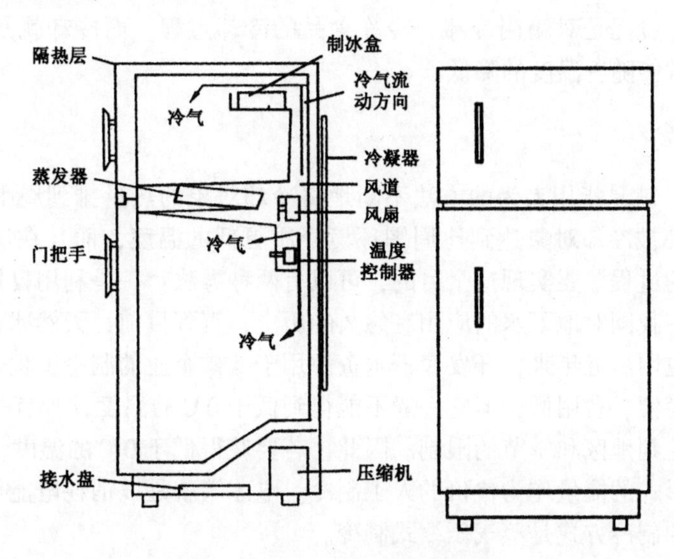

图 9.4 间冷式电冰箱的结构

(4)“无霜”电冰箱。霜是热的不良导体。如果蒸发器表面有厚霜，将阻碍蒸发器冷量的传递，导致箱内温度下降变慢，使蒸发器由于冷量不易传出而导致制冷效率降低，耗电量增大等，这对电冰箱工作十分不利。据计算，当蒸发器表面结霜厚度超过 1 cm 时，效率要降低 30% 以上。为此，就出现了“无霜”电冰箱。所谓“无霜”电冰箱，实际上是一种全自动的定时或周期性除霜的电冰箱，它不需要人操作而能保持在极少霜层的条件下运行。

目前，全自动无霜电冰箱的自动除霜控制方式有：

① 按电冰箱开门累计时间除霜。这是采用一个定时器，当箱门开启时，定时器的时钟便运行。达到设计的累计时间后，通过其中的凸轮，使除霜电触点接通，从而进行除霜。除霜后，凸轮又会使触点分开，恢复正常工作。

② 按电冰箱开门次数除霜。这是利用齿轮数的多少来控制除霜电触点的。在电冰箱中设置有一个计数器，可用它来计数，当达到一定次数后，进行一次除霜。

③ 每日定时除霜。这是采用除霜定时器来控制的，一般 24 h 除霜 1 次。

④ 按压缩机运行的累计时间除霜。这是基于压缩机运行的时间越久结霜越多的现象，采用一个受温度控制继电器控制的定时器进行定时除霜。它是目前无霜电冰箱除霜控制方式中常见的一种方式。

此外，还有根据霜层的厚度进行除霜等方式，这里不做介绍。

(5) 无氟电冰箱。无氟电冰箱的出现，减轻了现行使用的氟利昂冰箱因泄漏对大气臭氧层的破坏及诱发温室效应。无氟电冰箱可称为绿色电冰箱，是大有发展前景的新一代电冰箱。

目前，我国生产的无氟电冰箱，不仅选用了不含氯原子或低氯原子的替代物作为制冷剂，而且在工艺上也更趋于完美，即向“无霜+保鲜+无氟+节能+大冷冻力”的方向发展。

9.1.2 电冰箱的制冷原理

电冰箱的制冷过程是对箱内冷藏、冷冻食品的冷却过程。而冷却就是除去物体中的热量。冷却过程中常伴随着温度的降低。

1. 制冷的概念

所谓“制冷”就是指用人为的方法不断地将冷却对象的热量排到周围环境介质（空气或水）中去。而使被冷却对象达到比周围环境介质更低的温度，而且在所需的长时间内维持所规定的温度的过程。要实现这个目的，可以有两种方法：一是利用自然界天然冷源——冰、雪或地下水。我国对地下水的应用有悠久的历史，直到目前，天然冰在食品冷藏和降温等方面仍有大量应用。近年来，开发底下水资源用于工矿企业的制冷工程也较普遍。这种制冷方法的优点是简便、费用低，但它一般不能得到低于0℃的温度，且有不易控制和调节的特点。此外，还受到地区和季节的限制。因此，若要获得低于0℃的温度，就必须采用以消耗机械能或其他形式的能量作为代价的人工制冷。电冰箱就是以消耗电能作为代价的人工制冷设备。最常见的制冷方式是蒸气压缩式制冷。

2. 制冷原理

在炎热的夏天，常会感到房间里闷热。这时只要在房间的地面上洒些水，立即就会感到凉爽。这是因为洒到地面上的水很快地蒸发，在蒸发时，水要吸收周围空气的热量，从而起到降温的作用。这说明，液态物质在蒸发时，都要吸收其周围物体的热量，而使周围物体由于失去热量而降低温度，从而起到了制冷的效果。电冰箱就是利用易蒸发的某种制冷剂液体在蒸发器里大量蒸发，冷却了蒸发器，再由蒸发器从被冷冻、冷藏的食品或空间介质中吸收蒸发所需的热量，从而降低电冰箱内食品或空气的温度。

目前，制冷方式大致有压缩式、吸收式和半导体式三种。压缩式制冷是利用压缩机增加制冷剂的压力，从而使制冷剂在制冷系统中循环流动的。吸收式制冷是利用燃料燃烧或电能所转化的热量使制冷剂产生压力，从而使制冷剂在制冷系统中循环流动的。半导体式制冷（又称温差电制冷），是利用半导体在热电偶中通直流电时，在电偶的不同结点处会产生吸热或放热现象，从而实现了制冷目的。

在我国家用电冰箱大部分是采用压缩式制冷原理来制冷的。

9.1.3 制冷剂

1. 制冷剂的分类

制冷剂又称制冷工质，用英文单词（Refrigerant）的首位字母“R”作为代号。制冷剂在制冷系统中不断地流动，在流动过程中，利用液体汽化吸收热量，又在压缩机的增压下，高压气体变成液体，放出的热量传给周围环境。它易于汽化，又易于液化。在制冷装置中，没有制冷剂就无法实现制冷。制冷剂的种类很多，按化学结构分，大致可分为如下几类：

（1）无机化合物制冷剂。如氨、水、二氧化碳、二氧化硫等。这些是最早被采用的制冷剂。目前除氨和水外，其他都已被氟制冷剂取代。

（2）氟制冷剂。如氟利昂12（R12）、氟利昂22（R22）、五氟乙烷（R134a）等，目前最常用。其中，电冰箱的制冷剂多采用R12，而R134a是无氟电冰箱的新型环保制冷剂。

（3）碳氢化合物制冷剂。这种制冷剂主要有甲烷、乙烷、乙烯和丙烯等。它们主要用于石油化工工业。这些制冷剂易获得、价格低，凝固点低，但易燃烧和爆炸。

（4）共沸溶液制冷剂。这种制冷剂主要有R500、R501、R502等。它们是由两种或两种以上制冷剂按一定比例混合而成的一种混合物。如R501是75%的R12与25%的R22组成的共沸制冷剂，R502是48.8%的R12与51.2%的R22组成的共沸制冷剂。共沸制冷剂R502在固定压力下蒸发时能保持恒定的蒸发温度，在气态与液态时始终具有相同的组成。与R134a一样，它们也成为制冷剂发展的新方向，现以普遍的应用在汽车空调的制冷系统中。

2. 制冷剂的特性

（1）在常温及普通低温范围内都能液化。

（2）具有比较低的冷凝压力。一般情况下，冷凝压力为1200～1500 kPa。若冷凝压力很高，则对制冷系统的密封和结构强度的要求也相应要高，增加制造成本。同时，蒸发压力最好大于101.325 kPa（1个大气压），以防止空气的渗入。

（3）单位容积制冷量要大。这样，可以相应减小压缩机的尺寸。

（4）要求临界温度高，凝固温度低，蒸发潜热大，气体的比容小。这样，以提高制冷系数。

（5）要求制冷剂不燃烧、不爆炸，对人体无毒。

（6）要求对制冷压缩机材料无腐蚀性，与水及润滑油不起化学变化。

（7）价格低廉，易于购买。

目前，使用最普遍的制冷剂有氟利昂12、氟利昂22和氨，常用制冷剂性能，见表9.2。

表9.2 常用制冷剂的性能

名称	符号	分子式	分子量	标准沸腾温度（℃）	临界温度（℃）	临界压力（Pa）	凝固温度（℃）
氨	R717	NH_3	17	−33.4	132.4	1128.96×10^4	−77.7
氟利昂12	R12	CF_2C1" 2	120.92	−29.8	112.04	411.21×10^4	−155.0
氟利昂22	R22	CHF_2C1	86.48	−40.8	96.0	493.23×10^4	−160.0

3. 制冷剂的选用

为了提高制冷压缩机的热力完善度，减少金属材料的消耗并确保安全运转，正确选用制冷剂就显得非常重要。选用时应考虑制冷机的工作压力、容积制冷量、制冷剂对人体的危害程度、生产情况、价格高低和储运等因素。

当蒸发温度 t_0 及冷凝温度 t_k 给定时，对压缩机结构及运转性能影响较大的是制冷剂的冷凝压力（P_K）和蒸发压力（P_0）。一般讲，冷凝压力 P_K 之值应尽可能低些，但不能超过标准规定。这样，有利于降低对设备材料强度和金属加工的要求。而蒸发压力 P_0 的数值最好与大气压力大致相同或稍高于大气压力，以避免空气渗入制冷系统。压缩比 P_K/P_0 之值则应尽可能小，以利于降低压缩机的单位功和排气温度。压力差 P_K-P_0 的数值也尽可能小些，以利于减少活塞式压缩机的运动机构受力，使结构轻便。

9.1.4 电冰箱的制冷系统

1. 制冷系统工作原理

压缩式电冰箱制冷系统主要是由压缩机、冷凝器、干燥过滤器、毛细管和蒸发器五大部件组成。压缩机整体安装在冰箱的后侧下部，冷凝器多安装在冰箱背部，也有少数冰箱的附加冷凝器装于底部，但都与箱底有一定间隔。干燥过滤器安装在冰箱后部，便于与毛细管连接。毛细管的前段常缠绕成圈，后段与蒸发器排气管合焊，外部包以绝缘材料。蒸发器设置在冰箱内腔上部，形状为盒式，前方带有小门，盒内为小型冷冻室。蒸发器的排气管自冰箱背后返回压缩机。

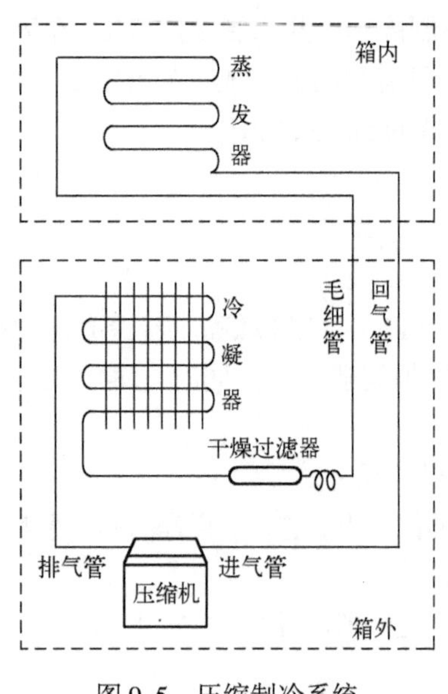

图9.5 压缩制冷系统

典型压缩制冷系统，如图9.5所示。

当电冰箱工作时，制冷剂在蒸发器中蒸发汽化、并吸收其周围大量热量后变成低压低温气体。低压低温气体通过回气管被吸入压缩机，压缩成为高压高温的蒸气，随后排入冷凝器。在压力不变的情况下，冷凝器将制冷剂蒸气的热量散发到空气中，制冷剂则凝结成为接近环境温度的高压常温也称为中温的液体。通过干燥过滤器将高压常温液体中可能混有的污垢和水分清除后，经毛细管节流、降压成低压常温的液体重新进入蒸发器。这样再开始下一次气态→液态→气态的循环，从而使冰箱内温度逐渐降低，达到人工制冷的目的。

通过上述分析，可以看出电冰箱五大部件各有不同的使命：压缩机是提高制冷剂气体压力和温度，冷凝器则是使制冷剂气体放热而凝结成液体，干燥过滤器是把制冷剂液体中的污垢和水分滤除掉，毛细管则是限制、节流及膨胀制冷剂液体，以达到降压、降温的作用，蒸发器则是使制冷剂液体吸热汽化。因此，要使制冷剂永远重复利用，在制冷系统循环中达到制冷效应，上述五大部件是缺一不可的。由于使用条件的不同，有的制冷系统在上述五大部件的基础上，增添了一些附属设备以适应环境的需要。

2. 制冷系统部件

（1）全封闭式制冷压缩机。全封闭式压缩机是制冷系统的心脏，是制冷剂在制冷系统中循环的动力。它的功用是将蒸发器内已经蒸发的低压、低温的气态制冷剂吸回压缩机，然后压缩成为高压、高温的气态制冷剂，并排至冷凝器中冷却。简单地说，压缩机的功用是在制冷系统中建立压力差，以使制冷剂在循环系统中作循环流动。

全封闭式制冷压缩机，是将压缩机和电动机装在一个全封闭的壳体内。外壳表面有三根铜管，它们分别接低压吸气管、高压排气管、抽真空和充注制冷剂用的工艺管。有些120 W以上的压缩机，在外壳上部还增设二根冷却压缩机的铜管。另外，外壳还附有接线盒，盒里有电动机的接线柱、启动器和保护器，如图9.6（a）、（b）所示。

（a）全封闭式压缩机的外形

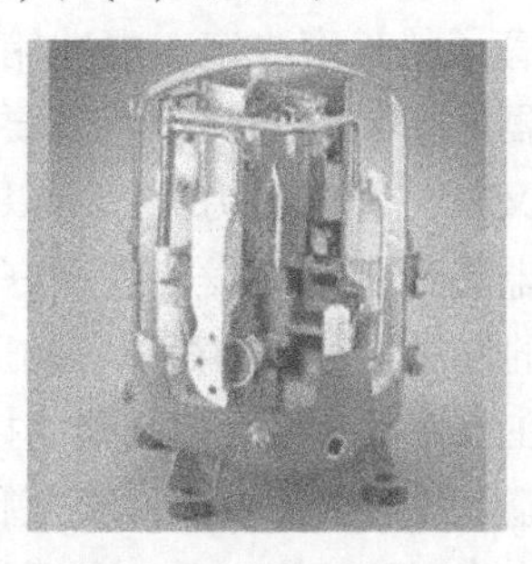

（b）全封闭式压缩机结构模型

图9.6 全封闭式制冷压缩机

电冰箱用的压缩机有往复式和旋转式两种。我国目前广泛使用的是滑管活塞往复式压缩机。随着材料和装配加工工艺的改进，旋转式压缩机也得到普及。

(2) 冷凝器。

电冰箱的冷凝器是制冷系统的关键部件之一。它的作用是使压缩机送来的高压、高温氟利昂气体，经过散热冷却，变成高压、常温的氟利昂液体。所以是一种热交换装置。

电冰箱的冷凝器，按散热的方式不同，分为自然对流冷却式和强制对流冷却式两种。自然对流冷却是利用周围的空气自然流过冷凝器的外表，使冷凝器的热量能够散发到空间去。强制对流冷却是利用电风扇强制空气流过冷凝器的外表，使冷凝器的热量散发到空间去。300 L以上的电冰箱一般采用强制对流式冷凝器，300 L以下的电冰箱一般采用自然对流式冷凝器。自然对流式冷凝器的常见结构，按传热面的形状不同，有钢丝型和板型。如图9.7所示，为钢丝型冷凝器。

(3) 毛细管。

按照制冷循环规律，流入蒸发器中的制冷剂应呈低压液态。为此需要一种节流装置把高压液态制冷剂变为低压液态制冷剂。家用电冰箱普遍采用毛细管作为节流装置，如图9.8所示，为毛细管—干燥过滤器。

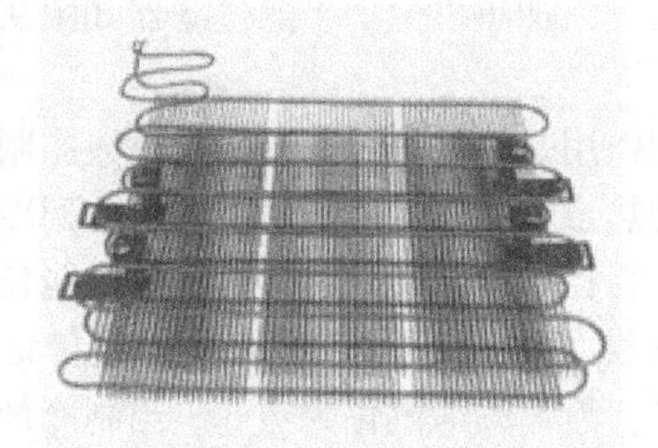

图9.7 自然对流钢丝型冷凝器的结构

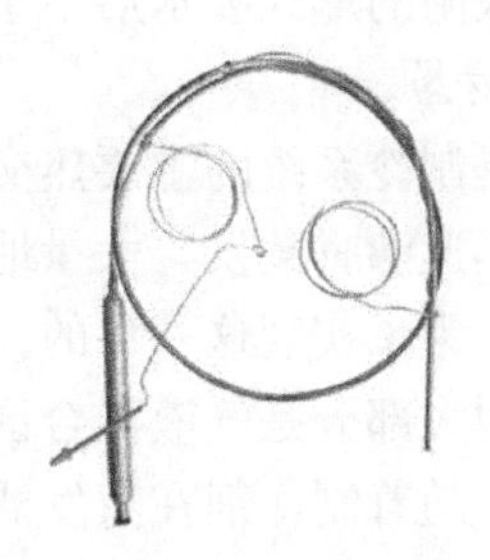

图9.8 毛细管—干燥过滤器

毛细管其实是一根细长的紫铜管，内径为0.5～1 mm，外径约2.5 mm，长度为1.5～4.5 m。毛细管接在干燥过滤器与蒸发器之间，依靠其流动阻力沿管长方向的压力变化，来控制制冷剂的流量和维持冷凝器与蒸发器的压力。当制冷剂液体流过毛细管时要克服管壁阻力，产生一定的压力降，且管径越小，压力降越大。液体在直径一定的管内流动时，单位时间流量的大小由管子的长度决定。电冰箱的毛细管就是根据这个原理，选择适当的直径和长度，就可使冷凝器和蒸发器之间产生需要的压力差，并使制冷系统获得所需的制冷剂流量。由于毛细管又细又长，管内阻力大，所以能起节流作用，使氟利昂流量减小，压力降低，为氟利昂进入蒸发器迅速沸腾蒸发创造良好条件。

毛细管降压的方法具有结构简单、制造成本低、加工方便、造价低廉、可动部分不易产生故障等优点，且在压缩机受温度控制器的控制而停止运转的期间，毛细管仍然允许冷凝器中的高压液态制冷剂流过而进入蒸发器，直至制冷系统内的压力平衡为止，以利于压缩机在下次启动时能轻易启动。若压缩机停止后，在压力尚未达到平衡时，立即启动压缩机，则压缩机因负荷过重而无法启动，且由于电动机绕组的电流过大，使得过载保护器动作，切断电路。

毛细管在制冷系统中只能在一定范围内控制制冷剂流量通过，不能随着箱内食品的热负荷变化而自动地控制其流量大小。在箱内热负荷较小的情况下，容易造成压缩机处于湿行程运行。此外，采用毛细管减压的制冷系统，必须根据规定的环境温度确定充灌的制冷剂量，要严格准确。充灌少了，蒸发器内将产生过热蒸气，低压管内回气的温度过高，压缩机和电动机的温度升高，制冷系统制冷量降低；充灌多了，不仅会降低制冷量，而且也会使制冷系统高压端压力升高，容易造成管道爆裂及制冷剂泄漏的不良现象。.

（4）干燥过滤器。

在制冷系统中，冷凝器的出口端和毛细管的进口端之间必须安装一个干燥过滤器。制冷系统中总会含有少量的水分，从制冷系统中彻底排除水蒸气是相当困难的。水蒸气在制冷系统中循环，当温度下降到0℃以下时，被聚集在毛细管的出口端，累积而结成冰珠，造成毛细管堵塞，即所谓的“冰堵”，使制冷剂在制冷系统中中断循环，失去制冷能力。制冷系统中的杂质、污物、灰尘等，进入毛细管也会造成堵塞，中断或部分中断制冷剂循环，即发生所谓的“脏堵”。

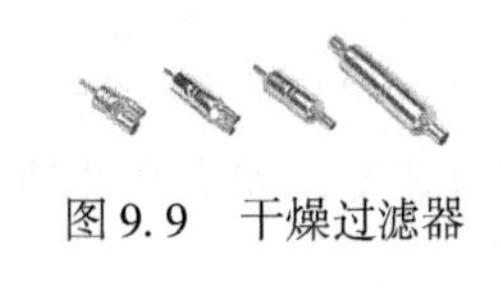

图9.9 干燥过滤器

干燥过滤器的作用就是除去制冷系统内的水分和杂质，以保证毛细管不被冰堵（冻堵）和脏堵，减少对设备和管道的腐蚀。过滤器是以直径14～16 mm、长100～150 mm的紫铜管为外壳，两端装有铜丝制成的过滤网，两网之间装入分子筛或硅胶。分子筛或硅胶是干燥剂，它们以物理吸附的形式吸水后不生成有害物质，可以加热再生。干燥过滤器如图9.9所示。

（5）蒸发器。

蒸发器是制冷系统的主要热交换装置。它的作用是使毛细管送来的低压液态制冷剂在低温的条件下迅速沸腾蒸发，大量地吸收冰箱内的热量，使冰箱内温度下降，达到冷冻、冷藏食物的目的。为了实现这一目的，要求蒸发器的管径较大，所用材料的导热性能良好。

蒸发器内大部分是气液混合区，制冷剂进入蒸发器时，其蒸气含量只有10%左右，其余都是液体。随着制冷剂在蒸发器内流动与吸热，液体逐渐汽化为蒸气。当制冷剂流至接近蒸发器的出口时，一般已成为干蒸气，即完全变为气体。在这一过程中，其蒸发温度始终不变，且与蒸发压力相对应。由于蒸发温度总是比冷冻室温度低（有一传热温差），因此当蒸发器内制冷剂全部汽化为干蒸气后，在蒸发器的末端还会继续吸热而成为过热蒸气。

蒸发器在降低箱内空气温度的同时，还要把空气中的水气凝结而分离出来，从而起到减湿的作用。蒸发器表面温度越低，减湿效果越显著，这就是蒸发器上结霜的原因。

电冰箱的蒸发器按空气循环对流方式的不同，分自然对流式和强制对流式两种；按传热面的结构形状及其加工方法不同，可分为管板式、铝复合板式、单脊翅片式和翅片盘管式等几种。

① 管板式蒸发器如图 9.10 所示，是使用历史最长、使用面最广的一种结构。我国生产的一些单门电冰箱和一些直冷式双门电冰箱的蒸发器都采用这种结构。管板式蒸发器将冷却盘管贴附于长方盒壳外侧，通常有铜管—铝板式、异形铝管-铝板式等。管板式蒸发器的出口端接有积液筒，对氟利昂的循环起调节作用。这种蒸发器结构简单，加工方便，对材料和加工设备无特殊要求，耐腐蚀性好，内壁光洁不易磨损，即使内壁破坏也不会导致制冷剂泄漏，使用寿命长，且只有一根管道循环，回流也较容易，因此对为直冷式冰箱所采用。缺点是流阻损失较大，传热性能较差，蒸发器各面产冷量不易合理地安排与分配，并且是手工加工，生产效率低，成本高，无法进行大批量生产。

图 9.10 管板式蒸发器

② 铝复合板式蒸发器如图 9.11 所示，它由两薄板膜合而成，其间吹胀形成管道，特点是传热性好，容易制作。多用于直冷式家用电冰箱的冷冻室。

③ 单脊翅片管式蒸发器这种蒸发器又叫盘管翼片式或鳍管式蒸发器，它是用经过特殊加工成型的单脊翅片铝管弯曲加工而成。翅片高度 20 mm 左右。这种蒸发器结构简单，加工方便，传热性能好。但因不能形成封闭或半封闭的容器，只能用于直冷式双门电冰箱的冷藏室中，如图 9.12 所示。

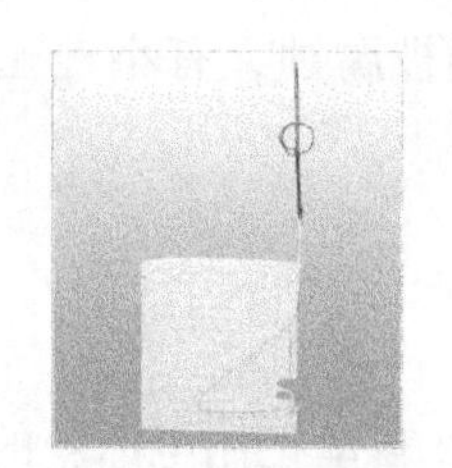
图 9.11 铝复合板式蒸发器

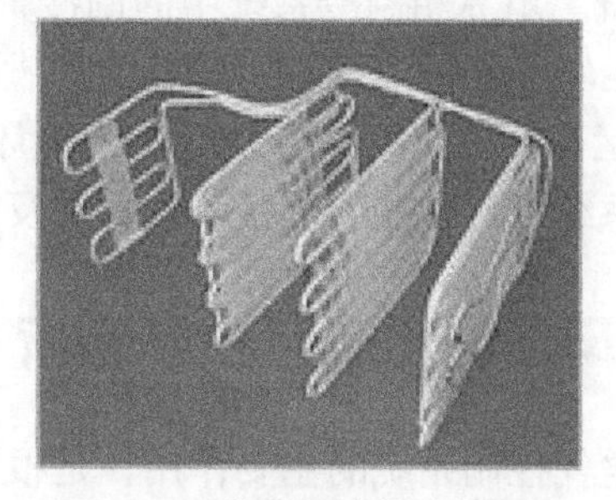
图 9.12 单脊翅片管式蒸发器

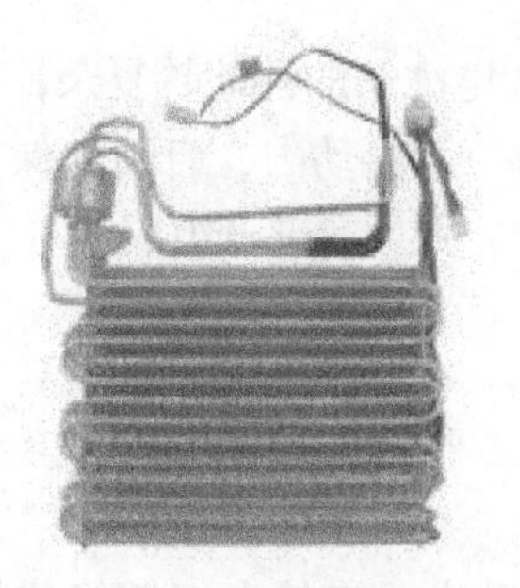
图 9.13 翅片盘管式蒸发器

④ 翅片盘管式蒸发器如图 9.13 所示，翅片盘管式蒸发器它有铜管铝翅片式，也有铝管翅片式。如铜管铝翅片的结构是由冲制好的铝翅片套入弯曲成 U 形的铜管中，并对铜管进行胀管加工，使翅片均匀紧密地固定在铜管上，然后用 U 形铜管小弯头将相邻 U 形管焊接串联而成。通常翅片的厚度为 0.15 ~ 0.2 mm，片距为 6 ~ 8 mm。为了防止盘管及翅片腐蚀，翅片盘管蒸发器表面都浸涂符合卫生标准的黑漆。蒸发器的出口处还接有积液管，它的作用是使在蒸发器中未能汽化的少量液态制冷剂储存起来，让其慢慢地汽化，以避免液

体制冷剂进入压缩机冲击汽缸，影响正常工作。这种蒸发器传热系数高、占用空间小、坚固、可靠、寿命长，为国内外间冷式双门电冰箱所广泛采用。

3. 电冰箱制冷系统常见故障

电冰箱制冷系统中常见的故障有毛细管"冰堵"、毛细管或干燥过滤器"脏堵"和制冷剂泄漏等故障。下面分别就其故障现象、造成原因及维修方法进行说明。

(1) 冰堵。冰堵是由于制冷系统有水分存在，而水分又不溶于制冷剂，当水分经过毛细管或节流阀口时，遇冷变为冰粒聚集起来，达到一定程度后将堵塞管路，使制冷剂无法循环。故障现象表现为：电冰箱刚开始工作时，蒸发器结霜正常，能听到制冷剂流动声，冷凝器发热。过一段时间后，听不到制冷剂循环流动声，霜层融化，冷凝器不热。直到蒸发器温度回到0℃以上，电冰箱才能恢复到正常制冷状态。之后又会发生此类故障现象，从而形成周期性变化的现象。主要是由于制冷剂不纯，含有水分或空气，或在维修过程中，对制冷系统抽真空不良，使空气进入制冷系统。排除的方法是对制冷系统抽真空、重新充注制冷剂。

(2) 脏堵。脏堵是由于制冷系统中有杂质，堵塞制冷系统。造成的原因可能是制冷系统在装配过程不严格、零件清洗不彻底，使外界杂质进入制冷系统；或制冷系统内有水分、空气和酸性物质，产生化学反应而生成杂质。故障现象是：电冰箱处于工作状态时，蒸发器内无制冷剂的流动声，不结霜，冷凝器不热。修理时，可用清洗剂 R113 清洗管道，再用0.6～0.8 MPa 的压缩空气或氮气反复地吹除制冷系统管道，并进行堵放，然后将喷射出来的气流喷在一张白纸上，观察其杂质痕迹，以便进行判断。清洗完毕再焊接、抽真空检漏、再充注制冷剂。

(3) 泄漏。电冰箱制冷系统中的制冷剂发生泄漏，使电冰箱不制冷或制冷量不足，压缩机长时间运转不停，蒸发器不结霜，冷凝器不热或微热。造成的原因可能是焊接质量差(虚焊)；搬运过程中，不慎将制冷系统损坏；铝蒸发器被腐蚀，有小气孔出现。解决的办法是对制冷系统进行检漏、焊接、抽真空及充注制冷剂。

9.2 电冰箱的电气控制系统

电冰箱电气控制系统的主要作用，是根据使用要求，自动控制电冰箱的启动、运行和停止，调节制冷剂的流量，并对电冰箱及其电气设备实行自动保护，以防止发生事故。此外，还可实现最佳控制，降低能耗，以提高电冰箱运行的经济性。

电冰箱的控制电路是根据电冰箱的性能指标来确定。一般来说，电冰箱的性能越复杂，其对应的控制电路部分也越复杂。但其电气控制系统还是大同小异的，一般由动力、启动和保护装置、温度控制装置、化霜控制装置、加热与防冻装置，以及箱内风扇、照明等部分组成。

9.2.1 电气控制系统中的主要电气器件

1. 压缩机的电动机

电冰箱的主要驱动部分是压缩机，而电动机又是压缩机的原动力。它使电能转换成机械能，带动压缩机活塞将低温、低压制冷剂蒸气压缩后变为高温、高压的过热蒸气，从而建立起使制冷剂液化的条件。

压缩机的电动机是一种单相交流感应电动机，其结构与普通电动机大致相同。主要部件是转子、定子和启动开关等。定子上设有启动绕组（即副绕组）和运行绕组（即主绕组），启动绕组导线截面积小，电阻值大；运行绕组导线截面积大，电阻值小。运行绕组与启动绕组的一端接在一起，另一端通过启动继电器接入电路。通电后，产生不同相位的电流，继而形成旋转磁场。磁场切割转子导体产生感生电流，感生电流所产生的磁场与定子所产生的磁场相互作用，推动转子运动，从而带动压缩机曲轴运转，使压缩机得以正常工作。启动绕组只在电动机启动过程中才起作用。一旦电动机转动起来后，它就切断电源而不起作用。启动开关完成启动绕组的接入和断开。这就是电动机的简单工作原理。

2. 启动继电器

单相异步电动机的启动，必须依靠外接启动元件来完成，一般由继电器或电容器来承担启动。用于电冰箱专用的电流继电器称为启动继电器。

启动继电器的作用是：当电动机启动时，使启动绕组接通电源，随即电动机转子加速旋转。当只靠运行绕组即可维持运行速度时，运行电流减小，并及时切断启动电路。所以，启动时，如不在启动绕组中通入电流，电动机就无法启动旋转，运转后若不能及时切断启动电流，则启动绕组就会被烧毁。目前，家用电冰箱常用的启动继电器有电流式继电器和电压式继电器。电流式继电器是利用电动机运行绕组中电流的变化工作的，电压式继电器是利用电动机启动绕组中感应电压的变化工作的。电冰箱一般使用电流式启动继电器，它又可分为重锤式、弹力式和半导体（PTC）式等几种。

（1）电流继电器。

电流继电器分重锤式和弹力式两种。弹力式电流继电器构造复杂，启动噪声大，常见于老式旧冰箱上。现广泛采用的是重锤式电流继电器，其工作原理如图 9. 14 所示。

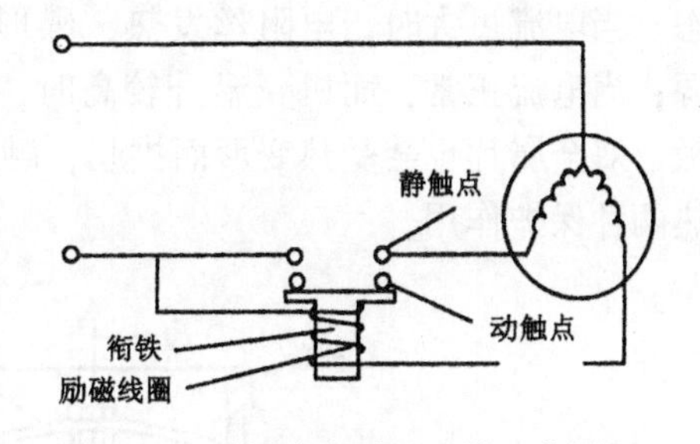

图 9. 14　重锤式启动继电器工作原理

当电动机未运转时，衔铁由于重力的作用而处于下落位置，与它相连的动触点与静触点处于断开状态。电动机接通电源后，电流通过运行绕组和启动器的励磁线圈，使启动器的励磁线圈强烈磁化，磁场的引力大于衔铁的重力，从而吸起衔铁，使动触点与静触点闭合，将启动绕组的电路接通，电动机开始旋转，随着电动机转速的加快，当达到额定转速的 75% 以上时，运行电流迅速减小，使励磁线圈的磁场引力小于衔铁的重力，衔铁因自重而迅速落下，使动、静触点脱开，启动绕组的电路被切断，电动机进入正常工作状态。

重锤式电流继电器的优点是体积较小，可靠性强。但当电压波动较大时，容易因触点接触不良或粘连而引起电动机故障或损坏。

（2）PTC 启动器。

PTC 启动器又称半导体启动器，是一种具有正温度系数的热敏电阻器件。它是一种在陶瓷原料中掺入微量稀土元素烧结后制成的半导体晶体结构。因为它具有随温度的升高而电阻值增大的特点，有着无触点开关的作用，如图 9. 15 所示。PTC 元件与启动绕组串联，电动

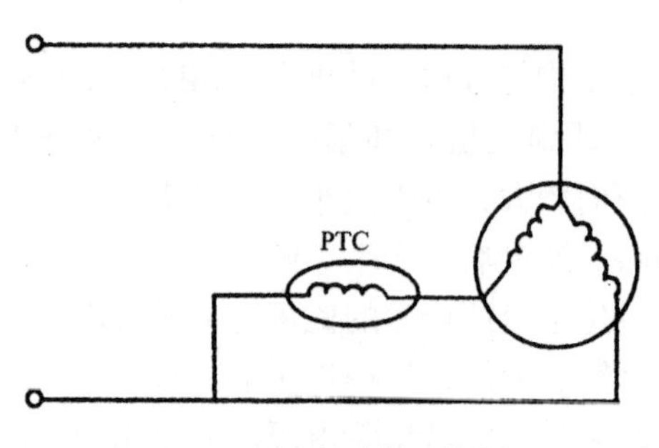

图9.15　PTC启动器工作原理

机开始启动时，PTC元件的温度较低，电阻值也较小，可近似地认为是通路。因为电动机启动时电流很大，是正常运转电流的5～7倍，PTC元件在大电流的作用下温度升高，至临界温度（约100℃）以后，元件的电阻值增大至数千欧，使电流难以通过，可近似地认为断路。这样，与它串联的启动绕组也相当于断路，而运行绕组继续使电动机正常运行。

PTC启动继电器的优点是没有触点，可靠性好，无噪声，成本低，寿命长，对电压波动的适应性强。但由于PTC元件的热惯性，必须等几分钟，待其温度降至临界温度以下时才能重新启动。

3. 热保护装置

电动机的保护装置主要指过载过热保护器。作用是：当电压太高或太低时，通过电动机的电流会增大，如果该电流超过了额定电流的范围，过电流保护器就能有效地切断电路，保护电动机不会因负载过大而烧毁。若制冷系统发生故障，电动机长时间运转，电动机的温度就会升高，当温升超过允许范围时，过热保护器就会切断电源，使电动机不会被烧毁。电冰箱使用的保护器大多具有过电流、过热保护的双重功能。常用的保护装置有双金属碟形保护器和内埋式保护器。

（1）双金属片碟形热保护器。构造如图9.16所示。正常情况下，触点为常闭导通状态。当电流过大时，电阻丝发热，碟形双金属片受热向反方向拱起，使触点断开，切断电源；当电流正常，而机壳温升较高时，双金属片安装在紧贴机壳侧壁上，感受壳温比较灵敏，双金属片也会受热变形而拱起，触点断开切断电源。因此，这种保护器具有过电流、过热两种保护作用。

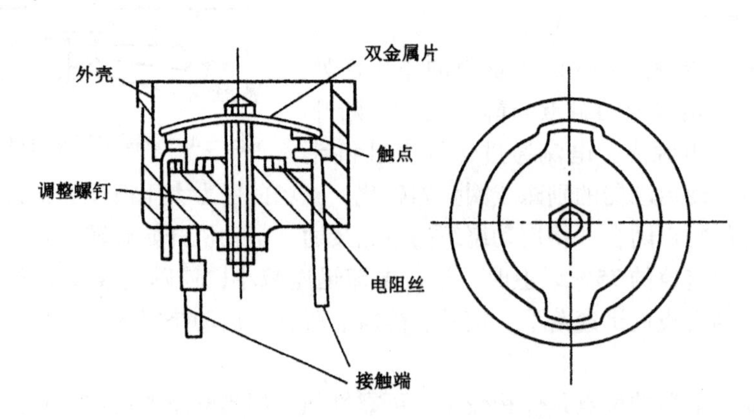

图9.16　双金属片碟形热保护器结构

（2）内埋式保护器。结构如图9.17所示。这种保护器置于压缩机机壳内，埋装在电动机的定子绕组中。当电动机电流过大或温升过高时，保护器内的双金属片就会变形拱起而断开电动机的电路。

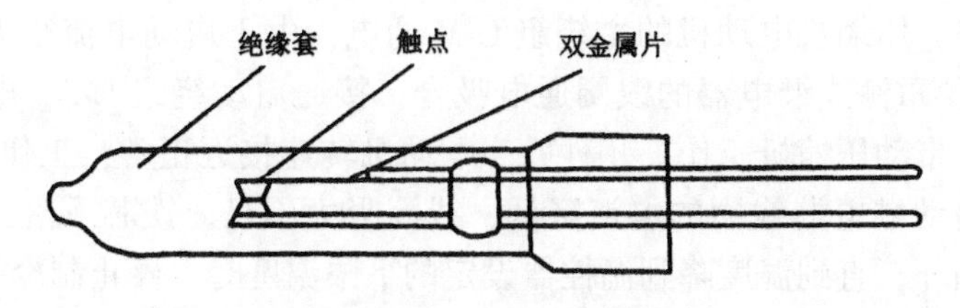

图9.17 内埋式保护器

内埋式保护器的特点是体积小，对电动机的过热保护作用好，密封的绝缘外套可防止润滑油和制冷剂的渗入。但是其一旦发生故障，检修比较困难。

4. 温度控制继电器

又称温控开关，常用的有压力式温度控制器和热敏电阻式温度控制器两种。其中压力式温度控制继电器结构简单、使用可靠、寿命长、价格低，在家用电冰箱中广泛使用，如图9.18所示。

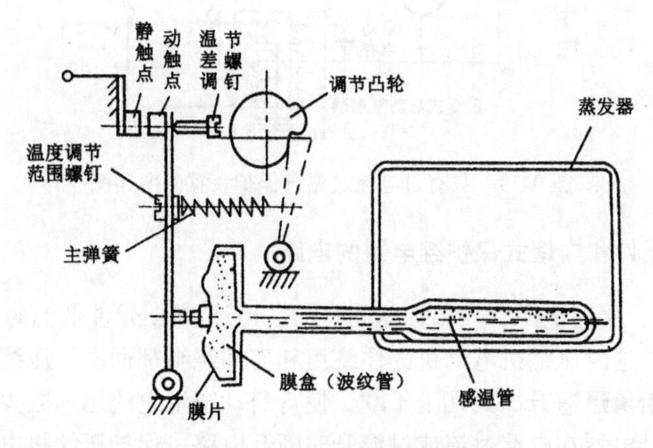

图9.18 压力式温度控制继电器

压力式温度控制继电器的工作原理：它由温压转换部件、凸轮调节机构及快跳活动触点组成。当电冰箱温度升高时，感温管内压力随之升高，使得感压腔传动膜片克服弹簧拉力而向左移动，达到一定位置时，通过杠杆，推动快跳活动触点与静触点闭合，从而接通电源，压缩机开始运转，制冷系统开始工作。之后，蒸发器表面温度逐渐下降，感温管内感温剂的压力也随之下降。在主弹簧力的作用下，传动膜片向右移动，达到一定位置时，快跳活动触点与静触点分离，压缩机停止运转，从而把箱内温度自动控制在所设定的范围内。

9.2.2 典型控制电路

1. 具有过电流过温升保护装置的直冷式单门电冰箱电路

如图9.19所示，这种电路采用重锤式启动继电器和双金属片碟形过电流、过温升保护继电器分开的形式。接通电源，当电冰箱室内温度升高，超过温控器设定的上限温度时，温控器闭合接通电路，压缩机电动机的主绕组 C-M 通电，由于启动电流很大，是正常工作电流的 5 ~7 倍，使得重锤式继电器的线圈通电吸合，接通启动绕组 C-S，电动机内形成旋转磁场，开始旋转，带动压缩机工作，几秒后，电动机转速接近正常，工作电流也达到正常，由于通过重锤式启动继电器线圈的电流降低，线圈吸力不足，铁芯下落，启动绕组停止工作。压缩机制冷循环，直到温度降到温控器设定的下限温度时，停止制冷循环。在正常制冷过程中，如果出现工作电流过大或压缩机不正常发热，碟形过电流过温升保护继电器动作，断开电路，保护压缩机的电动机。

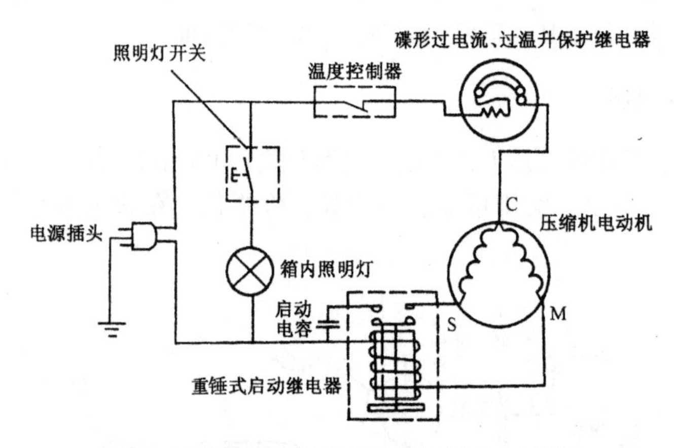

图 9. 19　具有过电流过温升保护装置的电路图

2. 采用 PTC 元件和内埋式保护继电器的电路

如图 9. 20 所示，接通电源，当温控器闭合后，由于 PTC 元件低温时电阻较小，大约几十欧，相当于通路，这时压缩机电动机的住绕组和启动绕组都通电，压缩机工作，随后 PTC 元件发热，它的电阻值迅速升高到几十千欧，使得启动绕组电流迅速减少，相当于断开启动绕组。内埋式保护继电器在电路过流或过温升时断开电路，保护压缩机电动机。

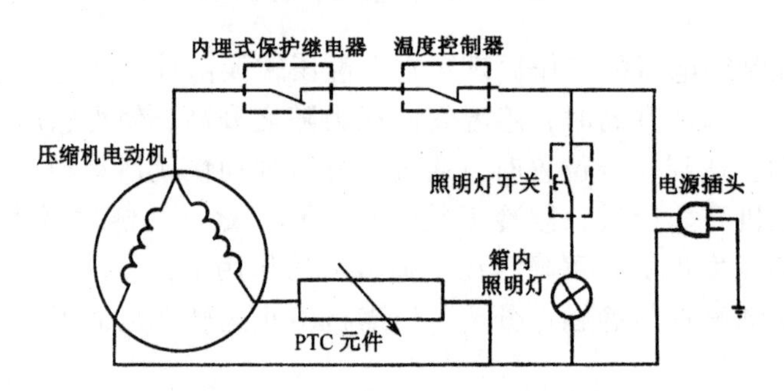

图 9. 20　采用 PTC 元件和内埋式保护继电器的电路

3. 间冷式家用电冰箱控制电路

间冷式家用电冰箱是靠强迫箱内空气对流进行冷却的，所以在直冷式电冰箱控制电路的基础上，还需设置电风扇的控制和除霜电热器及除霜温度的控制等，如图 9. 21 所示。

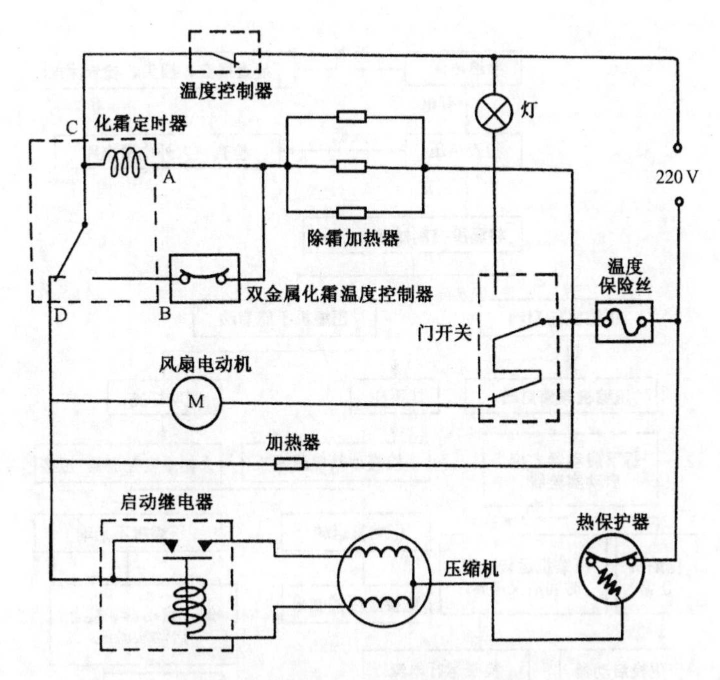

图 9.21　间冷式电冰箱控制电路

风扇电动机通过门触开关与压缩机电动机并联，同时开停。为了避免打开冰箱门时损失过多的“冷气”，冷藏室采用双向触点的“门触开关”，即当冷藏室开门时，风扇停转，同时接通箱内照明灯，关门后照明灯灭，电风扇又转动。冷冻室仍用普通“门触开关”，当冷冻室的门打开时，电风扇停止运转，关门后又将电风扇电路接通。

除霜控制由时间继电器、电热元件、热继电器温度保险丝等组成。在除霜时，时间继电器将压缩机的电动机电路断开，压缩机停机，同时将除霜电热元件的电路接通，开始加热除霜。当蒸发器表面的霜全部融化，并达到一定的温度（一般为 13℃±3℃）后，热继电器切断化霜加热电路，接通时间继电器的电路。在蒸发器的化霜加热器停止加热约 2 min 后，时间继电器才将压缩机电动机电路接通，又恢复到制冷过程。为防止热继电器万一失灵，不能断开化霜加热器电路，而使温度升高损坏塑料构件和隔热层等，在除霜加热电路中还设有温度保险丝，如因温度过高而使温度保险丝熔断，则不能自动复位，必须将故障排除后更换新的温度保险丝。

9.2.3　电气控制系统的常见故障及维修

电冰箱电气控制系统常见故障的维修，要从简到繁、循序渐进。故障检查流程如图 9.22 所示。

1. 全封闭压缩机电动机的维修

在修理或更换压缩机时，都要对其电动机进行绕组的测量（包括运行绕组和启动绕组的测量）及对地（机壳）绝缘情况的测量。

(1) 压缩机电动机的三个接线柱的判别。如图 9.23 所示，C 为公共接线端，CM 为运行

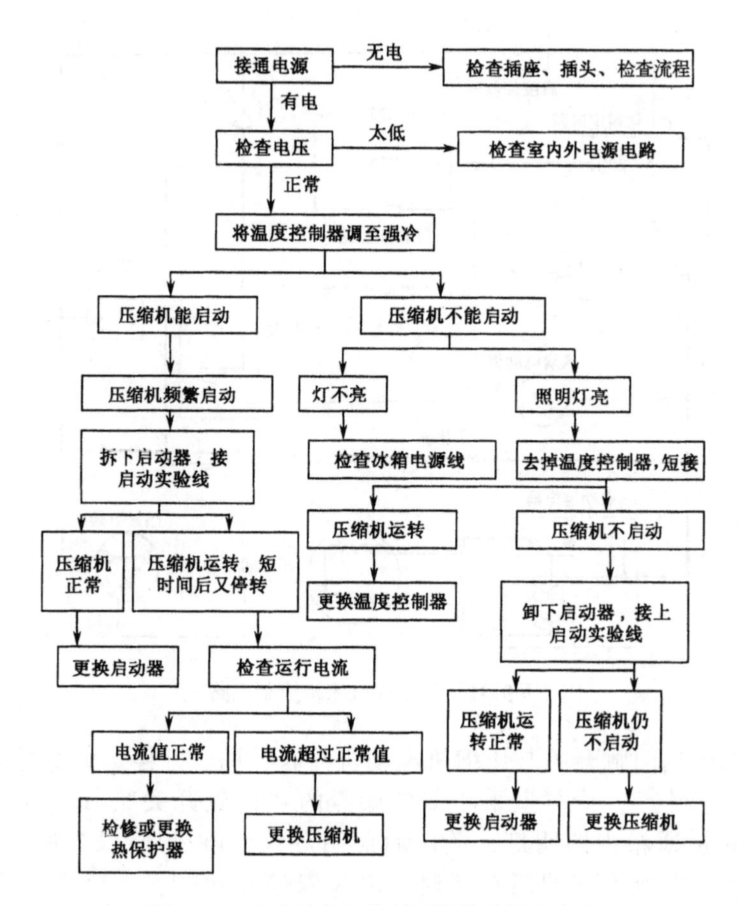

图 9.22　电冰箱电气控制系统故障检查流程

绕组，它的线径粗，静态电阻小；CS 为启动绕组，它的线径细，静态电阻大；MS 之间的电阻是运行绕组和启动绕组的电阻之和。

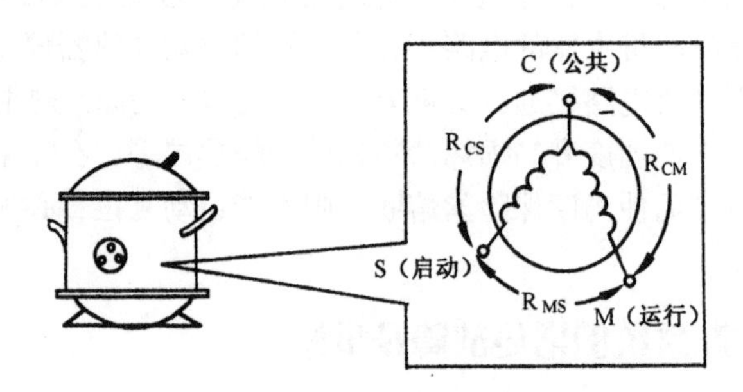

图 9.23　压缩机电动机接线柱的判别

三者之间的关系是：

$$R_{MS}>R_{CS}>R_{CM}$$

$$R_{MS}=R_{CS}+R_{CM}。$$

如果绕组的阻值无穷大，说明绕组断路；如果阻值比正常阻值小得多，说明绕组或匝间有短路，不能再用。

（2）压缩机绝缘性能的测量。用万用表 R×10 kΩ 挡测量压缩机电动机绕组对机壳的电阻时，用其中一支表棒接触三个接线柱的任何一点，另一支表棒则接压缩机外壳。阻值在 5 MΩ 以上为正常；如阻值在 1 MΩ 以下，说明绝缘不佳，不能再用。

2. 启动继电器的检修

当重锤式启动继电器处于正确位置时，用万用表测量其电流线圈，表通且有一定的阻值；否则，电流线圈中有断路的故障，应重新绕线或更换继电器；用万用表测量其两个动触点之间应为开路；否则，动触点之间有粘连的故障。应拆下继电器的接触片，用细砂布打磨光滑。

对于 PTC 启动继电器，可用万用表测量其两端的冷态电阻值。应符合标称值，一般为几十欧姆，否则不能使用，应更换新件。

3. 碟形热控过电流、过温升保护继电器的检修

在正常情况下，用万用表测量继电器的两接线端应为通路，对碟形双金属片加热一段时间后（约 10 s），应自动发生翻翘。否则，说明有故障存在。它的故障现象、产生原因和排除方法如下：

（1）启动继电器正常工作，但启动时间未超过 10 s，压缩机就停止启动运转。这是由于碟形双金属片原来调定的翻翘时间参数改变，致使翻翘时间小于 10 s 正常启动时间不超过 3 s，而此时压缩机的启动电流很大，使得压缩机还没有进入正常运行状态就停机了。排除方法是拆下继电器，松开防松螺母，适当地将碟形双金属片翻翘跳开时间延长，将防松螺钉调松，然后再将防松螺母旋紧。

（2）启动继电器正常工作，但压缩机启动时间超过 10 s 后仍不能正常运转。这是由于碟形双金属片原调定的翻翘时间改变，致使翻翘时间大于 10 s。排除方法与上述操作相反。

（3）压缩机运转时的表面温度高于 100℃时，碟形保护继电器触点仍不断开，使压缩机无法停止运转，这是由于触点间粘连所致。排除的方法是拆下碟形温度保护继电器，将粘连的触点切开后，用细砂布将触点打磨光滑或更换新的碟形温度保护继电器。

4. 温度继电器的检修

温度继电器的常见故障有感温剂泄漏、触点接触不良或烧损、活动部件受阻或卡住或温度漂移。

（1）当温度控制继电器出现感温剂泄漏时，电冰箱便会出现停机时间长、开机时间短、冷冻效果差的现象。排除方法是更换温度感应元件或更换温度继电器。

（2）当温控器出现触点接触不良时，电冰箱开、停机就没有规律，冷冻效果不稳定。当触点烧损时，电冰箱就不启动或不停机。若触点表面没有严重烧损，可用细砂布打磨触点。若触点严重烧损，则应更换温度继电器。

（3）当温控器活动不灵机械受阻或卡住时，会出现电冰箱开、停无规律或不停机。出现上述情况时，应在温控器各转轴及有摩擦处加少量润滑油，用手动方式使温控器开、停动作数次。

（4）当温控器的控制温度过高时，会引起电冰箱停机时间长，开机时间短，冷冻效果差；若温度控制器的控制温度过低，便会引起电冰箱停机时间短，开机时间长，冷藏室结

冰，耗电量上升。这时，应慢而轻地拧动温度范围高低调节螺钉，切忌用力过猛。若一次调整不行，需反复调整才能达到要求。

9.3 电冰箱故障检查及维修实例

9.3.1 冰箱故障的一般检查方法

电冰箱的结构较复杂，出现某种故障的原因可能多种多样。实践证明，正确地运用“一看、二听、三摸”的方法，就能较有效地分析判断出故障的原因。

1. “看”

“看”是指用眼睛去观察或用仪表去测量电冰箱各部分的工作情况。用万用表检查电源电压的高低、电动机绕组电阻值是否正常；用兆欧表测量电冰箱的绝缘电阻是否在2 MΩ以上。若各项指标正常，则可以通电试运行。

用电流表测量启动电流和运行电流的大小，然后打开箱门看蒸发器的结霜情况。如果电流数值不符合规定或蒸发器结霜不均匀（或者不完全结霜），则是不正常现象。用温度计测量冰箱内的降温速度，如果降温速度比平常运转时明显减慢，则是反常现象。检查制冷系统管道表面（特别是各接头处）有无油污的迹象，如果有油污，说明有渗漏。

2. “听”

“听”是指用耳朵去听电冰箱运行的声音。如电动机是否运转、压缩机工作时是否有噪声、蒸发器内是否有气流声、启动继电器与热保护继电器是否有异常的响声等。若有下列响声则属不正常现象：“嗡嗡嗡”是电动机不能正常启动的声音。“嗒嗒嗒”是压缩机内高压缓冲管断裂而发出的高压气流声。“咄咄咄”是压缩机内吊簧断裂后发出的撞击声。若听不到蒸发器内的气流声，说明制冷系统有堵塞。

3. “摸”

“摸”是指用手摸冰箱各部分的温度。电冰箱正常运转时，制冷系统各个部件的温度是不同的。压缩机的温度最高，其次是冷凝器，蒸发器是温度最低。

（1）摸压缩机运转时的温度。一般室温在+ 30℃以下时，用手摸感到烫手，则属压缩机温度过高，应停机检查原因。

（2）摸干燥过滤器表面的冷热程度。正常温度与环境温度差不多，手摸上去有微温的感觉。若出现显著低于环境温度或结霜的现象，说明其中滤网的大部分网孔已被阻塞，使制冷剂流动不畅，而产生节流降温。

（3）摸排气管的表面温度。排气管的温度很高，正常的工作状态是，夏季烫手，冬季也较热，否则就不正常。

（4）摸冷凝器的冷热程度。一般一台正常的电冰箱在连续工作时，冷凝器的温度为+55℃左右。其上部最热，中间稍热，下部接近室温。冷凝器的温度与环境温度有关。冬天气温低，冷凝器温度低一些，发热范围小一些；夏天气温高，冷凝器的温度也高一些，发热范围大一些。此外，低压吸气管温度低，夏天管壁有时结满露水，用手摸发凉；冬天用手摸则冰凉。

经过上述的“看”、“听”、“摸”之后，就可以进一步分析故障所在部位及故障程度。由于制冷系统彼此相互连通又相互影响，因此要综合起来分析，一般需要找出两个或两个以上的故障现象，由表及里判断其故障的实际部位，以减少维修中不必要的麻烦。平时多看、多听、多摸，当冰箱出现故障时，就容易根据这三方面的感觉判断出电冰箱的故障部位。

9.3.2 电冰箱故障检查步骤

1. 电冰箱的电气性能

检查工作电压与电源电压是否相符；用万用表或兆欧表进行绝缘测量，其电阻不得小于2 MΩ，否则应立即作局部检查；检查电动机、温控器、继电器线路等部件是否有漏电现象。

2. 电动机绕组的电阻值

将机壳上的接线盒拆下，检查电动机绕组的电阻值是否正常。如果绕组短路、断路或电阻值变小，则应打开机壳重绕电动机绕组或更换新压缩机。

3. 其他方面的检查

经过上述检查后若未发现故障，可接通电源运转。如果启动继电器没有故障，而电动机启动不起来，并有“嗡嗡嗡”的响声，则说明压缩机抱轴卡缸，需打开机壳修理。如果压缩机能启动运转，则应观察其能否制冷。

4. 压缩机运转10 min后的检查

(1) 用手摸，如果冷凝器发热、蒸发器进口处发冷，则证明制冷系统中有制冷剂存在。

(2) 用手摸，如果冷凝器不热，并听到蒸发器“咝咝咝”的气流声，则说明制冷系统中制冷剂几乎漏光，应查看各连接口处是否有油迹存在。

(3) 用手摸冷凝器不热，也听不到蒸发器“咝咝咝”的气流声，但能听到压缩机由于负载过重而发出的沉闷声，则说明制冷系统中的过滤器或毛细管有堵塞现象。

(4) 蒸发器如出现周期性结霜，说明制冷系统中有水分，在毛细管出口处出现冰堵的现象。

(5) 吸气管结霜或结露，说明充加制冷剂过量。

(6) 蒸发器结霜不均匀，说明制冷剂充加量不够。

(7) 用手摸蒸发器的出口部位10 cm左右处，在夏季稍微有点凉，冬季稍微有点霜，说明充气量正常。

9.3.3 维修实例

例1

故障现象：海尔 BCD—220 型电冰箱冷藏室，冷冻室均不制冷，不停机，红色报警灯亮。

故障检查：一般冰箱发生不制冷故障，均不能停机，因为温控器只有在制冷正常，才能控制电路，所以故障在制冷系统。初步检查时制冷系统无外漏，接通电源运行，冷凝器不热，听不见制冷剂流动声，故判断故障原因有二，不是制冷剂完全泄漏，就是制冷系统脏堵。

如图9.24所示，接通电源运行后，把冷藏室温控器 TH_1 旋出“位置”，使电磁阀强行通电，制冷剂换向，这时听到制冷剂流动声如图9.25所示，冷冻室制冷正常，所以排除原因一，为脏堵，并且故障位置不在两路制冷循环的公共部分，而在第一回路的单独部分，即电磁阀1、2管路和冷藏室毛细管这两处，因为只有这两处堵塞，才能导致制冷剂在第二回路循环冷冻室制冷正常，在第一回路循环，冷藏冷冻均不制冷。

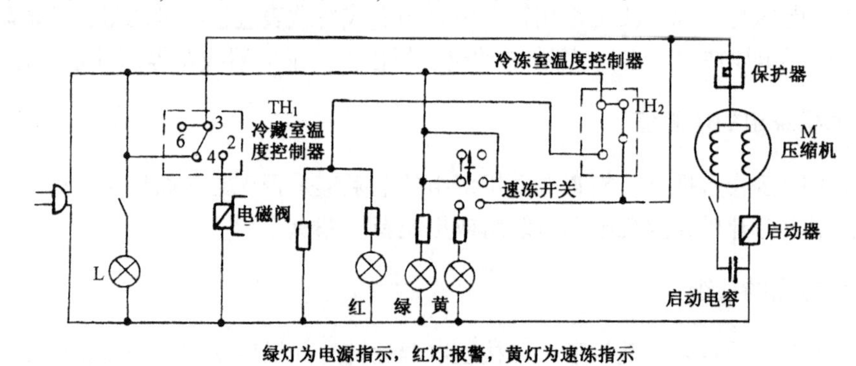

图9.24　电磁阀同时受温控器 TH_1、TH_2 串联控制

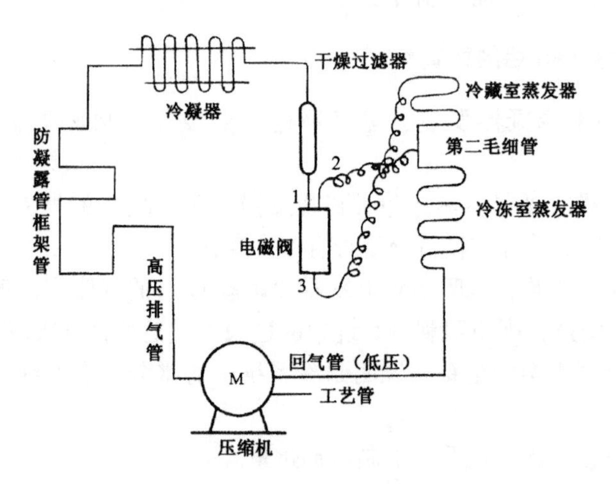

图9.25　制冷系统

故障维修：根据原理，在开始运行时，电磁阀管路3有氟利昂流过，而管口2没有。用钳子将管口3与冷藏室毛细管连接处割开，没有氟利昂喷出，把管口2与冷冻室毛细管连接处割开，没有制冷剂喷出，关闭冷藏温控器 TH_1，使电磁阀通电换向，这时管口2即有大量氟利昂喷出。因而证明电磁阀虽然1、2管路完好，但1、3管路脏堵损坏。更换后，故障排除，冰箱正常。

例2

故障现象：海尔 BCD—220 型电冰箱冷藏室不制冷，冷冻室制冷正常，不停机。

故障检查：根据现象，表明制冷剂只在第二回路循环，而第一回路无制冷剂流过，初步判断电磁阀有问题，不能换向。首先测量温控器 TH_1、TH_2，均完好。接着在电磁阀通电的情况下，用手摸电磁阀两出口管路，管口 2 热，3 凉，属于正常。使电磁阀断电，仍然是 2 热 3 凉，不能换向。说明电磁阀有问题，阀体内部衔铁可能被赃物堵塞或弹簧失效，使电磁阀不能复位，使管路 1、2 通，1、3 始终不通，第一回路受阻，所以冷藏室不制冷，而冷冻室制冷正常，压缩机不停。

故障维修：锯开电磁阀管口 3 不出气，而管口 2 无论在电磁阀通电还是断电时，均出气，证明判断正确，更换一电磁阀后，重新焊好，抽空，充氟，冰箱制冷，工作正常。

例3

故障现象：海尔 BCD—220 型电冰箱冷藏室制冷效果差，冷冻室制冷正常，运行、停止也正常。

故障检查：刚接通电源运行时，电磁阀断电，管路 1、3 通，1、2 断，这时电磁阀工作正常，所以冷藏室制冷正常，达到一定温度后电磁阀通电吸合，制冷剂换向，由于这时电磁阀吸合不严，结果使两只管口均出气，制冷剂在两条回路同时循环，但由于第二回路较第一回路短，流体阻力小，所以制冷剂大部分从管口 2 流出，小部分通向管路 1、3 流向冷藏室蒸发器，结果使冷藏室制冷效果差，冷冻室制冷基本正常，但冷藏室制冷效果差，为什么压缩机停转还正常？这是由于冷藏室温控器感受的是空间温度（感温点没有贴在蒸发器上），在开始阶段冷藏室制冷正常时，温控器动作，控制压缩机的触点断开，而控制电磁阀的触点吸合，使冷冻室制冷。这时由于制冷剂分流，始终有少量制冷剂流过冷藏室，所以就使温控器始终不能复位。结果这种恶性循环就造成冷藏室制冷效果差，冷冻室正常，压缩机停转也正常这一特殊现象。

故障维修：通电检查，开始冷藏、冷冻制冷均正常，过一段时间检查后，便出现冷藏室制冷效果差，冷冻室制冷正常，停转也正常的现象。根据现象，冷藏制冷效果差，应该不停机，所以首先检查温控器 TH_1，无问题，故怀疑电磁阀故障。通电观察，冷凝器过滤器均较热，正常。但仔细摸电磁阀两只出口管路时，感觉到管口 2 较热，管口 3 也微热，正常时应该一热一凉，因此怀疑电磁阀通电吸合不严，使两出口管均出气。随后割开管路，管口 2 出气量较大，管口 3 出气量较小，判断正常，更换电磁阀后，故障排除。

例4

故障现象：海尔 BCD—220 型电冰箱冷藏室有时制冷有时不制冷，冷冻室制冷正常，运行、停止也正常。

故障检查：根据现象，表明故障发生是，制冷剂只循环在第二回路，即冷冻室单独制冷。首先排除电磁阀问题，因为如果电磁阀有故障，断电不复位，虽然制冷剂在第二回路循环，冷冻室制冷，冷藏室不制冷，但由于冷藏室温度不下降，所以温控器不动作，压缩机不停因而判断冷藏温控器 TH_1 有问题，发生故障时，虽然冷藏室不制冷，但由于温控器 TH_1 损坏，使控制压缩机的触点 3、4 始终断，控制电磁阀的触点 3、2 始终通，使电磁阀通电，制冷剂循环在冷冻室蒸发器回路。

故障维修：打开接线盒，在发生故障时，即冷藏室不制冷的情况下，测量电磁阀两端电压，应该是断电状态，但有220 V电压，证明TH_1已损坏。更换冷藏室温控器后，冰箱工作正常。

例5

故障现象：海尔BCD—220型电冰箱制冷正常，但运行、停止不正常。

故障检查：根据现象，表明故障原因一定是温控器问题。由于双温控器，两个温控器均有可能出故障，所以应采用排除法检修。首先将冷藏室温控器TH_1控制压缩机的连线摘去，由冷冻室温控器TH_2单独控制压缩机。根据电路原理可知，刚接通电源运行时，由于TH_1、TH_2均接通压缩机，现虽然将TH_1控制压缩机的连线摘去，但压缩机仍然通电运转，冷藏室先制冷，达到设定温度后，TH_1动作，电磁阀通电换向，冷冻室制冷，由于此时压缩机停转由TH_2单独控制，所以如果停转正常，表明TH_2完好，TH_1损坏，停转不正常，则TH_2损坏。

故障维修：更换冷冻室温控器TH_2后，冰箱制冷正常，运转正常。

例6

故障现象：海尔BCD—220型电冰箱压缩机不启动。

故障检查：把启动继电器拆下，首先测量压缩机各绕组的阻值，运行绕组CM为17 Ω，启动绕组CS为33 Ω，阻值正常，测量过热保护器、触点连通，阻值为0 Ω。再测量启动继电器，接触不好，打开发现触点已烧坏。

故障维修：更换启动继电器，过热保护器后，压缩机启动，运转正常。由于保护器动作次数过多，碟形双金属片已失效，所以虽然测量完好，但必须更换。

例7

故障现象：海尔BCD—220型电冰箱温控器控制点与冰箱工作状态不对应。

故障检查：经仔细询问用户方知，此冰箱以前发生故障，经修理后，才出现这种特殊现象。检查电磁阀，发现两只出口管2、3焊错、管口2应接冷冻室毛细管，这时却接冷藏室毛细管，而管口3应接冷藏室毛细管，却接在冷冻室毛细管上了。将电磁阀拆下，重新焊接后，抽空，充氟，冰箱工作正常。由于电磁阀管路的这种错误接法，使冰箱在刚接通电源运行时，电磁阀断电，管口1、3通，而这时制冷剂却单独流向冷冻室蒸发器，所以冷冻室制冷，冷藏室不制冷，不停机，当把冷藏室温控器旋至“0”位置时，电磁阀通电，1、3断，1、2通，由于管口2接冷藏室毛细管，所以冷藏室冷冻室均制冷，即冷藏室温控器反控制电磁阀，断电走冷冻室，通电走冷藏室。因而造成上述特殊现象。

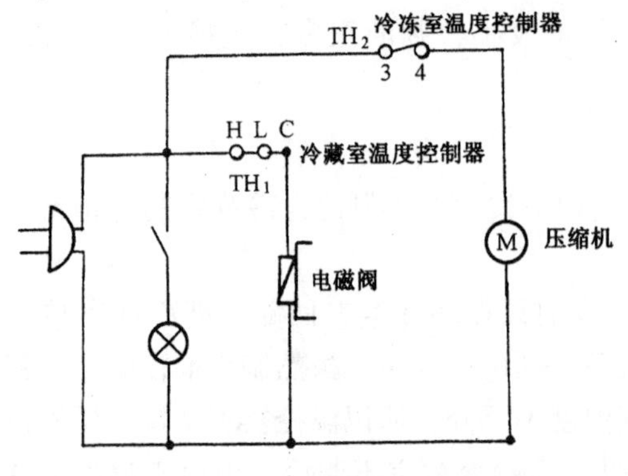

图9.26 改变原电路的接线方法

故障维修：在冰箱的制冷剂充注量适合的情况下，这例人为的故障也可以采取改变电路的方法处理，而避免焊接麻烦（电路图如图9.26所示）。

将冷藏室温控器摘掉，换一普通冰箱温控器，触点 HL 为开关，LC 为温控触点。

工作原理：刚开始工作，由于冷藏室、冷冻室均为室温，所以温控器 TH_2 接通，压缩机运转；温控器 TH_1 接通，电磁阀通电工作。由于管路焊错，管口 2 接冷藏室毛细管，1、2 通，1、3 断，制冷剂先通过冷藏室蒸发器再流经冷冻室蒸发器，冷藏室先制冷，达到设定温度后，TH_1 断开，电磁阀断电，1、2 断，1、3 通，制冷剂换向，由于管口 3 接冷冻室毛细管，所以冷冻室制冷，达到预定温度后，TH_2 断开，压缩机停，经试验，此种管路及线路连接方法，同样能满足原电路制冷要求。这也是双温双控的一种新形式。

例8

故障现象：万宝 158 A 型双门电冰箱，放在冷冻室内的鱼肉突然解冻化霜，压缩机停机 20 小时后才能启动一次，冷冻室内温度达不到-20℃。

按图 9.27 所示检查压缩机电动机、过载保护器、启动继电器、温控器均正常。断开节电开关用万用表检查冷藏室电加热器断路。

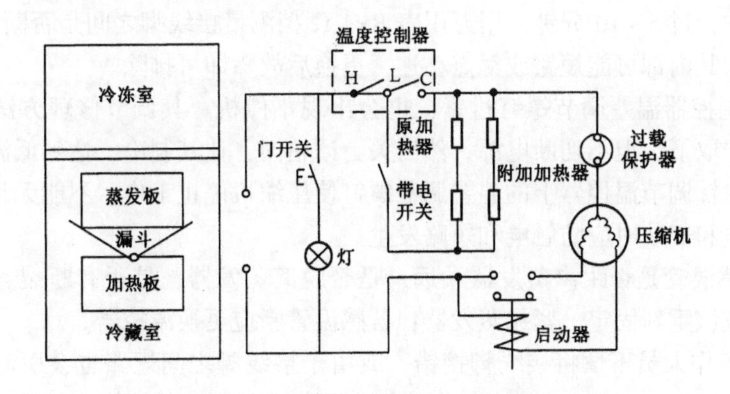

图 9.27　万宝 158 A 型电冰箱电路

故障检查：158 A 型双门电冰箱的电加热器是埋设在箱体内胆夹层里的，其作用是在环境温度较低时，是防止化霜水冻结排水管道和提高冷藏箱内的温度，帮助温控开关在低温环境下能正常启动压缩机而设的装置。

在冷藏室内放置一盏 100 W 的白炽灯，利用灯泡散发的热量，提高箱内的温度，电冰箱通电试机，压缩机开停机均很正常，用数字测温表测量冷藏室蒸发板上的感温管终端温度，即温控开关的热、正常、冷三挡开停温度都正常。经分析后确定为电加热器损坏，使压缩机正常停机后不能加热，时置天气寒冷，环境温度又低，冷藏箱内没有电加热器帮助提高温度，温控开关不能正常工作。

故障维修：经测量同类型电加热器的阻值在 4.5 kΩ 左右，通过计算，功率约 10 W，在修理时，这种情况一般是换箱体或破坏箱体才能修复，或是提高室内环境温度，使冰箱在正常环境温度下工作。唯此在不破坏箱体的情况下，做一加热板装在冷藏室内，以提高箱内温度。

这种做法是为了取材方便，又经济，用三只 30 W 电烙铁芯串联起来（阻值和功率都差不多），放入一直径 8 mm 长 250 mm 的玻璃管内，导线从两端引出，再用硅橡胶把管口密封好，以防止受潮。用一合适铝板把玻璃管包在一端，另一端在正中挖一缺口，插在接水漏斗下面，用自攻螺钉固定好。接线按电路图接在温控开关的L点和C点接线端上即可。

经使用，冬季均能正常工作。

以上方法也可在没有电加热器而在环境温度较低时不能正常启动的早期生产的双门电冰箱上安装使用，即增加了一个电加热功能，又不影响外观。

例9

故障现象：将军BCD—148型电冰箱不停机、但能制冷。

故障检查与维修：

（1）检查温控器旋钮是否置于连续转挡。如果是，应将其反时针转回，降低其设置点，即可排除。

（2）检查除霜开关是一直在除霜或除霜开关失灵，按一下停止除霜键即可判断出，开关失灵时应更换。

（3）检查温控器内部是否短路或触点粘连。方法是：将温控器取下，放到一个制冷好的冰箱冷冻室中，过5～10分钟，用万用表R×1 Ω挡测量接线脚之间是否断开。若不断开，阻值为零，说明其内部可能短路或触点粘连，更换后故障即可排除。

（4）如果温控器温差调节螺钉过紧，也会出现不停机。其调节修理方法是：首先将温控器从温控盒中取下，但不切断电源；然后关上冰箱门，让其制冷，达到低温时，迅速打开冰箱门，再逆时针调节温控器上的温差调节螺钉使压缩机停止工作，不能无目的乱调节。应当注意：在调整和安装时应防触电和短路发生。

（5）检查感温管是否距离蒸发器太远，是否脱离蒸发器，是否有断裂。若离得太远或脱离了蒸发器应该重新固定，紧靠蒸发器；若感温管断应更换温控器。

（6）由于工作人员不慎将接线脚接错，或由于接线脚之间短路也会引起不停机。如果接线接错应更正过来，一般沈阳产WDF型温控器接C和H两接线脚；如果短路故障在接线脚之间应用绝缘材料（塑料套管、防水胶带）绝缘开来。

（7）如果以上故障都没有出现，那么检查门灯是否一直亮着，门灯开关是否失灵？门封条是否严密？F-12是否过多？其处理方法这里不述。

（8）当然也不能排除环境因素的影响，如果环境温度过高，也会出现不停机。原因是冷凝器对外失散的热量相对地减少了，引起冰箱内吸收的热量相对的也减少了，这样制冷量就达不到，温控器触点也就不可能断开，因此电冰箱压缩机长时间运转不停机，解决方法是：调节温差螺钉。

例10

故障现象：可耐牌220L电冰箱通电后在压缩机处发出间歇的“啪啪”声，但压缩机不工作。

故障检查：仔细观察后发现（观察时可用手指背部接触压缩机外壳，可以很清楚地感觉到压缩机是启动还是不启动。故障现象为：通电后压缩机启动工作6～7 s，“啪”一声热保护碟形金属片翻转，切断电路，停3～4分钟后“啪”热保护碟形金属片复位，压缩机又启动6～7 s，“啪”停机3～4分钟。如此循环往复。压缩机外壳温度很高。

正常情况下热保护是不动作的。只有电路内出现过流过热情况时它才动作，切断电路起到保护压缩机的目的。

造成热保护动作的原因很多：如电源电压太低，压缩机不宜启动。电源电压过高，电路内电流过大。启动继电器、压缩机有问题等，都会造成热保护动作。

电压的高低可以很方便地用万用表交流电压挡测量。只要不超过额定电压的15%就可以。测量电压如正常就应重点考虑启动继电器与压缩机方面是否正常。

通电后压缩机能启动运转，第一说明压缩机包括运行绕组在内的主回路正常（其中如温控器、热保护、启动继电器的电磁线圈完好）。第二说明启动回路形成了通路，产生了旋转磁场，压缩机才能启动。

但为什么启动运转7 s热保护就动作呢？启动继电器的工作过程是：通电后流过电磁线圈电流的大与小，可使启动继电器内部的动静触点达到接通与断开。但不管何种原因使启动继电器的动静触点在压缩机通电后不能接通，或接通后在规定的时间内不能断开，时间一长就会使压缩机的绕组内产生很大的电流，该电流已超过热保护设计规定的保护电流值，使得热保护蝶形金属片翻转，切断电路。根据通电后压缩机能启动运转7 s这个事实分析；产生故障的原因是由于启动继电器触点粘连所造成。判断准确与否，要通过测量启动继电器来证实。

拆下压缩机侧面的电气附件盒，拔下启动继电器。用万用表R×1挡测量启动继电器两插孔的阻值（测量时应使启动器插孔在上方，电磁线圈在下方位置时测量），阻值为零（接通）。正常情况下应为无穷大（不通），说明就是启动继电器触点粘连。

因为冰箱的启动过程很快，通电后瞬间即能启动，而后电路内电流减小，启动回路切断，进入正常运行状态。但启动继电器触点粘连后，使启动回路始终接通，时间一长（7 s左右）绕组内电流增大，热保护动作切断电路。断电后电热温度逐渐下降（3～4分钟），热保护蝶形金属片复位又接通电路。重复前面故障过程。

故障维修："扎努西"压缩机所用的启动继电器外壳是由两块塑料黏合在一起的，可用改锥细心撬开外壳，注意用力柔和不要撬坏，撬开后发现动静触点已烧蚀在一起。将其分开，用什锦锉将触点锉圆滑平整，再用细砂纸打磨光后，重新装好。用胶或热烫将两块外壳粘牢。

再用万用表测量两插孔阻值为无穷大（不通），将启动器翻转180°后（即启动器电磁线圈在上方，两插孔在下方的位置），测出两插孔阻值为零（接通）说明启动继电器已修好。

重新装到压缩机上，通电试机，压缩机启动运转工作正常。

例11

故障现象：电冰箱通电后压缩机不启动（压缩机内只有电磁振动声），11～12 s后，"啪"热保护动作，切断电路，过3～4分钟后，"啪"热保护蝶形金属片复位，又出现振动声，还是启动11～12 s后，"啪"又停3～4分钟，如此循环往复。

故障检查：热保护动作说明，出现了过流现象。同时也说明电流通过了压缩机主回路（其中运行绕组、温控器、热保护、启动继电器电磁线圈无问题）。这一点通过用万用表Ω挡测量电源线两插头间的阻值加以证实，有20 Ω左右的阻值，系运行绕组的阻值。

通电后不启动，在电源电压正常，压缩机主回路无问题的情况下，说明启动回路没有形成通路，产生不了旋转磁场。所以要重点检测启动继电器与压缩机启动绕组。

用万用表R×1 Ω挡测量启动继电器两插孔间的阻值（测量时应使启动器插孔在上方，电磁线圈在下方的位置测量），阻值为无穷大（不通），不用拔下万用表笔将启动继电器翻转 180°（即线圈在上方，插孔在下方位置再测量阻值为零（接通），说明启动继电器正常。

再测量压缩机公共头与启动绕组头之间的阻值，为无穷大（不通）。正常时应有几十欧姆的阻值，而此阻值应比运行绕组的阻值大一些，通过测量说明压缩机启动绕组断路。

怎样区分压缩机的各个绕组头呢？一般来说 通过启动绕组的阻值大，运行绕组的阻值小这个规律通过测量进行判断。如遇压缩机三个插头都不清楚时，可用万用表 Ω 挡测量压缩机三个插头，会得到三组不同的阻值。其中有一组阻值最大（启动绕组与运行绕组串联时），此时万用表笔所接的两个插头以外的那个插头即为公共头。再用一支表笔接公共头，另一支表笔分别接其他两插头，又会得到两组不同的阻值，其中阻值大的那组所接插头为启动绕组头，阻值小的那组所接插头为运行绕组头。但也可以通过启动继电器来判断，因启动继电器上的两个插孔一个是接启动绕组头，另一个接运行绕组头的。而其中一个插孔是和它本身的电磁线圈一头相连的，其中与电磁线圈相连的那个插孔即为运行绕组头。

既然是启动绕组断路，压缩机通电后就是启动继电器能吸合接通，也不能使启动回路形成通路，产生不了旋转磁场，时间一长压缩机绕组内电流过大，，使热保护动作，切断电路。

随着热保护电热丝的温度逐渐下降，3～4 分钟后蝶形金属片复位，接通电路又形成前面的故障过程。

故障维修： 这种情况只有换新压缩机，或将压缩机开壳，重绕启动绕组。

例 12

故障现象： 可耐牌 220 L 电冰箱有时工作正常，有时工作不正常。正常时，停机后，再开机时压缩机能顺利启动工作，不正常时，停机后，再开机时压缩机不启动 11～12 s 后，热保护动作，停 3～4 分钟后再次启动，有时能启动运转，有时要重复两三次才能再次启动，而且没有规律。

故障检查： 根据故障现象分析：启动继电器有接触不良的故障，但也不排除压缩机有问题。先用万用表 Ω 挡测量启动继电器两插孔间的阻值（不通），将启动继电器翻转 180 度后再测量阻值（接通）。测量反映启动继电器没有问题。再测压缩机启动绕组、运行绕组的阻值也正常。

在这种情况下，用好的启动继电器调换一下就可断定哪有故障，但因压缩机型号、功率大小、启动电流不同时。不同型号的启动继电器不能互接代用（尤其是用重力式），只有相同型号的启动继电器或 PTC 热敏电阻启动继电器才能代用。这时可以用“人工启动”的方法来试验一下，以便确定故障所在。所谓“人工启动法”，实际上就是给压缩机运行绕组通电，人工接通启动绕组，使之启动运转，具体做法很简单。

用一根带插头的电源线，在另一端接上两个接线端子，一头插到压缩机公共头，另一条插到运行绕组头。再用一条一头有接线端子的短绝缘线。将端子插到启动绕组，另一端搭在运行绕组头上，使其相连。注意不要触电！

将电源线插头接到电源插座上，给压缩机通电，如通电后压缩机立即启动运转，此刻把接在启动绕组头上的那棵短绝缘线，从运行绕组头上拿掉，使其脱离后，如压缩机一直运转工作，就可以肯定压缩机无问题。故障是启动继电器造成，如通电后压缩机不能启动运转，那么故障就在压缩机方面。

故障维修： 确定了故障所在，就可以有目的地拆开启动继电器进行修理。用螺丝刀撬开启动继电器黏合处，发现圆形触点半边圆比较光滑，另半边圆发黑氧化，所以造成启动继电器接触不良故障。用细砂纸将各个触点重新打磨，使触点出现光滑的圆面为止。将启动继电器重新装好，用胶或热烫把外壳粘牢。装到压缩机上通电试机，压缩机启动运转，工作正常。

相同型号的冰箱（压缩机、启动继电器也相同时），用万用表Ω挡测量冰箱电源线插头时，它们的阻值也是相同的。

因用重力式启动继电器（或电流型自动方式），启动回路是断开的（冰箱不工作时）。此时所测电源插头之阻值实际上为运行绕组的阻值。如用PTC热敏电阻启动器（或电压型启动方式），启动回路是接通的（冰箱不工作时）。此时所测电源线插头之间的阻值，实际上为启动绕组与PTC启动器串联后，再与运行绕组并联的阻值。相同的压缩机所用启动继电器不同，如用重力式与PTC时它们电源线插头之间阻值肯定不同，而且用PTC比用重力式的阻值小。相同的压缩机都用相同的PTC启动器，测量其电源线插头之间阻值如不同时，肯定有一台冰箱是有故障的。根据这个规律，对在维修工作中查找故障原因是有帮助的。

例13

故障现象：可耐牌220 L电冰箱启动器为PTC热敏电阻，通电后压缩机不启动，11～12 s后热保护动作，停3～4分钟后热保护复位，又重复故障过程。

故障检查：此时可用万用表Ω挡测量冰箱电源线插头之间的阻值为24 Ω，而测量正常冰箱电源线插头的阻值为16 Ω，正常冰箱电源线插头阻值小，有故障的冰箱电源线插头阻值大。冰箱压缩机用PTC启动器，根据前面故障分析的规律：可以肯定压缩机启动回路有断路故障，启动回路不能形成通路，也就产生不了旋转磁场，所以压缩机通电后不启动。启动回路不通，不是启动器坏就是压缩机启动绕组断。

故障维修：拆下PTC启动器，用万用表Ω挡测两插孔之间的阻值为无穷大（测量时PTC的位置无影响）。正常时应在23 Ω阻值（PTC不同阻值也不同），说明PTC启动器有断路问题。打开PTC的外壳后，发现PTC热敏电阻圆形片已裂成两半。重新换一个PTC后，再测量冰箱电源线插头阻值为16 Ω，与正常冰箱电源线插头阻值相同。通电试机，压缩机启动运转正常。

PTC在常温时阻值是很低的，当通过电流后，温度升高达到居里点后，它的阻值会呈高阻状态，在电路中因其阻值很高相当于断路。启动器正是根据这个特性而工作的。

根据实践，如果压缩机的启动继电器（重力式）损坏后，完全可以用PTC启动器代替，而且效果很好。只是每月比用重力式启动继电器多消耗几度电。在电压较低时用重力式启动继电器压缩机不宜启动，而换上PTC后压缩机启动正常。如有条件的话，换PTC后最好热保护继电器也用与PTC配套的。

例14

故障现象：万宝BYD—155型电冰箱压缩机不停，打开冷冻室门有冷气冲出，食品上无霜。

故障检查：先打开冷冻室门，按一下门开关见蒸发器风扇不转。关上门打开后盖，用万用表交流电压250 V挡测量风扇电动机线圈上的两根电源线（白色线和黑色线），电压为220 V，说明线圈开路。断掉电源拆下电动机，打开线圈绝缘纸见有只保险管，用电阻挡一测为开路，结果是串在线圈中的保险管熔断。冰箱内的温度是靠风扇将蒸发器的冷气强行吹入箱内循环来降温的，风扇停转后，箱内无冷气对流，感温达不到一定值，温控器触点长期闭合，所以压缩机长时间运转不停机。

故障维修：这一保险管是感温式保险管（20℃）当线圈温度上升到一定值时便会立即熔断保护电动机线圈以免损坏。如有备用件可立即换上，无备用件可用导线临时连接，不会影响电动机正常工作，以后有此管再换上。也有电动机线圈无电压（保险管未熔断）的故障，这是因为门开关接点和导线连接的接头被氧化而接触不良或门开关接线头脱落，造成电动机无电压而不工作，这时将门开关拆下打开塑料盖，用零号砂布擦掉开关接点（或接线头）上的氧化物，重新装上即可。

例15

故障现象：万宝BYD—155型电冰箱冷冻室食物上结霜较厚，用手摸冷藏室均有凝固感，压缩机不停。

故障检查：根据特征来分析制冷系统和风冷循环系统是正常的，这样缩小了检查范围，可初步判定是温控器失灵。先打开冷冻室门，把温控器旋钮向高挡位旋，到位后又旋回低挡，此时应听到“咔嚓”一声，温控器动作，压缩机停机。如压缩机仍在工作便可以肯定是温控器有故障。

故障维修：断开电源拆下温控器，用起子轻轻撬开金属外壳两侧的铁爪，取下塑料绝缘座板即可见两触点粘在一起，用小起子轻轻将触点撬开，然后用小刀慢慢刮掉触点上的毛刺，再用小起子裹上细砂纸打磨光亮即可。这是由于温控器触点带负荷（压缩机）“通”、“断”电时出现拉弧，使两个触点熔结在一起。如无法修复就更换新的温度控制器。

例16

故障现象：万宝BYD—155型电冰箱压缩机工作约一小时左右，仅停几分钟开始运转，冷藏室温度达10℃左右。

故障检查：打开冷冻室门按下门开关见风扇运转但转速较慢（正常时50 r/s）风量也不大，风扇进风窗口塑料栏栅上有霜并带有轻微的“嚓嚓”声。断开电源，打开后盖，拆下电动机发现电动机轴和风叶上有一层油污，用手转动风叶也不灵活，蒸发器上结有一层较厚的霜。这是由于使用时间长了，在轴和风叶上结一层油污使风扇的转速减慢，冷空气只能在冷冻室内慢慢循环所以蒸发器结霜较快，风扇进风窗口栏栅也慢慢上霜，即减小了风扇向箱内的通风量又影响风叶运转。经一段时间（约8小时）后除霜定时器接通化霜回路→加热器工作，除掉蒸发器上的结霜后压缩机可正常工作几小时又出现以上现象。

故障维修：除掉电机轴和风叶上的油污，给电机两端的轴承加一点润滑剂，使其灵活自如，就可装上去试机。类似故障也有其他因素引起。如冰箱门封闭不严，氟利昂减少等原因。

例17

故障现象：万宝BYD—155型电冰箱不能启动，箱内照明灯亮，打开冷冻室，按门开关风扇不转。

故障检查：先拆下温度控制器，用万用表（交流电压挡250 V）一端用鳄鱼夹夹在灯开关的黄线端子上，另一端测温控器的灰线端子上有220 V电压，温控器正常。下一步检查除霜定时器外露有“茶”、“黑”、“灰”、“橙”四个导线接线端，用万用表电压挡250 V检查：先将一端用鳄鱼夹夹在黄色导线上，另一端分别测“灰”、“茶”、“橙”色导线端都有220 V电压黑色端无电压，此时除霜定时已断开“制冷”回路，接通了除霜回路，接通电源，用手靠近蒸发器加热器无热温感觉，除霜回路并未工作，此时可判定是温度保险管熔断，它熔断后断开了化霜加热器和化霜定时器里的电机电源，使定时器凸轮不动作。

故障维修：更换温度保险管，如无此管可先将两个线头短接，找到后要马上更换，除霜温控器有些松动离蒸发器间隙太大，适当调整一下除霜温控器的位置。当除霜加热器工作一段时间，温度上升至整定值时，除霜温控器能及时断开“除霜”回路，而再不烧温度保险管。

例18

故障现象：万宝BYD—155型电冰箱搬运后，压缩机频繁启动、停止，就是运转不起来。

故障检查：这种现象属于压缩机活塞“卡死”故障，因冰箱停用一段时间后又经搬动后，压缩机内微量杂质和沉淀物集结在活塞上，增加了摩擦力，活塞运动困难，启动时压缩机过负荷运行电流增大，过载保护动作后，断开压缩机电源，所以造成压缩机启动频繁。

故障维修：先用木槌轻轻敲打几下压缩机外壳，再轻轻摆动几下冰箱，使活塞上的杂物或机械“卡死”脱开，接通电源试运一下，如还不行就用强制启动法启动，接线如图9.28所示，把压缩机上的三个端子导线拆下，用两根导线接在运转绕组两端作电源线，另用一个复位开关并在启动绕组与电源另一端上，接通电源，立即按一下复位开关（2~5秒）接通启动绕组，产生旋转力矩，压缩机便可正常运转了，如还启动不了，就需解体修理或更换压缩机。启动继电器触点氧化而接触不良，也会导致压缩机频繁启动，这就要拆开继电器，将两个触点用砂纸打磨光泽，接触良好，压缩机便可正常启动运转。

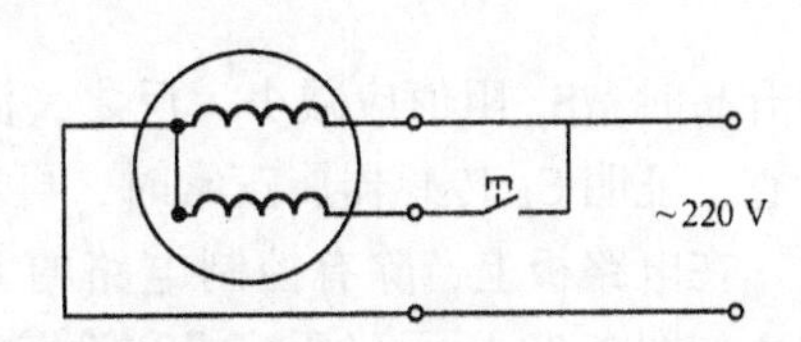

图9.28 压缩机强制启动原理图

例19

故障现象：东芝电冰箱使用一个时期后，每次压缩机起停时间变长。在此种故障运行的电冰箱，温度调节器已不起任何作用，冷冻室结霜，冷藏室也结霜。按下除霜键，指示灯有指示，但压缩机有时不停止运行。

故障检查：一般东芝双门双温电冰箱因采用了半自动除霜方式，控制电路较复杂。由于电冰箱的压缩机启动停止是通过温度传感器S_R检测冷藏室的温度，所以能够制冷而启停时间出现异常，说明故障发生在温度控制电气电路部分，与制冷系统无关。

冰箱的温度控制电气电路包括温度传感器（S_R、S_D），控制电路及控制板三部分组成，如图9.29所示中的任何一元件出现异常或者损坏，使电路的工作状态发生变化，都会影响电冰箱的正常工作。

故障维修：根据故障的现象首先检查冷藏室的S_R传感器。先取出安装在冰箱背面上的电路板，然后从电路板上拔下传感器的引线插头进行检查。用万用表欧姆挡检查S_R的阻值变化。正常时，用手紧握S_R传感器，随着手温S_R的温度也随之变化，从而阻值也变化。温

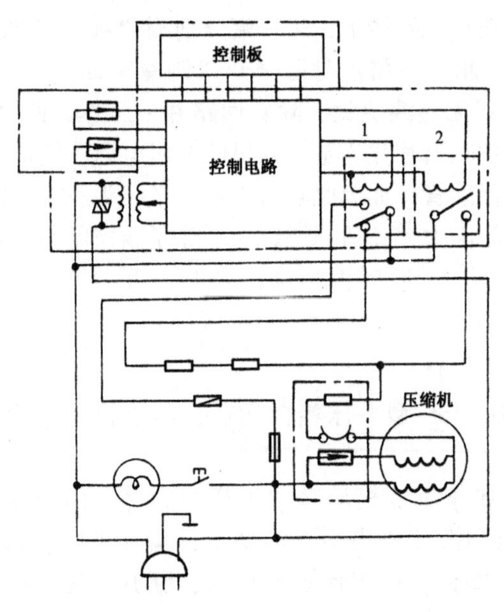

图 9.29　温度控制电路

度升高时，S_R 阻值应减小，反之，温度下降，阻值将增大（S_R 为负温度系数）。经过上述检查，证明 S_R 传感器属正常时，再对控制电路进行检查。

在电路板上，除有控制电路的大部分元件外，还包括电源变压器和 K_1、K_2 控制继电器，如图 9.30 所示。压缩机和除霜加热器的交流电源是分别靠 K_1、K_2 两个继电器的动作来控制工作状态的。它们将直接影响电冰箱的工作，所以应首先检查继电器的工作状态及有关电路。在通电之前检查各继电器的触点位置均处正常位置，无异常。再根据电路又可以看出，两只继电器线圈的一端是接在由变压器的次级线圈输出经整流滤波的电源上，以供给直流电，然后，经过控制继电器的线圈再分别接在三极管 VT_{811} 和 VT_{812} 的集电极。同时另一路直流经简单的稳压后供给集成电路，并通过限流电阻到发光二极管（用于除霜指示）的阳

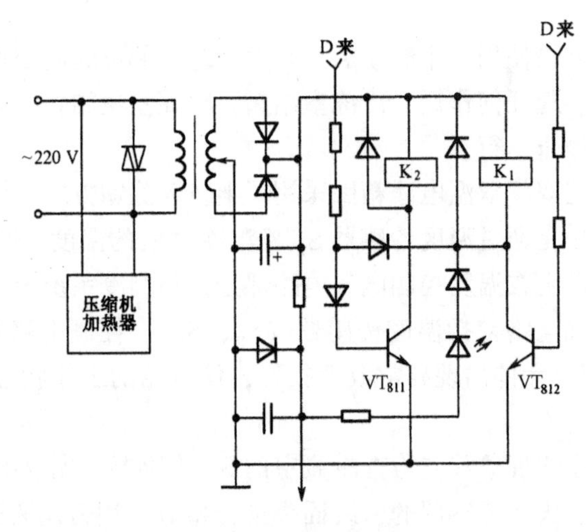

图 9.30　电源电路

极，其阴极也接到 VT_{812} 的集电极上。所以，晶体三极管 VT_{811}、VT_{812} 的集电极电压能够分别控制继电器线圈的电流，使 K_1 和 K_2 动作。

当接通电源时，压缩机立即启动。检查直流电源的输出约为 13 V，VT_{811}、VT_{812} 集电极电压分别是 0 V 和 13 V，继电器 K_2 吸合触点接通，电冰箱处在工作状态，说明压缩机启动控制正常。然后，检查除霜控制电路，当按下“除霜”启动按钮时，发光二极管亮，检查 VT_{812} 集电极压压为 0 V，晶体三极管饱和导通，继电器 K_1 吸合，接通除霜加热丝电源，冰箱处除霜状态，但此时压缩机仍继续运行而不停止，处于制冷，除霜同时进行的异常工作状态（为故障运行状态）。再检查 VT_{811}，集电极电压已由饱和到导通的 0 V 上升为 13 V 的截止电压，VT_{811} 不工作，K_2 继电器线圈已无电流通过，应释放压缩机控制触点使压缩机停止。由此可知，故障就在 K_2 继电器上。

断开电源，取下 K_2 继电器外罩，便可发现触头的烧灼现象严重，当继电器线圈没有电流通过的，不易释放，产生触头的粘连，而使压缩机运转不停。将触头用零号砂纸摩擦，除去烧灼产生结碳和毛刺，再用无水酒精擦洗干净，重新安装好，电冰箱就能恢复正常工作。

例20

故障现象：东芝电冰箱压缩机运转不停，当按下“除霜”启动按钮时，压缩机可停止，冰箱可除霜。当停止除霜时，压缩机启动又连续运转不停。

故障检查：冰箱出现上述故障现象，不是由于压缩机控制继电器触点粘连所引起，而应检查温度自动控制电路部分。

将冰箱背面电路板取出，参照图 9.31 所示，按下述步骤检查：

（1）进一步检查 VT_{811} 管与 K_2 继电器的工作情况。将 VT_{811} 管的基级与发射级之间短路，使 VT_{811} 管处截止状态，K_2 继电器触点释放，使压缩机停止工作。这说明 VT_{811} 管以后的电路正常，故障出在 VT_{811} 管以前的电路。

（2）进一步缩小可能产生的故障范围。将温度传感器切除（位于冷藏室的温度传感器控制压缩机的启动与停止）。

把电路板上的温度传感器两个插头拔掉，使热敏电阻脱离电路，这时压缩机仍不停运转，说明故障不在温度传感器上，而是在之后的电路中（正常运行时，当拔掉热敏电阻时，压缩机会立即停止运转，因为此时的 R 阻值变成无穷大，$V_A<V_B$，V_B 为停止点电压）。

（3）检查 VT_{811} 到温度传感器之间的电路：由图可知，这部分电路是由晶体三极管 VT_{811}、VT_{812} 集成电路及外围的分立元件构成。

此电路在正常状态时，压缩机起、停两个状态参数如下：启动点电压（温度传感器 S_R 接入）即 V_A 大于 VD_{802} 第 5 脚电压时，这时测得 VD_{802} 第 1 脚为高电位 7 V，VD_{802} 第 2 脚为低电位0 V。停止点电压（温度传感器 S_R 切除）即 V_A 小于 VD_{802} 第 6 脚电压时。这时测得 VD_{802} 第 1 脚为低电位 0 V，VD_{802} 第 2 脚为高电位 7 V。

故障维修：而对照故障电路板测得 VD_{802} 第 1、2 脚电压在 S_R 接入或切除时均为 0 V，当检查外围分立元件良好后，则说明 VD_{802} 集成块损坏。更换新的集成块后，电冰箱恢复正常工作。

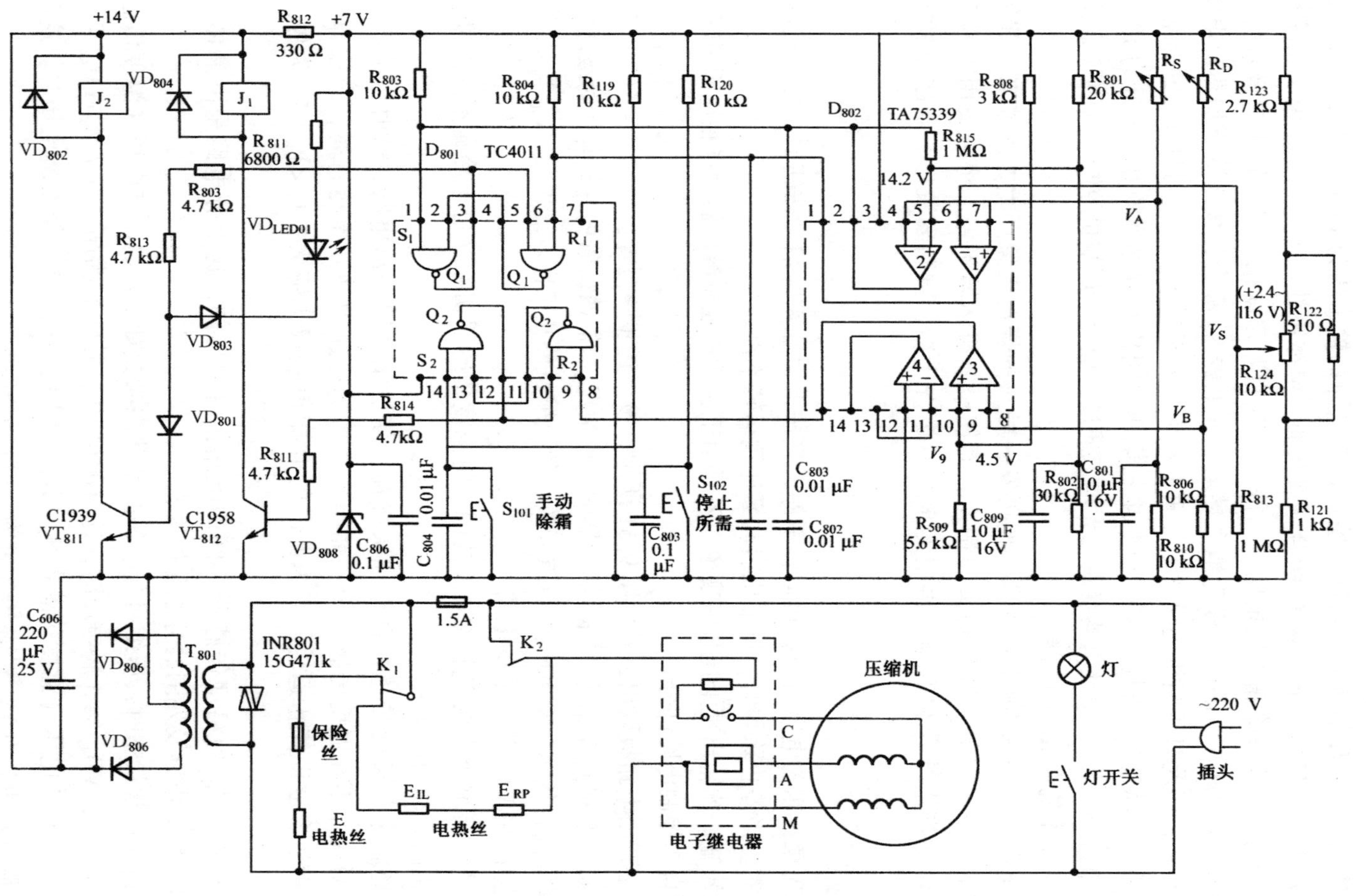

图 9.31　东芝电冰箱电路原理图

例21

故障现象：东芝电冰箱，使用一个时期发生不制冷故障，经检查发现是由压缩机不启动造成。

故障检查：如图9.32所示。断开冰箱电源，拔下压缩机外壳上的电源插头，用万用表欧姆挡："R×1"挡、"R×10"挡均可。检查压缩机两绕组的电阻值，经检查证明，压缩机电动机未损坏，进而接通冰箱电源，用万用表的交流电压挡测量固定在压缩机上的继电器的两根电源输入线和三根输出线，测知均无电压，查明无电压的原因是由于控制压缩机启动与停止的继电器触点RC未吸合造成的。从冰箱背部取出控制电路板，用万用表直流电压挡测量K_2线圈两端无电压（正常时为13.8 V左右）。接着再测量供给控制电路的直流电压也无电压（正常时为14 V），这样就可以判断出故障发生在控制电路的电源部分。

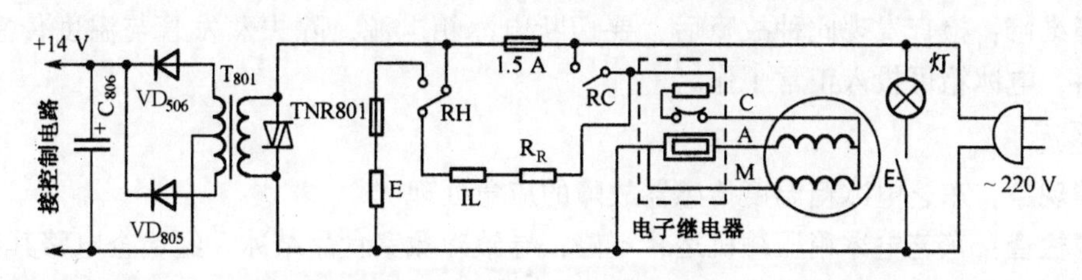

图9.32 压缩机控制电路

检查控制电源变压器的初、次级线圈，均无交流电压，检查抗干扰过流保护元件TN801，发现TNR801内的保险丝烧断和两个对接的抗干扰二极管短路，从而造成压缩机不能启动的故障。

故障维修：TNR801是一个将两个二极管和1.5 A保险丝制做在一起的专用组件，市场上很难买到，根据TNR801的作用，可以用两个2CP23二极管和1.5 A保险丝代替TNR801组装在原来位置上。压缩机恢复工作，电冰箱制冷正常。

例22

故障现象：东芝电冰箱能制冷，但不能进行温度自控。

故障检查：

（1）对于设有半自动除霜电路的电冰箱，可在压缩机运行中，手按除霜按钮START，此时压缩机应停止运行，电冰箱处化霜工况，当手按除霜停止按钮"STOP"时，电冰箱停止化霜，压缩机运转，冰箱处制冷工况，当按下START按钮时，压缩机则继续运行，可以基本上判断为压缩机控制继电器故障。

（2）压缩机运行一段时间后，估计冰箱的温度控制器给定温度已达停止点温度时，用手指轻点电路板上的控制继电器外壳，压缩机停止运行。当压缩机再启动时，又运转不停了，这时可以判断为控制继电器故障。

故障维修：将电路板上控制继电器的外罩撬开，用手按动继电器的电磁铁，检查发现继电器吸合时，控制触点能够接通，但当继电器的电磁铁释放时，控制触点不能断开，此时应仔细检查触点之间的黏合物（手刺、电弧击碳），应用零号砂纸打平，用无水酒精清洁干净，再检查触点的结合与释放是否灵活，正常后重新安装好，电冰箱自动温度控制恢复正常。

例23

故障现象：东芝电冰箱温度传感器失去作用。

故障检查：东芝电冰箱工作过程中，当发现冷藏室温度下降至温度控制器的设定值以下、压缩机继续运转不停的故障发生后，应仔细检查自动控制线路。经检查检查控制线路都正常后，应检查温度传感器 R（热敏电阻）。从电路板上拔下接线插头，用万用表欧姆挡检查 R 的电阻值（为负温度系数，温度升高时，电阻值下降，温度降低时，电阻值增大），经检查发现，虽然电冰箱内温度已达设定温度的停机点温度，但此时的电阻值仍较小，从而控制压缩机连续运转不停。

这是因为在冷藏室内食品放置得过多，蒸发的水蒸气遇冷后凝结在冷藏室后上侧的蒸发器上，因此逐渐在蒸发管和蒸发器下部的温度传感器 R 上结冰，使反应冰箱内温度的传感器 R 不能正常反应出冷藏室的现实温度，使温度自动控制电路失灵，导致压缩机运转不停，制冷系统循环不断冷藏室温度越来越低。

故障维修：检查发现此种故障后，要切断电冰箱电源，除去蒸发管与温度传感器 R 上的冰霜后，电冰箱可投入正常工作。

例 24

故障现象：东芝电冰箱温度传感器故障的应急处理

故障检查：东芝电冰箱压缩机运转不停，导致冷藏室食品结冰。经检查电路其他部分都属正常时，可判断此故障是由温度传感器 S_R 变值所造成。检查中发现，自动温度控制电路中反应冷藏室温度的电位 V_A 不正常。当冷藏温度下降时，其反应冷藏室温度的 V_A 下限电位达不到下限温度比较电平 V_A（1.6~2.4 V），这是由温度传感器 S_R 变值所造成。在没有温度传感器可替换时，可采用下列应急处理方法。

故障维修：首先检查上限温度比较电平 V_S 应是 4.2 V，下限温度比较电平 V_6 应是可调的（1.6~2.4 V）。如不正常可分别调换 R_{802} 和 R_{121}，使其电位正常。然后将 R_{806} 换成电位器 R_{01}，将 R_{802} 换成电位器 R_0，其阻值均在 20 kΩ 左右。将电冰箱接通电源，用温度计测试冷藏室温度，当冷藏室下限温度达 1℃左右时，调整 R_{01} 使其温度比较电平 V_A 电位达到小于 1.6~2.4 V。这时压缩机即可停止运转。当冷藏室温度达到 7℃左右时，调整 R_0，使其温度比较电平 V_A 电位达到上限温度比较电平 V_S 的 4.2 V，这时压缩机将启动运转。然后，将电位器 R_{01} 与 R_0 焊下，分别测其阻值，将 R_{802}、R_{806} 换上与 R_0、R_{01} 同值的电阻，电冰箱便可投入正常工作。

例 25

故障现象：东芝电冰箱自动温度控制电路运行异常。

东芝电冰箱采用半自动除霜，使用起来比较方便，但温度自动控制部分是比较复杂的。下面我们根据维修工作中的实践经验，以 GR—204E（G）型电冰箱电气线路（如图 9.33 所示）分析电路的检测及常见的几种故障检修方法。

表 9.3 给出了在常温下，电冰箱启动时，测量所得的各点工作电压值。

表 9.3 GR—204E（G）型电冰箱启动时的工作电压表

电压 端子 组件	1	2	3	4	5	6	7	8	9	10	11	12	13	14
D_{801}	0.1	0	6.8	0	6.8	6.4	地	0.1	0	6.8	0	6.8	6.4	V_{CC7}
D_{802}	6.4	0.1	V_{CC7}	5.2	3.7	2*	5.2	5.3	4.4	地	地	地	空	0.1

* 表示温度控制调整电位器在“中间”位置。

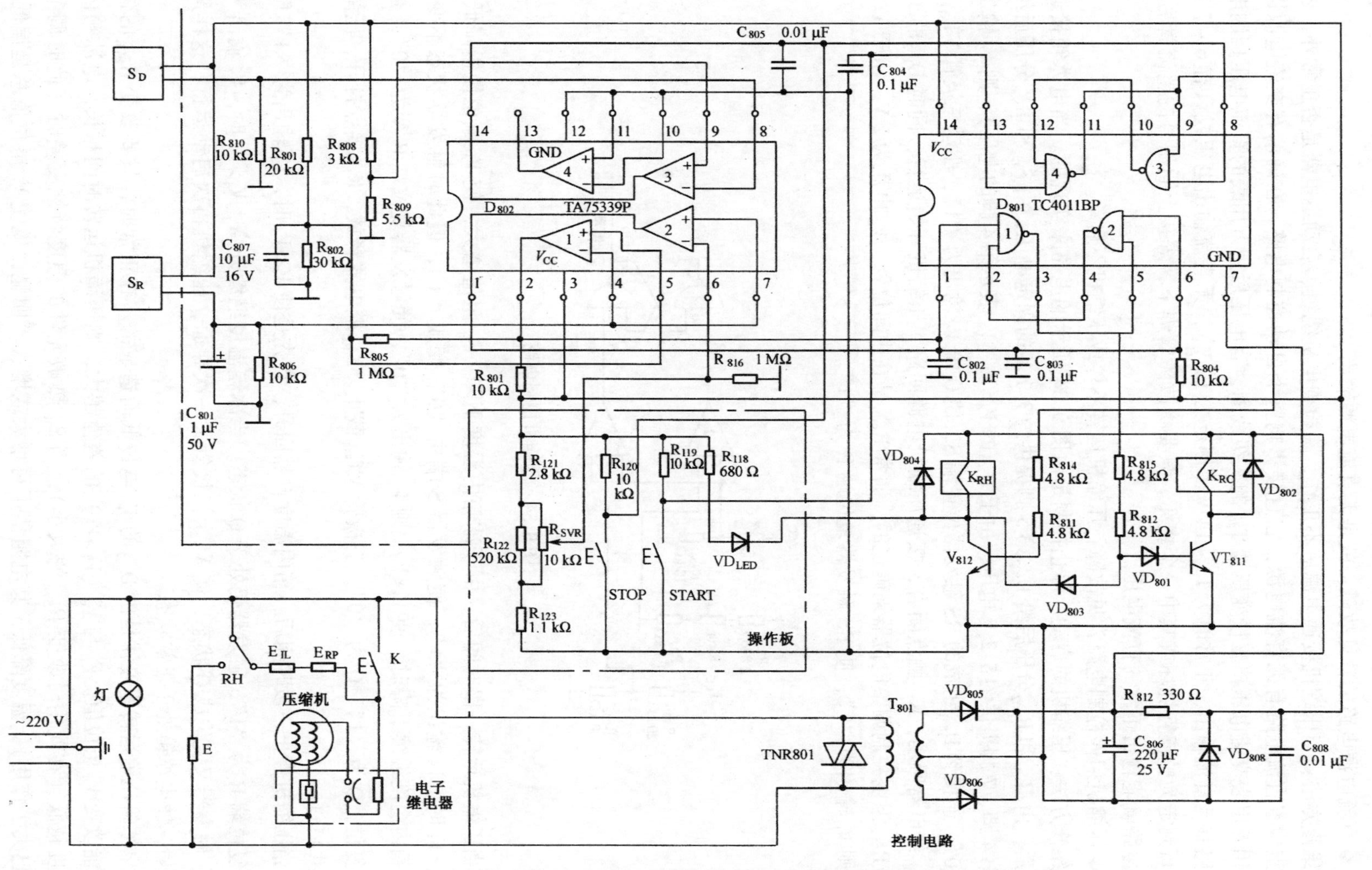

图 9.33 东芝 CR—204E（G）型电冰箱电气线路图

● 直流电源电路的常见故障：就是无直流电源输出。

维修方法：当压缩机接通电源后不工作，除检查电机绕组、启动继电器是否正常外，还要重点检查直流电路有无直流电源，它直接影响整个自动控制电路，在确信有交流电源以后，用万用表交流电压挡测量变压器 T_{801} 的次级线圈，有电压后用万用表的直流电压挡测电源电路有无直流输出，正常时为 13～14 V（额定为 12 V），无直流输出电压或只有 6～7 V 时，可判定为整流管烧坏或其中一个烧坏。只要将故障管焊下，焊接上同型号的整流管后，电源电路就能输出正常的直流电压。

● 压缩机启停控制电路常见故障：压缩机运转不停或压缩机不启动。

维修方法：压缩机的启动、停止控制是由图 9.34 所示的电路来实现的。当电冰箱接通电源后，由 R_{801} 和 R_{802} 分压后给 D_{802} 第 5 脚提供约 3.7 V 的固定电压，由 S_R 和 R_{806} 分压后给 D_{802} 第 4 脚、7 脚提供约 5.2 V 电压，由于 D_{802} 的 $V_4>V_5$（V_4 表示第 4 脚的电压），则 V_2 输出为“0”，连接到 D_{801} 组成的 RS 触发器位置端 S，使 Q 端 V_3 输出为“1”，驱动三极管 VT_{811}，使 K_{RC} 继电器吸动，K_{RC} 触点闭合，接通压缩机电源回路，压缩机开始运行，同时 D_{802} 的 V_6 是由 R_{SVR} 温度控制调整电位器来确定的，通常 R_{SVR} 是在中间位置，V_6 电压为 2 V，由于 $V_7>V_6$，则 V_1 输出为“1”，使 RS 触发器复位端 R 为“1”。

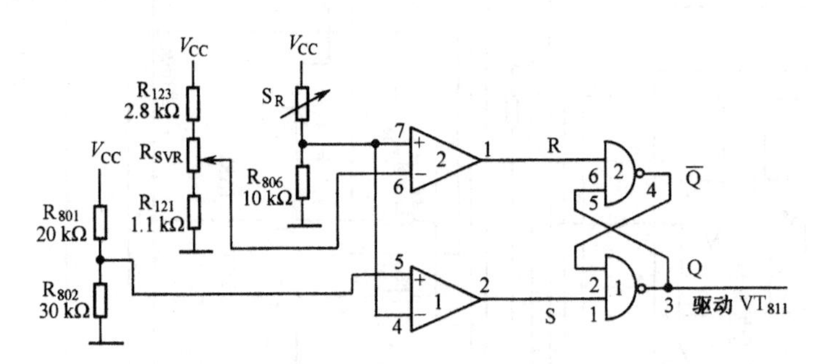

图 9.34 压缩机控制电路

当压缩机运转一段时间后，由于冰箱内温度下降，S_R 阻值增大，使 V_4 电位慢慢降低，当 $V_4<V_5$ 时，V_2 输出为“1”，使触发器 S 端由“0”变成“1”，但此时触发器状态不变，当冰箱内温度继续下降时，使 $V_7<V_6$，则 V_1 输出为“0”，使触发器复位端 R 变为“0”，触发器复位，$\overline{Q}$ 为“1”，Q 为“0”，三极管 VT_{811} 截止，K_{RC} 继电器释放，K_{RC} 接点打开，压缩机停止运行。

当压缩机停止一段时间后，箱内温度自然回升，首先是使 $V_7>V_6$ 时，V_1 输出为“1”触发器复位端 R 为“1”，触发器仍处于 $\overline{Q}$ 状态。当冰箱温度继续升高，$V_4>V_5$ 时，V_2 输出为“0”，触发器又复位成 Q 状态，使 VT_{811} 三极管又一次导通，压缩机再次启动运行，这样周而复始，使电冰箱处于正常状态。

电冰箱压缩运转不停就是由 D_{802} 的 V_6 电位低而造成的。在正常时，只要改变 R_{SVR} 的位置就能改变 V_6 电位值。V_7 与 V_6（$V_7>V_6$）的差值越大，则压缩机运转时间越长，电冰箱内的温度越低（在使用时改变 R_{SVR} 的大小），当 S_R 热敏元件的温度特性变差时（此时调节 R_{SVR} 已失去作用），温度降低，其电阻值不再增大或增大不明显，就使 V_6 电位值总是偏低，造成压缩机不停。

发现故障原因将 S_R 热敏元件拆下，换上同型号的新件。如没有新件，可通过改变 R_{SVR} 回路分压比来解决。

简单的方法也可以将 S_R 回路中串接一个 20 kΩ 左右的可变电阻。因为故障就是由于 S_R 的特性变差（温度降低时，阻值增大值不够）而引起。串接一可变电阻可以弥补电阻值。将电位器调整，当冰箱温度达设定下限温度时，调整电位器直至压缩机停止运转，电路中 $V_7<V_6$。用万用表测量此时电位器电阻值后，配上一个同阻值电阻，电路就能维持电冰箱温控电路的自动工作。

压缩机不启动的主要原因是 $V_7<V_6$，电路不能翻转，D_{802} 的 V_5 电位高。在检查电路元器件都正常的情况下主要的影响来自于 S_R。如果是 S_R 回路断线，正确连接后电冰箱就可正常工作，如果是温度特性变差（温度升高时，阻值减小不明显，达不到线性值），可采用改变分压比的方法，使电路处正常工作状态。

简单的方法是将 S_R 回路中并接一个 20 kΩ 左右的可变电阻，当电冰箱内温度达上限温度时，调整电位器直至压缩机启动运行为止。用万用表测量电位器电阻后，配上一个同阻值电阻，电路就能维持冰箱温控电路的正常工作。

- 除霜电路常见故障：当半自动除霜开始时（单击“START”按钮），LED 指示灯亮，但此时压缩机继续运转。

维修方法：冷藏室蒸发器结霜加厚时，进行除霜。当单击“START”按钮时压缩机虽然继续运转，但此时除霜电路已工作，如图 9.35 所示。当蒸发器结霜加厚时，此时 D_{802} 的 $V_8<V_9$，V_{14}输出为“1”，只有此时单击“START”按钮才能使触发器 11 端的输出为“1”，驱动三极管 VT_{812}，使 K_{RH} 继电器吸合，K_{RH} 转换接点接通 E 电加热丝，除霜开始。同时，由于 VD_{803} 二极管的相位作用，使 VT_{811} 截止，以确保除霜期间压缩机停止运行。当经过一段时间后，冰箱内的温度回升，使 $V_8>V_9$，则 V_{14} 输出为“0”，使触发器复原，除霜自动停止(人工单击“STOP”按钮时，可随时停止除霜。

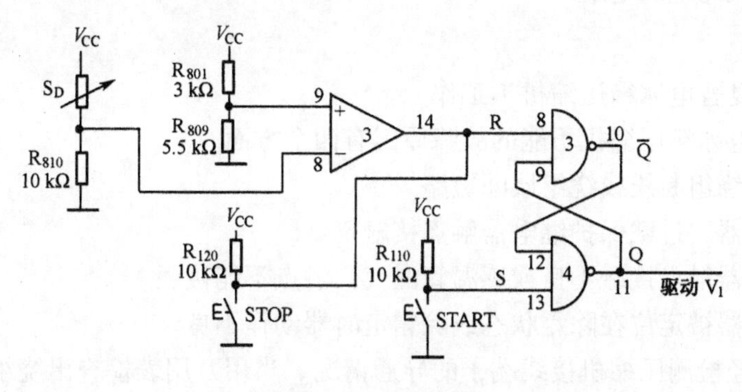

图 9.35 除霜电路

如在除霜时，压缩机也同时运转，可检查 VT_{811} 是否击穿，将 VT_{811} 管的 b、e 极短接，压缩机不停，则说明 VT_{811} 击穿。应换上同型号的三极管，电路即可正常工作。在判断 VT_{811} 管有没有击穿时，可用万用表直流电压挡测量 K_{RC} 继电器线圈工作电压（约 13 V），测量时有直流电压，为管击穿，没直流电压时，则说明 VT_{811} 管正常，压缩机的运转是由 K_{RC} 继电器触点粘连造成。这时只要用小螺丝刀轻轻敲击一下 K_{RC} 继电器的外壳，压缩机就会立即停止运行。将 RC 继电器外壳打开，把触点清洁后，故障就能排除。

例26

故障现象：全屏蔽日立电冰箱在工作时，过载保护继电器经常断开，此时冰箱内温度尚未达到温度控制器设定的温度。

故障检查：首先检查电冰箱的电源电压与工作电流。当检查证明电源电压与工作电流都正常时，拆开电冰箱背面下部压缩机部位的屏蔽板，再接通冰箱电源，压缩机开始运转，此时发现压缩机冷却风扇不转。故障便是由此而引起。

因为压缩机的外壳降温是依靠冷却风扇强制进行的。当冷却风扇不转时，压缩机外壳得不到良好的冷却而使温度急剧升高，造成安装在压缩机外壳接线端子处的过载保护继电器温度升高，使过载保护继电器上的双金属片过热变形、断开触点，压缩机停止运转。

维修方法：此时应按下列方法对冷却风扇电动机进行检查。

① 电源接线是否良好。

② 用万用表欧姆挡检查电机绕组的电阻值是否正常。

③ 用兆欧表检查电动机绕组对地绝缘电阻值是否正常。

④ 用万用表检查电动机运转电容器是否正常。

当检查中发现因上述中的某一项而造成风扇电动机不转时，应进行复修或更换新件，当风扇电动机正常运转后，电冰箱方能正常使用。

对一时不能修复的风扇电动机，而冰箱又必须使用时，可将冰箱背面下部的屏蔽板拆下，暂不安装，冰箱置于环境温度较低、通风良好的位置上。接通电源使冰箱工作，但应尽量减小冰箱的开门次数，门封要严，风扇电动机一经修复，及时安装，恢复正常使用。

对于此种类型的电冰箱，因冷却风扇电动机安装在最底部，下部直接与地板相通，底角又低，地板上潮湿或水迹造成了风扇电动机的工作环境恶劣。所以，使用时可适当垫高电冰箱，使空气得以充分流通。这样既有利于压缩机的降温，又相对改善了风扇电动机的工作环境，提高了电动机的绝缘电阻。

例27

故障现象：夏普电冰箱压缩机不工作。

故障检查：电冰箱压缩机不能的故障原因有四个方面。

① 压缩机主绕组断线或绕组层间短路。

② 启动继电器，过载保护继电器触点接触不良。

③ 温度控制器触点接触不良或感温管漏气，触点不能接通。

④ 除霜定时器被定位在除霜状态或除霜定时器动作不良。

维修方法：经检测压缩机接线端子的导通情况。当用万用表检查出绕组电阻远比正常电阻值大时，为绕组断线，比正常电阻值小得多时，为绕组层间短路。这时应拆下压缩机，取出电动机定子，测量出原绕制数据，重新绕制故障部分的电动机绕组。

检查接触不良是由启动继电器还是过载保护继电器引起，此时应着重检查触点部位，发现故障点要及时修复，不能修复的，更换新件。

将温度控制器温度设定旋钮放在“强冷”位置，观察触点的导通情况，若触点接触不良，应及时修复，若感温管漏气，应更换新件。

如压缩机不工作由除霜器在除霜状态时所引起，将电源接通5分钟左右，压缩机应进行运转，如仍不工作，则是由除霜定时器动作不良或电气故障而造成。此时可测试定时器的接线柱导通情况，发现故障点及时排除。

例28

故障现象：夏普电冰箱压缩机运转噪音增大，过载保护反复跳开。

故障检查：可从以下几方面检查。

① 电源电压过高或过低；

② PTC 型启动继电器热敏电阻断开或短路。

③ 运转电容器两接线柱之间短路。

④ 启动电容器断路。

维修方法：

① 最好在电冰箱供电电源上配装一台0.5 kW 的交流稳压器或小型自藕变压器（另加一个电压表接在变压器输出端），可观察电压值，及时调节手柄，使电源电压维持在电冰箱工作电压范围。

② 拆下启动继电器接线，用万用表欧姆挡检查两接线柱之间电阻值。当测得启动继电器（PTC）在内部温度为25℃时，电阻值在5 Ω 左右为正常，如测出阻值不符，应更换启动继电器。

③ 在运转电容器两接线柱之间，用万用表测量其导通情况。当发现运转电容器出现短路或容量变化时，应更换同型号的电容器。

④ 启动电容器同运转电容器的测量方法一样，当发现短路或容量变化时，应更换同型号的电容器。

例29

故障现象：夏普电冰箱压缩机运转时间增长。

故障检查：从以下几方面检查。

① 门封条扭曲或破损，导致冷气外漏。

② 制冷系统有轻微的制冷剂泄漏。

③ 冰箱照明灯门触开关发生故障，使照明灯常亮不熄。

④ 在冰箱压缩机运转时，冷却风扇电动机不转。

⑤ 除霜不好，使蒸发器上大量结霜。

⑥ 冷凝器散热口处被尘灰及放置的物品堵塞，影响了冷凝器的正常散热。

⑦ 由于冰箱放置时底脚较低，通风不良，导致底部冷凝器散热效率下降。

维修方法：

① 调节门封条的装配螺钉，使门封条严密。变形的门封条可采用加热整形的方法，如门封条实在不能修复，应更换新件。

② 及时查出制冷系统中泄漏部件，并补焊消除泄漏。

③ 检查门灯开关机构及动作。有时灯开关触杆不能正常动作或动作幅度小，不能顶触内部开关触点，此时要恰当地调整一下触杆与箱门内边框的距离，使其能正常运作。

④ 当压缩机运转时，冷却风扇电动机不转通常由下列原因引起：风扇电动机绕组烧坏；风扇电动机轴烧坏；风扇电动机轴被结冰固化；门开关接触不良。

在检修中，确认风扇电动机接线都良好时，用万用表欧姆挡检查风扇电动机绕组的电阻值及对地绝缘电阻值发生故障时，要拆下风扇电动机对故障绕组进行局部修复或重绕绕组。

用手轻轻拨动风扇、检查转动是否灵活，轴承损坏时，应更换新件。

电冰箱内水汽过大，在风扇停止转动时，可能造成电机轴与轴承被结冰固化。此时只要用电吹风吹化固冰就可以了，同时应尽量减少冰箱内的水汽。

当判断为由于门开关的接触不良而引起风扇电机不工作时，应及时修复。这往往是由门开关的触杆长度不当所造成，只要将门触杆与箱门内边框的距离调整适当，此故障就能排除。

⑤ 应对除霜温度控制器、除霜定时器、除霜电加热丝全面检查。当查出除霜温度控制器、除霜定时器接触不良时，应修复触点，不能修复时，更换新件。检查出除霜电加热丝断线后，应更换新的电加热丝。同时要检查温度控制器保险丝是否良好。

⑥ 清理冷凝器散热口的灰尘及放置的物品。

⑦ 适当垫高电冰箱底角，使其通风良好。

例30

故障现象： 夏普电冰箱压缩机运转时间短。

故障检查： 造成电冰箱压缩机运转时间短的原因有。

① 温度控制器动作不正常，温差调整值小。

② 温度控制器感温管与蒸发器距离调整不当。

③ 压缩机电动机过载，过载保护继电器跳开。

维修方法：

① 由温度控制器而引起的压缩机运转时间变短的原因主要是温差小而引起的，此时应调整温差调整螺钉来改变温差，同时应适当调整压缩机的起点温度调整螺钉及停点调整螺钉。在调整时，要在电冰箱的冷藏室中放置一温度计做参照用。

② 对于新电冰箱来说一般无这种故障发生。因为电冰箱出厂时均已做精确调整，如是经维修人员检修过的电冰箱，就应考虑这方面的影响因素。检查发现感温管与蒸发器的距离太近时，应调整至正常位置。

③ 因为夏普电冰箱多有使用电源为100 V电压的，在我国220 V市电标准电压下使用，要配用变压器（或自藕变压器），使220 V降压至100 V电源电压使用。当电源电压高于110 V或低于90 V时，易造成过载保护继电器的过载跳开，此时应及时调整电源电压为额定值。

当压缩机卡死或过滤器堵塞时，由于压缩机电动机的过负荷，也会造成过载保护继电器跳开。此时应对照相应的检修方法，排除压缩机卡死或过滤器堵塞故障。

例31

故障现象： 夏普电冰箱运转时，冷藏室温度过低。

故障检查： 出现此类故障一般有三个原因。

① 气流调节用温度控制器动作不良，使开度过大，过多的冷气进入冷藏室。

② 气流调节用温度控制器的保护层接触了密封缓冲垫，使气流调节器不能关闭。

③ 气流调节用温度控制器的毛细管由于形状变化而碰到气流调节器使其不能关闭、开

启动作。

维修方法：通过以上分析可以看出，造成此故障的原因主要是由于气流调节用温度控制器的不同故障所致。只要将其全面检查并适当调整，就能使冷藏室温度恢复正常值。

① 当对动作不良的温度控制器不能修复时，应更换同型号的新件。

② 移动密封缓冲垫，使其不接触气流调节器。

③ 调整毛细管的位置和形状，将其固定在标准位置。

例32

故障现象：夏普电冰箱蒸发器结霜，冰箱内冷却不良。

故障检查：出现此类故障一般有三个原因。

① 除霜定时器动作不良，不能进行自动除霜，使蒸发器大量结霜。

② 除霜温度控制器断开温度低，或温度控制器保险丝熔断，除霜定时器不运转，不能进行自动除霜。

③ 冰箱内除霜水口排出管电加热丝断路，使除霜水冻结成冰无法排出，导致除霜不良。

维修方法：

① 检查除霜定时器除霜一侧的触点导通情况是否良好或定时器是否断线，并根据电冰箱随机电气线路图检测定时器的导通情况，不良时应进行修复（主要是触点部分），不能修复的要更换新件。（除霜之前要调节除霜定时器，通过定时器的运转检查冰箱是否进入除霜状态。要注意，由于除霜定时器的间歇运动，进入除霜时间需要几分钟至20分钟）。

② 调整除霜温度控制器的断开温度调整螺钉。拆下除霜温度控制器的接线，用万用表欧姆挡检测触点的导通情况，如在常温下不通，可认为温度控制器保险丝熔断，应更换新件。

③ 经检查确认为电加热丝烧断时，应更换同型号的电加热丝。同时用电吹风加热除霜水排水口的结冰，使其融化。

例33

故障现象：夏普电冰箱在除霜时，冷冻食品融化。

故障分析：出现此类故障一般有两个原因。

① 除霜温度控制器动作不良，断开点温度高。

② 由于除霜电加热丝的断线，切断了除霜过程的循环，使冰箱内温度升高。

维修方法：

① 调整除霜温度控制器的断开点调整螺钉，使其值达正常温度值。

② 更换上同型号的除霜电加热丝。

例34

松下电冰箱自动控制电路常见故障的检修

进口日本产松下电冰箱，由于其电路采用全自动控制形式，而说明书又比较简单，故当电气线路部分出现故障时，难免给维修带来一定的困难。为此，以下以松下乐声电冰箱为例，如图9.36所示，介绍常见故障及维修方法。

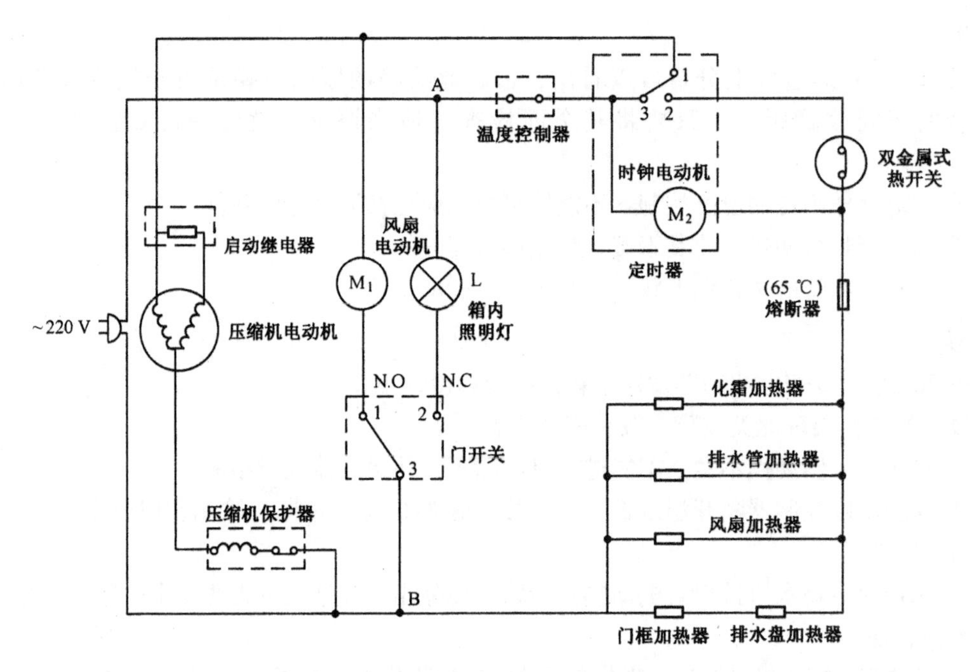

图9.36　松下乐声电冰箱电路图

(1) 冰箱内照明电路常见故障：照明灯不亮、照明灯常亮及风扇电动机不转。

维修方法：

① 照明灯不亮时，应首先检查灯泡是否完好。灯泡良好的情况下，使照明灯不亮的主要原因是由于门灯触点开关的弹簧片因长期压缩而变形，打开冰箱门时弹簧不能复位。当弹簧片触点发生粘连时，打开冰箱门，常伴有冷却风扇电动机不停转的现象。此时，应拆开门灯联锁装置，只要适当调整一下弹簧，就能将此故障消除。

② 当冰箱内的照明灯常亮时，会使冰箱内增加一个热源，冰箱温度回升快。同时由于冷却风扇电动机不能运转，更导致了箱内换热效率的下降，而使压缩机长时间运转不停，严重影响了正常制冷循环的热量传递。此时可将温度控制器的固定螺钉松开，调整箱门内胆边框与门灯控制触杆的距离。当关闭冰箱门时，应是压缩触杆恰好断开照明电源而接通冷却风扇电动机电源。当不能完全调整恰当时，可在门内胆门框与门灯触杆接触点，用粘贴胶布的简易方法来修复，直至打开门照明灯亮，冷却风扇电动机停转，关门照明灯灭、冷却风扇电动机启动运转的目的为止。

③ 风扇电动机不转。冷却风扇电动机不转的原因，除门灯开关控制接触不良外，还可能发生因电机绕组短路、断路、运转轴处发生结冰等原因而引起不转。在供电电源良好的情况下，要断开电冰箱电源，拆下电动机电源接线，用万用表测量绕组的直流电阻及对地电阻，经检查发现电动机绕组局部短路、断路或绕组烧毁时，应拆下冷却风扇电机，对定子绕组进行局部修复或重绕、如果是由于轴承处结冰而造成电机不转，用电吹风将结冰处的冰融化，电动机即可正常运转。

(2) 自动化霜电路常见故障：蒸发器结霜加厚，冰箱不能自动化霜；制冷化霜同时进行；冷冻室大量结冰。

维修方法：

① 蒸发器结霜加厚，说明自动化霜电路失灵。造成此种故障的原因多为时钟电机化霜触点接触不良、双金属片触点接触不良、熔断丝烧断、化霜加热丝烧断而引起。

检查时，应断开冰箱电源，用万用表欧姆挡检查化霜回路的接通情况。当检查发现定时电动机的化霜回路触点因结碳、渣物造成触点不良时，应用零号细沙纸磨去结碳及渣物，并用无水酒精擦洗干净，当检查发现因双金属片触点接触不良时，用以上介绍的同样方法进行触点的清洁，如由于温度调节不当而使其过早跳开，可调整调节螺钉改变静片与动片之间的距离，使其达到正常的化霜停点温度，当检查发现熔断丝烧坏时应换上同型号熔断丝，当检查发现除霜电加热丝烧断时，应换上同型号的电加热丝。

② 在此电路中，发生制冷、化霜同时进行的故障比较少见。但当定时器马达绕组由于某种原因造成局部短路时，绕组直流电阻很小，与除霜电加热丝构成工作回路，电加热丝开始除霜加热。定时电动机绕组虽然短路，但尚存在一定的直流电阻，加热电流小于正常电流，从而使熔断保险丝也不易断路保护，使制冷系统负荷加大，压缩机运转时间变长。当检查发现故障的原因后，应拆下定时器，更换同型号新件。

③ 冷冻室大量结冰。此种故障的起因是温度控制器设定温度值较高。当电冰箱压缩机停止运行时（冰箱未达到累计化霜工作状态），冰箱内温度自然回升。因设定开点温度较高，冰箱内温度达0℃以上时，蒸发器结霜自然融化，但融化的速度没有自动化霜快。当蒸发器表面结霜化成水时，冰箱内温度达开点温度，压缩机启动运转，制冷系统开始制冷循环，蒸发器表面温度迅速下降，当温度低于0℃时，蒸发器表面的水结成冰，如此反复，越积越厚。此时只要重新设定温度控制器温度值，使冷冻室开点温度设定在0℃以下即可。

(3) 压缩机供电电路常见故障：冰箱内温度已达开点温度，压缩机不工作；冰箱内温度已达停点温度，压缩机不停止；冰箱内未达停点温度，压缩机停止运行，并启停频繁。

维修方法：

① 当冰箱内温度已达温度控制器设定温度上限开点温度，压缩机尚不能启动运转时，应分别检查控制压缩机电动机运转并构成供电回路的主要部件。检查顺序一般是从电动机绕组→启动继电器→过载保护继电器→温度控制器→除霜定时器制冷状态工作触点。在检查部件中，除电动机绕组在工作电流不正常的影响下会出现绕组断路、局部短路、对地绝缘电阻值下降外，其他部件通常的故障多是电触点接触不良。在检修时，只要修复触点就能恢复压缩机正常工作。

② 当冰箱内温度已达温度控制器设定温度下限停机点温度，压缩机仍不能停止，其主要原因是在温度控制器。由于触点之间的毛刺，使电触点在接通的瞬间产生电弧加大，电弧的高温使电触点接触后产生粘连。当冰箱温度下降已达温度控制器设定温度值时，随着感温管的压力下降，触点应靠弹簧的张力断开，使压缩机停止工作，但由于粘连作用，压缩机继续运转。这时只要断开冰箱电源，拆下温度控制器，把电触点清洁干净，故障就能消除。

③ 这时往往是由于电源电压过低，使电机电流过载，保护继电器断开，压缩机停止运行。当过载保护继电器双金属片温度下降，触点闭合时，压缩机又启动，一运行又过载，如

此反复造成压缩机工作异常。此故障排除方法只需要增配一电源电压稳压器即可。

（4）冷却风扇电动机供电电路常见故障：冷却风扇电动机常见故障就是不运转，造成不运转的主要原因有：门灯开关接触不良、电动机绕组烧毁及轴承处结冰。

维修方法：检修方法在前面已经介绍，这里不再重复。应该注意的一点是，冷却风扇电动机的运转与压缩机电动机的运转必须是同步的。

例35

东芝牌电冰箱电子温控器的维修

东芝双门双温电冰箱采用了数字集成电路温控系统，在冷冻室和冷藏室内分别装有温度传感器 S_D、S_R、其中 S_D 位于冷冻室右侧壁窗口内，用以检测冷冻室除霜结束时的温度，又称除霜传感器；S_R 置于冷藏室内制冷蒸发器左后下方，用以检测冷藏室内制冷温度，控制压缩机的开（ON）和停（OFF），称为制冷传感器。冷冻室内温度随冷藏室温度而变化，不能单独调节。

冷冻室设有专门除霜装置，除霜时依靠缠绕在冷冻室蒸发器外表的除霜电热器 B 通电发热来实现，其除霜装置和箱体注塑成型，冷藏室没有任何除霜装置，当压缩机停止后，冷藏室内温度逐渐上升，蒸发器上霜层自然融化。

冷冻室顶壁内装有温度保险丝 A，当冰箱内温度异常高时，切断除霜电热器 B。在壁内还装有流槽除露电热器 C 和管道除露电热器 D。

图 9.37 所示为东芝 GR—204E 型电冰箱电路图。

（1）元器件构成。

① 数字集成电路。东芝冰箱所谓的计算机控制系是由数字集成电路 D_{801}、D_{802} 支持的。

D_{801} 为 14 脚 IC：TC4011BP，是东芝公司生产的两输入四个与非门数字电路，电路原理图、常见符号及真值表如图 9.38 所示。与非门输入与输出之间的逻辑关系可用一句话概括："见 0 出 1，全 1 成 0"。其中"1"表示高电平 H，"0"表示低电平 L，就是说两个输入端 A 和 B 中只要有一个为 L 电平，输出端 Q 就是 H 电平；只有输入全为 H 电平时，Q 才为 L 电平。

204E 型冰箱将 TC4011BP 中的四个与非门构成了二个相互独立的正反馈环路 RS 触发器，这是一种常用的基本数字电路，其电路图及逻辑关系真值表见图 9.39 所示。从真值表中可见，当输入端 R 和 S 均为 1 时，输出端 Q 仍保持原有状态不变。另外，当 R、S 均为 L 电平时，虽然 Q 为 H 电平，但其逻辑关系遭受破坏，以致当 R、S 上的 L 电平均撤除后，触发器的状态是 H 还是 L 无法确定。这两点在故障分析和维修判断中应心中有数。

D_{802} 是一块由四个电压比较器构成的 TA75339P 运放电路。电压比较器具有正、负两个输入端，当正输入端的电位 V_+ 高于负输入端电位 V_- 时，其输出端呈 H 电平，反之当 $V_+<V_-$ 时，输出端呈 L 电平。

② 温度传感器。东芝冰箱采用的温度传感器是一种热容量较小的热敏元件，在其工作曲线范围内，当温度上升时阻值下降；温度下降时阻值上升，呈负温度系数，如图 9.40 所示。传感器采用铝管封闭形式，具有良好的防潮性能，但其引线采用聚氯乙烯类绝缘软线裸漏安装，抗机械损伤能力差，维修时应谨慎，避免用力拉扯。

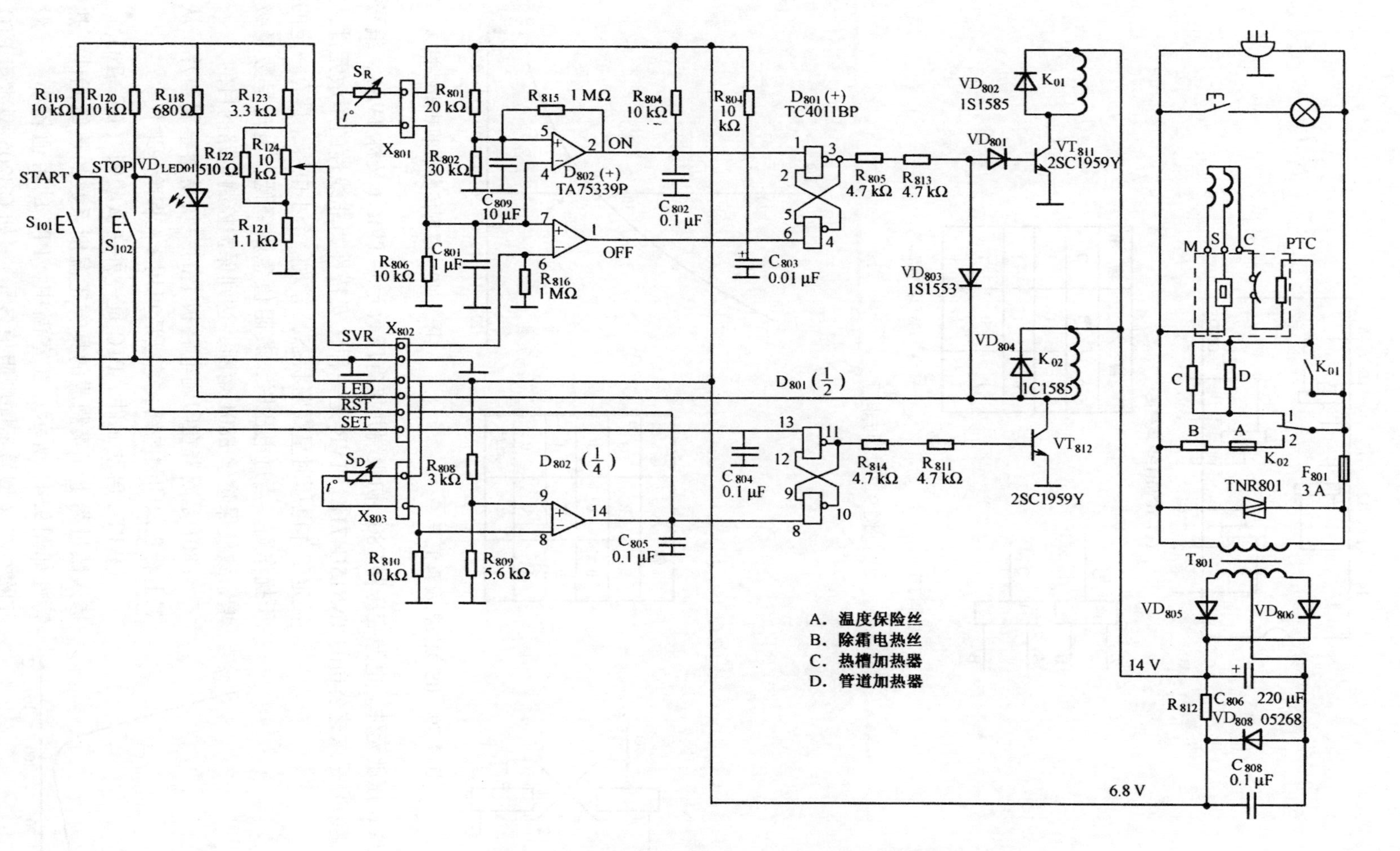

图 9.37 东芝 GR—204E 型电冰箱电路图

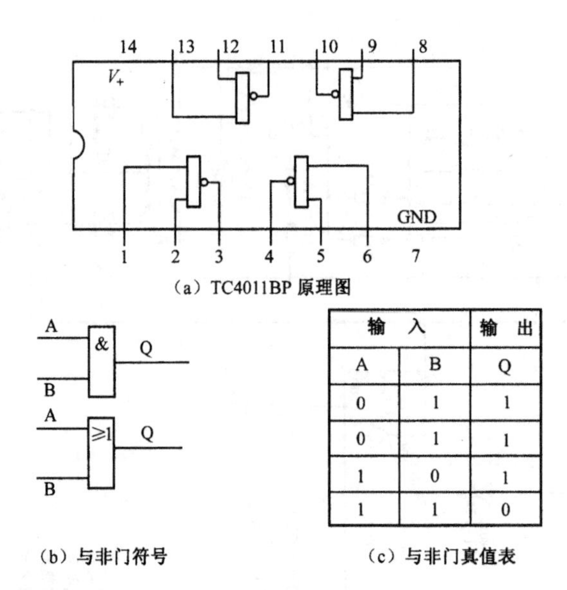

（a）TC4011BP 原理图

输　入		输　出
A	B	Q
0	1	1
0	1	1
1	0	1
1	1	0

（b）与非门符号　　（c）与非门真值表

图 9.38　与非门

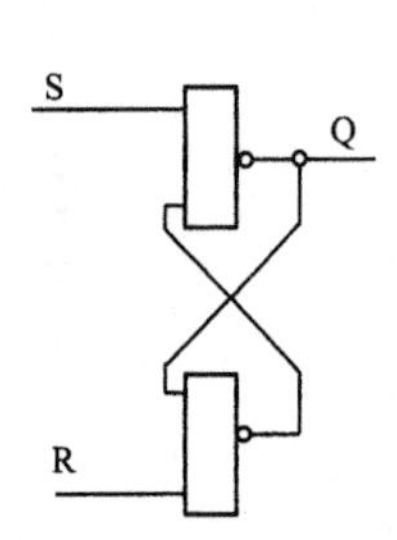

输　入		输　出
S	R	Q
0	0	1
0	1	1
1	0	0
1	1	不变

图 9.39　RS 触发器及真值表

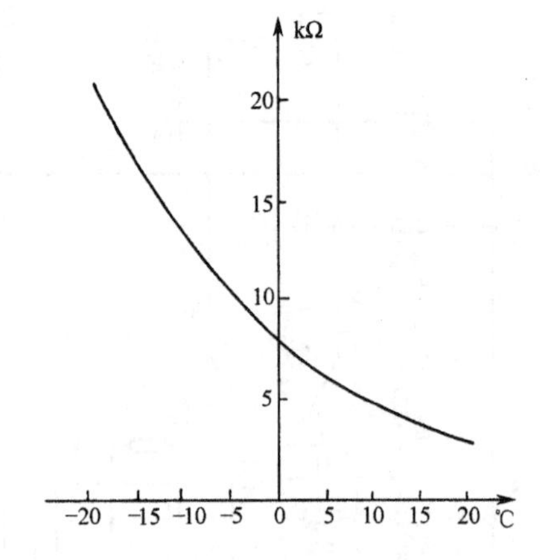

图 9.40　温度传感器的热敏特性

③ TVR 压敏元件。电源变压器 T801 初级端并接有压敏元件 TVR（又称 TVS），编号为 TNR801，型号是东芝公司的 TNR15G471K。TVR 是一种伏安特性为非线性的压敏元件，在额定工作电压时呈高阻状态，等效一个小电容，具有一定的抗干扰作用。当过电压时，其阻值急剧降低，电流呈数量级猛增，致使保险丝 F801 熔断，达到保护控制电路的目的。

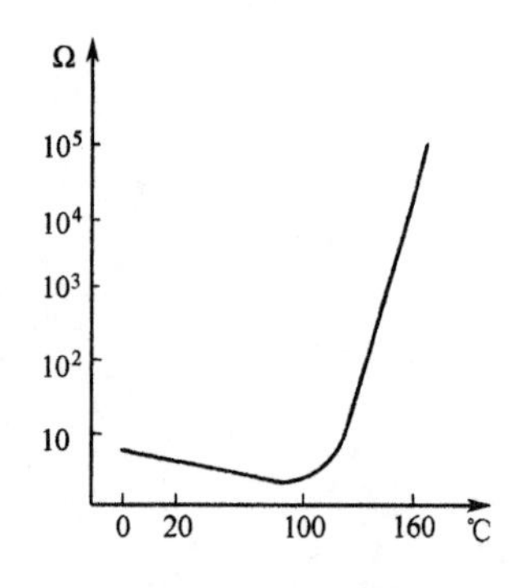

图 9.41　PTC 的热敏特性

F801 是附着在印制电路板上的一块易熔金属箔片，从外观上看犹似印制电路，熔断后可用 3 A 保险丝取代。

④ PTC 启动元件。PTC 是一种在钛酸钡（Ba—TiO_3）中掺入微量稀土元素制成的具有正温度系数的热敏元件，热敏特性如图 9.41 所示。在室温中，PTC 的阻值较小，一般在几欧左右（型号不同则阻值各异），如 GR205 型冰箱 PTC 为 22 Ω。

当接通电源瞬间，由于PTC阻值较小，压缩机的工作绕组和启动绕组同时获电，产生旋转力矩。启动时产生的大电流使PTC自身温度急剧上升，在0.35～1.05 s之间可升至150℃左右，其对应的阻值猛增至数十千欧姆以上，电源电压几乎全加在PTC上，启动绕组支路中电流跌至数十毫安以下。由于PTC的“关断”作用将启动绕组切除，实现无触点启动。

东芝冰箱广泛应用了PTC启动元件，其启动性能良好，经实践试验，当电源电压在155～160 V之间波动时，仍能顺利启动，但过压能力较低，其最大电压为300 V，最大电流为7 A，恢复时间小于80 s。

（2）工作原理。

① 电源。T_{801}输入220 V，输出16 V，经二极管VD_{805}、VD_{806}，电容C_{806}整流滤波后输出14 V直流电压，为制冷继电器K_{01}和除霜继电器K_{02}提供工作电压。

由稳压二极管VD_{808}、降压电阻R_{812}和滤波电容C_{808}构成的稳压电路输出6.8 V直流电压，供控制电路之用。

② 制冷控制。分压电阻R_{121}、R_{122}、R_{123}和操作面板上的调节电位器R_{124}共同构成了制冷温度给定电路。

由原理图可见，D_{802}中的温度上限（ON）比较器的正输入端5脚电位V_5，由分压电阻R_{801}、R_{802}固定在4 V，即$V_5=4$ V。温度下限（OFF）比较器的负输入端6脚电位V_6，由R_{124}中点电位V_{SVR}给定，V_{SVR}可在1.53～2.21 V之间调节，而$V_4=V_7$的电位由S_R与R_{806}分压决定。

当冷藏室传感器S_R表面温度高于3.5℃时，其阻值<7 kΩ，则$V_4>V_5$，$V_7>V_6$，D_{802}的2脚$V_2=L$输出开机指令ON，1脚输出$V_1=H$。由于D_{801}的1、6脚输入电平分别为：$U_1=V_2=L$，$U_6=V_1=H$，故触发器3脚出$U_3=H$，致使开关管VT_{811}基极电位$V_{b1}=0.7$ V而导通，K_{01}吸合，将主回路接通，开机制冷。

开机后，S_R阻值随温度下降而上升，不D_{802}的$V_4<V_5$，$V_7>V_6$时，2脚电平由L翻转为$V_2=H$，ON指令消除，而$V_1=H$不变，触发器D_{801}仍保持$U_2=H$，输出状态不变继续制冷。

S_R阻值不断增大，当$V_7<V_6$时，输出电平V_1由H翻转为$V_1=L$，产生OFF关机指令，此时D_{801}输入为：$U_1=V_2=H$，$U_6=V_1=L$，输出由H翻转为$U_3=L$，使VT_{811}基极电位$V_{b1}<0.5$ V而截止，K_{01}释放，关断主回路，执行OFF指令。

S_R将ON，OFF比较器连成一体，形成ON/OFF控制指令发生器来控制冰箱内温度。由于ON的比较电位$V_5=4$ V是常数，故冰箱内开机温度始终为3.5℃左右，调节R_{124}，只能改变其最低温度，即停机温度。

③ 除霜控制。当按下面板上的“除霜”键S_{101}时D_{801}的13脚被迫接地，$U_{13}=0$，“见0出1”，11脚输出$U_{11}=H$，致使VT_{812}基极电位$V_{b2}=0.7$ V而导通，除霜继电器K_{02}动作，其触点由1转换到2位，接通除霜电热丝B进行除霜，除霜指示灯VD_{LED01}亮。

松开S_{101}，其触点自动复位，D_{801}的13脚经R_{119}加至电源$U_{13}=H$。D_{802}的9脚电位由R_{808}、R_{809}分压给定在$V_9=4.4$ V。除霜开始时，冷冻室传感器S_D表面温度很低，其阻值较高，D_{802}负输入端8脚电位$V_8<V_9$，输入$V_{14}=H$，除霜触发器输入全为H，其输出$U_{11}=H$维持不变，继续除霜，温度不断上升。

当S_R表面温度大于3.5℃时，D_{801}输出$U_3=H$，发出ON指令，而D_{802}导通将ON信号经

二极管 VD_{803} 旁路，VT_{811} 基极电位 V_{b1} 被钳制在 L 电平，维持截止，除霜继续。

当 S_D 表面温度高于 8.5℃时，其阻值小于 5.36 kΩ，D_{802} 的 $V_8>4$，4 V（$V_8>V_9$），其输出 $V_{14}=L$，$Q801U_{11}=L$，Q812 截止，K_{02} 失电断开 B 回路，接通 C、D 电路，结束除霜状态，VD_{LED01} 同时熄灭。VT_{812} 的截止，使 VD_{803} 失去钳位作用，ON 指令加至 VT_{811} 基极使其导通，K_{01} 动作，开机制冷。

除霜状态可以手动终止。在除霜状态时，按下停止（STOP）键 S_{102}，D_{801} 的 8 脚被接地，D_{802} 的 4 脚输出的 H 电平被短路，使 $U_8=V_{14}=O$ 呈 L 电平，VT_{811} 的 11 脚输出 $U=L$，VT_{812} 截止，K_{02} 失电，实现手动终止除霜之目的。

松开 S_{102} 后，开关自动复位，D_{801} 的 $U_8=H$，$U_{13}=H$，触发器输出 $U_{11}=L$ 不变，D_{802} 截止。

（3）元器件检测与维修。

① 温度传感器。检测 S_R、S_D 可用简易判别方法。

- 将传感器置于冰水混合物中，由于冰水混合物的温度为 0℃，测其阻值应在 7.95 kΩ 左右。用手小心握紧传感器，测其阻值应在 2 kΩ 左右，若偏差过大，可以为传感器失效。因传感器热容量较小，切不可用热水冲烫或用打火机、电烙铁烘烤。
- 用手握紧 S_R 数分钟后，测量 S_R 两端电压，$V_{R_{806}}=5.5±0.1$ V 可认为正常。机型不同，电参数各异，维修中应注意数据的积累。
- 对不停机故障，可在开机后测量 S_R 附近温度的同时，比较 D_{802} 的 7、6 脚电位 V_7、V_6 若 V_7 不随温度下降而下降，或虽有变化单始终无法降至 $V_7>V_6$，则可能 R_s 失效。

同理，对于不开机故障，可比较 V_5、V_4 电位，应能满足 $V_5<V_4$。

- 当怀疑传感器质量时，可用 27 kΩ 可调电阻器替代 S_R。调节电阻器（≥20.91 kΩ）时，若 V_7 能低于 2.2 V，即 $V_7<V_6$ 且停机，再调电阻器（≤6.67 kΩ）时，V_4 高于 4 V，即 $V_4>V_5$ 且开机，则判断 S_R 变质。

同理，用 10 kΩ 电阻器替代 S_D，当≤5.45 kΩ 时 V_8 能高于 4.4 V，即 $V_6>V_9$ 且能停止除霜，则可判断 S_D 变质。

温度传感器损坏后，应首先考虑换新，在东芝维修手册中也是要求更换新品。东芝公司零件号为：S_R 是 44060218，S_D 是 44060159。

维修中千万不要用 S_R 替代 S_R 做应急处理，以免故障扩大。

② 控制继电器。继电器 K_{01}、K_{02} 均采用封闭式安装，维修时可先采取摸、听、看或用万用表测量等方式检测，确定是继电器故障后，再开启封闭盖，尽量避免随意拆卸而破坏其封闭性。

东芝 E 型冰箱在设计上对继电器触点灭弧考虑较为保守。通常电动机的启动电流 I_g 约为额定工作电流 I_e 的 5～7 倍，即 $I_g=(5\sim7)I_e$。在实际使用中，诸如电网电压的波动、压缩机负载的变化等因素均可致使 I_g 增大。电流过大会导致继电器触点因拉弧烧蚀造成接触不良甚至熔接现象。对于轻微缺陷，可用金相砂纸仔细处理，烧蚀严重的应予以更换。维修后的继电器可在其触点两端并联一只 0.1 μF/600V 电容器，能有效地改善拉弧现象。

③ PTC 启动元件。室温中 PTC 的阻值约为 20～50 Ω。图 9.42 所示是一种简单实用的检测 PTC 启动器模拟电路。当接入 220 V 交流电源时，灯泡应正常发光，然后逐渐变暗，直至微光或完全熄灭。切断电源数分钟后再试，能重复上述过程则断定 PTC 正常，若灯泡一直

不亮，或亮度不变，或不能重复试验结果，均可判断PTC失效。

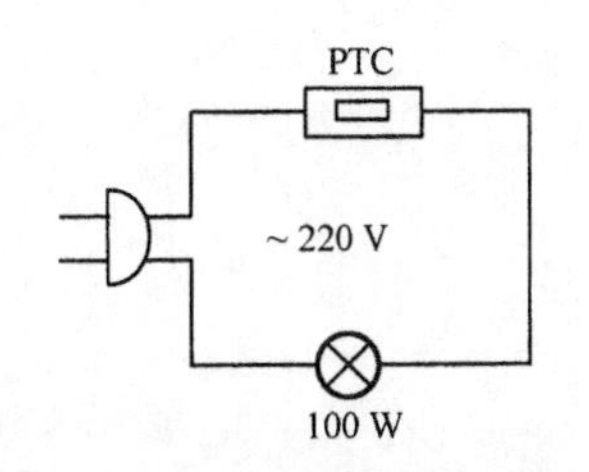

图9.42 PTC的检测电路

因受体积等原因限制，冰箱PTC启动器的容量一般均较小，如GR-185E、204E、205E等冰箱，其启动器最大电压为300 V，最大电流为7 A。若电压过高，或遭受大电流冲击均易损坏PTC。PTC质地较脆，拆卸、维修时应小心轻放，避免重力敲打、摔跌。

PTC一旦破裂、炭化则应更换。

④ TVR。压敏元件TVR损坏后，其外观一般会遭受损坏，产生诸如破裂、焦炭、斑点，龟裂等痕迹，故较易判断。TVR若击穿短路，则熔断保险丝F801，失去保护作用，且易受外界干扰。

TNR15G471K是东芝公司的氧化锌（ZnO）压敏电阻器，外形尺寸为ϕ15 mm，若损坏后可用南京无线电元件十一厂生产的MYG型替代。

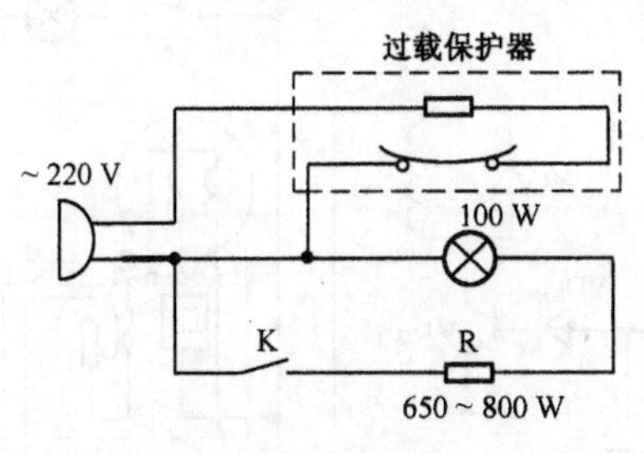

图9.43 过载保护器的检测电路

⑤ 过载保护器。东芝E型冰箱过载（过热）保护器额定电流为1A（80℃），动作电流为3.5 A。图9.43中是一种检测过载保护器的简单模拟电路，其中假负载R可用650~800 W电热器（如电炉、电茶壶、电饭煲、电吹风、电熨斗等）。接通220 V交流电源后，灯泡应正常发光，合上开关K，经数秒钟延时后灯泡熄灭，其延时时间的长短取决于R的大小，R越大延时时间越短。断开电源数分钟后，能重复上述试验，则判断过载保护器良好，否则失效。

过载保护器常见故障有：触点因拉弧烧蚀、熔接，造成接触不亮，或断不开；触点脱落而失效；动作电流值调整不当等。

过载保护器应紧贴压缩机外壳安装，以便良好地感受压缩机体温度，达到双重保护作用。

⑥ 集成电路的代换。数字电路的判断应以能满足其逻辑关系为主，不要拘守具体电压数值的多多少。如对于电压比较器，只要输入满足$V_+>V_-$输出则为H电平，至于V_+比V_-大多少、H电平精确值是多少则不必过滤，选用的关键在于其是否能满足逻辑变换。

可替代TC4011BP的型号较多，能直接替换的就有：MC1401BP、CD4011BP、PC4011C、LC4011B、HEF4011BP、HD14011BP、MN4011BP及CC4011B、CH4011、ZC4011、5G801等。

TA75339P可用LM339、MC1339、BGJ3302等替代。常见的LM324因引脚排列不同，代换时应做相应处理。

VT_{811}、VT_{812}均为2SC1959Y型硅NPN管，其主要参数：V_{CBO} = 35 V，I_{CM} = 0.5 A，P_{CM} = 0.5 W。技术参数与其相近的有，BC338、BC738、BC635、3DA2060、3DK4C等。部分型号因外形尺寸或引脚排列不同，替换时应加以注意。

东芝E型冰箱型号不同，选用的电路、集成块也有所差别，图9.44所示为TC4572BP集成电路引脚排列图，图9.45所示为根据实物描绘的GR—205E型电冰箱电路原理图。

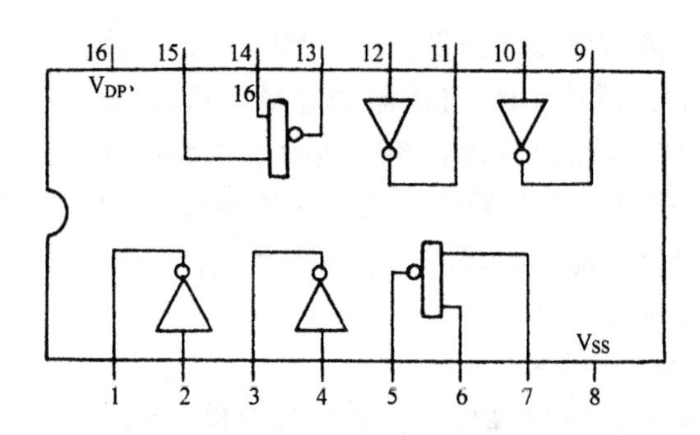

图 9.44　TC4572BP 集成电路引脚排列图

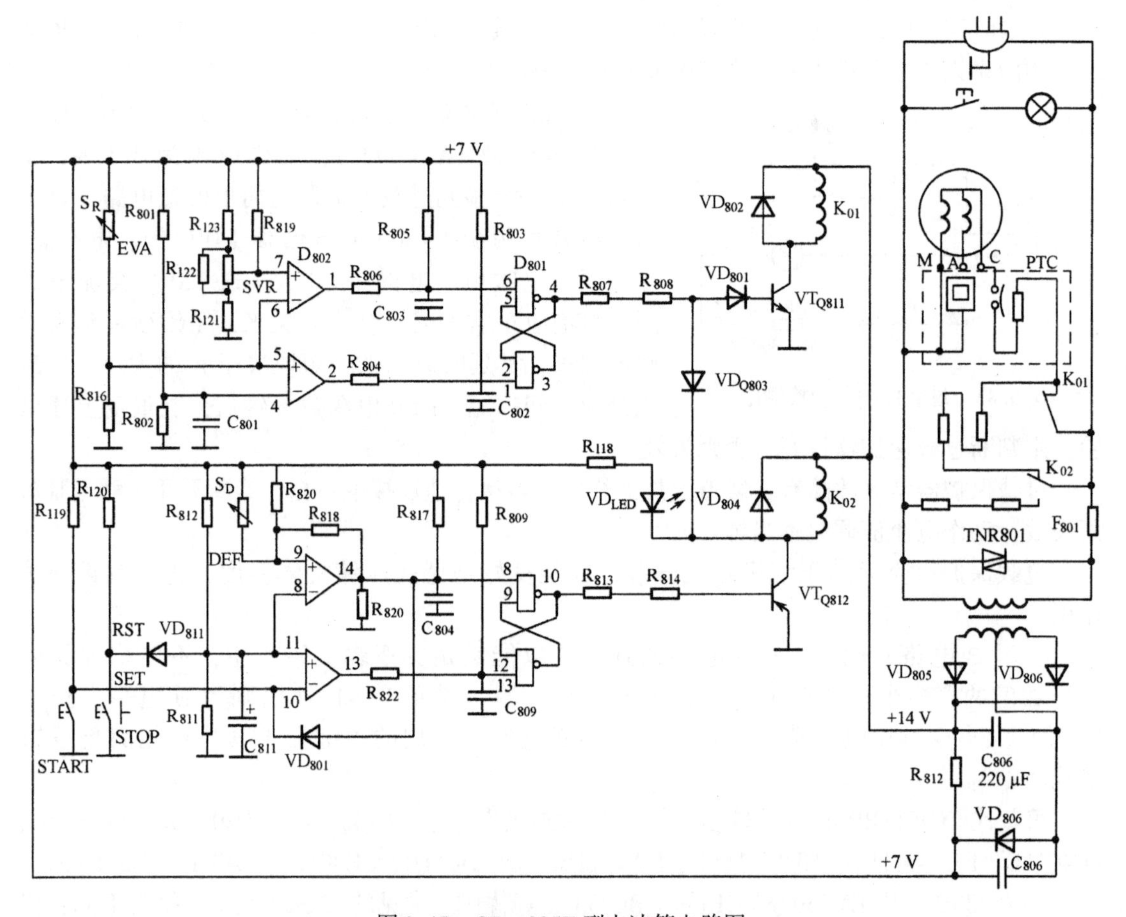

图 9.45　GR—205E 型电冰箱电路图

东芝 IC 控制类冰箱不断改进，不断推陈出新，如将 IC 控制操作移到冷冻室门上的 ED、YED、ES、ESV 型；在电路中采用高性能运转电容器，耐击穿的设计 EX、ED 型，以及在 IC 控制操作面板上增设数字显示电子钟等，五花八门，但万变不离其宗，只要掌握数字 IC 的逻辑关系及其基本原理，即可举一反三维修其他派生或改进型机。

（4）维修技巧与分析。

① 不停机判断技巧。压缩机运转不停，是东芝冰箱常见故障之一，产生故障的原因是多种多样的，若用“分段法”，可迅速判断故障范围。

按下 S_{101}，若压缩机停止，VD_{LED01} 亮，则判断 K_{01}、主电路正常，重点应检查控制电路。

拆下主电路中PTC启动装置或K_{01}触点接插件，使压缩机失电。按下S_{102}，使VD_{LED01}熄灭，将D_{802}的7、4脚对地短接一下，使$V_7=0$；或将S_R插件P801拔除，模拟$R=0$，7脚经R_{806}接至地；若K_{01}触点动作，有弹跳声，则认为IC电路正常，重点检查S_R等外围元器件，否则可将D_{801}的6脚对地短接一下……，即可不断缩小故障范围。

对于其他故障，如VD_{LED01}不熄灭、不能自动开机制冷等，此方法均有实用之处，在维修中应注重灵活运用。

② 典型维修。

● **故障现象**：压缩机运转不停，冷藏室豆腐结冰。

分析处理：按S_{101}能停机，VD_{LED01}亮，除霜系统正常，判断为控制电路故障。查OFF指令比较器D_{802}输入端6、7脚电位，发现$V_6=0$，不能随R_{124}电位变化，V_7始终大于V_6，$V_1=$H不变，无法产生OFF指令故不停机。查6脚有关电路，发现接插件X_{802}的SVR端开路，致使6经R_{816}接地。将触点直接短接，故障排除。

● 故障现象同上。

分析处理：按S_{101}，VD_{LED01}亮且停机。将D_{802}的7脚对地短接一下，K_{01}动作，测V_6能在1.53~2.20 V之间变化，当冷藏室豆腐结薄冰时$S_R=10.6\ k\Omega$，V_7最低只能降到3.3 V。测S_R表面温度为8℃时，$S_R=3.0\ k\Omega$变质，使V_7不能低于V_6，无法产生OFF指令，则不停机。

③ 应急维修方法。

● 由于S_R阻值变小，故在其电路中串联一只22 kΩ微调电阻，细心调节，当S_R表面温度达到-18℃时，使$V_7<2.2$ V关机。

● 在R_{806}上并联一只22 kΩ微调电阻，使V_7在冷藏室内S_R表面温度低于-18℃时可低于2.2 V。在R_{802}上并联一只68 kΩ微调电阻，使S_R表面温度达到3.5℃时开机。

● 由于V_7只能降至3.3 V，用10 kΩ微调电阻替代R_{121}，使调节R_{124}时V_6可在3.4~3.8 V之间变化。因为ON指令给定电位$V_5=4$ V，所以V_6不得≥4 V，否则将造成ON、OFF信号重叠，程序紊乱。

这三种维修应急方法的共同缺陷在于：由于调整了ON、OFF比较电位给定值，使$|V_5-V_6|$减少，动态调节范围变窄，开、关机动作频繁。同时，由于S_R变质是非线性的，随机性的，所以添加补偿电阻后，S_R仍有继续恶化的可能，不能从根本上消除故障。在条件允许时应尽可能更换S_R。

● 故障现象同1。

分析处理：按S_{101}，VD_{LED01}亮且停机，对地短接7脚，K_{01}不动作，测D_{802}输出1、2脚电压V_1、V_2均为0。由于V_2始终为0，触发器D_{801}的3脚维持H电平不变故不停机。查R_{803}、R_{804}、C_{802}、C_{803}均完好，无论D_{802}输入端电平如何变化，输出均为0，判断D_{802}损坏，换上一块TA75339P故障排除。

小结：以上三例故障现象相同，均为压缩机运转不停，制冷温度过低，但产生原因和故障部位各不相同。分析判断时应掌握数控电路的逻辑关系和关键点（如V_5、V_6、V_7、U_1、U_6、U_3、U_8等）电平变化范围和规律，运用逻辑分析法对症下药，如不停机故障应抓住OFF指令通道，去伪存真。

④ 常见故障维修。

● **故障现象**：压缩机运转正常，蒸发器偶有挂霜，VD_{LED01} 自动点亮，冰箱内食品变质。

故障检查：冰箱内食品变质，说明制冷温度不足，蒸发器能挂霜表明冰箱仍有制冷能力，VD_{LED01} 自动点亮则为异常现象。

东芝 E、EX 型自动除霜冰箱，严格地说应属于半自动类型，其除霜过程是以手动启动，自动结束的。VD_{LED01} 自燃，反映了除霜控制程序紊乱产生误动作。

除霜状态的自动投入，迫使制冷状态中断，故蒸发器虽能挂霜，但制冷时间不足，冰箱内温度不能降到给定值，致使时评变质，故“自动”除霜是主要矛盾。

维修方法：按 S_{102} 能使 VD_{LED01} 熄灭，说明除霜比较器和触发器完好。查 D_{801} 除霜指令输入端13脚电平 U_{12}，其状态不定，进而查面板操作键 S_{101}、R_{109} 均完好。轻碰接插件 X_{802}，VD_{LED01} 忽熄忽亮，检查 X_{802} 发现簧片松动，接插件氧化造成接触不良。用高效清洗润滑剂清洗、镀锡等方式改善接触不良，效果均不佳。因一时购不到相同插件，故将插头齐根剪断，直接焊接到插座上，并用指甲油或蜡封包，故障排除。

X_{802} 安装在冷冻室上方，当冷冻室开门时，大量湿冷气体侵蚀 X_{802}，造成接触不亮甚至断裂。这是 E、EX 型冰箱常见故障之一，东芝公司已在 YED、ES 等新型机上加以改进。由于 X_{802} 共有6对接插头，因接触不良产生的故障现象是多种多样的，在分析故障时应予以重视，维修时也应先检查 X_{802}，避免走弯路。

● **故障现象**：冷藏室内的冷冻室泄水管道口结冰堵塞，甚至包裹 S_R。

故障检查：来自冷冻室的泄水管道流至冷藏室出水口外冻结产生冰堵。冷藏室内没有任何除霜装置，完全依靠自然除霜。冷藏室内发生冰堵，说明 ON 开机制冷冷藏室内温度过低，冰箱来不及消除，结果冰霜越来越大，甚至包裹 S_R，使 S_R 感测到温度高于实际温度，产生恶性循环。

停机开门，待温升冰霜自然溶化后，小心擦干 S_R 和附近水珠，重新开机。数日后故障重现。

维修方法：由于开机时温度低于设计值，故侧重检查 ON 指令比较器输入端 D_{802} 的4、5脚电位。查 ON 给定电压 $V_5=4.05$，视为正常，测 S_R 表面温度 T_R，发现当 $V_4>V_5$ 开机制冷时，T_R 为0℃左右，低于设计值3.5℃。进一步测检 S_R，发现其阻值轻微变质，处理方法如2同。

（5）故障判别逻辑流程。

图9.46（a）、图9.46（b）所示分别给出检查冰箱不制冷、压缩机不运转、除霜灯自亮不灭等和冷藏室温度过低、压缩机运转不停等故障时的逻辑判断流程图，其他故障均可参照处理。

有“家电维修刊物”曾介绍了“东芝电冰箱维修数据”，提供了诸如：TA75339P、TC4572BP、TC4011BP 等 IC 的引脚电压正常值图表。这类图表按动态（压缩机工作）、静态（压缩机停止）或制冷、停机、除霜等2～3种状态分别给出对应 IC 各引脚电压值，这些图表数值有许多是实际测量所得，似乎很准确实用，其实不然。且不说测量仪表等原因造成的误差，就是人为差错也屡见不鲜。

就以 TA75339PIC 为例。IC 中共有四组工作原理完全相同的电压比较器，原则上讲，用哪一组作 ON 比较器都可以。图7.34与图7.42均采用了 TA75339P，但其引脚接法则大不相同，在实际测量中，当压缩机工作后，用万用表测量电压比较器输入端上各点电压时，当用表笔并接电路的瞬间，非常微弱的讯号变化足以触发 IC，使其状态翻转停机，无法准确测量读数而误诊。

其次，图 6.34 中 $V_7=V_4$，在制冷状态时其数值随冷藏室温度下降而降低，而在停机和除霜状态时，其数值又随温度上升而升高，就是说 V_7 和 V_4 根本不是一个常数，而是一个变量。正常值是在 ON 给定值 V_5 和 OFF 给定值 V_6 之间变化，变化范围约为大于 1.48 V 至小于4.1 V之间，若按图表给定的数值，岂不台台冰箱不正常吗？

严格地说，即使是 ON 比较给定电位 $V_3=4$ V，也不是一成不变的，按图 6.34 给定的参数计算 $V_5=4.08$ V，机型不同，参数各异，就是同一种机型因元件的离散性等原因，其直流电原电压也有差异，如6.8 V、7 V 等。维修时千万不可生搬硬套。

ON 比较给定电位 D_{802}的 5 脚 V_5 是常数，不论制冷、停机还是除霜状态，V_5 均应固定在4 V。当 $V_5<4$ V 时，压缩机停、开机之间时间缩短，频繁开关动作，不但费电，且制冷温

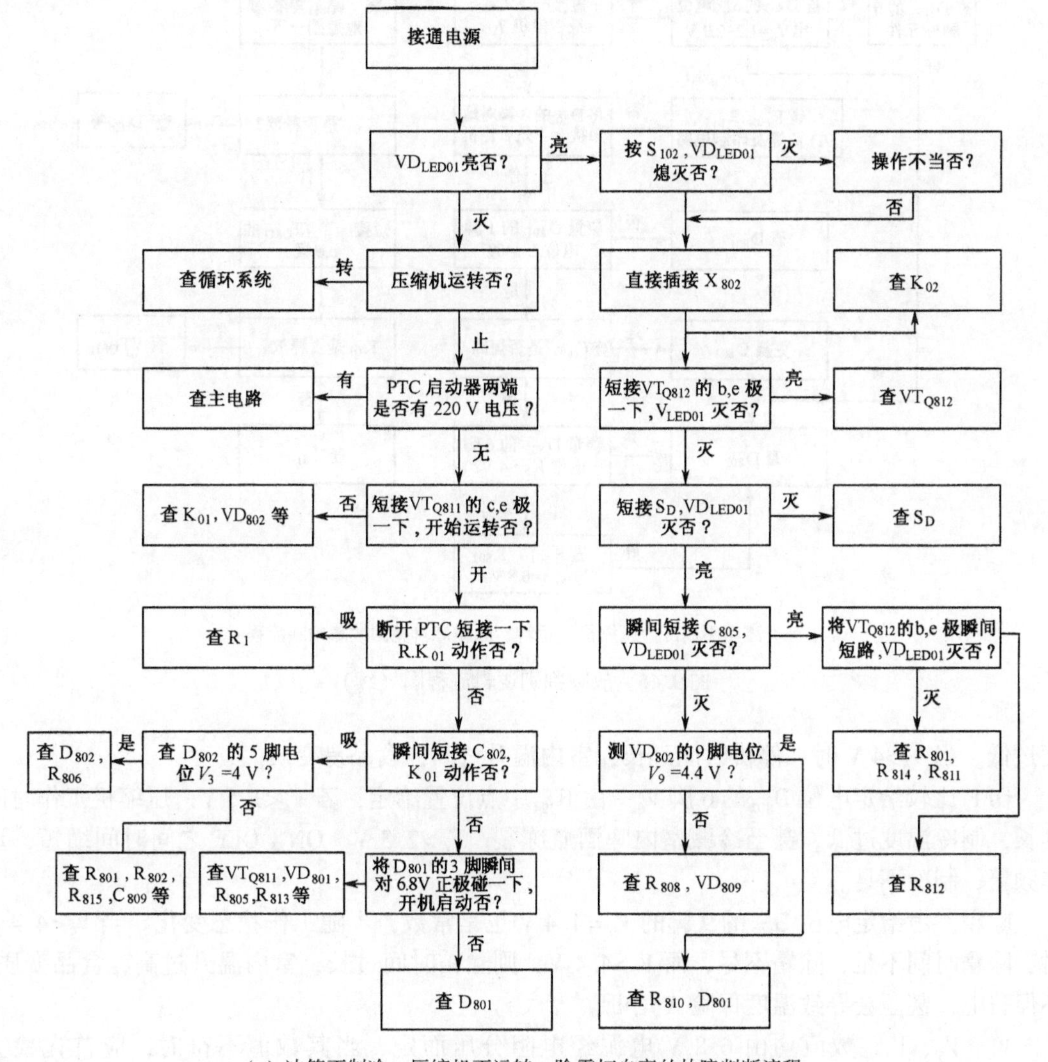

(a) 冰箱不制冷、压缩机不运转、除霜灯自亮的故障判断流程

图 9.46 故障判别逻辑流程图

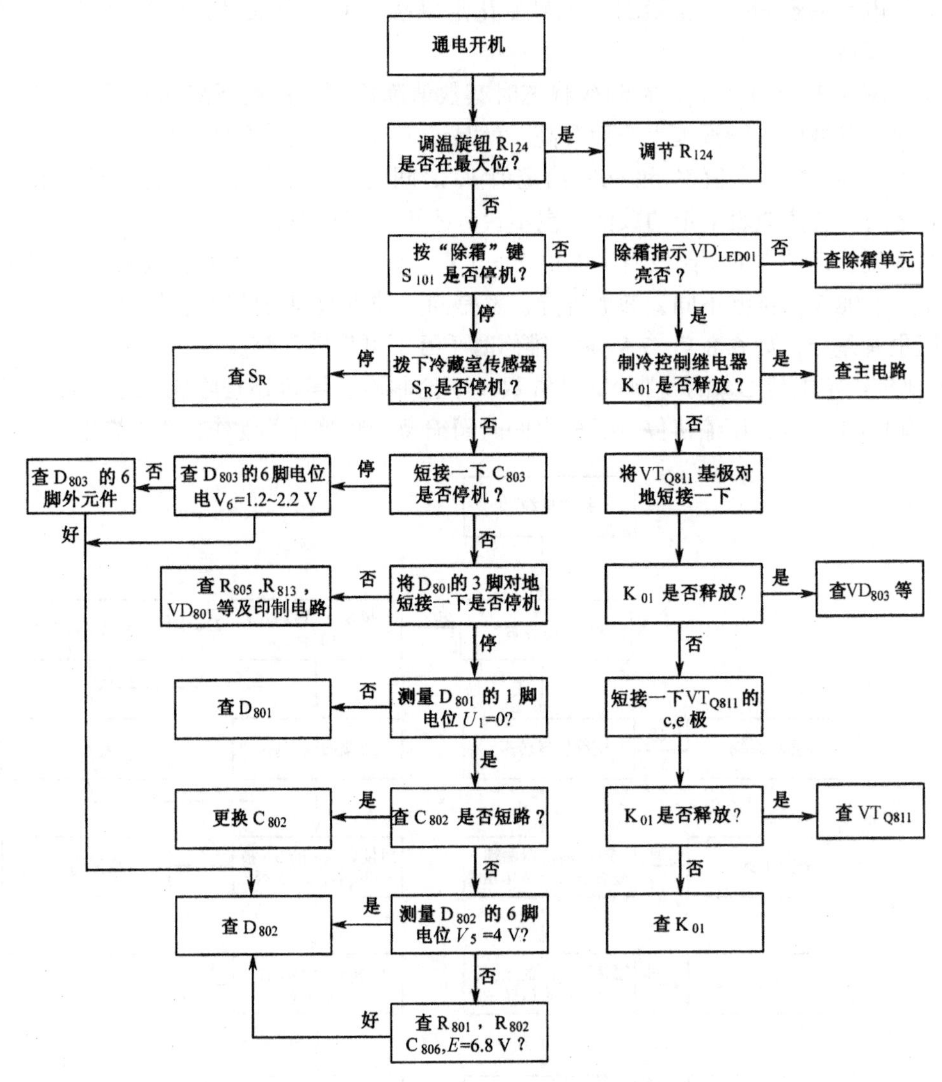

（b）冰箱不制冷、压缩机不运转、除霜灯自亮的故障判断流程

图9.46　故障判别逻辑流程图（续）

度过低。当 V_5>4 V 时，停机时间延长，室内温升过高，食品易变质。

OFF 比较给定电位 D_{802} 的 6 脚 V_6，由 R_{124} 中点位置给定，若 V_6<1.5 V，压缩机工作时间延长，制冷温度过低，甚至冷藏室内啤酒瓶冻裂。V_6>2.3 V，ON、OFF 之间时间缩短，动作频繁，制冷不足。

除霜参考给定电位 D_{802} 的 9 脚的 V_9 =4.4 V 也是常数，不随工作状态变化。当 V_9<4.4 V 时，除霜时间不足，除霜不尽，而 V_9>4.4 V，则除霜时间过长，室内温升过高，食品变质，不但费电，甚至会导致温度保险 A 熔断。

V_4、V_5、V_9、数值均由 6.8 V 电源经电阻分压而定，当其数值不符时，应首先检查 6.8 V 电源是否准确，然后再检测分压电阻。

例36

东芝 GR-184E（A）型电冰箱内漏的判断与检修

故障现象：压缩机可正常运行，运行时间逐渐加长，直到久转不停。冷藏室温度逐渐上升到一点不冷。冷冻室的冰逐渐熔化，直到完全不冷。这个逐渐的过程因漏点大小不同而所需的时间不同。

故障分析与检查：

东芝类电冰箱制冷循环系统流程为：压缩机高压出口→冷凝器→防露管→过滤器→毛细管→上蒸发器→下蒸发器→回气管→压缩机低压入口→压缩机。

当压缩机正常运行时，吸入低压、低温的制冷剂蒸气，随之消耗一部分功，压缩成高压、高温的过热蒸气，从压缩机的高压出口，进入冷凝器和防露管，经过冷凝器、防露管的散热，使制冷剂成为温度不高、压力较高的液体。经过滤器除去杂质和微量水份后，高压的制冷剂液体经过毛细管的节流作用，使制冷剂的压力和温度同时降低而进入蒸发器。制冷剂在上、下蒸发器中充分膨胀、沸腾，吸收大量的热量，变成低压、低温的蒸气，通过回气管进入压缩机，又进行新的一轮制冷循环。电冰箱就是如此往复循环，使冰箱内的温度不断降低达到人工制冷的目的。

第10章 空 调 器

10.1 空调器的基本组成及工作原理

10.1.1 房间空调器的基本组成

房间空调器主要由制冷（热）循环系统、空气循环通风系统、电气控制系统和箱体（包括底板等）四大部分组成。

1. 制冷（热）循环系统

一般采用蒸气压缩式制冷循环。与电冰箱一样，由全封闭式压缩机、风冷式冷凝器、毛细管和肋片式蒸发器及连接管路等组成一个封闭式制冷循环系统。系统内充以氟利昂22为制冷剂。为避免液击，有些制冷系统还设有气液分离器。

2. 空气循环通风系统

主要由离心风扇、轴流风扇、电动机、风门、风道等组成。

3. 电气控制系统

主要由温控器、启动器、选择开关、各种过载保护器、中间继电器等组成。热泵型还应有四通电磁换向阀及除霜温控器。

4. 箱体部分

它包括外壳、面板、底盘及若干加强筋、支架等。制冷系统、空气循环系统均安装在底盘上，而整个底盘又靠螺钉固定在机壳上。

10.1.2 空调器的工作原理

1. 冷风型空调器的工作原理

如图10.1所示，空调器制冷时，压缩机吸入来自蒸发器的F-22低压蒸气，在汽缸内压缩成为高压、高温气体，经排气阀片进入风冷冷凝器。轴流风扇从空调器左右两侧百叶窗吸入室外空气来冷却冷凝器，使制冷剂成为高压过冷液体。空气吸收制冷剂释放出来的热量后，被轴流风扇将热量排出室外。高压过冷液体再经毛细管节流降压，然后进入蒸发器。室内空气靠离心风扇来吸入，流过蒸发器，蒸发器内的F-22吸收室内循环空气的热量后变成蒸气又被吸入压缩机并压缩成高温、高压气体，如此循环不止。

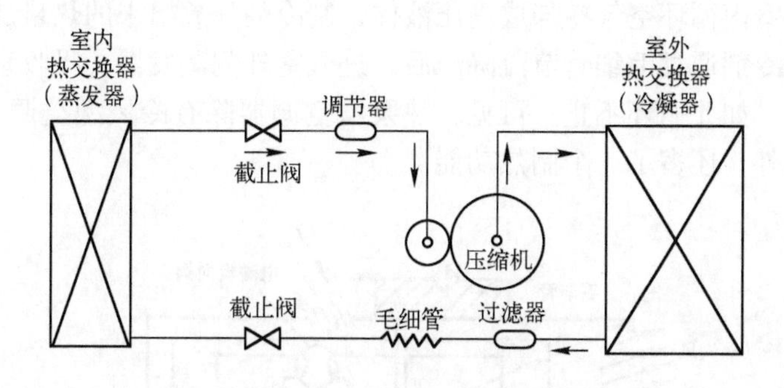

图10.1 冷风型空调器的工作原理

在制冷过程中，蒸发器表面温度通常低于被冷却的室内循环空气的露点温度。当室内空气通过蒸发器时，如果空气的相对湿度较大，其中一些蒸气便在降温过程中凝结为露水，从蒸发器表面析出，使室内空气的相对湿度下降，这就是湿度调节的过程。露水通过蒸发器下面的盛水槽流至后面的冷凝器，部分露水被轴流风扇甩水圈飞溅起来以冷却冷凝器，余下部分通过底盘上的排水管排至室外。由于制冷时一般总伴随去湿过程，因此冷风型空调器不能用于恒湿的场合，若要增湿，需要另添加湿器。

在通风制冷过程中，室内空气必须先通过滤尘网将尘埃滤掉，以保持蒸发器清洁、畅通，为此空调器还具有净化室内空气的功能。

空调器的温控器安装在蒸发器的前面，以感受吸入室内空气的温度。感受的这个温度，实际上是室内空气的平均温度，所以温控器不能控制室内各点的温度。室温的控制是通过温控器的一对触点接通和切断压缩机的工作电路来实现的。

2. 热泵型空调器的工作原理

热泵型空调器是在冷风型空调器的基础上加了一只电磁换向阀（又称四通阀）和冷热控制开关。电磁换向阀的作用是使制冷剂流动方向发生逆变，用于制冷系统的冷热转换，如图10.2所示。在夏季，室内换热器作为蒸发器使用，向室内送冷风，室外换热器作为冷凝器使用，向室外排热。在冬季，通过四通换向阀的转向切换，使室内换热器变为冷凝器使用，向室内送热风，室外换热器变为蒸发器。这种热泵型冷暖空调器，在外界温度低于-5℃时不

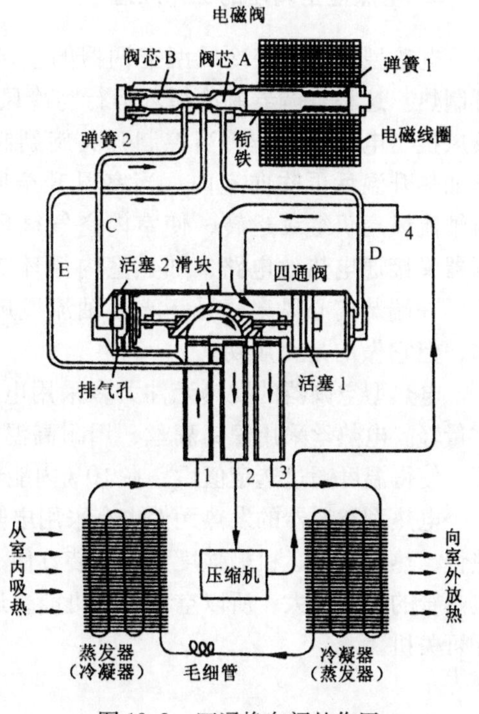

图10.2 四通换向阀的作用

易开启。因此热泵型冷暖空调器只适合于室外温度在 -5℃以上的地区，低于 -5℃的地区应采用电加热辅助制热。热泵型空调器的工作原理如图 10.3 所示。空调器制热时，压缩机吸入制冷剂蒸气，在汽缸内被压缩成为高温、高压气体，经排气阀片排至室内侧冷凝器。在冷凝器中，制冷剂被室内循环空气冷却成高压液体，制冷剂释放出来的热量加热空气，使室温上升。高压液体制冷剂通过毛细管节流降压后，进入室外侧蒸发器，吸收室外的热量变为蒸气再被压缩机吸入。如此循环不止。可见，热泵型空调器除有冷风型空调器的通风、制冷、除尘、去湿的功能外，还多了一个制热功能。

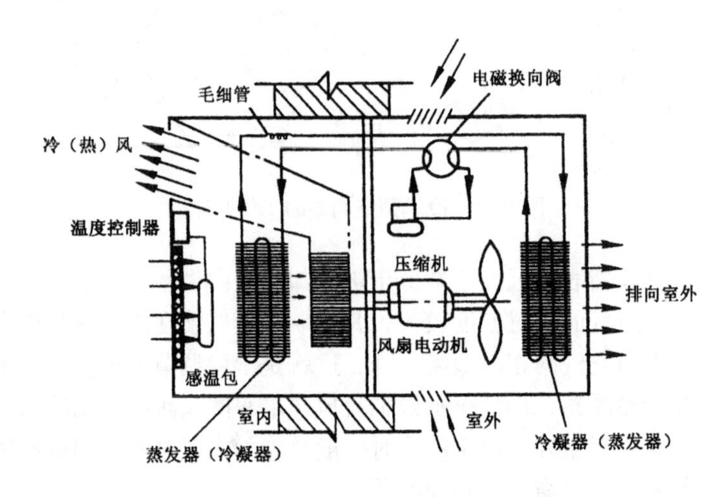

图 10.3 热泵型空调器的工作原理

3. 电热型空调器的工作原理

电热型空调器在冷风型空调器的基础上加了一组或几组电热丝，使其既可制冷，又可制热。这种空调器制冷循环运行与冷风型空调器的原理相同。制热时，压缩机不运转，仅风机与电热丝工作。当控制开关旋到制热挡时，离心风扇吸入室内冷空气，通过电热丝加热升温后再吹向室内。当室温升至所要求的温度时，恒温控制器切断电热丝电路，但轴流风扇仍继续运转，使室内空气循环对流。当室温逐渐下降低于控制值时，恒温控制器又接通电热丝电路，加热室内循环空气，使室温再上升。由于风扇电动机是双向性的，一端装离心风扇，另一端装轴流风扇，故电热型空调器制热运行时，轴流风扇仍工作，但它做的是无用功。

电热型空调器的发热元件大多采用电热丝，如图 10.4 所示。它的热容量小，体积小，重量轻。电热丝采用镍铬扁丝，用耐高温合成云母层压板为支架，配有高灵敏度温度继电器，使得温度超过选定值后，在 10 s 内能切断电热丝电源，并使空调器安全运行。

电热型空调器的发热元件也有采用电热管的，如图 10.5 所示。电热管式加热器具有传热快、热效率高、机械强度大、安装方便、使用安全可靠、寿命长、适应性强等优点。由于电热管的热容量大，所以空调器关机前，最好打开“风”挡吹数分钟，待余热逐渐消散后，才可关机。

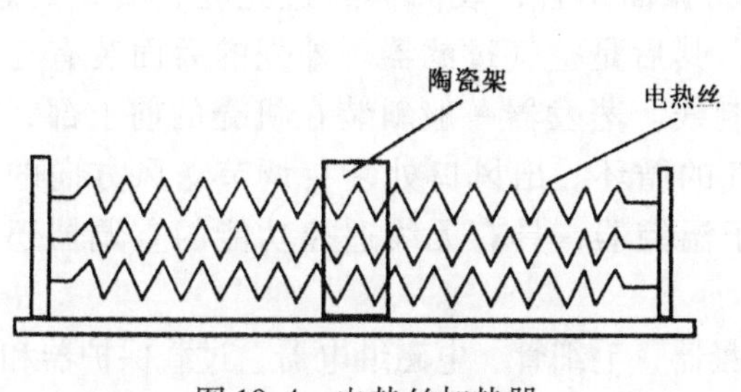

图10.4　电热丝加热器

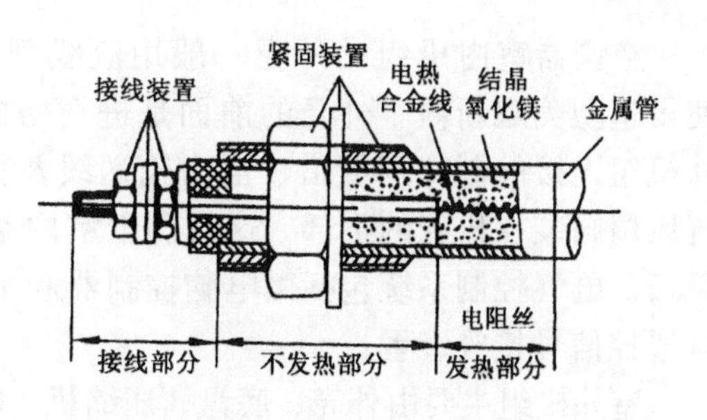

图10.5　管状电加热器

4. 分体式空调器

分体式空调器主要由室内机组、室外机组及连接室内、外机组的管路、管接头和电缆组成。工作原理与窗式空调器相同，只是把冷凝机组和蒸发机组分成两部分。

分体式空调器主要有壁挂式、立柜式等形式。壁挂式空调器是分体式空调器的主要品种，其制冷量为2000～4500 W。按控制方式不同，壁挂式空调器又可分为线控式和遥控式两种。图10.6所示是分体壁挂式空调器的结构示意图，它的室内机组主要由外壳、蒸发器、贯流风扇及电气控制系统组成。

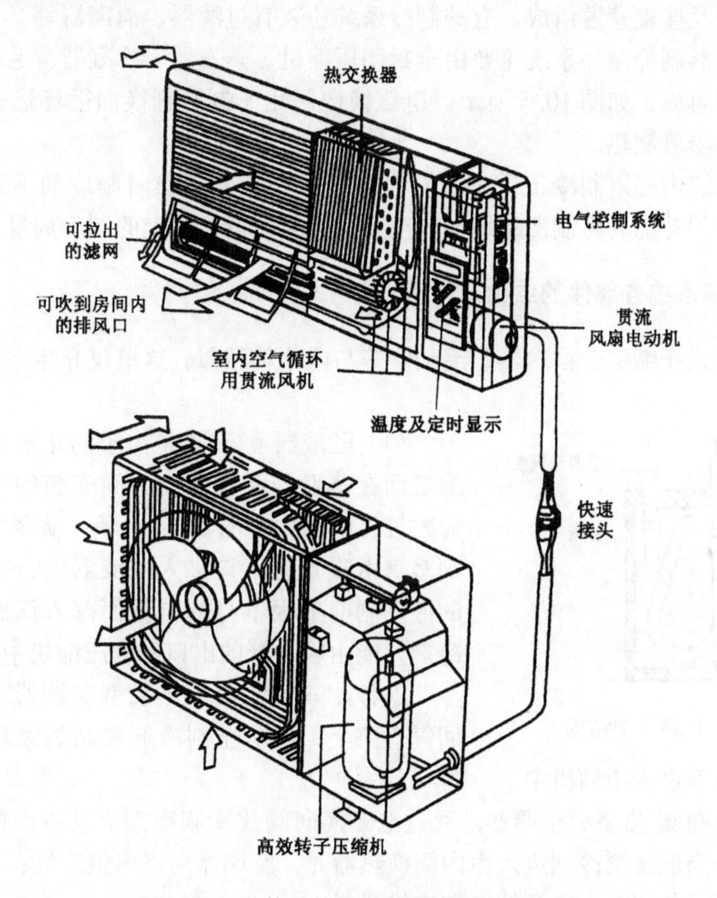

图10.6　分体壁挂式空调器的结构示意图

空调器室内机组的外壳一般用流线型、圆弧面结合，表面再经过光亮、喷花处理，使得造型美观新颖。外壳的前面是进气格栅，其后是空气过滤器。外壳的后面装有与室外机组连接的制冷剂管道、电力输送线及控制线。蒸发器一般斜装在机壳的前上部，贯流风扇则装在机壳的下部，这有利于室内空气的循环。出风口处装有调节送风方向的导风板。电气控制系统包括微电脑控制器和电子温控器，具有无线遥控功能的空调器还设有遥控信号接收装置。

室外机组主要由外壳、底盘、压缩机、冷凝器、毛细管、电磁继电器、过载保护器和轴流风扇组成。在外壳出风口处装有导风圈和排风护罩，在另一侧下方装有连接制冷剂管道的截止阀，在外壳的上方还装有一个用于连接制冷剂管道的截止阀，在外壳的上方还装有一个用于连接导线的接线窗口。压缩机、冷凝器、轴流风扇都装在底盘上，为了防止冷凝器和电气元件被雨淋湿，一般在压缩机与冷凝器之间还设置一块固定在底盘上的隔板。

10.1.3 空调器的制冷系统

1. 制冷循环系统的基本组成

窗式空调器冷风型制冷循环系统与电热型的相同，它主要由全密闭式压缩机、蒸发器、冷凝器、毛细管及连接管道组成。有的制冷系统还装有过滤器、消声器等。

热泵型空调器制冷循环系统主要由全封闭压缩机、蒸发器、冷凝器、毛细管、电磁换向阀及连接管路等组成，如图10.3所示。电磁换向阀用于制冷剂换向循环运行，以使空调器夏季可制冷，冬季可制热。

制冷循环系统内充以制冷工质——氟利昂22。在正常工作时制冷剂不需要添加。若制冷剂泄漏，则必须补漏后将制冷系统抽真空，按照空调器铭牌上的制冷剂量注入制冷剂。

2. 制冷循环系统各部件的结构及作用

由于全封闭式压缩机、换热器、毛细管等与电冰箱相似，这里仅介绍空调器特有部件的结构及作用。

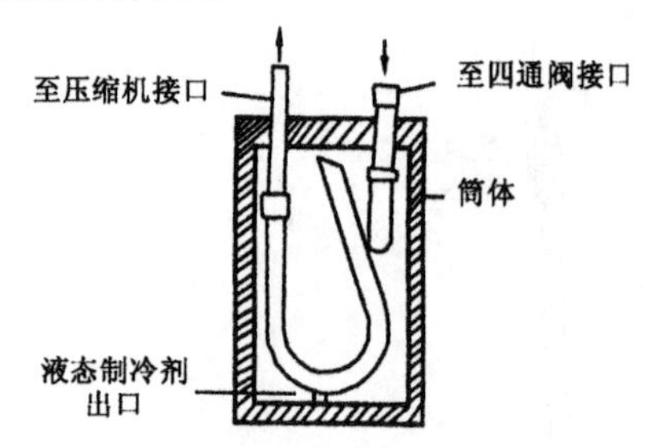

图10.7 贮液器的结构

(1) 贮液器 贮液器是为了防止液态制冷剂流入压缩机而在蒸发器和压缩机之间安装的气液分离器。普通贮液器的结构如图10.7所示。从蒸发器出来的制冷剂蒸气由吸入管入口进入贮液器中，冷剂蒸气中含存的液态制冷剂因本身的自重而落入筒底，只有气态制冷剂才能由吸入管的出口吸入压缩机中。

这种贮液器常用于热泵型空调器，连接在压缩机回气管路上，以防止制冷剂在制热循环变换时原冷凝器中的液态制冷剂进入压缩机中。

(2) 电磁换向阀 热泵型空调器是通过电磁换向阀改变制冷剂流动方向的，使它夏季制冷，冬季制热。当低压制冷剂进入室内侧换热器时，空调器向室内供冷气；当高温、高压制冷剂进入室内侧换热器时，空调器向室内供暖气。

换向阀的换向原理如图10.8（a）、（b）所示，图10.8（c）所示是换向阀的外形。它由控制阀和换向阀两部分组成。通过控制阀上电磁线圈及弹簧的作用力来打开和关闭毛细管的通道，以使换向阀进行换向。

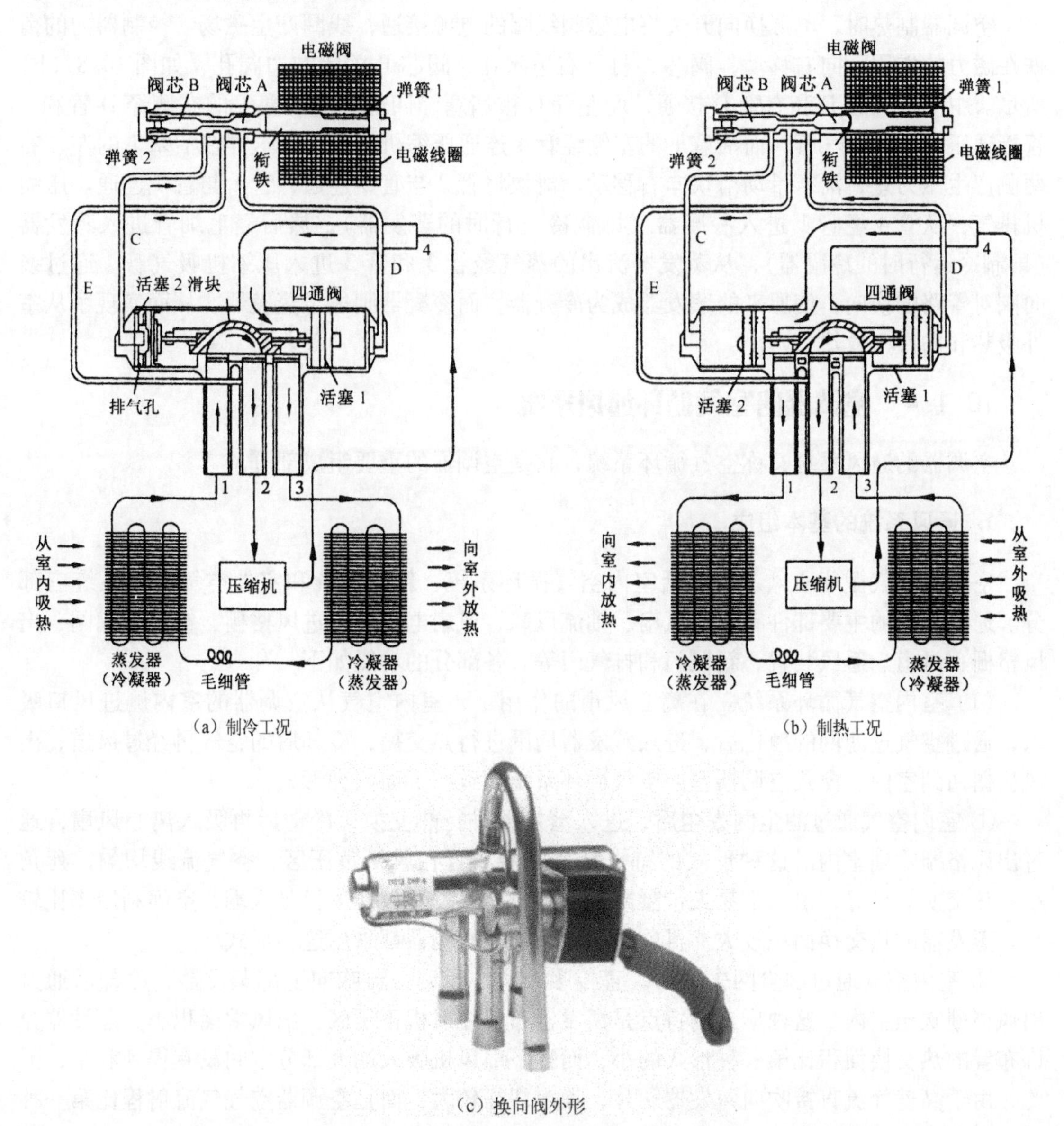

（a）制冷工况

（b）制热工况

（c）换向阀外形

图10.8 热泵型空调器四通换向阀工作原理

空调器制冷时，由于受电源换向开关的控制，电磁阀线圈的电源被切断，控制阀内的衔铁在弹簧1的推动下左移，使阀心A将右阀孔关闭，而左阀孔打开，如图10.8（a）所示。这样，左管C和公共管E沟通，而将右管D和中间公共管E的通路关闭。在四通换向阀内，除滑块盖住的部分是低压气体外，其他部分都是高压气体。在右管D堵住不通的情况下，活塞2的左侧经左管C、中间公共管E接通压缩机吸气管2，而活塞的右侧经管4接压缩机的排气管，使活塞2的左右两面形成压力差，把滑块与活塞组推向左端位置，换向阀就成为

图10.8（a）所示的状态。此时管1与管2连通，制冷剂气体从蒸发器流出，被压缩机吸入；管4与管3连通，压缩机排除的高压气体进入冷凝器。这就是热泵型空调器制冷运行时换向阀的工作状态。

空调器制热时，电源换向开关将电磁阀线圈的电源接通，线圈产生磁场，控制器内的衔铁在磁力的作用下向右移动，阀芯A打开右边阀孔，阀芯B关闭左边阀孔，如图10.8（b）所示。中间公共管E和右管D接通，而左管C被堵塞，四通阀的活塞1的右侧经D管和E管接通压缩机的吸气管，而活塞1的左侧经管4连通压缩机排气管。这样在活塞1的左、右两侧产生压力差，活塞带动滑块向右移动。滑块将管2与管3连通，管1与管4连通。压缩机排气，从管4经管1进入冷凝器（即制冷运行时的蒸发器），然后经毛细管进入蒸发器（即制冷运行时的冷凝器），从蒸发器流出的蒸气经管3和管2进入压缩机吸气管。通过换向阀对管路的换向，使原来的蒸发器成为冷凝器，而冷凝器则成了蒸发器，从而实现了从室外吸热和向室内放热。

10.1.4 空调器的空气循环通风系统

空调器的通风系统又称空气循环系统，它是空调器的重要组成部分。

1. 通风系统的基本组成

空调器空气循环通风系统包括室内空气循环系统、新风系统和室外空气冷却系统三部分。通风系统的主要部件有离心风扇、轴流风扇、风扇电动机、进风格栅、空气过滤网、出风格栅、风道、遥风装置、新风门和排气门等。各部分的功能如下：

（1）室内空气循环系统。在离心风扇的作用下，室内空气从空调器的室内侧进风口吸入，通过空气过滤网的净化后，进入蒸发器周围进行热交换，冷却后的空气再经过风道、出风格栅回到室内。窗式空调器室内空气循环系统大致有下面两种形式：

① 室内空气通过滤尘网去尘后，进入蒸发器进行热交换，冷却后再吸入离心风扇，通过出风格栅吹到室内。这种形式的特点是蒸发器布置在风机负压区，空气流线均匀，死角小，热交换效果好，出风不易夹带凝露水；同时，蒸发器放在风机吸入端，空间利用率比较高，蒸发器的热交换面积较大。目前国内外大部分空调器都采用这种形式。

② 室内空气通过滤尘网去尘后，直接吸入离心风扇，再吹向上部蒸发器，冷却后通过出风格栅吹至室内。这种形式的特点是蒸发器布置在风机正压区，出风端面积小，蒸发器允许布置的热交换面积比第一种形式的小，而且下部风机吸入端大部分空间没有得到利用，因此，由于高速气流直接吹向蒸发器肋片，噪声往往较大，而且空调器空气气流射程比第一种形式的短。这种形式目前较少采用。

（2）新风系统。窗式空调器均装有新风门或浑浊空气排出门。打开小门时，就可吸入占室内循环空气量的15%的新风。新风引入量的多少，可根据人们自身的感觉而定。若室内空气浑浊，有气味、烟雾等，可将新风门打开时间长一些，直至感觉到空气新鲜为止。国内空调器的新风门有两种形式：

① 在空调器上部排风侧开有一扇小门，通过电气控制面板上的旋钮或滑竿控制它的开、闭。它的作用是将室内浑浊冷空气从空调器后部排出，室外新鲜空气从窗缝、门隙中吸入。

② 在空调器上部排风侧开有一扇排出浑浊空气的排气门，在它的下部吸风侧再开一扇新风门，打开新风门时，室外新鲜空气直接被吸入，然后通过离心风扇吹向室内。由于进来的是室外新鲜空气，排出的是室内浑浊冷空气，所以两扇风门同时打开时，室内换气量最多，冷量损失也最大。因此，使用空调器时，最好不要抽烟，以保持室内空气新鲜。

(3) 室外空气冷却系统。室外空气从空调器两侧百叶窗吸入，然后通过轴流风扇吹向换热器（冷凝器），热（冷）风从后面排至室外，带走换热器散发出来的热量。室外空气冷却系统的特点是：室外空气从左右两侧百叶窗吸入后，流过压缩机及风扇电动机，以改善两者的工作条件。

2. 通风系统各部件的结构及作用

(1) 离心风机。离心风机主要用于窗式空调器的室内侧和分体立柜式空调器的室内机组，一般由工作叶轮、螺旋形蜗壳、轴及轴承座组成，如图10.9（a）、(b）所示。它的特点是风量大、噪声小、压头低。目前大多采用多叶轮前向型叶轮。这种叶轮结构紧凑，尺寸小，而且随着转速的下降，风机噪声也明显降低。离心风机的工作原路：当空调器运行时，离心风扇在电动机的带动下在蜗壳内高速旋转，叶片之间的气体在离心力的作用下从轴向吸入，在叶轮内侧及吸风口处形成负压力，而吸入的气体由径向抛向蜗壳，增压后由蜗壳出口排出。

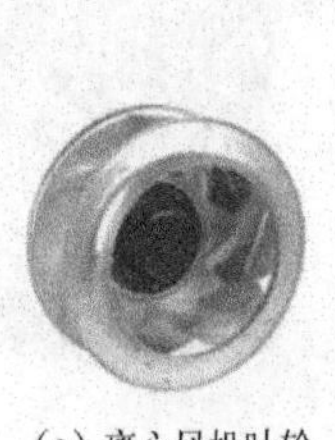

(a) 离心风机叶轮

(b) 离心风机外形

图10.9 离心风机

(2) 轴流风机。轴流风机由叶轮和轮圈组成，如图10.10（a）、(b）所示。叶轮装在大轴上，一般由3~4片叶片组成，叶片很宽。窗式空调器一般将叶片后角与轮圈冲压或铆接在一起，这样既增强了风机的刚性，又可利用轮圈将底盘内的凝结水飞溅到叶片前，再由风机吹到冷凝器上以增强热交换效果。由于轴流风机的叶片具有螺旋面形状，所以当叶轮在机壳中旋转时，空气由轴向进入叶片、并在叶轮的推动下沿轴向流动。轴流风机效率较高，气流量大，但风压较低而且噪声较高，所以常用于窗式空调器和分体式空调器的室外侧。

(3) 贯流风机。贯流风机广泛使用于分体壁挂式空调器的室内机组。贯流风扇具有前向式叶轮，其叶片的轴向宽度很宽，如图10.11所示。风扇运行时，空气从径向上端吸入，再沿叶轮径向横贯流过，然后从径向向下端排出。贯流风扇的特点是叶轮直径较小，在转速较低的情况下可产生较高的风压，而且叶轮的轴向宽度可以很长。

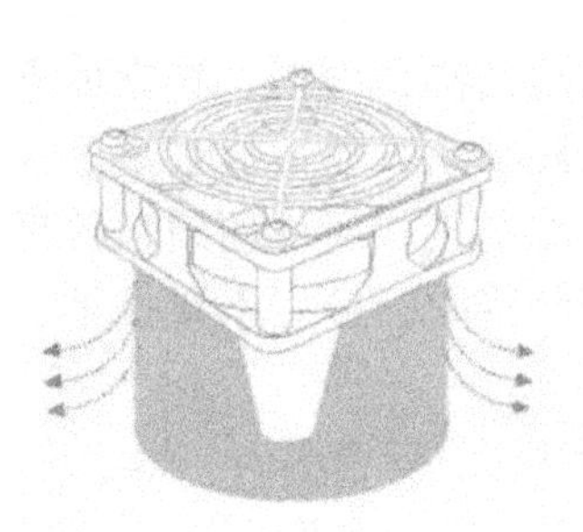

（a）轴流风机工作示意图

（b）轴流风机外形

图10.10　轴流风机

（4）风机电动机。空调器风机电动机是离心风机、轴流风机、贯流风机的动力，如图10.12所示。对风机电动机的要求是噪声低、振动小、运转平稳、效率高、重量轻、体积小和转速调节方便灵敏等。窗式空调器和分体式空调器室内机组的风机电动机一般选用单相双速或三速电动机，而分体式空调器室外机组中的轴流风机电动机通常采用单相单速电容式电动机。

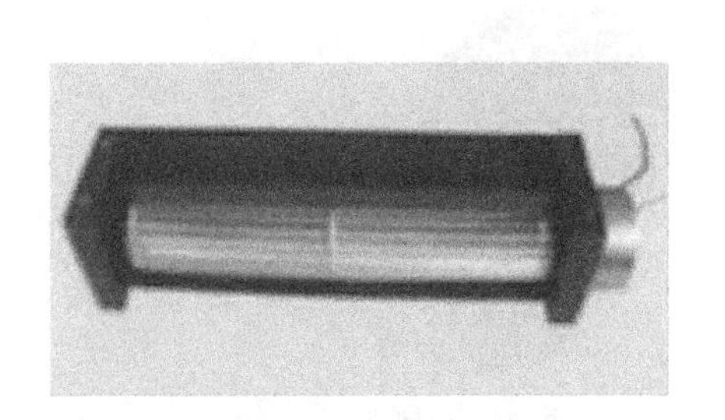

图10.11　贯流风扇叶轮

图10.12　风机电动机

窗式空调器的风机电动机目前均采用双出轴电动机，即一台电动机带动两个风扇叶轮，一端安装离心风扇，另一端安装轴流风机。分体式空调器的贯流风扇和轴流风扇则各由一台电动机带动，分别安装于室内机组和室外机组，一般来说，轴流风机电动机的功率比贯流风机电动机大。

（5）空气过滤网。空气过滤网是净化空气的重要设备，目前空调器中主要使用干式纤维过滤网和聚胺脂泡沫塑料过滤网。当空气过滤网积尘过多时，应及时清洗，否则过滤网阻塞会使风量减少，降低制冷制热的效果，甚至造成空调器故障或损坏。

3. 通风系统常见故障及维修

通风系统部件的常见故障如图10.13所示。如果风扇的固定螺钉松动，会使风扇叶片与机壳相碰而产生噪声，甚至损坏风扇或烧毁电动机。因此，发生此类故障时应及时调整风扇的位置，拧紧固定螺钉，如果叶片损坏或变形应更换或重新调整，以保证其动态平衡；如果转轴弯曲变形，可用一只千分表在校直仪上进行校验，用锤逐点敲击变形处，边校边试，反复进行，力求使转轴运行平稳；如果风机电动机轴承损坏，应更换同一规格的轴承；如果风机电动机绕组烧毁，应重新绕制绕组；若空气过滤网破损，导风板、格栅损坏或老化龟裂，则需要更换新件。

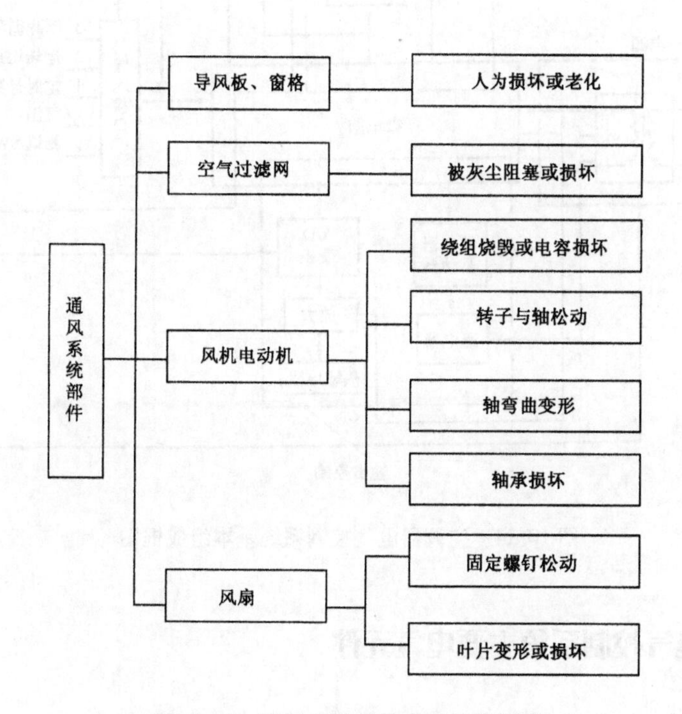

图 10.13　通风系统部件常见故障框图

10.2　空调器的电气控制系统

10.2.1　电气控制系统的基本组成

窗式空调器的电气控制系统包括温度控制、制冷制热变换控制、保护控制、除霜控制等几部分。空调器的电气控制系统主要由电源、信号输入、微电脑、输出控制和 LED 显示等几部分组成，基本组成框图如图 10.14 所示。电源部分为整个控制系统提供电能，220 V 的交流电经变压器降压输出 15 V 的交流电压，再由桥式整流电路转变成直流电压，然后通过三段稳压 7805 和 7812 芯片输出稳定的 5 V 及 12 V 直流电压供给各集成电路及继电器；信号输入部分的作用是采集各个时间的温度，接收用户设定的温度、风速、定时等控制内容；微电脑是电气控制系统中的运算和控制部分，它处理各种输入信号，发出指令控制各个元件的工作；输出控制部分是电气控制系统的执行部分，它根据微电脑发出的指令，通过继电器或光电耦合来控制压缩机、风扇电动机、电磁换向阀、步进电动机等部件的工作；LED 显示部分的作用是显示空调器的工作状态。

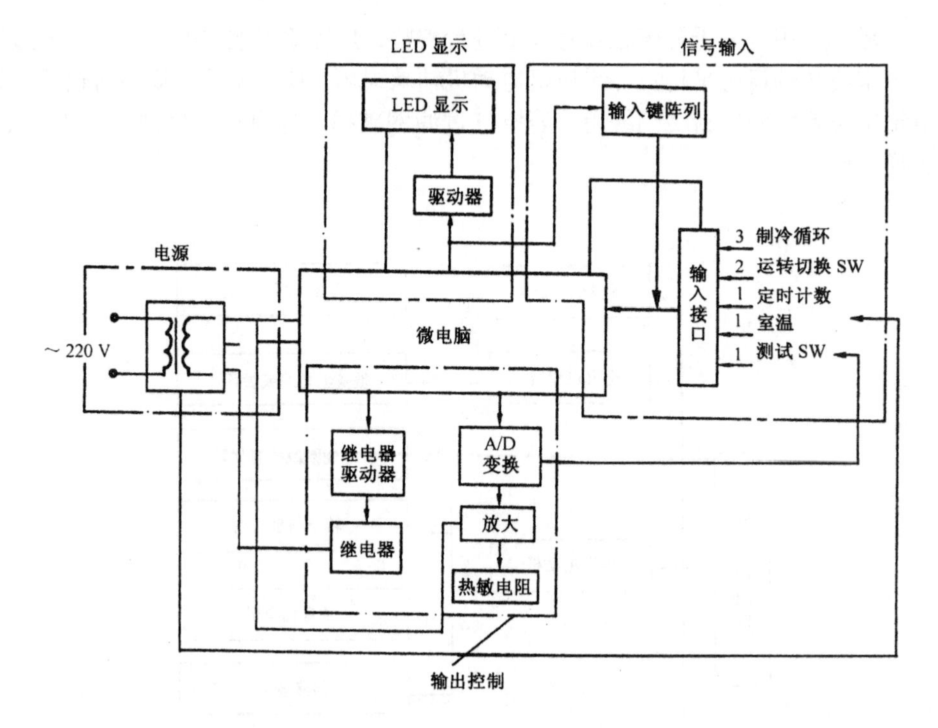

图10.14 空调器电气控制系统基本组成框图

10.2.2 电气控制系统主要电气元件

1. 风扇电动机

风扇电动机有单相和三相两种，主要有定子、转子和输出轴等组成，对风扇电动机的要求是噪音低、振动小、运转平稳、质量小、体积小，并且转速能调节。

窗式空调器的风扇电动机带有离心风扇和轴流风扇两个风扇。分体柜式空调器室内机组和室外机组各有一个风扇电动机，分别带动离心风扇和轴流风扇。其中，室内机组多采用单相多速电动机，而室外机组一般采用单相单速电动机。

为了保护电动机，一般在其内部或外部设置外保护器。大部分分体式空调器机组的电动机都采用外置式热保护器，热保护器串联在主电源回路中，一旦电动机温升过高，热保护器就动作切断整个电路。而分体式空调室外机组的电动机一般采用内置式热保护器，当热保护器动作时只有电动机停止工作，不会影响到其他元件。导致电动机温升过高的原因主要有风扇堵转、环境温度过高及绕组短路等。在检修时，用万用表的R×10挡进行检测，采用外置式热保护器电动机的接线，如图10.15所示。测量电动机各绕组的阻值，如果阻值为无穷大或者为零，说明绕组断路或者短路。检修采用内置式热保护器的电动机时，要先确定保护器是可复性的还是一次性。如图10.16（a）所示为可复用性保护器，图10.16（b）为一次性保护器。对于带有可复性保护器的电动机应在保护器回复后测量绕组阻值；对于带有一次性保护的电动机，其维修过程与采用外置式热保护器的电动机相同。

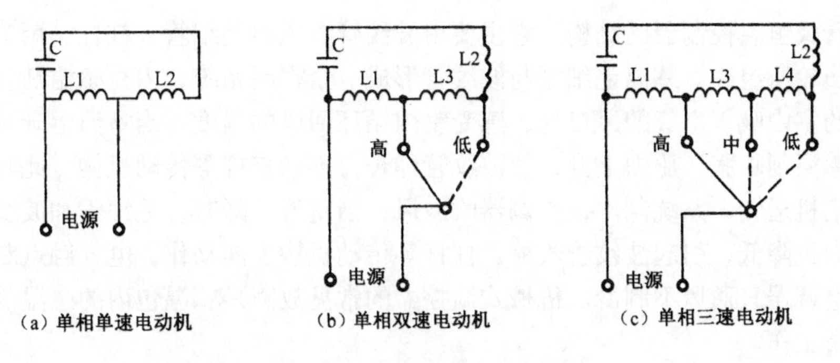

(a) 单相单速电动机 (b) 单相双速电动机 (c) 单相三速电动机

图10.15 风扇电动机的接线

(a) 可复用性保护器 (b) 一次性保护器

图10.16 外置式热保护器

2. 电容器

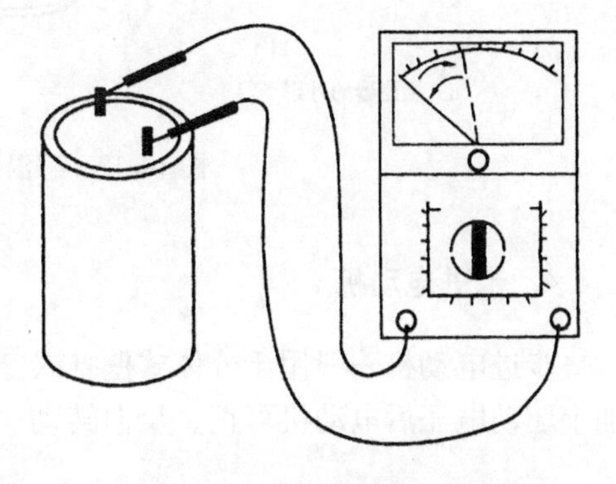
图10.17 电容器的检测

在风扇电动机和压缩机电动机电路中都有电容器，它为电动机提供启动力矩减小运行电流和提高电动机的功率因数。这些电容一般为薄膜电容，常见故障为无容量、击穿或漏电。检测时可用万用表的 R×1kΩ 挡，如图10.17所示。测量前，先将电容器断开电源并用导线或其他导电物体将电容器两端短路放电，然后将表棒分别接到电容器两端。电容器良好时指针会偏转一个角度，再慢慢回到原处，偏转角度的大小取决于电容器的容量。如指针不动，说明电容器无容量，内部断路；如阻值接近零，说明电容器已击穿，内部短路；如指针有偏转但不能回原位，则说明电容器漏电。

3. 温控器

空调器的温度控制是通过温控器进行的。温控器又称温度继电器，有机械式及电子式两种。电子式温控器具有温控精度高、反应灵敏、使用方便等优点，因而广泛用于微电脑控制的空调器电路中。电子式温控器一般采用全密封装的热敏电阻，当温度升高时，热敏电阻的阻值降低；而温度降低时，阻值升高。这样引起电路里电流、电压的变化，通过电路中的放大、比较、控制等，自动显示温度，并根据已设定的温度，自动控制空调器的工作状态，以达到控制温度的目的。电子温控器的常见故障是断路，如温度探头断落、压碎等。这时微电脑检测的温度就不正确，从而影响空调器的正常工作。机械式温控器的温度精度比电子式温控器差，一般温度调节范围为18～32℃。常用的有压力式温控器，如图10.18所示，是一种感温波纹管式恒温控制器的结构。它主要由波纹管、感温毛细管、杠杆、调节螺钉及与旋钮柄相连的凸轮所组成。感温毛细管与波纹管形成一个密闭系统，内充感温剂。感温毛细管放在空调器的室内吸入空气的风口处，感受室内循环回风的温度。当室温上升时，毛细管和波纹管内的感温剂膨胀，压力上升，使波纹管伸长，推动杠杆等传动机构，此时电气开关接通，制冷压缩机运转，系统制冷，空调器吹冷风；当室温下降时，毛细管和波纹管内的感温剂收缩，压力也降低，引起波纹管收缩，杠杆等传动机构反向动作，电气触点断开，压缩机停止运动，空调器只通风不制冷。机械式温控器的常见故障是感温包内的感温剂泄漏导致温控器不能正常工作。

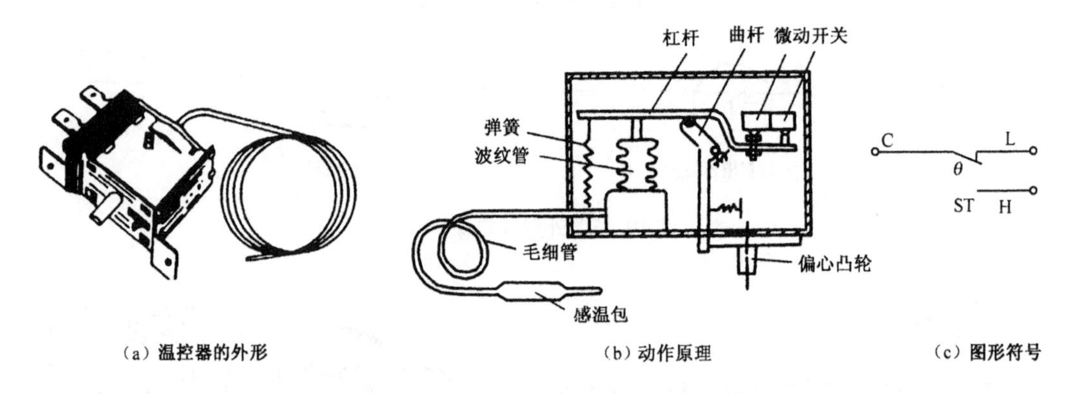

（a）温控器的外形　（b）动作原理　（c）图形符号

图 10.18　感温波纹管式恒温控制器的结构

4. 步进电动机

步进电动机一般用于分体式壁挂式空调器的风向调节。在脉冲信号控制下，其各相绕组加上驱动电压后电动机可正、反向转动。

5. 热继电器和过载保护器

热继电器由发热元件和常闭触点组成。发热元件由双金属片和电阻丝组成，当电流超过额定电流时，双金属片因过热而弯曲，推动滑杆使触点动作，切断控制电路使压缩机停止工作，起到保护压缩机的作用。在压缩机停机后，双金属片经过一段时间冷却又可恢复到原来的位置。热继电器复位有手动和自动两种方法。整定热继电器工作电流时，应使其稍大于压缩机的额定工作电流（约 1.5 倍）。若电流调得太大，压缩机过热时热继电器不动作，就容易损坏压缩机；若调得太小，会使压缩机频繁启停而不能正常工作。

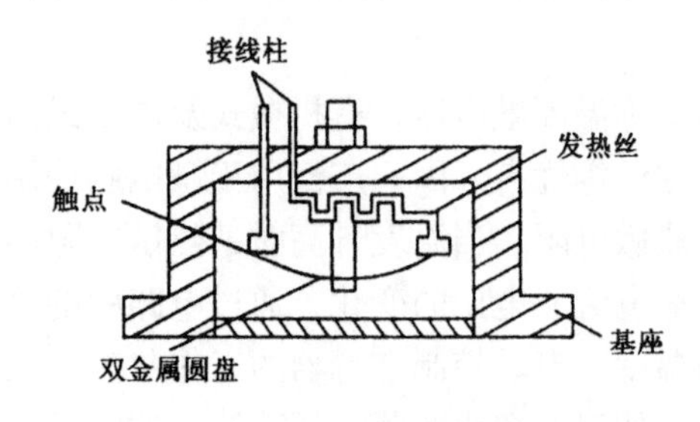

图 10.19　圆顶框架式过载保护器

过载保护器也是用来保护压缩机的，它由双金属圆盘、触点、发热丝等组成常见的过载保护器如图 10.19 所示。双金属圆盘的两个触点串联在压缩机电路中，当压缩机过流或过热时，双金属圆盘发热变形使触点断开，切断电路，从而保护压缩机。

10.2.3 典型控制电路

1. 窗式空调器的控制电路

窗式空调器按其控制方式可以分为强电控制和弱电控制两种：强电控制是指控制线路的电源电压为220 V或380 V交流电压，这种控制电路比较简单，查找故障方便；弱电控制是指用低电压的电路板发出控制信号，再控制压缩机、风扇等，这种控制电路功能较多，但故障排除比较复杂。

如图10.20所示，是普通单冷型窗式空调器的控制线路。图中X_1是电源插头，K为选择开关，M_1为风扇电动机，T为温控器，M_2为制冷压缩机电动机，Q为过载保护器，C_1、C_2分别为风机电动机和压缩机电动机的电容器。当接通电源并将选择开关打至强风挡时，1－2通，M_1的高速挡被接通，风扇电动机高速运转。由于M_2未接通，压缩机不工作。当选择开关打至强冷挡时，1－2、1－4接通，M_1的高速挡被接通，M_2也被接通，空调器作强冷运行。当选择开关至弱冷挡时，1－3通，M_1的低速挡及M_2被接通，空调器作弱冷运行。当选择开关打至弱风挡时，1－3通，M_1的低速挡被接通，风扇电动机低速运转。在制冷运行时，温控器应调在制冷位置，即C－L通。

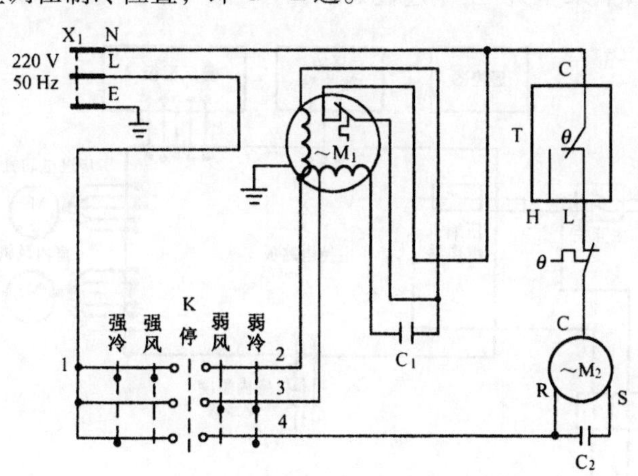

图10.20 单冷式窗式空调器电路

KCD系列电热型窗式空调器的控制电路，如图10.21所示。图中X_1为电源插头，M_1为风扇电动机，M_2为压缩机电动机，K_1为选择开关，T为温控器，F为熔断器，E为电加热器，Q为过载保护器，K_2为可复性保护器，C_1、C_2为风机电动机和压缩机电动机的电容器。当选择开关打在送风挡时，1-2通而其余断开，M1被接通，空调器作送风运行。当选择开关打在强冷或弱冷位时，1-3与1-5或者1-2与1-5通，而且温控器置于制冷挡位置，C与L通，空调器作制冷运行。当选择开关打在强热或弱热挡时，1-3与1-4或者1-2与1-4通，而且温控器打在加热挡位置，C与H通，此时风机与电加热器同时工作，但压缩机不工作，空调器作制热运行。

2. 分体壁挂式空调器的控制电路

分体壁挂式空调器的控制线路由室内、外机组控制电路和遥控器电路组成。遥控器发射

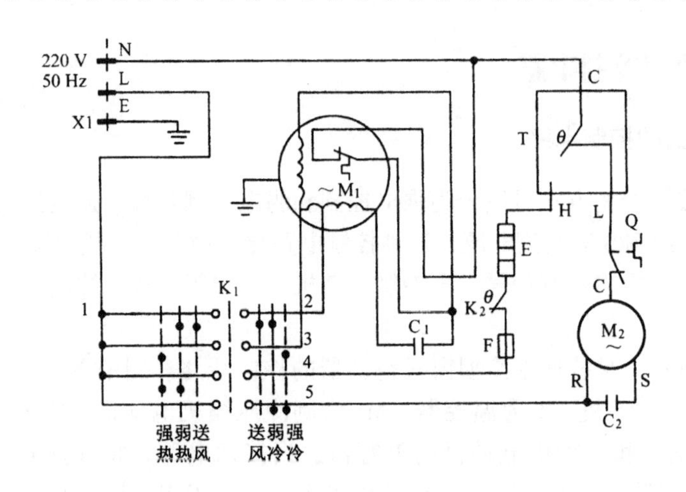

图 10.21　电热型窗式空调器电路

控制命令，微电脑处理各种信息并发出指令，控制室内机组与室外机组工作。

单冷型与热泵分体壁挂式空调器室内、外机组的控制线路，如图 10.22 所示（单冷型）、图 10.23 所示（热泵型）。工作过程如下：

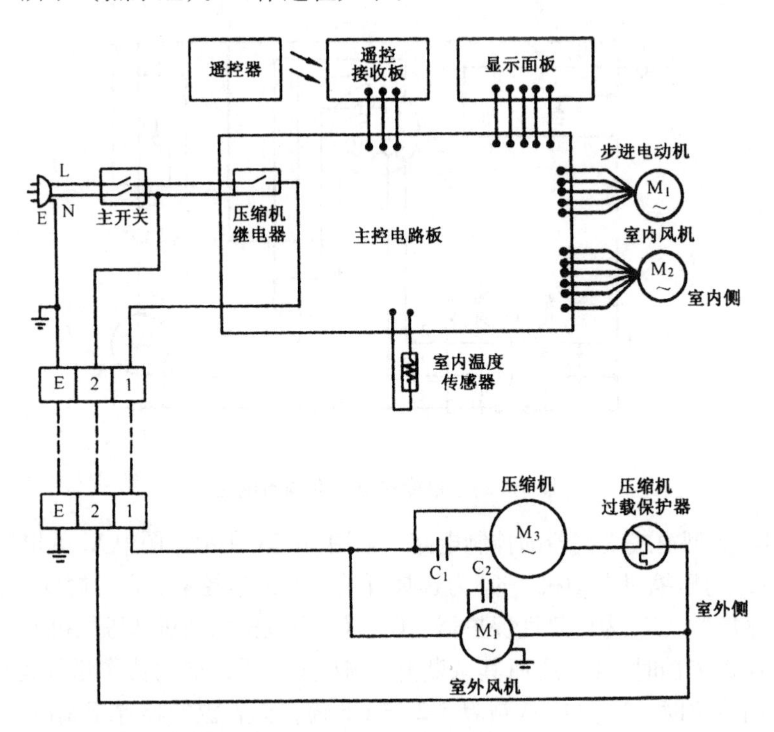

图 10.22　单冷型分体壁挂式空调器电路

（1）制冷运行。制冷运行的温度范围设定为 20～30℃，当室内温度高于设定温度时，微电脑发出指令，压缩机继电器吸合，于是压缩机、室外风机运转。制冷运行时室内风机始终运转，可选择高、中、低任意一挡风速。当室温低于设定温度时，压缩机、室外风机停止运行。

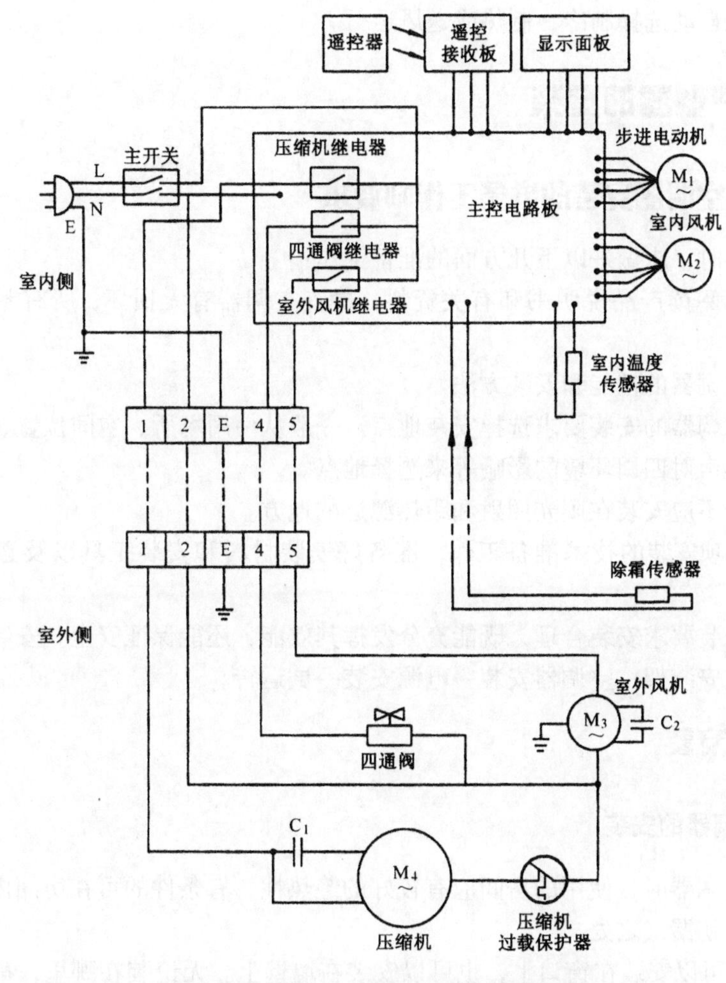

图 10.23 热泵型分体壁挂式空调器电路

（2）抽湿运行。抽湿时，室内风机、室外风机和压缩机先同时运转，当室内温度降至设定温度后，室外风机和压缩机停止运转，室内风机继续运转 30 s 后停止，5.5 min 后再同时起动室内、外机组，如此循环进行。在抽湿运行时，室内风机自动设定为低速挡，而且睡眠、温度设定等功能键均有效。如果遥控器发出变换风速的信号，空调器可接收信号，但并不执行。

（3）送风运行。送风运行时，可选择室内机组自动、高、中、低任意一挡风速，但室外风机不工作。

（4）制热运行。空调器进入制热运行时，可在 14～30℃的范围内以 1℃为单位设定室内温度。当室内温度低于设定温度时，压缩机继电器、四通阀继电器、室外风机继电器吸合，空调器开始制热运行。在制热运行中，当盘管温度小于或等于 20℃时，为了避免向室内吹冷风，室内风机不运转；当盘管温度大于 28℃时，室内风机运转。此外，为了提高制热效率，微电脑会根据室外侧热交器换铜管的温度及压缩机的运转情况来判断空调器是否需要除霜。在除霜时，压缩机运转，室外风机、室内风机停止工作，待除霜结束后再恢复工作，

（5）自动运行。进入自动运行工作状态后，室内风机按自动风速运转，微计算机根据接

收到的温度信息自动选择制冷、制热或送风运行。

10.3 空调器的安装

10.3.1 空调器安装的准备工作和要求

安装空调器时，应做好以下几方面的准备工作：

（1）应认真阅读产品说明书和有关资料，检查空调器有无损坏，所有零配件是否齐全无损。

（2）掌握空调器的性能和安装方法。

（3）根据空调器的安装要求选择安装地点。一般从使用场所、空间位置、电源、水源以及操作方便和噪声对四周环境的影响等来选择地点。

（4）空调器不应安装在阳光照射和距热源近的地方。

（5）做好各项安装的技术准备工作，准备好安装材料和安装工具以及必要的电气焊设备等。

空调器的安装要求安装合理，既能充分发挥其效能，还能保证安全，安装程序是：选择安装位置→固定安装架→空调器安装→电源安装→试运转。

10.3.2 安装

1. 窗式空调器的安装

安装窗式空调器时，使用的房间应有较好的绝热性，有条件的可在房间内壁上加装隔热保温层，堵塞一切漏气之处。

窗式空调器可以安装在窗口上，也可以安装在墙壁上。无论装在哪里，都要避免阳光直射，四周应无热源，最好的位置是北面或东面，室外部分要通风。安装示意图如图10.24所示。

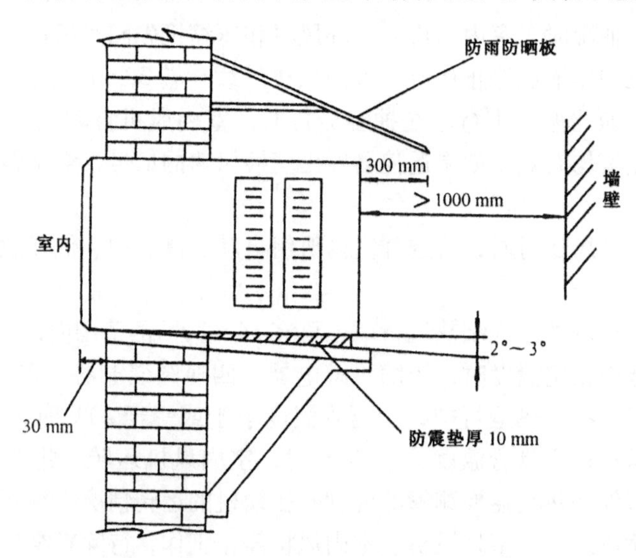

图10.24 窗式空调器安装示意图

2. 分体式空调器的安装

分体式空调器的安装是一项专业技术性较强的工作，安装中稍有不慎，就会影响空调器的正常工作，甚至会缩短空调器的使用寿命。因此，安装时除认真阅读随机说明书和安装说明书外，还要注意以下几点：

（1）安装位置的选择。在安装机组之前，首先要选择最佳的安装位置。

① 室内机的安装位置要求为：在安装位置附近应没有任何热源和蒸气源，在安装位置应没有妨碍空气循环的阻碍物，要能够使室内空气保持良好的循环，应能方便地排出冷凝水，要便于采取措施防止噪声，室内机不要装在门道的附近，特别是门的上方，安装位置距离天花板至少 10 cm，离墙角的距离至少 20 cm，还要使连接配管能与室外机容易连接，并且利于冷凝水的排出。

② 室外机安装位置的要求为：室外机应安装在空气容易流通处，并避开有热源、灰尘、烟雾、阳光直射以及容易发生易燃气体泄漏和影响空气流通散热的地方。出风口应远离障碍物，以免扩大噪声；还要注意排出的热风或噪声要避免干扰邻居。室外机安装位置的要求，如图 10.25 所示。

（2）室内机的安装。

① 装好室内机的安装板。安装室内机时需准备的工具有水平仪、十字螺丝刀、电动空心钻（直径 70 mm）、割刀或电工钳。安装室内机的墙壁要坚硬牢固，防止室内机装好后使用一段时间产生松脱。用 4 个安装钉将室内机安装板固定在墙壁上，假如墙壁是钢筋混凝土，应考虑用直径 6 mm 的膨胀螺栓进行固定。安装板定位后，要使板上的标记线与吊线对准，如图 7.26 所示，并用水平仪调整到水平状态。

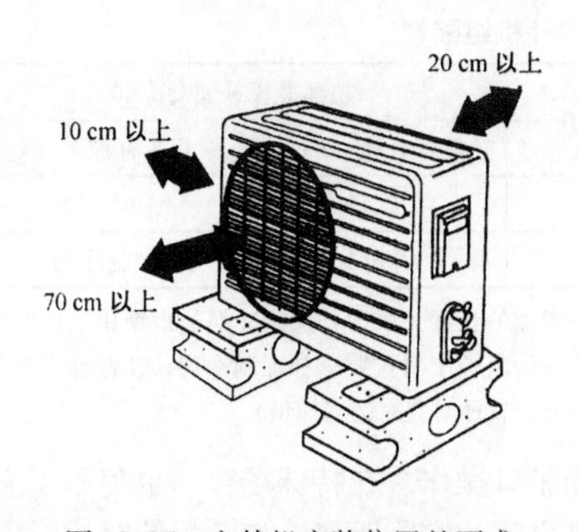

图 10.25　室外机安装位置的要求

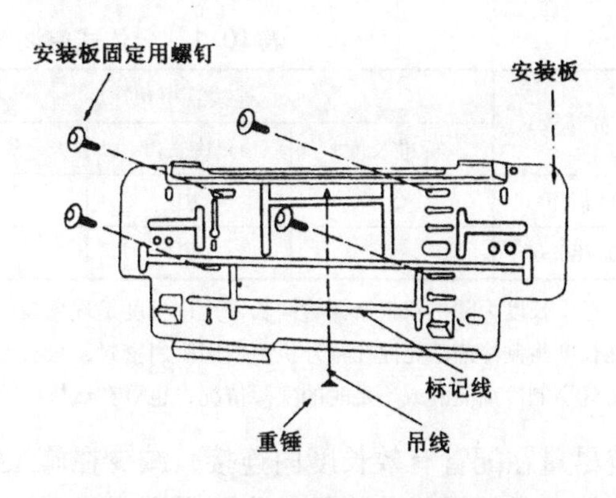

图 10.26　室内机安装板的固定方法

② 钻墙壁孔。钻墙壁孔所使用的钻头直径为 70 mm，钻孔的位置应按图 10.27 所示的尺寸确定，钻孔时墙外侧的孔要向下倾斜 5 ~ 7 mm。墙壁孔钻好后，一定要安装保护空调制冷配管的套管（此套管一般为白色塑料管），安装套管既可以防止遭鼠害，又可以保护制冷配管在穿过墙壁时减少磨损，安装好的套管如图 10.28 所示。

③ 室内、外机配管的连接及胀口的方法。室内、外机连接配管是根据室内、外机组安装位置来确定的。分体式空调器在出厂时其连接紫铜管标准长度（一般为 3 ~ 5 m）和部件

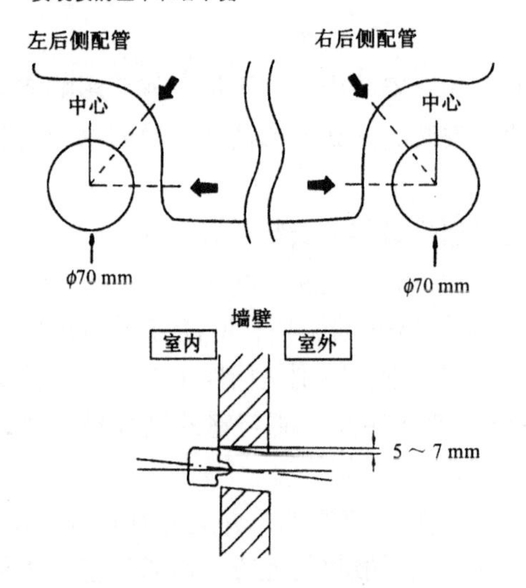

图 10.27　在墙壁上钻孔的方法

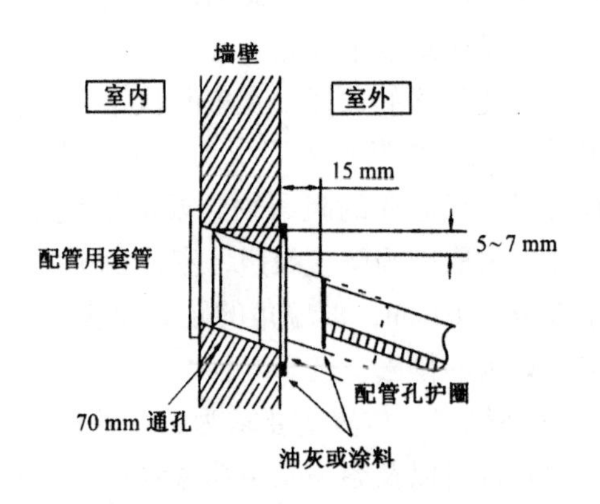

图 10.28　在墙壁上安装套管的方法

都随机配备。这两根配管的直径不同；随机型的制冷量的不同，允许配管的长度有所不同，管路加长时其制冷剂充灌量又有不同（机内储存的制冷剂是按配管的长度确定的）。由室外机排液端进入室内机蒸发器的细管，又称液体管（简称液管）；由室内机出气端的进入室外机压缩机吸气端的为粗管，又称气体管（简称气管）。室内机组与室外机组安装的高度差过大时，由于液管内的制冷剂压力大，从而增加了管路的压力损失，降低了制冷能力，也会造成压缩机负载增加，引起保护器跳动等问题。所以室内、外机组安装的高度差及配管长度，对空调器的使用影响很大，具体要求见表10.1。

表 10.1　分体式空调器室内外机组配管

制冷量（W）	连接管（m）			超标准长补加制冷剂	
	标准长度	允许长度	允许高度差	液管直径（mm）	每米补加量（g）
4000 以下	5	10	3	6.2、9.5	10、25
4000 ~ 8000	5	20	5	管长 10 m 以内无须补加制冷剂	

注：标准长度为随机双根紫铜管同长，允许长度是现场装机允许增加的长度。所谓补加制冷剂是指新机出厂时按连接管标准长度将制冷剂已充灌在室外机组内用阀门密封，只有增加连接管超长度时按要求补加制冷剂，在标准长度不补加，但要区别制冷剂泄漏或不足时的实际情况，也可在试机中确定（液管直径增大时适当加量）。

应尽量在配管有效长度内连接，减少在施工现场胀口操作。在特殊场合，也免不了需要延长配管，具体操作方法是首先测量室内机和室外机之间的实际距离，切断配管时注意配管应比实际测量距离稍微长一些，被切断配管的关口应与配管呈90℃。配管切断以后，应清除切口处的毛刺。在清除毛刺时，将管口朝下，防止金属屑进入配管内。配管扩口要先把室内机与室外机连接配管两端的连接螺母套在铜管上，防止出现扩口完成后连接螺母未套到铜管上的错误。把铜管端部插入扩孔管中，伸出长度 0 ~ 0.5 mm，如图 10.29 所示。然后夹紧手柄，顺时针拧动手柄，即可扩口。配管扩口结束后，要仔细检查扩口后的形状是否符合要求。正确的扩口形状是内表面光滑整齐，且厚度均匀一致。扩口结束后要用胶带包住扩口部分，防止灰尘进入管内。

接下来进行配管、排水管及连接电缆的包扎。首先将室内机配管拉出机壳（以室内机在右侧配管为例），按图10.30所示的方法，将室内机配管、排水管及连接电缆用胶带包扎好。注意：连接电缆在接入室内机之前须将电缆绕一个小圈，便于接线时根据需要拉出。

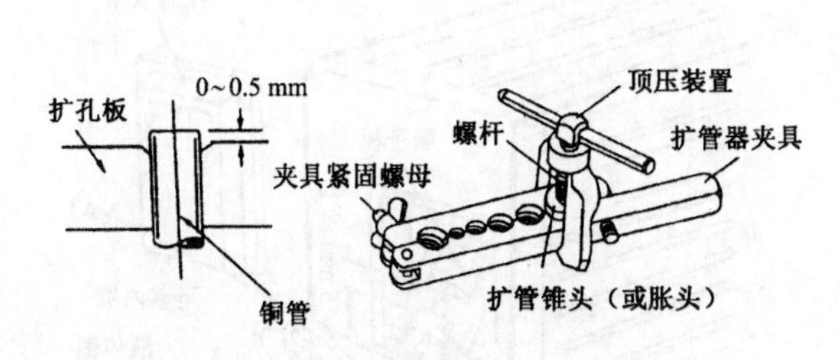

图10.29　制冷配管扩口的方法

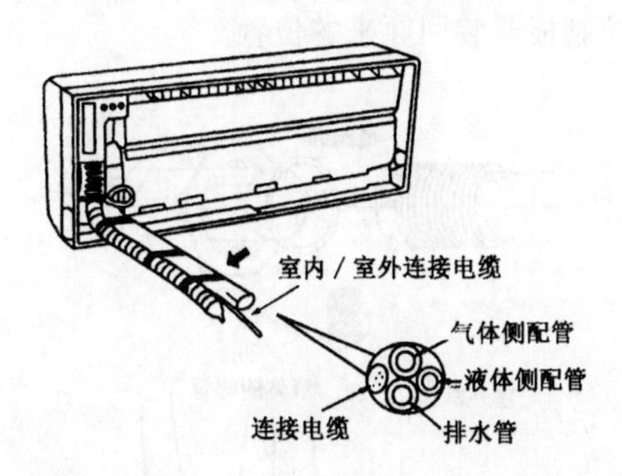

图10.30　配管、排水管及连接电缆的包扎方法

④ 安装室内机。将室内机挂在安装板的上侧，确保室内机背后顶部的两个钩子嵌在安装板上沿，如图10.31所示。然后双手推室内机的左下侧，直到吊钩嵌入室内机的槽中，听到“咔嗒”一声为止。连接室内机的配管。按图10.32所示对准配管的中心，用手指用力拧紧连接螺母。再用力矩扳手拧紧连接螺母，直到扳手发出“咔嗒”声。在用力矩扳手拧紧连接螺母时，拧紧的方向应按照图10.32扳手上箭头所示方向。液体配管的力矩掌握在18 N · m，气体配管的力矩掌握在42 N · m。

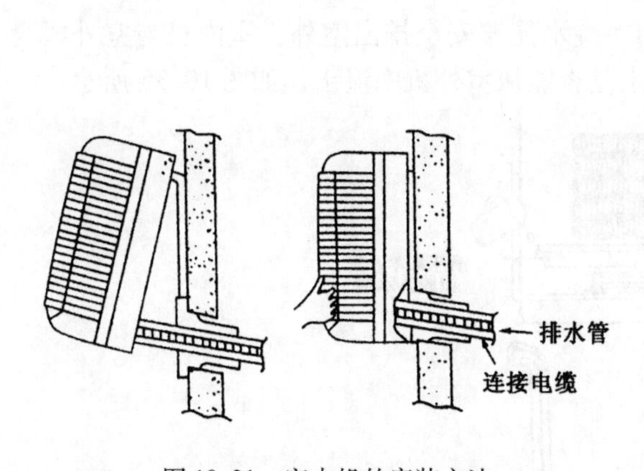

图10.31　室内机的安装方法

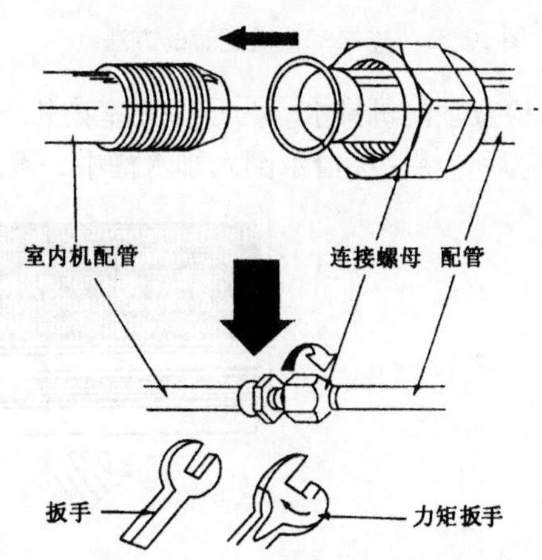

图10.32　配管的连接方法

（3）连接室外机。

① 连接配管。操作前分别将管道口的密封和室内机组上的堵头拆除，并将喇叭口接触部位擦干净后抹上少许冷冻油，用两只扳手分别两根管子端的连接螺母拧紧。同时将凝水管与室内机排水接头连接牢固。液管和气管与室外机组中阀门连接，先连接双向阀，再连接三通阀。连接时要对准配管中心，用手指用力拧紧连接螺母，然后用力矩扳手拧紧连接螺母，直到扳手发出“咔嗒”声。在用力矩扳手拧紧连接螺母时，拧紧方向要与图10.33中的箭头方向一致，液体配管的力矩，掌握18 N · m，气体配管的力矩，掌握在42 N · m。转弯部位，其弯曲半径

至少是管外径的3倍以上，不允许有死弯和凹扁等变形，以免增加制冷剂循环阻力。

② 连接控制电缆。按图10.34所示，先从室外机上拆下控制板罩，将连接电缆与室外机接线端子板按说明书中的要求连接好，然后用固紧件把电缆牢牢地固定在控制板上，最后将控制板罩装回原来的位置。

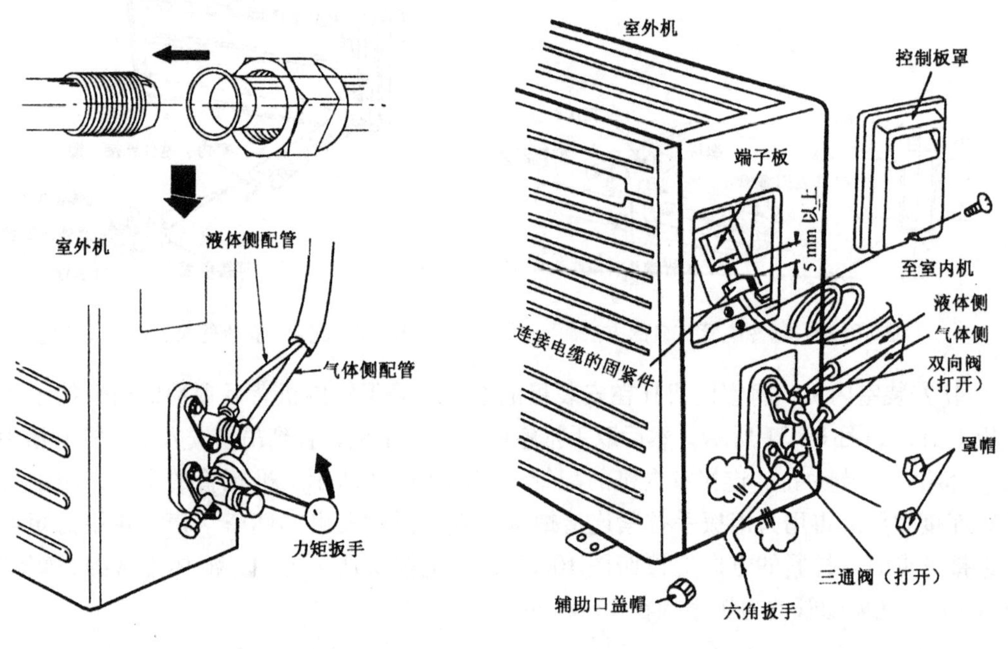

图10.33 连接室外机配管的方法

图10.34 室外机电缆的连接方法

③ 检查室内机排水。为了保证室内机的冷凝水能够安全排出室外，室内机与室外机全部连接完后，将一杯清水倒入排水槽中，看水是否能从室外机中流出，如图10.35所示。

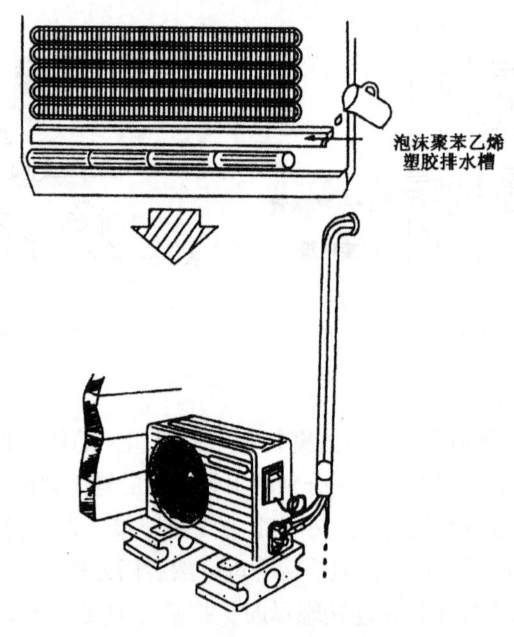

图10.35 检查室内机排水的方法

④ 排除配管和室内机中的空气。卸下室外机配管接口处的双向阀和三向阀的盖帽。卸下三向阀辅助口的盖帽，如图10.34所示。逆时针方向旋转双向阀的阀杆约90°，打开阀门并保持10 s，注意务必用六角扳手操作阀门芯。检查各配管的连接部位是否漏气。用六角扳手将双向阀置于打开位置，然后再用六角扳手压入三通阀芯锁，排除空气达3 s后，等待1 min，如此反复操作3次，用力矩扳手以18 N·m的力矩旋紧辅助口盖。将三通阀调至打开的位置，以使机组运转。

⑤ 制冷配管的成形和包扎。检查制冷配管的接头无气体泄漏后，用塑料胶带将配管和隔热材料、连接电缆及排水管一起包扎好，注意排水管要在下方，以利排水。如果需要加长排水管，则最好连同加长的排水管，一起用胶带包扎好。如果施工条件允许，最好将沿墙面而下的配管用夹头和适当的紧固件固定在墙壁上，如图10.36所示。

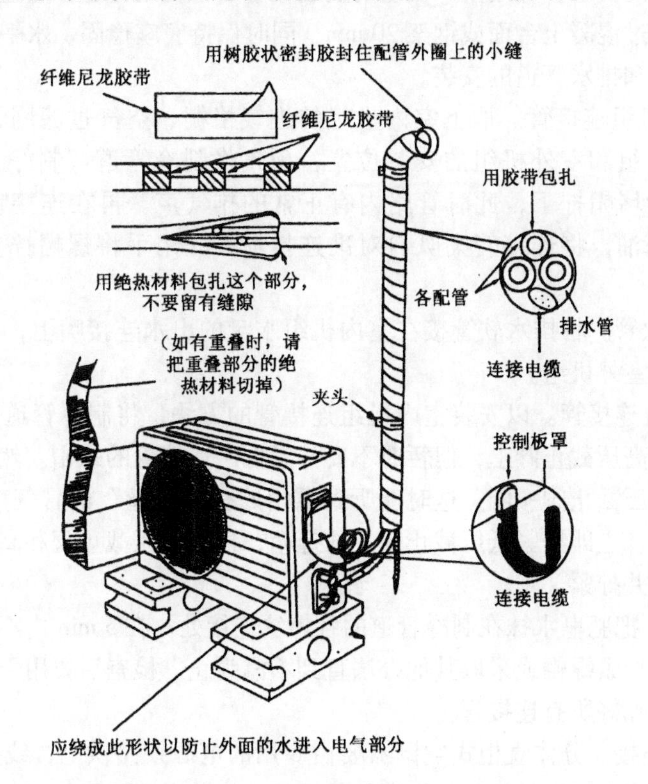

图10.36　制冷配管的成型与包扎

⑥ 试运转及性能评定。通电、试运转，在制冷状态运转方式下（或自动运转方式下），将空调器运转15 min以上，室内应有明显凉爽的感觉。听有无异常噪音。空调机组在工作状况（制冷运行或制热运行），室内机不应有异常噪音（气流的流动声音不是噪声）。测量进出口空气的温度。室内机进气温度与出气温度之差应大于8℃，如图10.37所示。检测性能正常后，一台分体式空调器的安装才算合格，安装工作结束。

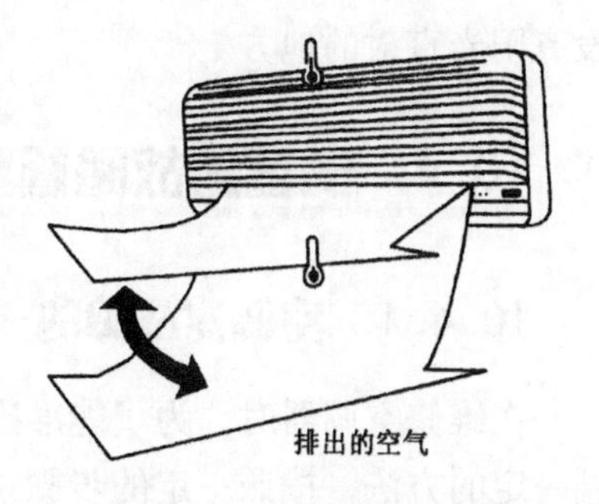

图10.37　空调器性能的评定方法

3. 分体柜式空调器的安装

分体柜式空调器的制冷量较大，一般用于宾馆、餐厅、医院、图书馆、商店、机房等。安装前应仔细阅读产品说明书，并逐一检查各种备件、配件是否齐全。

（1）室内机组的安装。对于细长超薄型的室内机组，如果安装不当极易倾倒，因此在安装时要采取安全防范措施。通常室内机组备有防止倾倒的配件和地板夹具，可固定在墙上或地基上。

（2）穿墙护套管的安装。根据室内机组与室外机组的连接要求，用冲击钻在墙壁上钻一个直径 80 mm 的向外倾斜的孔，再将护套管插入墙孔内。

（3）室外机组的安装。确定室外机组的安装位置后，在地基上固定室外机组。安装时地脚螺栓的高度应超过混凝土台面或钢架 20 mm，同时保持底座稳固、水平。

（4）制冷管道和排水管道的安装。

① 安装室内机组连接管。取下室内机组的进气格栅、空气过滤网、前挡板及连接管盖板。根据室内机组和室外机组的安装位置，预先将制冷管道弯制好。然后，将室内机组气、液连接嘴的堵帽拧下，此时管路内有正常的排气声。再在连接嘴螺纹处及连接管喇叭口处涂些冷冻油，将连接管喇叭口对准连接嘴，先用手将螺帽拧上，然后再用扳手拧紧。

② 安装排水软管。将排水软管接在室内机组水盘的出水连接嘴上，再与制冷管道一起穿过护套管，引至室外机组。

③ 安装室外机连接管。以安装室内机组连接管的方法，将制冷管道分别连接到室外机组的低压截止阀和高压截止阀上，但暂时不要拧紧低压连接管的螺帽。然后，用扳手将阀芯螺母卸下，打开低压截止阀一圈，这时能听到螺帽处有“嗞嗞”的冒气声。5～10 s 后，估计管内空气已排完，立即拧紧低压截止阀上的螺帽，再将低压截止阀和高压截止阀的阀芯全部打开，盖上螺帽并拧紧。

④ 管路检查。把肥皂水抹在制冷管道的各螺纹连接处，在 5 min 内不应出现气泡。如果发现有气泡，应再拧紧螺帽或采取其他办法直到不漏为止。检查后要用干布擦净肥皂水，并用保温管和胶带包扎好所有连接管。

⑤ 电源线的连接。分体立柜式空调器要由专用的电源线路供电，线路容量应满足设备容量的要求。电源线和室内外机组之间的连接导线应按照电路图做好标记，同一标记才能相接。导线由机组内引出时一定要穿过有绝缘胶圈的接线孔，并要用捆线带捆扎好，再固定在没有阳光直射的地方。

10.4 空调器故障检查及维修实例

10.4.1 空调器故障的一般检查

在维修空调器时，为了能准确地判断出故障部位，高质量地修复故障的空调器，必须遵循一定的方法，按照一定的步骤进行检查和维修。一般来说，遵循“先简单，后复杂；先外部，后内部；先电气线路，后制冷系统”的维修步骤是比较可行的。它又可分为四个阶

段：即确定故障部位、查找故障原因、处理排除故障和检查调试。其中查找故障原因和处理排除故障是维修的关键。在具体操作时，可采用听、摸、看等方法来检查或用仪器、仪表进行检测。

1. 维修空调器注意事项

由于空调器各系统彼此既有联系，又相互影响，因此在实际维修中只凭一种异常现象是很难正确判断故障部位，必须综合各种故障现象进行分析。同时为确保维修人员的人身安全，高质量地完成维修任务，检修时必须注意以下事项。

（1）通电检查前应检查空调器的绝缘电阻，正常时应在2 MΩ以上，阻值不正常时切不可通电，以防漏电危及人身安全。

（2）在泄放制冷剂时，应防止制冷剂与明火接触。

（3）在气焊操作时，要穿工作服，戴好手套和防护眼镜等防护用具，并严格遵守气焊操作规程。

（4）在焊接空调器的高、低压管及充气管时，要注意火焰的方向和位置，防止损坏壳体和电气部件。

（5）维修空调器制冷系统时，在未做好准备工作前，不要打开管道，以免水分及杂质进入制冷系统而造成故障。

2. 空调器常见故障现象

（1）漏。制冷剂泄漏、润滑油泄漏、漏电等。

（2）堵。制冷系统管路、毛细管、干燥过滤器冰堵或脏堵，蒸发器或冷凝器积灰及进风口堵塞等。

（3）断。电源线断、保险丝熔断及由于制冷剂、润滑油压力不正常而引起压力继电器的触点跳开，或因电流过大使得过载保护继电器动作而切断电路等。

（4）烧。电动机绕组、电磁线圈及其他继电器线圈和触点烧毁。

（5）卡。压缩机卡缸、风扇卡住等。

（6）坏。压缩机阀片破损、活塞拉毛、活动部件磨损及元器件损坏等，

3. 空调器的故障现象及检查步骤

空调器不制冷故障的检修流程，如图10.38所示。

10.4.2 制冷系统组成部件的常见故障及维修

制冷系统由压缩机、冷凝器、蒸发器、毛细管、干燥过滤器及四通换向阀等组成，这些部件出现故障，会使制冷系统不能正常工作，下面分析它们的常见故障。

1. 压缩机、电动机

全封闭压缩机和电动机封闭在一个壳体内，外壳上只有吸气管、排气管、工艺管和电源接线柱。一旦压缩机和电动机发生损坏性故障，必须剖开壳体才能维修，否则只有更换压缩机。压缩机的常见故障有：

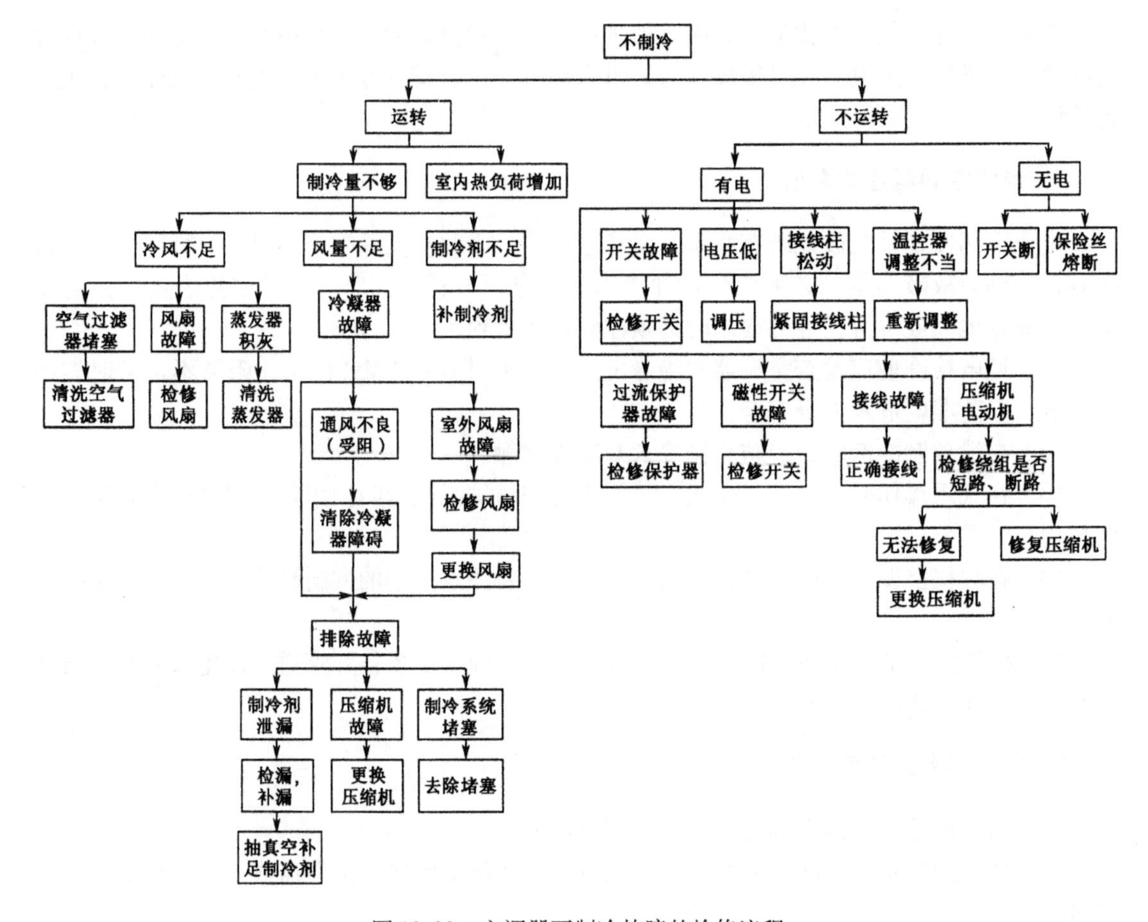

图10.38　空调器不制冷故障的检修流程

(1) 压缩机卡缸、抱轴。空调器长期使用后压缩机内润滑油路不畅，或者装配间隙过小，当压缩机高速运行时，机件温度上升而产生热膨胀，使运动部件磨合面相互抱合等都可引起压缩机卡缸或抱轴。

当压缩机卡缸或抱轴时，压缩机不能正常启动，并发出“嗡嗡”声。由于电流超过额定电流，热保护器在短时间内动作，一段时间后热保护继电器复位，又接通电源，然后再次动作，如此反复。在排除启动继电器故障以后，可用万用表测量压缩机机壳上的3个接线柱，若阻值正常，即可判断压缩机卡缸或抱轴。

处理故障时，可先用木锤敲击压缩机各个部位，再通电试运行，一般轻微的卡缸、抱轴经此处理后就能消除。严重的可开壳修理或更换。

(2) 压缩机工作不良，制冷效果下降。原因是压缩机长时间运行，导致压缩机活塞与汽缸磨损，或者是由于冷冻油在阀板上的吸、排气阀片上结炭而破坏了阀板和阀片的严密性。另外，当压缩机受到严重的液击时，也可能击碎阀片，使密封性受到破坏。在活塞压缩排气时高压气体通过间隙向低压腔泄漏，压缩机达不到原有的排气量而导致空调器制冷效率下降。应开壳修理或更换压缩机。

(3) 压缩机电动机主轴承磨损。当电动机主轴承磨损后，会使电动机运转中转子摆动，由此产生的摆动摩擦阻力将使电动机的转速下降，电流增大，因而引起电动机绕组温度升

高，甚至造成电动机绕组烧毁。应开壳更换轴承。

（4）压缩机的电气故障。主要有压缩机电动机绕组短路、断路、烧毁，接线柱绝缘损坏或线路接错，启动继电器和过载保护继电器触点烧毁、粘连等。维修时，应分清故障原因，检修相应的电气元件，电动机绕组损坏的，应重新绕线或更换压缩机。

2. 换热器

（1）换热器肋片严重变形。空调器换热器的肋片应紧紧地套在换热器铜管上，并且排列整齐、间隙均匀。如果搬运、安装过程中肋片严重变形，将会影响进出风量和风速，降低换热器的换热效率，使空调器制冷量下降。

在维修时，可用略小于肋片间距的金属片或塑料板沿肋片间进行整片整形，尽量恢复原来的片距。

（2）冷凝器表面积灰堵塞。如果空调器的工作环境灰尘很多，而又长期未清洗，会使冷凝器肋片积灰堵塞。这时，冷凝器进出气流温差增大，风量明显减少，冷凝压力偏高，夏季气温较高时会导致空调器压缩机开停频繁而制冷量下降。

清洗时可用毛刷清除尘埃，也可用自来水冲洗，但要注意不要打湿电气控制部分。

（3）换热器盘管破裂。如果蒸发器或冷凝器的盘管破裂，会引起制冷剂泄漏，造成空调器制冷不良或不制冷。这时应对换热器进行检漏、修补，并按规定充灌制冷剂。

3. 毛细管

（1）冰堵。冰堵一般发生在毛细管的出口处，主要原因是干燥过滤器中的分子筛失效，水分在毛细管出口处逐渐冻结而造成。冰堵时，制冷剂通路阻断，空调器不能制冷。确定毛细管冰堵后，在冰未化开前将毛细管出口处焊开，对冰堵段加热并用高压氮气吹洗，再更换干燥过滤器，重新抽真空充注制冷剂。

（2）脏堵。脏堵可发生在毛细管任何部位，产生原因是毛细管内部不清洁，制冷系统中制冷剂与冷冻油杂质过多或分子筛碎粉进入毛细管等。在制冷运行时，毛细管最冷的部位即为脏堵处。对于脏堵的毛细管，可用高压氮气吹洗。

（3）泄漏。因焊接或腐蚀引起毛细管发生泄漏。可进行检漏、焊接、抽真空、充注制冷剂等操作。注意不要随意改变毛细管的长度。充注制冷剂要定量。

4. 干燥过滤器

干燥过滤器发生脏堵或分子筛吸水过多而失效，一般应更换过滤器，如果一时没有新的过滤器调换，也可进行简单的修复。如过滤网脏堵严重，可取下干燥过滤器，用高压氮气进行吹洗；如分子筛失效，可在200℃温度下干燥1 h，便可基本达到脱水要求，恢复吸附能力。

干燥过滤器修复以后，用1 MPa的高压氮气吹洗，清除粉末，再放置于干燥密封的容器内待用。焊接时动作要快，尽量减少暴露在空气中的时间。

5. 电磁换向阀

电磁换向阀用于热泵型空调器中，在夏季制冷时电磁换向阀的电磁线圈不通电，而冬季制热时，线圈通上220 V电压后电磁阀换向，空调器进入制热运行状态。

因此，当电磁换向阀不能正常工作时，应首先检查电磁线圈。可用万用表电阻挡测量线圈的电阻，在环境温度20℃时阻值约为700 Ω。若线圈的阻值为零，说明线圈短路；若阻值为无穷大，则线路断路。此时，拆下损坏的线圈，换上同规格电磁线圈便可修复。若线圈正常，则应检查线圈两端是否有电压，若测量不到电压，再对控制电路进行检查。

除制冷系统、电磁换向阀线圈及控制电路故障外，阀体内活塞卡死、滑块不到位或阀体密封不严等也可造成电磁阀不能正常换向。当滑块卡死在制冷位置时，空调器制冷良好，但无法制热。若滑块卡在中间位置时或阀体密封不严，制冷剂循环被破坏，空调器就无法工作。

电磁换向阀的结构复杂，所以出现故障时，一般要调换同型号的电磁换向阀。

10.4.3 维修实例

例1

故障现象：格力KFD—25G型分体式空调器制冷时，室内风机运转速度慢，冷风微弱。

故障检查：根据现象分析，该故障产生的具体原因有：转换开关、运转电容器及风扇电机绕组。检修时，打开机盖，首先检查转换开关的强风挡是否接触良好，用万用表电压挡测量红、蓝、白三线是否有22 V电压输出，再检查运转电容器是否击穿，焊下电容器后用R×1k挡测量正常，判定问题出在电机绕组上，用摇表检查压缩机电机绕组的对地电阻，有严重漏电现象，且每组的对地电阻均相差不多。取下定子检查，发现无明显损坏迹象，判断为定子受潮引起漏电。

维修方法：将定子烘烤24小时后，装上试机，故障排除。

例2

故障现象：格力KFD—35G型壁挂式空调器，开机后运转正常，但制冷量不足。

故障检查：开机观察，怀疑各管路接头有泄漏现象，其原因主要有喇叭口与接头连接不良、喇叭口胀裂、连接管有裂缝。经检查发现制冷系统管路接头处有油迹，说明该接头处泄漏，经进一步检查发现其原因是接头未拧紧。

维修方法：重新拧紧接头添加制冷剂后，故障排除。

例3

故障现象：格力KFD—25G分体式空调器，开机后，将选择开关拨至制冷位置，压缩机不启动。

故障检查：根据现象分析，问题可能为选择开关不良。检修时，反复拨动开关，有松动感觉，拆下检查，发现选择开关柄严重老化，间隙过大，造成打滑，导致操作时不能将空调器转换为制冷状态。

维修方法：更换选择开关，故障排除。

例4

故障现象：格力KFD—35GW型空调器，使用不久出现制冷量不足。

故障检查：根据现象分析，该故障可能为制冷系统泄漏所致。

① 检查喇叭口与接头是否垂直。

② 检查喇叭口是否胀裂。

③ 检查连接管路是否有裂缝。

④ 检查连接头是否拧紧。

该机经检查发现管路接口上有油迹，说明该接头未拧紧，造成制冷剂泄漏。

维修方法：将接头拧紧并补加制冷剂后，故障排除。

例5

故障现象：格力 RFD—7.5WPK 空调器，开机后不制冷。

故障检查：检修时，先查 380 V 电源正常，再打开空调器设定开关，但室内风机和压缩机无任何反应。取下室内机底部面盖，用万用表测量保险管、压敏电阻良好，各接插件牢固，没有发现故障点。进一步检查，当拆开室内机上部面板外盖时，检查发现 3 根信号线已断开。接好每一根信号线，并用塑料套管封住接线处，再用绝缘胶布将接线处扎好即可。

方法维修：该机经上述处理后，故障排除。

例6

故障现象：格力 RFD——7.5LWPK 型柜式空调机，开机后不制冷。

故障检查：检修时，先将空调器设定制冷状态，室内风机和室外压缩机运转良好，1 个小时后，室内风机和室外压缩机全停，控制屏幕显示“E1”。打开室内机磁力外板，用万用表检测控制板上的各元件良好，插接牢固，说明控制屏幕显示“E1”与室内控制板无关。再打开室外机外壳，发现高压开关已断开，冷凝器已被泥土污物堵住。

维修方法：清除冷凝器上的污物后，故障排除。

例7

故障现象：格力 RFD—7.5LWPK 柜式空调机，工作时不制冷。

故障检查：经开机观察，触摸屏幕开关，设定制冷状态，室内风机不运转，室外压缩机运转，控制屏幕显示“E2”。检修时，打开室内机磁力外板，用万用表测量电控板保险管，压敏电阻良好，变压器次级有交流输出，测量电动机线圈阻值正常，但测量风机电动机电容器无充放电过程，判定风机电动机电容器内部失效。

维修方法：更换风机电动机电容器后，恢复制冷。

例8

故障现象：格力 5P 冷暖柜机，每次开机工作 10 分钟左右便自动停机。

故障检查：根据现象分析，该故障一般为 TH_3 温度传感器不良所致。检修时，打开机盖，用万用表测量，果然 TH_3 内部断路。该传感器损坏后较难购得，可用一只 4.7 kΩ/0.25 W 电阻暂时代用应急，使空调器维持制冷工作，待购到代用型号（如国产 NTC103D 型热敏电阻）换回即可。

故障维修：该机经上述处理后，故障排除。

例9

故障现象：格力 5P 柜机开机后，室外机运转，3 分钟后漏电开关跳闸，控制屏幕显示“E1”。

故障检查：因该机为新机安装，查空调器本身无故障，判定为漏电开关容量小。

故障维修：更换适合 5P 机使用的漏电开关后，故障排除。

例10

故障现象：格力3匹柜机空调机，制热效果越来越差，且外蒸发器上霜已结满。

故障检查：根据现象分析，问题可能出在化霜电路。检修时，打开机盖，首先用万用表检查7812的（3）脚有+12 V电压输出。然后检查IC1的（1）、（3）脚，IC2（1）、（7）脚，IC3的（11）脚，其控制输出电压按正常工作程序变化，说明上述电路均正常。再将继电器RY_1上的换向阀引线断开，接到触点输入端，听到“嗒”的一声响，即开始化霜，表明换向阀工作正常。进一步检查驱动管Q_1，发现c、e极间短路。

故障维修：更换Q_1后，故障排除。

例11

故障现象：格力KC—22Ⅱ型窗式空调器，通电开机后不制冷。

故障检查：经开机观察，空调器开机后，风扇电机运转，压缩机也工作，用电流表测量其电流，比正常时偏小。分析原因一般是制冷系统缺制冷剂或制冷系统堵塞。检修时，打开回气管，有大量制冷剂喷出，说明制冷剂未泄漏。焊下压力表，再接通电源，工作电流逐渐增大，而回气管始终不见气体溢出，说明制冷系统堵塞。立即断电，断开毛细管与蒸发器焊接处，毛细管仍无气体排出，再断开毛细管与过滤器焊接处，有很少的气体排出，判断为过滤器堵塞，焊下过滤器，冷凝器出口有正常的气体喷出。过滤器堵塞的原因一般是空调器使用多年后，铜管内壁因氧化而产生脏物，时间一长便聚集在过滤器处。

故障维修：更换过滤器后再焊好毛细管，焊接毛细管时，火焰应尽量对准过滤器，温度要恰当，以免焊堵毛细管。毛细管焊好后再焊好毛细与蒸发器一端，对制冷系统排气，回气管有正常的气体排出，并用氮气反复清洗整个制冷系统，然后将回气管焊好，对其进行抽空30分钟以上，按规定加注制冷剂即可。该机经上述处理后，故障排除。

例12

故障现象：格力KC—22Ⅱ型窗式空调器开机后，不能起动，偶尔启动后压缩机噪声大、室内风机转速慢、遥控器不能遥控。

故障检查：根据现象分析，问题出在供电电路。该机使用交流380V电源。故障出现时，测量电源电压，出现A相电压只有150 V，B相、C相电压明显升高的情况。怀疑供电线路有问题，查找线路方知电工将空调器电源上的零线当做地线接在接线盒的金属外壳上了。

故障维修：重新接好零线后，故障排除。

例13

故障现象：海尔KFR—25GW型空调机遥控失灵，手控能正常的运行。

故障检查：经开机检查，问题出在遥控接收电路。该机控制芯片型号为CM93C—0057，有屏幕显示，说明电源电压正常。该电路晶振CX_1与IC1的（18）、（19）脚构成振荡电路，IC_2、VD_2、R_{10}、C_{10}组成复位电路。检修时，打开机盖，用万用表测量复位端电压正常，判定问题出在时钟振荡部分。经检测果然为晶振CX_1内部不良。

故障维修：更换晶振CX_1后，遥控功能恢复正常。

例14

故障现象：海尔KFR—25GW/BP×2型变频空调机工作10多分钟后，停机保护，不工作。

故障检查：经开机观察，发现压缩机因工作温度过高而停机保护。测量低压为1 MPa（太高），据了解，原故障是功率模块损坏，将其更换后，便出现了上述故障，排出少量R_{22}后，低压降至0.9 MPa，开机压缩机发出“嗡嗡”声，因原来曾更换过功率模块，故仔细检查功率模块的连线，发现压缩机的白线、红线位置插错。

故障维修：将白线、红线重新对调插接后，工作恢复正常。

例15

故障现象：海尔 KFR—25QW/E 型空调机工作时，运转指示灯不亮，室内风机运转正常。

故障检查：检修时，先用钳形表卡在空调器电源的白线上，开机电流从18 A一下子降到6 A左右，电路开始保护。将外外机连接拆下，开机仍出现上述现象，初步判断室外机正常。拔下室内机感温热敏电阻用万用表测量阻值为3 kΩ左右，与正常阻值相差太大，说明内部损坏。

故障维修：更换热敏电阻后，故障排除。

例16

故障现象：海尔 KFR—25×2/E 型一拖二空调开机后，电源灯、运转灯一闪即灭，自动停机。

故障检查：根据现象分析，该故障一般为电源电压太低造成的，但用万用表测量电源电压为220 V正常，查电源线径4 mm^2也没问题，断电后测L、N间阻值为无穷大，测N、E之间阻值近似0 Ω，可见零线接地，进一步检查电源线盒，发现接线为零线、地线合一，将其小心分开后试机正常。

故障维修：重新接线后，故障排除。

例17

故障现象：海尔 KFR—50LW/BPF 型空调机制冷时出热风。

故障检查：根据现象分析，该故障一般为室内机与室外机间信号错误或四通阀体损坏所致。

经观察，该机为加长制冷管道，控制信号导线也加长，检查导线的接头处（在室外部分），见包扎绑带不严雨水渗漏，安装工在接头时没按标准的一长一短连接，使接头处绝缘值下降，导致输出信号出现错误。空调器室内机与室外机连接导线出现接头时，应一长一短交错连接，避免接头都挤在一起，同时应做好防水措施。

故障维修：重新接线并做好绝缘处理后，故障排除。

例18

故障现象：海尔 KFR—35GW 型空调机使用数年后，制冷效果变差。

故障检查：检修时，先经补氟后，制冷效果有所改善但仍不理想。经进一步检查与观察，并拆开室外机壳，发现冷凝器翅片中堵满了絮状物和灰尘，导致散热效果差，这是制冷能力下降的主要原因。

故障维修：每年春季沙天气较多，很容易被杨花柳絮塞满，建议用户在外机上加防护罩，并定期清理异物会提高制冷效果。该机经上述处理后，故障排除。

例19

故障现象：海尔 KFRd—71LW/F 型柜式空调机运转 30 分钟左右，室外机停且室内机显示“E6”代码。

故障检查：检修时，先用压力表测低压压力为 0.55 MPa。待运转一段时间后，压力慢慢地升高，最终造成出现 E6 故障。打开室外机机盖，发现室外风机转速比正常时慢，又过了一段时间，室外风机停转，用手触摸室外风机电机外壳很烫，判定为外风机电机内部不良。

故障维修：更换电机后，故障排除。

例20

故障现象：海尔 KFR—25GW ×2（F）型一拖二空调机工作时，有一台室内机工作不正常。

故障检查：检修时，先确定两台室内机信号输出是否正常。如不正常，室内机的维修方法与一拖一空调相同。如正常，则查 A、B 机信号线的排序，如正确，则查室外机电磁阀线圈的控制电压是否正常。在正常情况下，A、B 机同时开始制冷时，红、黄、蓝、白电磁阀线圈都应有 220 V。

如只开 A 机时，红黄电磁阀线圈应有 220 V。如只开 B 机时，蓝白电磁阀线圈应有 220 V。如果 A、B 两室内机同时开制热时，则红蓝电磁阀线圈应有 220 V，如只开 A 机制热时，红黄蓝电磁阀线圈应有 220 V，如只开 B 机制热时，蓝白红电磁阀应有 220 V。如电压不正常，则室外机控制板不良，如正常则是制冷系统故障。该机经检查为 A、B 机信号线排序不正确。

故障维修：按图重新将 A、B 信号线排序后，故障排除。

例21

故障现象：海尔 2P 柜机空调机开机后，能运转，但制冷量不足。

故障检查：根据现象分析，可能为制冷剂不足引起。检修时开机运行，用钳形表测得工作电流为 8 A（正常应为 9.5 A），明显低于额定值；再测量压缩机吸气压力也过低，分析为制冷剂不足，需补充制冷剂。

故障维修：不停机，将制冷剂钢瓶直立，打开加液阀，将制冷剂充入系统。同时监测钳形表电流值和压力计读数，当电流接近额定值而且压力计读数接近 0.5 MPa 时，停止补液即可。经上述处理后，故障排除。

例22

故障现象：海尔 RF—13W5 型柜机空调开机后，显示 E3 代码，不能工作。

故障检查：根据现象分析，该故障为室内机接收不到室外机控制信号，其原因有：室外机电路板不良或损坏；信号线接触不良或开路；室外机供电线路断路。检修时，打开室外机，发现室外机指示灯均不亮，判定故障为室外机电源开路造成。经进一步检查发现空气开关中一相进线端有电而输出端无电。

故障维修：更换空气开关后，故障排除。

例23

故障现象：海尔 RF—14W 型空调开机后，室内机风扇、室外机压缩机和风扇均不转，

室内机显示正常。

故障检查： 检修时，打开机盖，先检查室内的控制板，未发现异常。在检查室外机控制电路板时，却发现压缩机起动控制线、风机起动控制线、化霜开关控制线、控制板电源线的保险管等电线均被老鼠咬断。

故障维修： 更换新的保险管并接好控制线后，工作恢复正常。

例24

故障现象： 海尔 RF—71DWF 型空调机工作 30 分钟停止制冷，停一会儿后再开机，制冷又正常，故障反复出现。

故障检查： 检修时，先怀疑供电线路接触不良。先测量供电电压，当电源电压降至150 V时空调压缩机停机，说明该现象为用户供电容量过小造成的。原因为导线过细。

故障维修： 更换电力导线后，工作恢复正常。

例25

故障现象：：海尔 KR—120W/BP 型变频一拖四空调机同时开 A、B 两个系统，运行 10 分钟左右即报警，室内外机微电脑板上的红色发光二极管同时闪烁 9 次，压缩机停止运行，仅室外风机运行。

故障检查： 根据现象及查找资料得知，内外机微电脑板指示灯闪烁 9 次是室外机功率模块过流保护。而导致过流保护有以下几种原因：

高负荷强制运行；电源供电不良（如电压波动大，电源瞬时跌落或停电，压缩机锁定，电源接触不良等）；空气开关负荷小，质量差。

经过综合分析和逐个排除，检测结果为电网电压波动大所造成的，当两个系统同时开时，因负荷较大，压降过大引起功率模功过流保护。试增加一台 20 k · VA 的稳压电源供电，试机一切正常。

故障维修： 加装一台 20k · VA 稳压电源后，故障排除。

例26

故障现象： 海信 KFR—2801GW/BP 型空调机开机后，室外机主继电器吸合时电源跳闸。

故障检查： 根据现象分析，问题可能出在电源及相关电路。检修时，打开机盖，用万用表测量功率模块和控制板均正常，说明故障在整流滤波电路。测量电容器正常。测量整流桥、AC 端已半边击穿。因为 AC 输入回路中串接了一个 PTC 电阻。当主继电器吸合时，把 PTC 短路。当 AC 端中有二极管击穿时，则把 L、N 短路，而使电源跳闸。

故障维修： 更换整流桥后，工作恢复正常。

例27

故障现象： 海信 KFR—2801GW/BP 型空调开机后，室内风机不转，室外供电继电器不吸合。

故障检查： 检修时，先利用自诊断功能，发现运行灯和定时灯同时闪亮，说明为瞬间断电故障。但实际上并未断电，怀疑过零检测电路有故障。打开机盖，用万用表测量过零检测三极管 DQ201（S8050）b、e 之间电压为0 V，正常为0.7 V，拆下三极管测已击穿，由于该电路有故障，使 CPU 不能收到过零检测信号，导致该现象发生。

故障维修： 更换 DQ201 后，故障排除。

例28

故障现象：海信 KFR—3602GW/BP 型空调开机后，室内机无显示，其他功能正常。

故障检查：经开机观察，灯丝亮说明 VFD、电压均正常，故障原因可能在软件方面，因为存储器 EEPROM 中有显示程序，可能为 EEPROM 不良。采用替换法证实果然如此。

故障维修：更换 EEPROM 后，故障排除。

例29

故障现象：海信 KFR—5—LW/BP 型空调开机后室内机工作正常，室外机不工作。

故障检查：经开机观察，室外机 DC280V 指示灯不亮，用万用表测量电源电压为零，说明电源电路有故障。测 AC 220V 正常，摸 PTC 电阻发热厉害，说明整流滤波之后有短路现象。测 CN_4 两端电阻为零。拔下功率模块 P、N 线，再测 CN_{14}端电阻仍为零，说明功率模块正常，再取下开关三极管 Q_{02}（2SC3150）测量已击穿，换后开机外机无反应。摸 Q_{02}发热厉害，经测又被击穿。

分析 Q_{02}再次击穿且发热厉害，说明开关管可能一直工作在导通状态。故障部位可能在反馈回路，测量开关变压器反馈绕组正常，二极管 D_{02}正常。取下 C_{03}（220 μF/50 V）测量已无容量，分析为什么 C_{03}无容量会屡烧 Q_{02}，因为此电容器为开关管提供一个使其关断的负脉冲，此电容器无容量后使负压达不到关断要求，使 Q_{02}一直工作在导通状态而烧坏。

故障维修：更换 C_{03}及 Q_{02}后，故障排除。

例30

故障现象：海信 KFR—50LW/BP 型空调机开机后，室外机不工作。

故障检查：检修时，先用万用表测量室外机供电电压为 0 V，说明室外供电继电器未吸合。测量继电器（RY_{01}）线圈两端电压为 0 V，测量驱动器 U_{02}（TD62003）控制端电压为低电平，说明 CPU 未发出工作指令。用自诊断功能，显示为“1”故障代码，表示为传感器故障。经测量传感器均正常，进一步检查发现与传感器串联的电感 L_{03}内部开路。

故障维修：更换 L_{03}后，故障排除。

例31

故障现象：海信 KFR—5001LW/BP 型空调机工作时，制热效果差。

故障检查：经检测最高频率工作下高压压力正常。用钳流表检测空调室外机运转电流，设定温度在 30℃的情况下，测得室外运转电流为 13 A，运行 5 分钟后，空调进入降频运转，电流下降到 6 A 时，空调制热效果比较差，判定空调内部少氟。

故障维修：给制冷系统内充氟后，工作恢复正常。

例32

故障现象：海信 KFRP—35GW 变频空调开机后，自诊显示运转指示灯（2）亮，但（1）（3）指示灯不亮，室外机不工作。

故障检查：根据现象分析，判断故障在室内、外机的信号线上，询问用户得知，该机刚安装便出现不工作故障，估计为安装不正确造成的，重新检查室内机、室外机信号线，发现（4）号信号收发线与（3）号电源地线插错，致使信号中断。

故障维修：重新接线后，工作恢复正常。

例33

故障现象：海信 KFR—3602GW/BP 型空调机，用遥控及室内机应急开关均不能起动。

故障检查：根据现象分析，该故障一般发生在电源电路，检修时，先查室内机电源电路的控制部分是否有故障。打开机盖，检查保险丝 3 A 没有熔断；万用表测得电源变压器的输出电压 10.5 V 正常；进一步检测 LM7805 稳压块无输出电压且发烫，断定是 LM7805 稳压块损坏，分析原因可能是电压波动导致损坏。

故障维修：更换稳压块后，故障排除。

例34

故障现象：海信 KFR—3602GW/BP 型空调机，接通电源后，室外机一开机就停机。

故障检查：根据现象分析，怀疑 PTC 烧坏。检修时，拆开室外机壳，重新开机观察，在开机瞬间，压缩机起动，室外机 RY_{01} 主继电器没有吸合声，PTC 电阻发热。经检查，继电器不能正常吸合。室外机首先是通过 PTC 通电工作，然后继电器得电吸合，为室外机供电。由此说明主继电器内部不良。

故障维修：换 RY_{01} 继电器，工作恢复正常。

例35

故障现象：美的 KFR—23GW/P 型空调器，开机一分钟自动保护，电路不响应遥控器任何信号。

故障检查：根据现象分析，该故障一般发生在控制电路，如图 10.39 所示。由原理可知，该机风机转速由光电可控硅控制，转速大小由可控硅导通角决定。当 CPU 接收到遥控器的风速指令时，(39) 脚输出相应的控制信号，由 Q_1 驱动光耦，控制风速，同时风机内部的霍尔检测电路检测出风机转速信号，并反馈到 CPU (33) 脚。如果一分钟内检测不到该信号，CPU 即发出保护指令，使整机停机，并点亮故障灯。

根据上述分析，首先，检查霍尔电路供电电压 12 V 正常，反馈电压为 0.8 V，明显偏低。为确定故障部位，拔下插件 CZ_1 中 2 号线，用万用表检测发现电压为 3.5 V，说明故障在线路板而非电机。经检查 R_{39}、VD_8、C_{23} 等相关元件，发现 VD_8 内部不良。

故障维修：更换 D_8 后，故障排除。

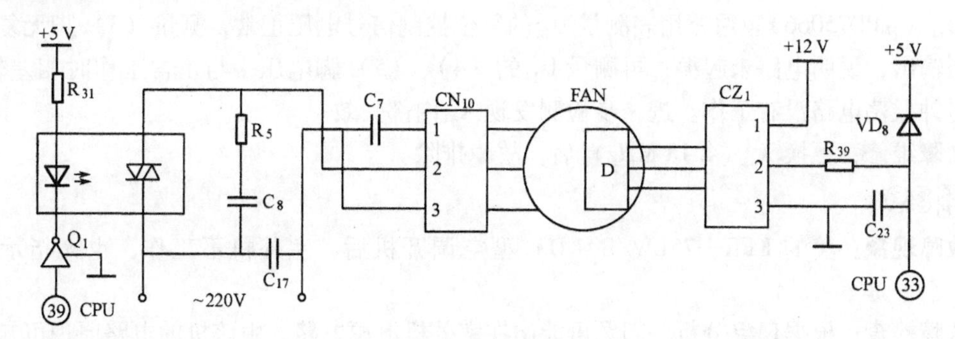

图 10.39 控制电路

例36

故障现象：美的 KFR—35WB 型空调开机后，压缩机运转正常，不制热。

故障检查：根据现象分析，问题可能为四通阀不良所致。四通阀主要由控制闪和换向阀两部分组成，其工作原理是通过控制阀上的电磁线圈和弹簧的作用，开启和关闭其上的毛细管通道，使换向阀换向。在制热状态下电磁线圈得电，控制阀塞在电磁吸力的作用下向右移动，开启了左侧毛细管与公共毛细管通道，使其换向阀右端为低压腔，活塞向右移动，直至活塞上的顶针将换向阀的针座堵死，这时高压排气管与室内侧换热器（即蒸发器）沟通，空调器作室内制热循环。

检修时，打开机盖，用万用表测得控制阀线圈两端电压为220 V（正常），停机测电磁阀线圈电阻值为1.4 kΩ，也属正常。通电开机，能听到电磁阀的吸合声，说明控制阀部分正常。再检查制冷系统压力，用压力表测量制冷系统高压压力偏低，判断由于高压压力偏低，造成换向阀内部滑块不能滑动，致使制热运转时不改变制冷剂的流动方向，因而不能制热。

故障维修：更换四通阀后，工作恢复正常。

例37

故障现象：美的KFR—36GW/Y型空调机运转正常，但制冷不良，室内降温很慢。

故障检查：由于压缩机能正常转动，说明电气部分无问题，判断故障为制冷剂不足所致。接通电源，起动压缩机，用钳形电流表测得整机电流为3.8 A（正常应为6.2 A），明显偏低，再测吸气压力也过低，检查低压供液管结霜，怀疑制冷系统泄漏，仔细检查未见渗漏痕迹，切开工艺管无大量制冷剂喷出，所以决定补充制冷剂。

故障维修：开起压缩机，打开加液阀，向制冷系统充入制冷剂，并在充剂的同时，监测钳形表电流值和压力表度数，当电流接近额定值，压力计读数为0.5 MPa时，停止充剂关闭加液阀，试机后工作恢复正常。

例38

故障现象：美的KFR—75LW/B（D）柜机型空调，开机后，室外机不工作，故障指示发光管点亮。

故障检查：检修时打开室外机盖，用万用表分别测量电路板稳压电源输出电压，为+12 V和+5 V，但故障指示发光管LED_3点亮，说明主控电路及保护电路有故障。该机主芯片为U_{14}（μPD75066）。用万用表测量U_{14}的复位控制信号电压正常，测量（3）脚无复位信号电压输出，说明电路未起振；再测量U_{14}的（4）、（5）脚电压，与正常工作时相差较远，怀疑时钟振荡电路没有工作。进一步检测发现X_4内部失效。

故障维修：更换X_4（4.18 MHz）后，故障排除。

例39

故障现象：美的KFR—75LW/B（D）型空调开机后，室外机不工作，也无指示代码显示。

故障检查：根据现象分析，问题可能出在室外机电源电路。由该机的电路原理可知，来自接插件JP12的交流电压，经变压器变压后输出两路：一路是13.2 V电压，经全波整流和7812稳压后，输出+12 V电压，主要供室外机的主控板电路使用；另一路是11.2 V电压，经全波整流滤波和7805稳压后，输出+5 V电压，供微处理器使用。用万用表测量JP12交流电压也正常，但微处理器（19）脚无+5 V电压，再测量7805的输出端无电压，但其输

入端 +12 V 电压正常，由此判断三端稳压块内部不良。

故障维修：更换稳压块 7805 后，故障排除。

例40

故障现象：美的 KFR—75LW/B（D）型空调，开机后欠压指示灯亮，压缩机不工作。

故障检查：根据现象分析，该故障一般发生在欠压保护电路，如图 10.40 所示。该电路的取样电压为室外机变压器次级（3）、（4）脚上的交流电压 ZER_{01} 和 ZER_{02}，当交流电压高于或低于 13.2 V 时，ZER_{01} 和 ZER_{02} 电压 VD_{32}、VD_{31} 二极管全波整流后的直流电压加到分压电阻 R_{70}、R_{71} 上，分压值偏高，控制管 VT_{13}（2SC9013）的 b 极电位升高而导通，将其 c 极的 +5 V 电压旁路到地，微处理器 UPD75066 的（29）脚电压降为 0 V，微处理器发出停机指令，若 13.2 V 电压偏低，分压值偏低，控制管 VT_{13}（2SC9013）的 b 极电压也降低，其 b 极电容器 C_{94} 放电，2SC9013 因电容放电而导通，微处理器的（29）脚电压也降为 0 V，微处理器发出停机指示。

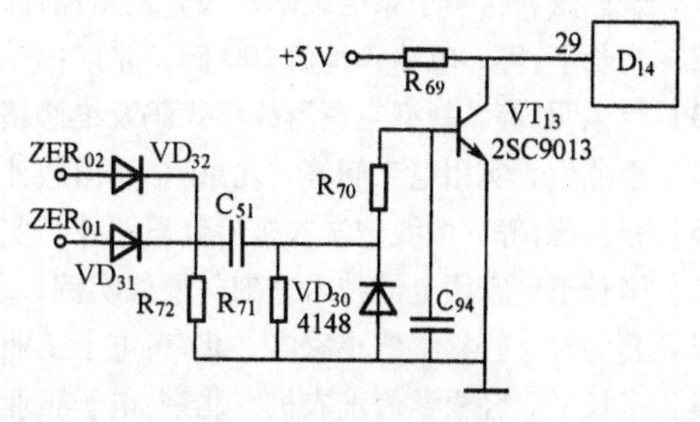

图 10.40 欠压保护电路

根据上述分析，检修时，打开机盖，用万用表测量 VT_{13} c 极电位为低电平，U14 的（29）脚也为低电平，断开 VT_{13} 的 b 极，其 c 极电位仍然不变，判断 VT_{13} 已击穿损坏，进一步检查又发现 VD_{30} 也击穿。

故障维修：更换 Q_{13}、D_{30} 后，工作恢复正常。

参考文献

[1] 金国砥．新颖小家电维修入门．杭州:浙江科学技术出版社,2003.
[2] 辛长平,等．电冰箱检修 200 例．北京:电子工业出版社,1998.
[3] 肖风明,等．新型空调器故障代码及维修精要．北京:机械工业出版社,2003.
[4] 李燕生．实用电工问答．北京:金盾出版社,2003.
[5] 张新德,等．微波炉洗衣机检修思路技巧实例．天津:天津科学技术出版社,2002.
[6] 辛长平．家用电器技术基础与检修实例．北京:电子工业出版社,2005.
[7] 葛剑青．轻松学修小家电．北京:电子工业出版社,2007.
[8] 辛长平．轻松学修洗衣机．北京:电子工业出版社,2007.

反侵权盗版声明